“十二五”职业教育国家规划教材
经全国职业教育教材审定委员会审定
普通高等教育“十一五”国家级规划教材修订版
2009年度普通高等教育国家精品教材修订版
高等职业技术教育机电类专业系列教材

模拟电子技术基础

第3版

主 编 田培成 沈任元 吴 勇
参 编 唐俊英 郑英兰 张 洁
主 审 梁 森

机械工业出版社

本书为“十二五”职业教育国家规划教材（经全国职业教育教材审定委员会审定），普通高等教育“十一五”国家级规划教材、2009年度普通高等教育国家精品教材的修订版。

全书共11章，包括半导体二极管及其应用电路、晶体管及其放大电路、场效应晶体管及其基本放大电路、集成运算放大器、负反馈放大电路、集成运算放大器基本应用电路、功率放大电路、波形发生和变换电路、直流稳压电源、晶闸管及其应用、电子电路的读图等内容。晶闸管及其应用、电子电路的读图以及各章中加“*”号的内容为选学内容，供不同专业和不同层次的学生选择。各章均选用了部分典型应用电路作为应用实例，以培养学生理论联系实际的能力。各章附有的习题类型丰富，包括填空题、选择题、判断题和分析计算题（综合题），教师布置作业时可根据需要选择不同的题型，同时方便教师出考题。

为了方便教学，本书配有电子教学资料（习题解答、电子课件），供教师参考。凡选用本书作为授课教材的教师，均可来电索取，咨询电话：010-88379375，Email：cmpgaozhi@ sina. com。

本书可作为高职高专院校、普通高校大专班、成教学院、职工大学的电气、电子类专业的电子技术基础课程教材，也可供普通高校应用本科有关专业师生或从事电子技术的工程人员参考。

图书在版编目（CIP）数据

模拟电子技术基础/田培成等主编．—3版．—北京：机械工业出版社，2015.8（2026.2重印）

高等职业技术教育机电类专业系列教材

ISBN 978-7-111-50620-1

Ⅰ．①模…　Ⅱ．①田…　Ⅲ．①模拟电路-电子技术-高等职业教育-教材
Ⅳ．①TN710

中国版本图书馆CIP数据核字（2015）第136897号

机械工业出版社（北京市百万庄大街22号　邮政编码100037）

策划编辑：于　宁　责任编辑：于　宁

责任校对：潘　蕊　封面设计：鞠　杨

责任印制：郜　敏

河北虎彩印刷有限公司印刷

2026年2月第3版第15次印刷

184mm×260mm·14印张·343千字

标准书号：ISBN 978-7-111-50620-1

定价：39.00元

电话服务　　网络服务

客服电话：010-88361066　机　工　官　网：www. cmpbook. com

010-88379833　机　工　官　博：weibo. com/cmp1952

010-68326294　金　　书　　网：www. golden-book. com

封底无防伪标均为盗版　机工教育服务网：www. cmpedu. com

序

职业教育指受教育者获得某种职业或生产劳动的职业道德、知识和技能的教育。机电行业的职业技术教育是培养在生产一线的技术、管理和运行人员。他们主要从事成熟的技术和管理规范的应用与运作。随着社会经济的发展和科学技术的进步，生产领域的技术含量在不断提高。用人单位要求生产一线的技术、管理和运行人员的知识与能力结构与之适应。行业发展的要求促使职业技术教育的高层次——高等职业教育蓬勃发展。

高职教育与高等工程专科、中专教育培养的人才属同一类型，都是技术型人才，毕业生将就业于技术含量不同的用人单位。高等职业教育的专业设置必须适应地区经济与行业的需求。高等职业教育是能力本位教育，应从职业分析入手，按岗位群职业能力来确定课程设置与各种活动。

机械工业出版社出版了大量的本科、高工专、中专教材，其中有相当一批教材符合高等职业教育的需求，具有很强的职业教育特色，在此基础上这次又推出了机械类、电气类、数控类三个高职专业的高职教材。

专业课课程的开发应遵循适当综合化与适当实施化的原则。综合化有利于破除原来各课程的学科化倾向，删除与岗位群职业能力关系不大的内容；有利于删除一些陈旧的内容，增添岗位群能力所需要的新技术、新知识，如微电子技术、计算机技术等。实施化是课程内容要按培养工艺实施与运行人员的职业能力来阐述，将必要的知识支撑点溶于能力培养的过程中，注重实践性教学，注重探索教学模式，以达到满意的教学效果。

本教材倾注了众多编写人员的心血，他们为探索我国机电行业高职教育作出了可贵的尝试。今后还要依靠广大教师在实践中不断改进，不断完善，为创建我国的职业技术教育体系而奋斗。

赵克松

第3版前言

《模拟电子技术基础》教材的第1版是1997年开始编写的，2000年正式出版，2009年进行了修订，出版了第2版。本书自出版使用以来，得到了很多学校师生的认可，被许多高职院校选为教材，也得到了一些荣誉，被评为“十二五”职业教育国家规划教材、普通高等教育“十一五”国家级规划教材，2009年度普通高等教育国家精品教材。但随着科学技术的不断发展，同时针对目前高职的教育现状与广大师生的反馈意见，我们对第2版进行了修订，根据模拟电子技术的发展补充了一些新的内容，对部分内容进行调整，精简了部分内容，删去了部分实用性不强的内容，以适应高职教育的需要。

本着“理论够用为度，培养技能，重在应用”的原则，本书在讲清基本知识和基本原理的基础上，注重集成电路以及新器件的介绍和应用，编写中强调了理论联系实际和读图能力。本书的特点是：

1）模拟电子技术基础是一门专业基础性质的课程，本书在基本原理、基本概念的讲述中概念清晰、准确，以“必需”和“够用”为原则。对于电子器件只简单介绍其工作原理，着重介绍其外特性和参数，重点放在使用方法上，精简了分立元件组成的基本放大电路方面的内容。对典型电路分析时，不作繁杂的推导，在定性介绍其工作原理后，只介绍工程估算法。对精选的集成电路主要介绍它们的电路特点和基本应用。

2）各章均附有习题。习题类型丰富，包括填空题、选择题、判断题和分析计算题（综合题），教师布置作业时可根据需要选择不同的题型，同时方便教师出考题。

3）为配合基础理论的学习、扩大知识面，各章节均选用了部分典型应用电路作为应用实例，使学生能将所学的理论知识与实际应用挂钩，能在更接近实际的氛围中进行学习，培养了学生理论联系实际的能力。

4）为加强学生阅读专业外文文献的能力，在教材中首次出现的电子技术名词之后附注了英文。

5）为培养学生的读图能力，专门有一章读图方法的介绍。目的是使学生熟悉电子电路的读图方法，增强学生分析问题和解决实际问题的综合能力。

6）增加了选学内容，将第十章晶闸管及其应用、第十一章电子电路的读图以及各章中部分内容加“*”号作为选学内容，供不同专业和不同层次的学生选取。为方便教师授课，本书备有免费电子课件和习题解答。

本书第3版由西安理工大学高等技术学院田培成、上海电机学院沈任元、无锡职业技术学院吴勇担任主编，邢台职业技术学院唐俊英、沈阳职业技术学院郑英兰，上海电机学院张洁参加编写。本次修订工作由田培成主持并进行了全书的统稿。

多年来，我们的教材得到了广大教师的支持和关怀，一些教师也针对我们教材存在的问题提出了中肯的意见，在此，谨向他们表示衷心的感谢！

由于我们水平有限，新版教材中也肯定存在着一些错漏和不妥之处，恳请读者批评指正。

编　者

第2版前言

自《模拟电子技术基础》出版以来，已经8年过去了。我们在第1版教材中坚持按照高职高专工程技术教育的人才培养目标，对模拟电子技术基础理论课进行了深化改革，强调理论与应用相结合的原则，这种改革模式得到了许多人的认可，教材出版后被许多高职院校选用为教材，得到广大师生的关心，他们反馈了一些有价值的宝贵意见。因而在第2版修订时，我们做了一些有针对性的改动，增添了部分内容，重新编写了各章的练习题，引导学生能运用基本概念、基本原理和基本分析方法来提高分析问题的能力，目的是更有利于课程的教学和知识的应用。

为了给任课老师提供教学支持，我们编写了配合本教材的多媒体CAI课件（含全部习题的讨论）。值得高度重视的是在讲授本专业知识和理论的同时，必需特别注重学生专业能力的培养和实际动手技能的训练，注重学生解决问题和自我知识更新能力的培养和训练。

在第2版修订工作中，上海电机学院张洁老师参与了编写全部练习题的工作。多年来，我们的教材得到了许多老师的热情关怀和大力支持，在本书再版之际，谨向他们致以深深的谢意。

由于笔者水平有限，新版教材中的错漏和不妥之处，敬请读者提出批评和建议。

编　者

第1版前言

本套教材是参照原国家教委1990年7月制定的《高等学校工程专科电子技术基础课程教学基本要求》，并在机械工业电类高职教育教材建设协作组1998年会议精神指导下编写的。本套电子技术基础教材包括《模拟电子技术基础》、《数字电子技术基础》和《常用电子元器件简明手册》，在《模拟电子技术基础》和《数字电子技术基础》中都包括有两部分内容，即“基础篇”和“应用篇”。

根据高等职业教育培养目标的要求，高职培养的人才必须具有大学专科的理论基础，并有较强的本专业技术应用的技能。高职教育培养的人才是面向基层、面向生产第一线的实用人才。这类人才不同于将学科体系转化为图样和设计方案的工程技术人员，而主要是如何把方案和图样转化为实物和产品的实施型高级技术人才。因此课程内容必然要按照培养目标来制订。由于电子技术涉及的各个领域发展非常迅速，电子技术教材的基本内容也必须逐步更新。特别是在大规模集成电路被广泛采用的今天，电子技术正朝着专用电子集成电路方向，以至向硬件、软件合为一体的各种电子系统集成方向发展，以硬件电路设计为主的传统设计方向也向器件内部资源及外部引脚功能加以利用的方法转化。只有培养学生会思考、会学习，才能跟上飞速发展的时代节拍。

本书在力求保证基础、掌握基本概念的基础上，注重集成电路以及新器件原理分析和应用。编写中强调了理论联系实际和读图能力，尽量做到使学生既能知道“来龙”又可晓得“去脉”，从而提高学习的兴趣，以利加强学生的专业意识，为此，我们编写的目标是：

1）电子技术基础是一门专业基础性质的课程，内容的安排上要遵循循序渐进的原则，由浅入深，由易到难。

2）在“基础篇”中，以“必需”和“够用”为原则。对典型电路分析时，不作过于繁杂的推导，一般只介绍工程估算法，有时只给出定性的结论。对于电子器件着重介绍工作原理、外特性和主要参数，重点放在掌握使用方法上，对分立元件组成的电路尽可能精简，明确分立为集成服务的方向，在数字电路中以CMOS集成电路为主。对精选的集成电路主要介绍它们的电路特点和基本应用。

3）各章均附有习题。有要求学生掌握基本概念、电路原理分析、重要参数的工程估算，以及集成电路的应用电路设计等内容。

4）在“应用篇”中，为配合基础理论学习、扩大知识面，选材编排上力求与“基础篇”的各章节相对应，举一些实用的简化电子电路。在讲清基本知识和理论后，可采取课堂讲解、讨论或学生自学的办法，使学生能将所学的理论知识与实际应用挂钩，能在更接近实际的氛围中进行学习。作为一本技术基础课教材，要能起到引导入门和培养学生实际应用知识能力的作用。

5）为加强学生阅读专业外文文献的能力，在教材中首次出现的电子技术名词之后附注了英文。

6）为培养学生的读图能力，在《模拟电子技术基础》中专门有一章读图方法的介绍。目的是使学生熟悉电子电路的读图方法，来增强分析问题和解决实际问题的综合能力。

7）在《常用电子元器件简明手册》中选编了典型元器件的数据，便于理论教学、实践、实训和课程设计时查阅和选用。在讲述器件时要结合手册查阅器件符号、参数、外形等内容。

本套教材教学参考学时为《模拟电子技术基础》80~96学时，《数字电子技术基础》60~80学时，有关章节内容可根据各校专业要求及学时情况酌情调整。本套教材适用范围：高职高专院校、成教学院、普通高校大专班、职工大学的电气、电子类专业的电子技术基础课程教材。还可供普通高校本科有关专业师生或从事电子技术的工程人员参考。

本书由沈任元、吴勇担任主编，田培成、唐俊英、郑英兰参加编写。具体执笔分工如下：在《模拟电子技术基础》中，郑英兰编写了第一、第二、第四章，田培成编写了第三章，唐俊英编写了第五章，吴勇编写了第六、第七、第八章，沈任元编写了绪论、第九、第十、第十一章。在《数字电子技术基础》中，郑英兰编写了第一章，田培成编写了绪论、第二、第三章，吴勇编写了第四章，唐俊英编写了第五、第六章，沈任元编写了第七章。沈任元、吴勇、唐俊英、田培成、郑英兰编写了《常用电子元器件简明手册》。

本书由上海电机技术高等专科学校梁森担任主审。1999年6月在上海召开了本教材的审稿会。参加审稿会的有上海交通大学许鸿量教授、上海理工大学周良权副教授、上海发电设备成套设计研究所刘春林高级工程师、上海江森电视机厂王坦高级工程师、上海电机技术高等专科学校成叶琴高级讲师等专家。以上同志对本教材书稿进行了认真、负责和仔细的审阅，提出了许多宝贵的意见和修改建议，在此表示衷心的感谢。由于编者水平有限，书中不妥之处在所难免，在取材新颖性和实用性等方面定有诸多不足，敬请兄弟院校的师生和广大读者给予批评和指正。我们衷心盼望本书能对有志从事电子电路应用的读者有所帮助。请您把对本书的意见和建议告诉我们。

编　者

模拟电子电路常用文字符号一览表

一、文字符号的一般规定

1. 电压和电流

U_B，I_B	大写字母、大写下标 分别表示基极的直流电压、电流值
U_b，I_b	大写字母、小写下标 分别表示基极的交流电压、电流有效值
u_B，i_B	小写字母、大写下标 分别表示基极的电压、电流瞬时值（含有直流分量）
u_b，i_b	小写字母、小写下标 分别表示基极的交流电压、电流瞬时值
ΔU，ΔI	分别表示直流电压、电流的变化量

2. 电源电压

V_{CC}	晶体管集电极电源电压
V_{BB}	晶体管基极电源电压
V_{EE}	晶体管发射极电源电压
V_{DD}	MOS 管漏极电源电压
V_{SS}	MOS 管源极电源电压
V_{GG}	MOS 管栅极电源电压、晶闸管控制极电源电压
V_{AA}	晶闸管阳极电源电压

3. 器件

VD	二极管
V，VT	晶体管
V，VF	场效应晶体管
V，VT(H)	晶闸管
VU	单结晶体管
A	放大器
S	开关
SB	按钮
SQ	限位开关
T	变压器
K	继电器
KM	接触器

二、基本符号

1. 电压和电流

U_B	基极对地电压
U_C	集电极对地电压
U_E	发射极对地电压
U_{BC}	晶体管基集电压
U_{BE}	晶体管基射电压
$U_{(BR)CEO}$	基极开路晶体管集射间击穿电压
$U_{(BR)EBO}$	集电极开路晶体管射基间击穿电压
U_I	输入电压
U_{IC}	共模输入电压
U_{ID}	差模输入电压
U_{IDM}	最大差模输入电压
U_{Id}	净输入电压
U_L	负载电压
U_O	输出电压
$+U_{O(sat)}$	运算放大器正饱和输出电压
U_{CE}	晶体管的集射电压
U_{CES}	晶体管的集射饱和压降
U_{GD}	栅漏电压
U_{GS}	栅源电压
$U_{GS(off)}$	夹断电压
$U_{GS(th)}$	开启电压
U_{RM}	二极管反向工作峰值电压
U_{BO}	正向转折电压
U_{DRM}	断态重复峰值电压
$-U_{O(sat)}$	运算放大器负饱和输出电压
U_{OC}	开路电压、共模信号输出电压
U_{OD}	差模信号输出电压
U_R	基准、参考电压
U_S	信号源电压
U_Z	稳压管的稳定电压
U_{TH}	阈值电压、门限电压
U_F	通态平均电压
U_G	控制极触发电压

I_B	基极电流
I_C	集电极电流
I_E	发射极电流
I_{BQ}, I_{CQ}, I_{EQ}	基极、集电极、发射极静态电流
I_D	漏电流
I_{DSS}	饱和电流
I_{BS}	临界饱和基极电流
I_{CS}	临界饱和集电极电流
I_{CBO}	发射极开路集基极间反向电流
I_{CEO}	基极开路集射极间反向电流
I_{CM}	集电极最大允许电流
I_F	二极管最大整流电流、反馈电流
I_I	输入电流
I_L	负载电流
I_O	输出电流
I_{Id}	净输入电流
I_H	维持电流
I_G	触发电流
I_N	集成运算放大器反相输入端电流
I_P	集成运算放大器同相输入端电流
I_R	基准电流、二极管反向电流
I_Z	稳压管稳定电流

2. 功率

P_C	集电极功率损耗
P_{CM}	集电极最大允许功率损耗
P_E	直流电源提供的功率
P_V	晶体管耗散功率
P_I	输入功率
P_O	输出功率
P_{Omax}	最大输出功率
P_T	晶闸管损耗功率
P_Z	稳压管额定功率

3. 电阻、电容、电感

R	通用电阻
RP	电位器
RT	热敏电阻
R_B	基极偏置电阻
R_C	集电极电阻
R_E	发射极电阻
R_F	反馈电阻
R_I	输入电阻
R_i	输入动态电阻
R_{be}	基极、发射极间输入电阻
R_{ce}	集电极、发射极间输出电阻
R_L	负载电阻
R'_L	等效负载电阻
R_O	输出电阻
R_o	输出动态电阻
R_S	信号源电阻
R_z	稳压管的动态电阻
R_{iD}	运算放大器开环输入电阻
C	通用电容
C_{bc}	晶体管基集极间电容
C_{be}	晶体管基射极间电容
C_o	放大电路输出端的电容
C_i	放大电路输入端的电容

4. 频率

f_T	晶体管的特征频率
f_β	晶体管的截止频率
f_H	放大电路的上限频率
f_L	放大电路的下限频率
f_o	振荡频率
f_p	并联谐振频率
f_s	串联谐振频率
f_m	最高工作频率

5. 器件、电路的引出端

b	晶体管基极
c	晶体管集电极
e	晶体管发射极
s	MOS 管源极
g	MOS 管栅极、晶闸管控制极
d	MOS 管漏极
a	晶闸管阳极
k	晶闸管阴极
N	集成运算放大器反相输入端
P	集成运算放大器同相输入端

6. 参数符号

$\bar{\beta}$	共发射极直流电流放大倍数
β	共发射极交流电流放大倍数
α	共基极交流电流放大倍数
g_m	场效应晶体管的低频跨导
A	放大倍数通用符号
A_f	闭环放大倍数

A_U	电压放大倍数	γ	纹波因数
A_u	交流电压放大倍数	η	效率、单结晶体管的分压比
A_I	电流放大倍数	S_R	纹波抑制比
A_P	功率放大倍数	S_U	稳压系数
A_{uC}	共模电压放大倍数	S_T	稳压温度系数
A_{uD}	差模电压放大倍数	S_I	负载调整率、电流调整率
C_{TV}	稳压管温度系数	K_{CMR}	共模抑制比
S	脉动、相对稳压系数		

目录

绪　论

提到“模拟电子电路”这个词，许多人也许会感到陌生，但你一定听说过扩音机。我们开大会时，为什么从扬声器里可以清楚地听到发言者对着传声器发出的声音呢？其过程是这样的，首先靠一种能对声音作出灵敏反应的声敏器件（传声器），把声音转换成微弱的电信号，再经过放大电路，将微弱的电信号转换成大功率的电信号，再通过输出负载（电声器件扬声器），将大功率的电信号转换成很强的声音信号。扩音机的放大电路框图如图 0-1 所示。

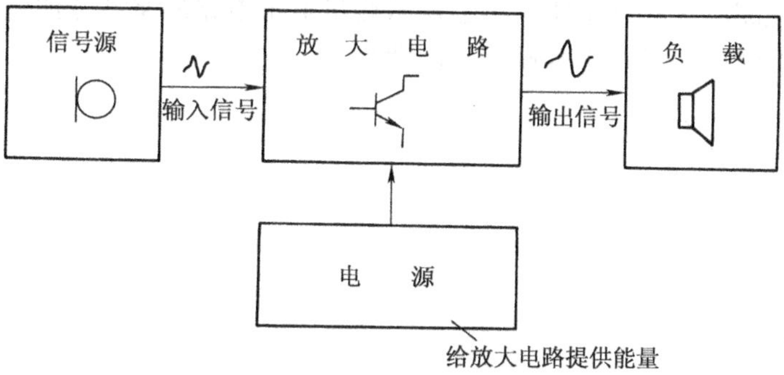

图 0-1　扩音机的原理框图

以上这个例子说明，在扩音过程中，人们用电信号来模拟声音信号，这两种物理量之间在一定的范围内保持比例关系。

模拟电子技术是研究用电子器件（electronic device）组成的电子电路对连续变化的信号（例如正弦波）进行处理的科学技术。电子技术按照处理信号的不同，可分为模拟电子技术（analog electronics）和数字电子技术（digital electronics）。**如果电子电路中的电信号是连续变化的，则属于模拟电路（analog circuit）；如果电子电路中的电信号是脉冲式的，则属于数字电路（digital circuit）**。这两种电路的主要的区别在于处理的信号不同，模拟信号通常是连续的信号，处理模拟信号时主要关心信号的量值，数字信号一般是只有两种状态的脉冲信号，处理数字信号时主要关心信号的有无或者说信号电平的高低。模拟信号和数字信号是相对而言的，一种信号有时将其作为模拟信号处理，有时又作为数字信号处理，例如汽车速度传感器中的信号，检测器件检测到的脉冲信号幅度很小，先要进行放大，这时，该信号作为模拟信号处理，放大后的信号送到计数器中进行计数，该信号又作为数字信号。另外，模拟电路和数字电路中电子器件的工作状态也不一样，数字电路中的电子器件通常工作在开关状态，而模拟电路中的电子器件通常工作在线性状态。

电子技术是当代迅速发展的学科，它在自动控制、通信、计算机、家用电器等各个领域的应用日益广泛。如果在模拟电子电路的输入端接入气敏的、湿敏的、磁敏的、光敏的、热敏的、压敏的等敏感元件，人们就可以制作出煤气报警器、去湿机、金属裂纹探测器、自动路灯控制器、温度控制器、电子秤等设备（或装置）。我们日常生活中使用的电话、收音机、电子玩具、电视机、数码相机、手机、计算机等家用电器都是电子技术应用的产品。

高等职业院校电类专业都必修模拟电子技术和数字电子技术这两门课，这两门课是属于电子技术入门性质的专业基础课程，是学习专业课的基础。这本教材主要讲述模拟电子技术中最基本的内容，在教学中将会遇到很多基本概念、基本原理、基本电子电路、基本分析方法。大家在学习过程中要注意培养自己观察和思考问题的能力以及严谨认真的学风、实事求是的科学态度。我们学习的电子技术不是神秘莫测、不可驾驭的技术，也不是繁琐冗长的数学推导和运算，而是电子技术的许多活生生的应用。电子技术是一门实践性很强的课程，我们除了要牢固掌握电子技术基本理论外，还要特别重视实验技术。如果仅仅只有书本理论知识而缺乏实践，不可能把电子技术真正学到手。同学们在学习基本知识的过程中，需要配合阅读大量的应用实例电路，并通过电子实验和课程设计，学会运用工程估算法，学会使用常用的电子仪器和查阅电子器件手册，学会调试测量电子电路的基本方法。勤于实践、注意理论联系实际，才能学好电子技术基础这一门课程。

第一章 半导体二极管及其应用电路

电子电路是由电子器件组成的，半导体器件是20世纪中叶才发展起来的新型电子器件，用半导体材料制造而成，半导体二极管（semiconductor diode）、晶体管、场效应晶体管是电子电路中最常用的半导体器件。本章首先讨论半导体的特性、半导体二极管的形成及其特性，然后介绍几种特殊二极管，最后介绍二极管的典型应用电路。

第一节 半导体基本知识

物质按导电能力分，可分为导体、半导体和绝缘体。通常把导电能力介于导体和绝缘体之间的物质称为半导体，常用的半导体有硅、锗、硒、砷化稼以及大多数金属氧化物和硫化物等。

在纯净的半导体材料中，每一个原子的最外层电子会和相邻原子的最外层电子组成共用电子对，原子核对最外层共用电子对的束缚作用不是太强，常温时就会有个别最外层电子挣脱原子核对它们的束缚作用，变成自由电子，同时在原来的位置留下一个空位（称为空穴），由于自由电子和空穴是成对出现的，称为电子-空穴对。在外加电场的作用下，自由电子可以产生定向移动，形成电流，我们把自由电子称为载流子（可以理解为运载电流的带电粒子）。另外，由于空穴的存在，其他绕原子核旋转的电子（称为束缚电子）就有可能前来填充（就如同在教室里，如果有空位置，其他学生就可以坐过来，他原来的位置就留下了一个空位），相当于空穴移动了。在外加电场的作用下，空穴的移动也是定向的，相当于束缚电子向相反的方向移动，所以由于有空穴存在，也可以形成电流（带电粒子的定向移动），空穴可以看作是另一种载流子。因此，在纯净的半导体中有两种载流子，自由电子和空穴。半导体可以导电，但导电性能较弱。

半导体具有以下特性：

1. 热敏特性　温度升高时，半导体的电阻率下降，导电性能提高。当温度升高时，束缚电子的热运动加剧，会有更多的电子变成自由电子，电子-空穴对就会增加，半导体的导电性能提高，这就是半导体的热敏特性。半导体的导电能力受环境温度影响很大，例如半导体锗，温度每升高10℃它的电阻率就会减少到原来的一半左右。由于半导体的电阻率对温度特别灵敏，利用这种特性就可以做成各种热敏元件。

2. 光敏特性　半导体受到光的照射时，电阻率下降，导电性能也会提高。当半导体受到光的照射时，束缚电子接受光子的能量，也会有更多的电子变成自由电子，电子-空穴对增加，导电性能提高，这就是半导体的光敏特性。例如硫化镉制成的光敏电阻，在没有光照时，电阻高达几十兆欧，受到光照时，电阻可降到几十千欧，利用这种特性可制成各种光电元件。

3. 掺杂特性　纯净的半导体又称为本征半导体，掺入微量特定的杂质后就形成了杂质半导体，导电能力可以大大提高，这称为半导体的掺杂特性。根据掺入的杂质不同，杂质半导体可分为N型半导体和P型半导体。利用杂质半导体可以制成各种不同用途的半导体器件，如半导体二极管、晶体管、晶闸管、场效应晶体管等。

如果采用特定的制造工艺，使一块半导体的两边分别形成P型半导体和N型半导体，它们交界面就形成PN结（PN junction）。PN结是构成各种半导体器件的基础。

第二节　半导体二极管

一、二极管的结构及符号

将PN结加上相应的电极引线并将其封装起来，就形成了半导体二极管。由P区引出的电极称为阳极（anode）或正极，由N区引出的电极称为阴极（cathode）或负极。按结构分，二极管有点接触型和面接触型两类。点接触型二极管的特点是PN结面积小（结电容小），不能通过较大电流，但其高频性能好，故一般用于高频和小功率的电路，也用作数字电路中的开关元件。面接触型二极管（一般为硅管）的特点是PN结面积大，故可通过较大电流，但结电容大，工作频率低，一般用作整流。常用的二极管有硅二极管和锗二极管。图1-1是二极管的表示符号。

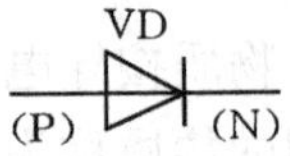

图1-1　半导体二极管的表示符号

二、二极管的伏安特性

二极管最主要的特性就是单向导电性，可以用伏安特性曲线来说明。所谓伏安特性曲线就是电压与电流的关系曲线，如图1-2所示。

1. 正向特性（forward characteristics）　当二极管的正极（P区）电位高于负极（N区）电位时，二极管上的电压为正向电压。当二极管的正向电压很小时，几乎没有电流通过二极管。正向电压超过某数值后，才有较大的正向电流流过二极管，这一电压值称为死区电压。硅管的死区电压一般为0.5V，锗管则约为0.1V。图1-2中①为死区。

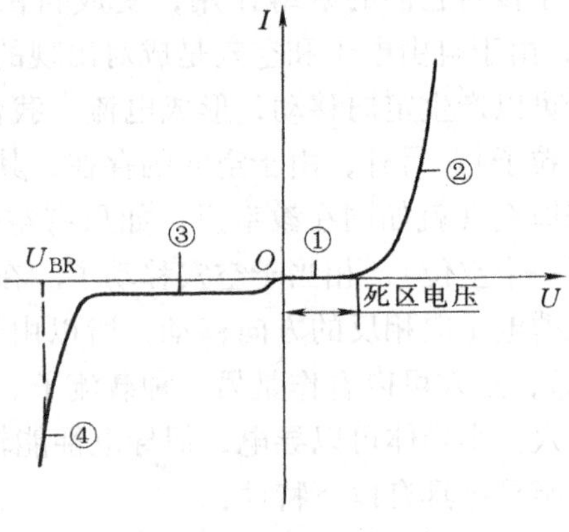

图1-2　二极管的伏安特性

二极管的正向电压大于死区电压后，正向电流较大，二极管的等效电阻很低，二极管处于导通状态。正向电流随着电压的增加而迅速增大，如图1-2中②所示。

二极管正向导通时，正向电压变化不大，硅二极管约为0.6～0.7V，锗二极管约为0.2～0.3V，理想情况下，可以认为二极管的正向电压为零，相当于开关闭合。

2. 反向特性（reverse characteristics）　当二极管的正极（P区）电位低于负极（N区）电位时，二极管上的电压为反向电压。二极管加反向电压时，只有极小的反向电流流过二极管，二极管的等效电阻很高，处于截止状态，相当于开关断开。硅管的反向电流比锗管小得多，常温时，硅管的反向电流一般在 1μA 以下，锗管一般为几十 μA。

二极管的反向电流具有两个特点：第一个特点是它随温度上升而快速增大，另一个特点是只要外加的反向电压在一定范围之内，反向电流基本不随反向电压变化，如图 1-2 中③所示。

3. 反向击穿（reverse breakdown）特性　当反向电压高到一定数值时，二极管的反向电流将突然增大，二极管失去单向导电性，这种现象称为电击穿，如图 1-2 中④所示。发生击穿时的电压 U_{BR}称为反向击穿电压（breakdown voltage）。如果二极管的反向电压超过这个数值，而没有适当的限流措施，会因电流大、电压高，使管子过热而造成永久性的损坏，这叫做热击穿。

4. 温度对二极管特性的影响　二极管的特性对温度很敏感。温度升高时，二极管正向特性曲线向左移动，温度每升高 1℃，正向电压减小 2 ~ 2.5mV，即温度系数约为 −2.3mV/℃；反向特性曲线向下移动，温度每升高 10℃，反向电流约增大一倍，如图 1-3所示。温度变化时，击穿电压也会受到影响。

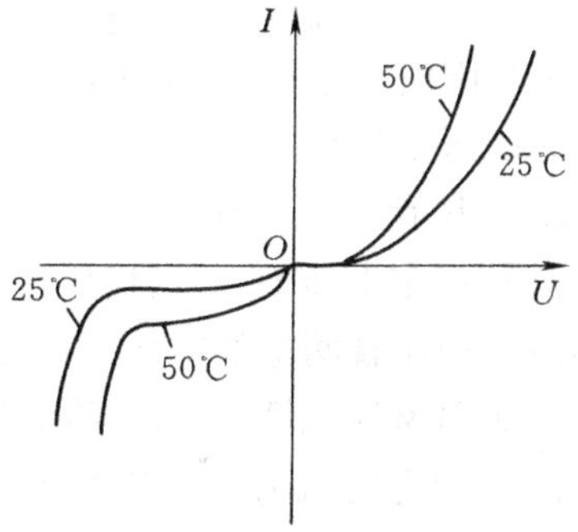

图 1-3　温度对二极管特性的影响

三、二极管的主要参数

器件的参数是器件特性的定量描述，是合理选择和正理使用器件的依据。半导体二极管有以下一些主要参数：

1. 最大整流电流 I_F　指管子长期工作时所允许加的最大正向平均电流，由 PN 结的面积和散热条件所决定。实际应用时，流过二极管的平均电流不能超过这个数值，否则，将导致二极管因过热而损坏。

2. 最高反向工作电压 U_{RM}　指管子工作时所允许加的最高反向电压，超过此值二极管就有被反向击穿的危险。通常手册上给出的最高反向工作电压 U_{RM} 约为击穿电压 U_{BR} 的一半。

3. 反向电流 I_R　指二极管未被击穿时的反向电流值。I_R越小，说明二极管的单向导电性能越好。I_R对温度很敏感，使用二极管时要注意环境温度不要太高。

4. 最高工作频率 f_M　主要由 PN 结结电容的大小决定。信号频率超过此值时，结电容的容抗较小，二极管反偏时的等效阻抗较小，反向电流较大，二极管失去单向导电性。

四、二极管使用注意事项

1. 二极管工作时的电流、电压、功率以及环境温度等都不应超过所允许的极限值。

2. 整流二极管不应直接串联或并联使用。如二极管的最高反向工作电压不够，需串联使用时，每个二极管应并联一个较大的均压电阻；若最大整流电流不够，需并联使用时，每个二极管应串联一个较小的均流电阻，以免个别元件过载。

3. 二极管在容性负载线路中工作时，最大整流电流值应降低 20% 使用。

4. 二极管在三相电路中使用时，所加的交流电压须比相应的单相电路中降低 15% 。

5. 二极管工作功率较大，需要附加散热器时，应按要求加装散热器并使之良好接触。

五、特殊二极管介绍

（一）硅稳压二极管

硅稳压管又简称稳压管（zener diode），是一种用特殊工艺制造的面接触型硅半导体二极管，使用时，它的阴极接高电位，阳极接低电位，管子反向偏置，工作在反向击穿状态，利用它的反向击穿特性稳定直流电压。它的符号如图1-4a所示。

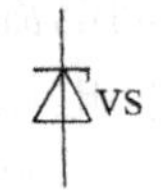

a) 图形符号

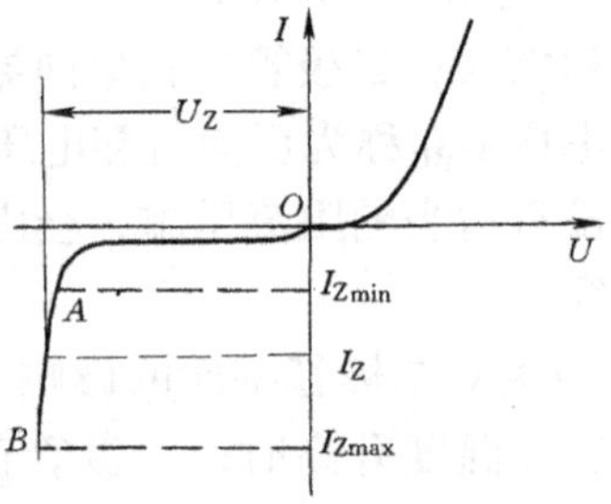

b) 伏安特性

图1-4 硅稳压管的图形符号和伏安特性

1. 稳压二极管的伏安特性 图1-4b是稳压管的伏安特性。二极管在反向击穿状态下，管子两端电压变化很小，具有稳压作用。稳压管正常工作时，流过它的反向电流应该在 $I_{Z\min}\sim I_{Z\max}$ 范围内变化，在这个范围内，稳压管的功率小于额定功耗且两端的反向电压变化很小。

2. 稳压管主要参数

（1）稳定电压 U_Z 指稳压管中的电流为规定电流 I_Z 时，稳压管两端的电压。由于制造工艺的原因，即使同一型号的稳压管 U_Z 的分散性也较大。如2CW54型稳压管，测试电流为10mA时，U_Z 在5.5～6.5V之间。

（2）稳定电流 I_Z 稳压管正常工作时的电流参考值。

（3）额定功耗 P_Z 最大工作电流 $I_{Z\max}$ 和稳定电压 U_Z 的乘积。

（4）温度系数 C_{TV} 它是稳定电压受温度影响大小的参数，其值为温度每升高1℃时稳定电压的相对变化量。C_{TV} 越小，稳压性能受温度影响越小。硅稳压管 U_Z 低于4V时有负温度系数，高于7V时有正温度系数，在4V与7V之间 C_{TV} 很小，因此可将正温度系数的稳压管和负温度系数的稳压管串联使用，使温度系数相互补偿。如2DW230～236硅平面温度补偿二极管的结构便是如此，它的 C_{TV} 为 $\pm5\times10^{-6}$/℃。

3. 应用举例 图1-5是常用的稳压管稳压电路，稳压管并联在负载 R_L 的两端。当稳压管工作在反向击穿状态并且工作电流在 $I_{Z\min}\sim I_{Z\max}$ 范围内变化时，其两端的电压（即负载两端的电压）变化很小，基本稳定。

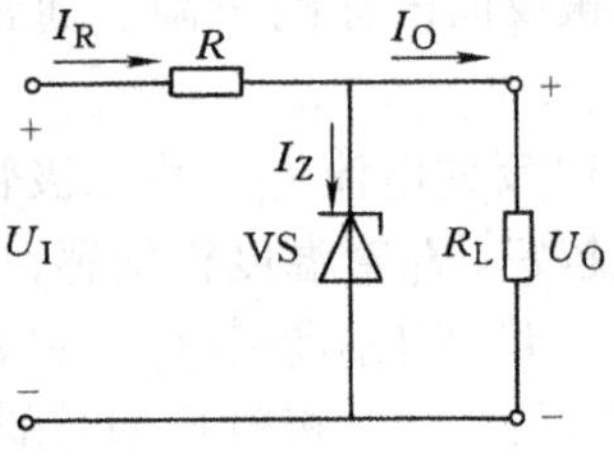

图1-5 稳压管稳压电路

当 R_L 一定、U_I 变化时，流过电阻 R 的电流将发生变化，流过稳压管的电流也随之变化，只要稳压管工作在反向击穿状态并且工作电流在 $I_{Z\min}\sim I_{Z\max}$ 范围内变化，负载两端的电压变化很小。

当 U_I 一定、U_L 变化时，I_O 随之变化，但因为稳压管的稳压作用，电流 I_R 的变化很小，稳压管的电流 $I_Z=I_R-I_O$ 将发生变化，只要其电流在 $I_{Z\min}\sim I_{Z\max}$ 范围内变化，其两端的电压变化很小。

（二）光敏二极管、光敏电阻

1. 光敏二极管 旧称光电二极管（photodiode），其PN结也是工作在反偏状态。光敏二极管是一种光接收器件，它的管壳上有一个玻璃窗口以便接受光照，其反向电流随光照强度的增加而上升。其主要特点是反向电流与照度成正比，灵敏度的典型值为0.1μA/lx数量值，lx（勒克斯）为照度 E 的单位。图1-6a是光敏二极管的符号，图1-6b是它的特性曲线。除接收普通光的光敏二极管外，还有对红外线敏感、接收红外线的红外线光敏二极管。

光敏二极管可用于光的测量。当制成大面积光敏二极管时，能将光能直接转换成电能，可当作一种能源，称为光电池。

2. 光敏电阻　光敏电阻是利用半导体材料制成的。光敏电阻在光的照射下其电阻值会随发光强度而变，光照越强，阻值越小。

制作光敏电阻的材料通常有硫化镉、硒化镉和硫化铅等。光敏电阻可用作光的测量元件。光敏电阻的符号和光照特性如图 1-7 所示。

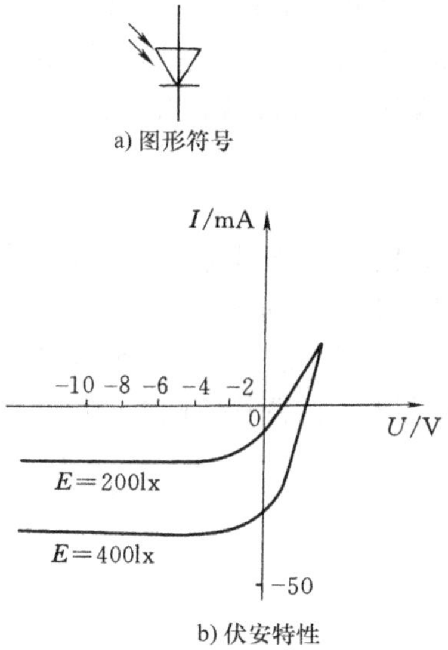

a) 图形符号
b) 伏安特性

图 1-6　光敏二极管的符号和伏安特性曲线

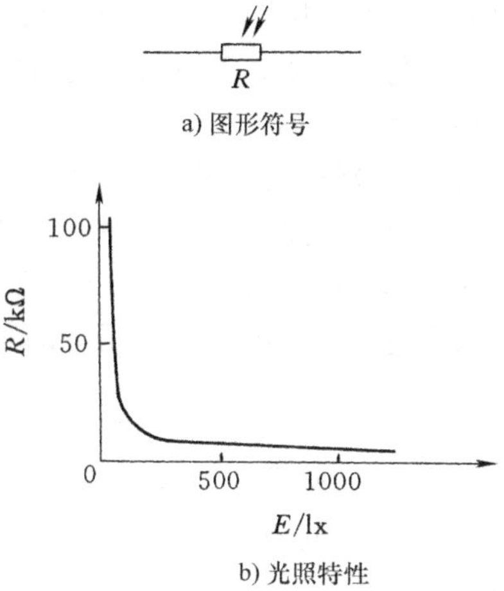

a) 图形符号
b) 光照特性

图 1-7　光敏电阻的符号和光照特性

（三）发光二极管

发光二极管（light emitting diode，简称 LED）是一种光发射器件，是一种把电能直接转换成光能的固体发光器件，它是一种新型冷光源。由于它体积小、用电省、工作电压低、抗冲击振动、寿命长、单色性好且响应速度快，因而在许多领域都有着广泛的应用。

发光二极管是由镓、砷、磷等化合物制成的。由这些材料构成的 PN 结加上正偏电压导通时，便以发光的形式来释放能量。光的颜色主要取决于制造所用材料。发光二极管所发光线可分为可见光和不可见光，可见光有红、橙、黄、绿、青、蓝、紫、白等各种颜色，红外发光二极管发射的则是不可见的红外线。

图 1-8a 是发光二极管的符号，图 1-8b 是发光二极管的伏安特性，它的导通电压比普通二极管高。应用时，加正向电压，并接入相应的限流电阻。它的正常工作电流一般为几个毫安至几十毫安，发光强度在一定范围内与正向电流大小近似成线性关系。

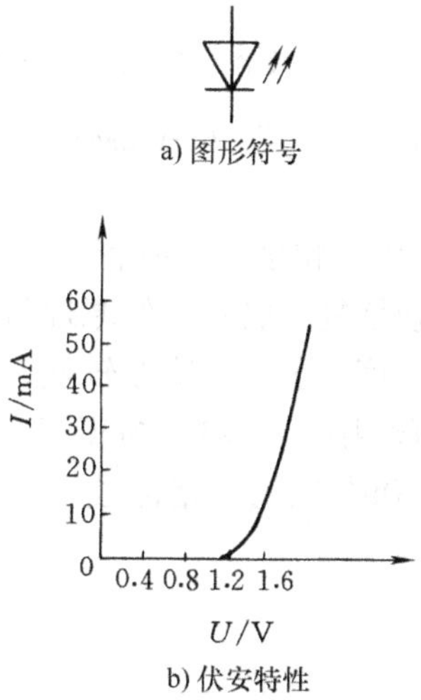

a) 图形符号
b) 伏安特性

图 1-8　发光二极管的符号和伏安特性

LED 作为显示器件，除单个使用外，也常做成七段式（数码管）或矩阵式，可用作微型计算机、音响设备、数控装置中的显示器。对亮度要求高时，可选用高亮度 LED。照相机的电子测光显示则使用的是超小型 LED。LED 照明灯具以及由红、绿、蓝（三基色）三种发光二极管组成的 LED 显示屏在日常生活已经得到了广泛的应用。

（四）变容二极管（varactor）

普通二极管存在着结电容，有电容效应。二极管结电容的大小除了与本身工艺有关外，还与外加电压有关。变容二极管是利用二极管 PN 结反偏时，结电容大小随外加电压的变化而改变制作的，其反偏电压越大，结电容越小。图 1-9a 是它的符号，图 1-9b 是它的偏置电压与结电容之间的关系曲线。由特性曲线可知，改变变容二极管直流反偏电压就可以达到改变电容量的目的。不同型号的管子其电容量最大值为 5～300pF，最大电容与最小电容之比约为 5:1。变容二极管可用于高频电路，例如可用作电视接收调谐回路中的可变电容器，选择频道时，利用改变其直流偏压的方法来改变电容量。

（五）肖特基二极管

肖特基二极管是由金属和 N 型或 P 型半导体形成的具有单向导电性的二极管。图 1-10a 是肖特基二极管电路符号。肖特基二极管具有反向恢复时间短（最低可小于 10ns）和正向压降低（0.4V 左右）的特点。在数字集成电路中，它与晶体管做在一起，形成肖特基晶体管，可以提高开关速度。还可用于高频检波、续流二极管等。肖特基二极管的反向击穿电压较低。

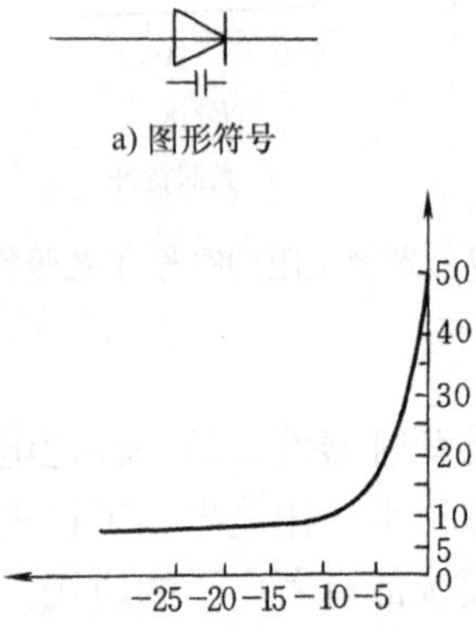

a) 图形符号

b) 变容二极管的压－容特性

图 1-9　变容二极管电路符号和压－容特性

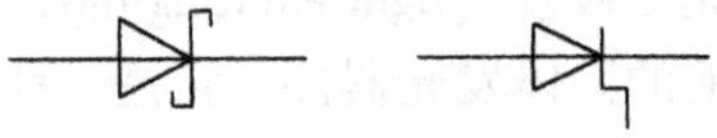

a) 肖特基二极管　b) 快恢复二极管

图 1-10　肖特基二极管和快恢复二极管的电路符号

（六）快恢复二极管

快恢复二极管工作原理与普通二极管相似，但制造工艺与普通二极管不同，具有较高的开关速度，正向压降亦较低，反向恢复时间约为 200～750ns，高速的可达 10ns，与肖特基二极管相比，其耐压高得多。它主要在高速整流、开关电源和逆变电源中作整源二极管。图 1-10b是它的电路符号。

第三节　整流电路

二极管具有单向导电性，因此可以利用二极管的这一特性组成整流电路，将交流电压变为单向脉动电压。在小功率直流电源中，经常采用单相半波和单相桥式整流电路。

一、单相半波整流电路

（一）电路组成及工作原理

图 1-11 为单相半波整流电路。电路中用变压器 T 降压，将电网的正弦交流电压 u_1 变成 u_2，同时，使负载和电网隔离。

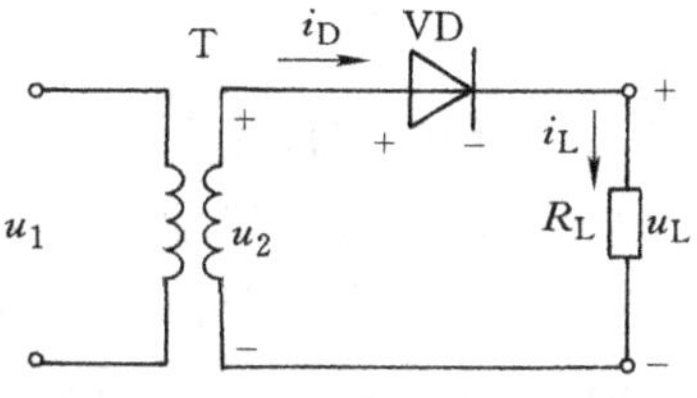

图 1-11　单相半波整流电路

设变压器二次绕组的电压为 $u_2=\sqrt{2}U_2\sin\omega t$，由于二极管具有单向导电性，只有当它的阳极电位高于阴极电位时才能导通。在 u_2 的正半周，其极性为上正下负，此时二极管因承受正向电压而导通，若忽略二极管正向压降，则负载电压等于变压器二次电压，即

$$u_L = u_2 = \sqrt{2}U_2\sin\omega t(0 \leqslant \omega t \leqslant \pi)$$

在 u_2 的负半周，二极管承受反向电压而截止，因此二极管电流和负载电流均为零，负载上的电压也为零。此时，二极管两端承受反向电压，其值就是变压器二次电压，即

$$u_{VD} = u_2 = \sqrt{2}U_2\sin\omega t(\pi \leqslant \omega t \leqslant 2\pi)$$

图 1-12 所示为半波整流电路的波形图。这种电路利用二极管的单向导电性，使电源电压的半个周期有电流通过负载，故称为半波整流电路。半波整流在负载上得到的是单向脉动直流电压和电流。

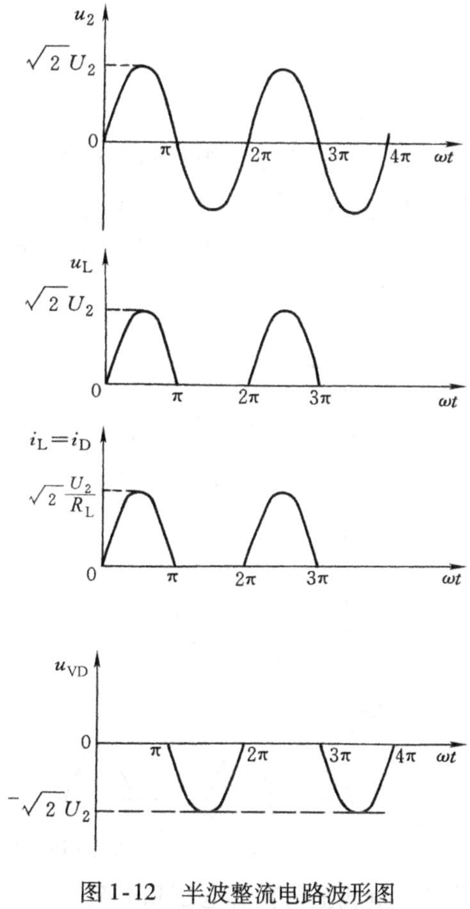

图 1-12　半波整流电路波形图

（二）负载上的直流电压和电流的计算

负载上得到的整流电压虽然方向不变，但大小是变化的，常用一个周期的平均值 U_L 表示它的大小，称为负载的直流电压。U_L 计算如下：

$$U_L = \frac{1}{2\pi}\int_0^{2\pi} u_2 d(\omega t) = \frac{1}{2\pi}\int_0^{\pi}\sqrt{2}U_2\sin\omega t d(\omega t)$$

$$= \frac{\sqrt{2}}{\pi}U_2 \approx 0.45U_2 \qquad (1\text{-}1)$$

负载的平均电流为：

$$I_L = \frac{U_L}{R_L} \approx 0.45\frac{U_2}{R_L} \qquad (1\text{-}2)$$

（三）二极管的选择

二极管导通时的电流为负载电流，所以二极管平均电流 $I_D=I_L$。选用二极管要求：

$$I_F \geqslant I_D = I_L \qquad (1\text{-}3)$$

二极管承受的最高反向工作电压就是变压器二次侧交流电压 u_2 的最大值，选用二极管时要求：

$$U_{RM} \geqslant \sqrt{2} U_2 \tag{1-4}$$

根据计算值，选用合适的二极管型号使其最大整流电流 I_F 和最高反向工作电压 U_{RM} 大于计算值。

二、单相桥式整流电路

单相半波整流的缺点是只利用了电源的半个周期，同时整流电压的脉动较大，为了克服这些缺点，可采用全波整流电路，其中常用的是单相桥式整流电路。它是由四个二极管接成电桥的形式构成，如图 1-13a 所示，图 1-13b 是其简化形式。

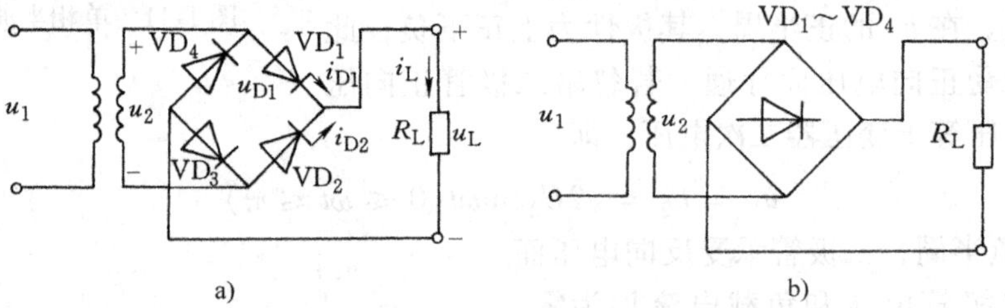

图 1-13　桥式整流电路

（一）工作原理

整流过程中，四个二极管两两轮流导通，因此正、负半周内都有电流流过 R_L。在 u_2 的正半周，VD_1、VD_3 导通，VD_2、VD_4 截止；在 u_2 的负半周，VD_2、VD_4 导通，VD_1、VD_3 截止。但是无论在正半周或负半周，流过 R_L 的电流方向是一致的。桥式整流电路波形如图 1-14所示。

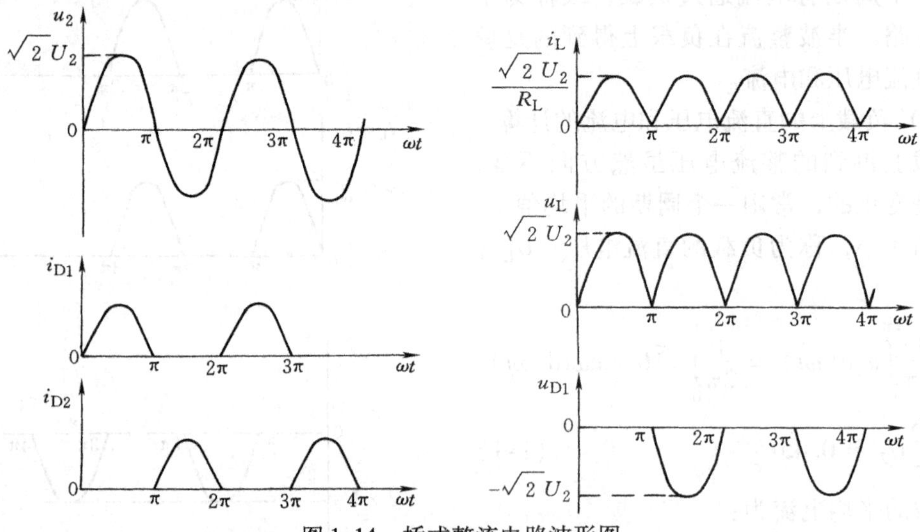

图 1-14　桥式整流电路波形图

（二）负载上的直流电压和电流

将图 1-14 中的 u_L 波形与图 1-12 比较，可知全波整流电路负载上电压和电流的平均值是半波整流电路的两倍，即

$$U_L \approx 0.9 U_2 \tag{1-5}$$

$$I_L \approx 0.9\frac{U_2}{R_L} \tag{1-6}$$

（三）整流二极管的选择

二极管的最大整流电流

$$I_F \geqslant I_D = \frac{I_L}{2} \tag{1-7}$$

根据二极管截止时所承受的反向峰值电压可得，二极管的最高反向工作电压

$$U_{RM} \geqslant U_{DM} = \sqrt{2}U_2 \tag{1-8}$$

【例1-1】 已知负载电阻 $R_L = 80\Omega$，负载电压 $U_L = 110V$，采用单相桥式整流电路，试选择整流二极管的型号并计算电源变压器二次电压的有效值。

解：（1）负载电流

$$I_L = \frac{U_L}{R_L} = \frac{110}{80} = 1.4A$$

（2）每只二极管通过的平均电流

$$I_D = \frac{I_L}{2} = 0.7A$$

（3）变压器二次电压的有效值为

$$U_2 = \frac{U_L}{0.9} = \frac{110}{0.9} = 122V$$

于是

$$U_{RM} \geqslant U_{DM} = \sqrt{2}U_2 = \sqrt{2} \times 122 = 172.5V$$

查电子器件手册，可选用1N4004二极管或选用3N系列硅整流桥3N249，其最大整流电流为1A，最高反向工作电压为400V。

第四节 滤波电路

整流电路可以把交流电压转换为直流脉动电压，在某些设备（例如电镀、蓄电池充电等设备）中，这种脉动电压就可以满足要求，但是对于大多数电子设备来说，是不能满足要求的，为此，需要接滤波电路（也称滤波器），使脉动降低到实际应用所允许的程度。常用的有电容滤波电路、电感滤波电路和复式滤波电路。

一、电容滤波电路

图1-15所示为半波整流电容滤波电路及波形，在图1-15a中与负载并联的电容就是一个最简单的电容滤波器（capacitor filter）。电容滤波器是根据电容电压不能跃变的原理工作的。

未接电容时，整流二极管在 u_2 的正半周导通，负半周截止，输出电压波形如图1-15b中虚线所示。

并联电容后，假设在 $\omega t = 0$ 时接通电源，则当 u_2 由零逐渐增大时，二极管VD导通。由图1-15a可见，二极管导通时除了有一个电流 i_L 流向负载以外，还有一个电流 i_C 向电容充电，电容电压 u_C 的极性为上正下负，如果忽略二极管的内阻，则在VD导通时 u_C（即输出电压 u_L）等于变压器二次电压 u_2。u_2 达到最大值后开始下降，当 $u_2 < u_C$ 时，VD反向截止，

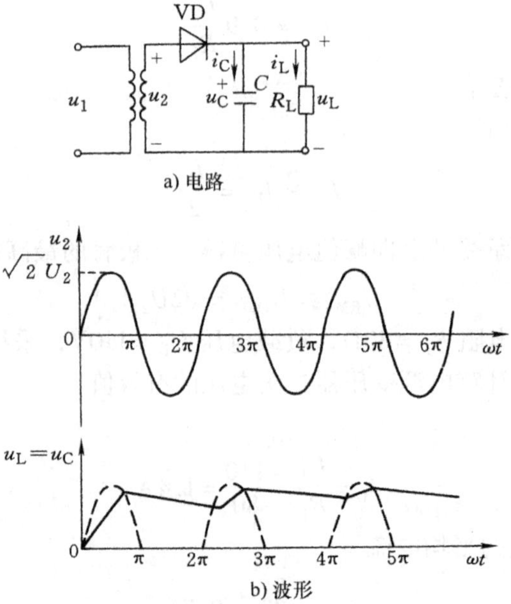

图 1-15 半波整流电容滤波电路及波形

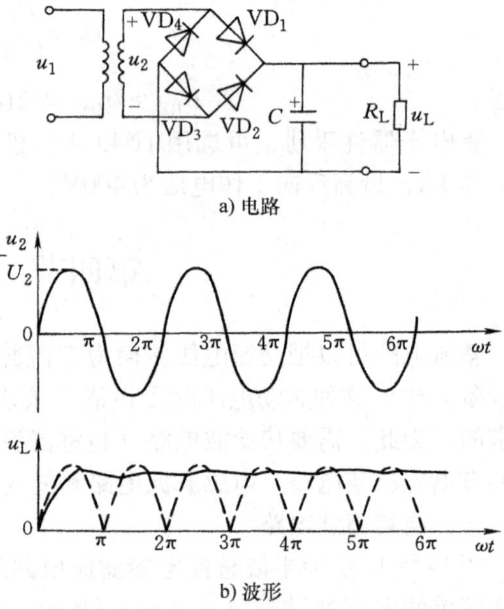

图 1-16 桥式整流电容滤波电路及其波形

电源不再向负载供电，而是电容对负载放电。电容放电时，u_C以一定的时间常数按指数规律下降，直到下一个正半波 $u_2>u_C$ 时，VD 又重新导通，电容再次被充电。充放电过程周而复始，输出电压 u_L的波形如图 1-15b 中实线所示。

桥式整流电容滤波电路的原理与此相同，只不过在一个周期内电容充放电两次。由于电容放电的时间缩短了，因此输出电压波形比半波整流电容滤波电路更加平滑，图 1-16 所示为桥式整流电容滤波电路及波形。

根据以上分析可知，采用电容滤波后，有如下几个特点：

1）负载电压中的脉动成分降低了。

2）负载电压的平均值有所提高。在 R_L一定时，滤波电容越大，U_L越大。工程上可按下式估算：

$$U_O \approx 1 \sim 1.1U_2 \quad（半波）$$

$$U_O \approx 1.2U_2 \quad（桥式） \tag{1-9}$$

通常按下式选取滤波电容：

$$R_LC \geqslant (3 \sim 5)T \quad（半波）$$

$$R_LC \geqslant (3\sim5)T/2 \quad (\text{桥式}) \tag{1-10}$$

式中，T 为交流电源电压的周期（50Hz 的交流电，周期为 0.02s）。

3）电容滤波电路中整流二极管的导通时间缩短了。由图 1-15b 和图 1-16b 可知，二极管的导通角大大小于 180°，而且电容放电时间常数越大，导通角越小。由于加了电容滤波后，平均输出电流提高了，而导通角却减小了，因此，整流二极管在短暂的导通时间内流过很大的冲击电流，所以必须选择较大电流容量的整流二极管。

从半波整流电容滤波电路图 1-15a 可知，在 u_2 负半周的极值点处有 $u_{VD}=u_2-u_C$，因此二极管承受的最高反向电压值 $U_{DM}\approx2\sqrt{2}U_2$，是没有加滤波电容时的两倍，选择二极管时要注意。由桥式整流电容滤波电路图 1-16a 可知，二极管承受的最高反向电压 $U_{DM}=\sqrt{2}U_2$，没有变化。

在半波整流电容滤波电路中，流过二极管的平均电流和负载上的平均电流相等；在桥式整流电容滤波电路中，流过二极管的平均电流等于负载平均电流的二分之一。

4）电容滤波只适用于负载电流较小且负载变化不大的场合。电容放电时间常数 τ（$=R_LC$）越大，放电过程越慢，则输出电压越大，滤波效果也越好，为此，应选择大容量的电容。另外负载变化会引起 τ 的变化，当然就会影响放电的快慢，从而影响输出电压平均值的稳定性。这说明电容滤波带负载能力较差，因此电容滤波适用于负载电流较小且负载变化不大的场合。

【例 1-2】 一个桥式整流电容滤波电路如图 1-16a 所示。电源由 220V、50Hz 的交流电压经变压器降压供电，要求输出直流电压为 30V，电流为 500mA，试选择整流二极管的型号及滤波电容的规格。

解：1. 选择整流二极管

（1）通过每只二极管的平均电流为

$$I_D=\frac{1}{2}I_L=\frac{500}{2}\text{mA}=250\text{mA}$$

（2）根据式（1-9）可得，变压器二次侧的电压有效值

$$U_2=\frac{U_L}{1.2}=\frac{30}{1.2}\text{V}=25\text{V}$$

（3）每只二极管承受的最高反向电压为

$$U_{RM}=\sqrt{2}U_2=\sqrt{2}\times25\text{V}=35\text{V}$$

根据 I_D 和 U_{RM} 查手册，选取 2CZ54B 二极管 4 只，其最大整流电流 $I_F=0.5\text{A}$，最高反向工作电压 $U_{RM}=50\text{V}$。也可选取 1N4001 或 1N4002。

2. 选择滤波电容器

由式（1-10）可得

$$C\geqslant\frac{5T}{2R_L}=\frac{5\times0.02}{2\times\dfrac{30}{0.5}}\text{F}\approx830\mu\text{F}$$

取标称值 1000μF；电容器耐压应大于电容两端的最大电压 $\sqrt{2}U_2$ 并留有一定的余量，一般按（1.5～2）U_2 选取，（1.5～2）×25V＝37.5～50V。确定选用 1000μF/50V 的电解电容 1 只。

二、电感滤波电路

电容滤波电路带负载能力较差，对于负载电流较大且负载经常变化的场合，采用电感滤波电路（inductance filter）效果较好，图1-17是一个桥式整流电感滤波电路。滤波电感L与负载R_L相串联，根据电感的特点，当输出电流发生变化时，L中将感应出一个反电动势，其方向将阻止电流发生变化，因而使负载电流和负载电压的脉动大为减小，电感越大，滤波效果越好。

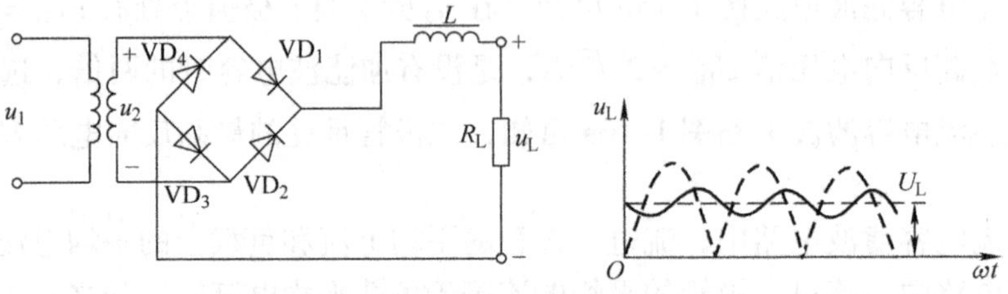

a) 电路　　b) 波形

图1-17　桥式整流电感滤波电路

电感线圈的滤波原理也可以这样理解：由于理想电感的直流电阻为零（实际电阻也很小），交流阻抗很大，因此直流分量经过电感后基本上没有损失，但是对于交流分量，很大一部分降落在电感上，因而降低了输出电压的脉动成分。L越大（感抗越大），R_L越小，则滤波效果越好，所以电感滤波适用于负载电流比较大的场合。采用电感滤波后，延长了整流管的导通角，因此避免了过大的冲击电流。在理想电感条件下，$U_L=0.9U_2$。

三、复式滤波电路

为了进一步减小输出电压中的脉动成分，可以将串联电感和并联电容组成复式滤波电路。这些滤波电路的特点和使用场合归纳在表1-1中，可供选用参考。

表1-1　各种滤波电路的比较

形　式	电　路	优　点	缺　点	使用场合
电容滤波	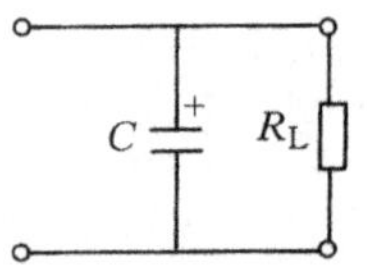	1. 输出电压高 2. 在小电流时滤波效果较好	1. 负载能力差 2. 电源接通瞬间因充电电流很大，整流管要承受很大正向浪涌电流	负载电流较小的场合
电感滤波	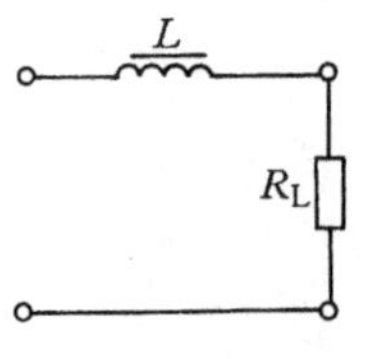	1. 负载能力较好 2. 对变动的负载滤波效果较好 3. 整流管不会受到浪涌电流的损害	1. 电感铁心的体积和重量大 2. 输出电压较低 3. 变化的电流在电感上产生的反电动势可能击穿半导体器件	适宜于负载变动大、负载电流大的场合。在晶闸管整流电源中用得较多
Γ型滤波	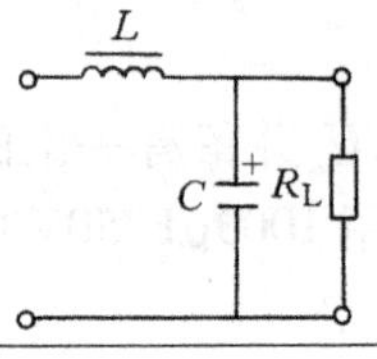	1. 输出电流较大 2. 负载能力较好 3. 滤波效果好	电感线圈体积大，成本高	适宜于负载变动大、负载电流较大的场合

（续）

形　式	电　路	优　点	缺　点	使用场合
Π型 LC 滤波	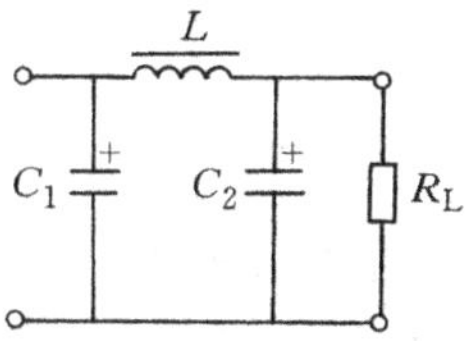	1. 输出电压高 2. 滤波效果好	1. 输出电流较小 2. 负载能力差	适宜于负载电流较小、要求稳定的场合
Π型 RC 滤波	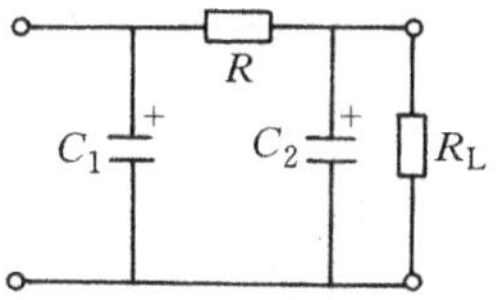	1. 滤波效果较好 2. 结构简单经济 3. 能兼起降压限流作用	1. 输出电流较小 2. 负载能力差	适宜于负载电流小的场合

第五节　倍压整流电路

若需要很高的直流电压，同时负载电流又较小，可以采用倍压整流（voltage double）电路。倍压整流不仅要将交流电转换成为直流电，而且可以得到比变压器二次电压 u_2 的峰值高出若干倍的直流电压。

倍压整流的原理，是利用二极管的整流和导引作用，将较低的直流电压分别存储在多个电容器上，然后将它们按照相同的极性串接起来，从而得到较高的输出直流电压。倍压整流电路的主要元件是二极管和电容器。

图 1-18 是一种二倍压整流电路，下面简述它的工作原理。

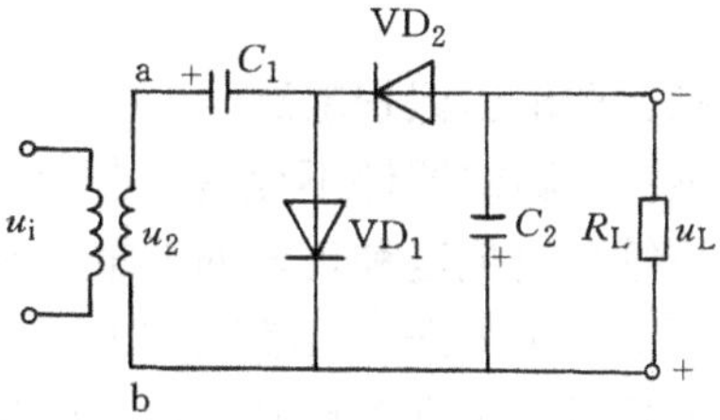

图 1-18　二倍压整流电路

u_2 正半波来到时，a 端为正，b 为负，u_2 通过正向偏置的 VD_1 对 C_1 充电，VD_2 因反偏而截止。经过几个正半周期的充电后，C_1 两端的电压最终可充至接近 u_2 的峰值，极性是左端为正，右端为负。

u_2 的负半波来到时，b 端为正，a 端为负，VD_1 因反偏而截止。此时 C_1 同 u_2 同极性串联相加，使 VD_2 导通，并对 C_2 充电。设负载 R_L 较大，负载电流很小，这样，经过几个负半周的充电后，C_2 两端的电压（即输出电压，极性为下正上负）可充电至：

$$u_{C2} = u_L \approx \sqrt{2}U_2 + u_{C1} = 2\sqrt{2}U_2$$

从而实现二倍压整流的要求。

第六节　半导体二极管应用电路举例

一、二极管在仪表输入回路中起保护作用的电路

在工厂车间经常存在高强度的电火花造成的干扰电压，它们与有用信号叠加在一起被送到某些检测控制仪表的放大器输入端，其幅值有时达几十伏以上，如果不采取保护措施，会

造成放大器的损坏。

在图 1-19 所示电路中，两只二极管反向并联组成钳位电路，可以将干扰信号钳制在 0.7V 以内，使放大器免于被击穿。干扰消失后，需要接收的有用信号幅值只有几个毫伏，小于这两个二极管的死区电压，所以不影响放大器的正常工作。

二、二极管用于电感性负载的续流

如图 1-20 所示，在直流电路中，某些诸如继电器、电磁铁、直流电动机等电感性负载突然被切断电源时，由于铁心中的磁通迅速减小，将在负载线圈中产生很高的感应电动势。在图 1-20 所示电路中，如不接二极管，感应电动势将在开关 S_1 的两触头间产生很高的电压，可能会产生很大的电火花或使半导体电子开关击穿，造成永久性损坏。如在电感性负载两端并联二极管，可以减小感性负载两端的感应电压。图中，二极管起续流作用（称续流二极管），当开关断开时，二极管导通，感性负载的电流通过二极管延续，电流逐渐减小，感应电动势较小（等于二极管的导通电压）。二极管 VD 在续流期间处于正向导通状态，而在开关闭合时 VD 处于反向偏置状态，无电流流过 VD，不影响电感性负载的正常工作。

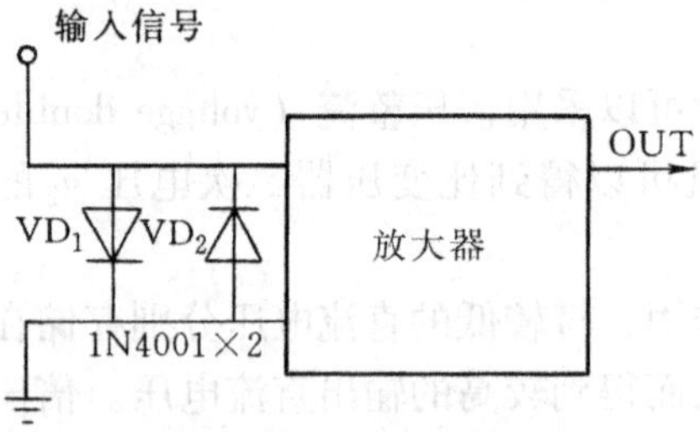

图 1-19 二极管保护电路

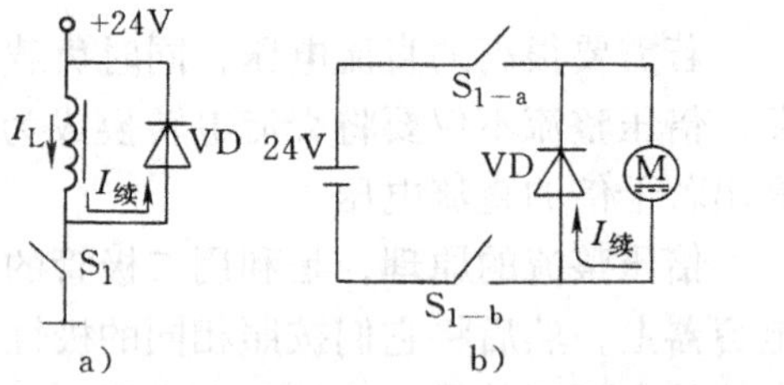

图 1-20 续流二极管在电感性负载电路中的应用

三、欠电压保护电路

某些电路或器件不允许工作在电压过低的情况，利用稳压二极管可避免这种现象的发生。在图 1-21 所示电路中，输入电压 U_I超过稳压管击穿电压时，VS 击穿导通，继电器 KA 有电流通过。正常工作时，输入电压 U_I等于稳压管击穿电压和继电器额定电压之和，继电器 KA 的触头 KA_1 闭合，电源通过 KA_1 向负载 R_L 供电。可根据负载工作电压的要求选择稳压二极管和继电器 KA。

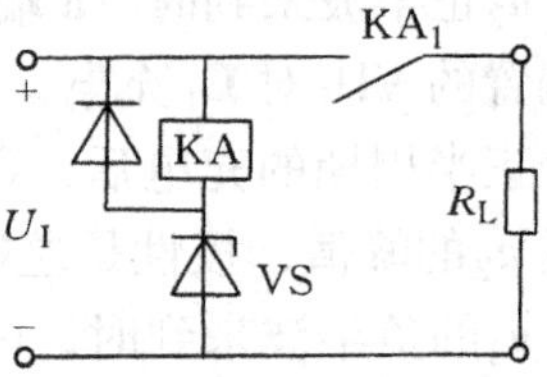

图 1-21 欠电压保护电路

当输入电压过低，小于稳压管击穿电压和继电器吸合电压（比其额定电压小一些）之和时，继电器的触头 KA_1 断开，这样，就保证了负载上的电压不会小于稳压管的击穿电压和继电器吸合电压之和。

图中，继电器 KA 并联的二极管是续流二极管。

四、稳压管限幅电路

稳压管限幅电路及输入、输出波形图如图 1-22 所示。图 1-22a 串联限幅电路的输出电压波形是输入电压波形中高于稳压管击穿电压的部分，可用来鉴别输入电压的幅值。图 1-22b 并联限幅电路的输出电压波形是输入波形中低于击穿电压的部分，对输出电压进行限幅，输出电压小于或等于稳压管的稳定电压，其输出的梯形电压在单结晶体管的晶闸管触发电路中可作为同步电源。图 1-22c 是双向限幅电路。

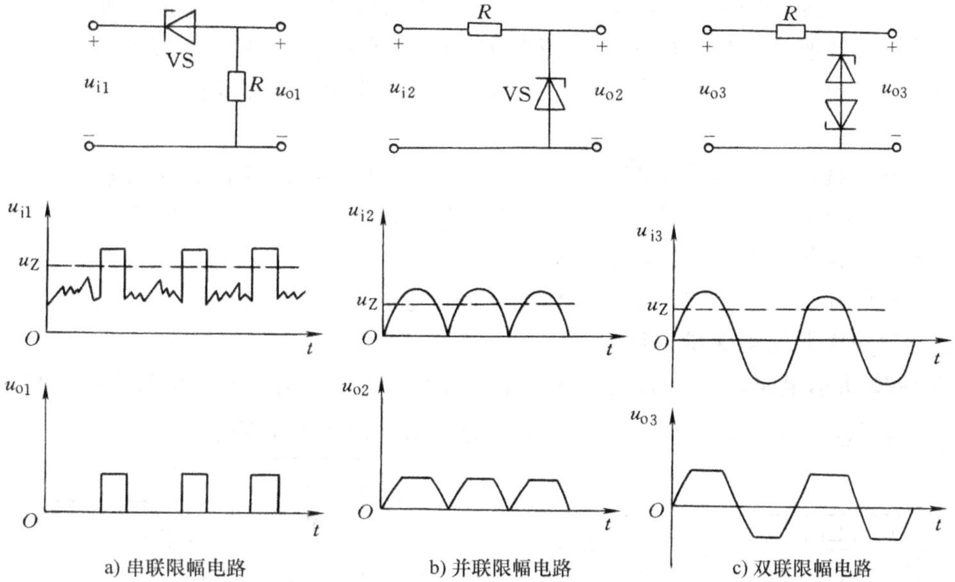

a) 串联限幅电路　　b) 并联限幅电路　　c) 双联限幅电路

图 1-22　稳压管限幅电路

五、发光二极管判断电源极性

电路如图 1-23 所示，VL_1 和 VL_2 是两只不同颜色的发光二极管，它们正负极相对并联，再与限流电阻 R 串联，构成测量电路。如果两只管子同时发光，则所测的电源为交流电，如果仅有一只管子发光，可根据发光管的颜色判断出电压的方向，R 的阻值根据 U_I 的大小来选择，将流过 LED 的电流限制在其工作电流允许的范围内。

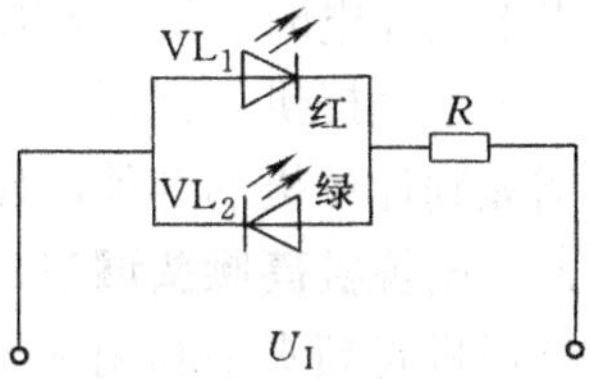

图 1-23　发光二极管判断电源极性

六、交流电源指示灯

电路 1-24a 中发光二极管 VL 在开关 S 闭合后发光，作为工作指示灯；R 起限流作用。如果没有 VD，可能会将发光二极管 VL 反向击穿，二极管 VD 须选用最高反向工作电压大于 $\sqrt{2}\times220V$ 的管子。流过发光二极管的电流为半波波形。

也可将 VD 与 VL 并联，如图 1-24b 所示，此时 VD 两端的反向电压只有 1.7V 左右，可选用 1N4148 或 1N4001 等低压二极管。

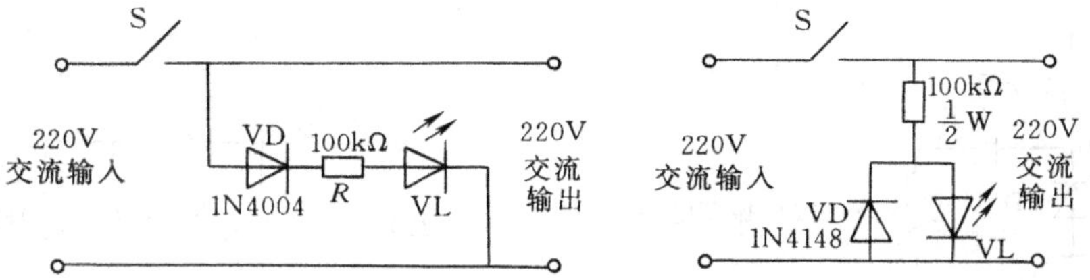

a)　　b)

图 1-24　电源指示灯

七、四倍压整流电路

四倍压整流电路如图 1-25 所示，它由多只整流二极管和电容器组成。变压器的二次侧分成两路进行倍压整流，C_2、C_3上的直流电压可以达到交流电压峰值的两倍，而 A、B 两端输出的直流电压是交流峰值的四倍。二极管和电容器的耐压只需按输出电压的一半，即二倍压计算。

具体工作过程是：变压器 T 的二次电压 a 正 b 负时，u_2经 VD_1给 C_1充电；a 负 b 正时，u_2与 C_1上的电压串联起来，经 VD_2给 C_2充电，C_2上得到上正下负的二倍压。同理 C_3上可得到下正上负的二倍压，A、B 之间的电压就是所需要的四倍压了。

根据同样的原理，还可以组成其他倍数的倍压电路。

八、计算机电源断电保护电路

如图 1-26 所示电路，当电网正常时，存储器电路通过 VD_1与整流滤波电路来的 +5V 连通，这时由于 $V_{CC1} > V_{CC2}$，所以 VD_2反偏而截止，蓄电池组不消耗电流。

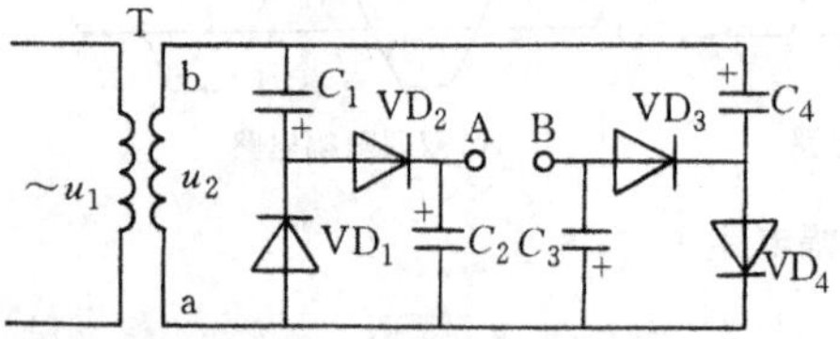

图 1-25　四倍压整流电路

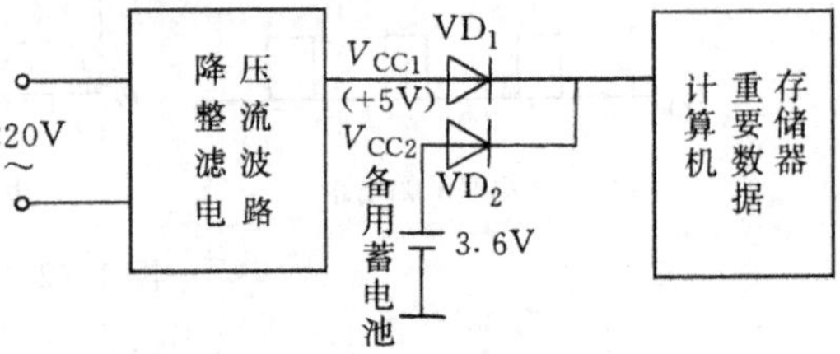

图 1-26　计算机电源断电保护电路

当电网掉电时，$V_{CC1}=0$，这时 $V_{CC2}>V_{CC1}$，所以，VD_2正偏而 VD_1反偏，存储器的工作电流由蓄电池提供，保证了重要的数据不会掉失。由于 VD_1处于截止状态，所以 V_{CC2}的电流不会倒灌到计算机的其他电路中去，可节约 V_{CC2}的电能。

九、电视机高频头调节电路

电视机高频头中利用变容二极管调节电视频道的原理如图 1-27 所示。图中，变容二极管 VD 处于反向偏置状态，结电容 C_X随 U_D的增大而减小，C_X与 0.1μF 的电容、电感 L 产生并联谐振，决定了 LC 振荡电路的振荡频率，从而达到选择电台频率的目的。RP 是用于调节 U_D大小的。

十、改变灯亮度的电路

当图 1-28 中的 S_1、S_2均合上时，电灯的功率等于额定值。当 S_2断开后，1N4007 被串联到回路中，只有正半周才有电流流过电灯，负半周时 VD 截止，电灯的功率减半，灯丝

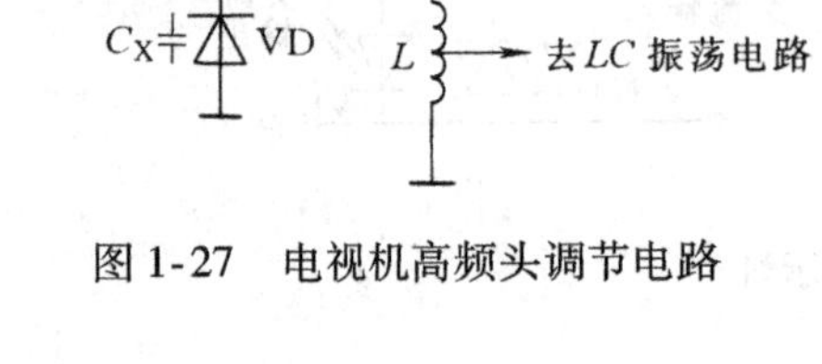

图 1-27　电视机高频头调节电路

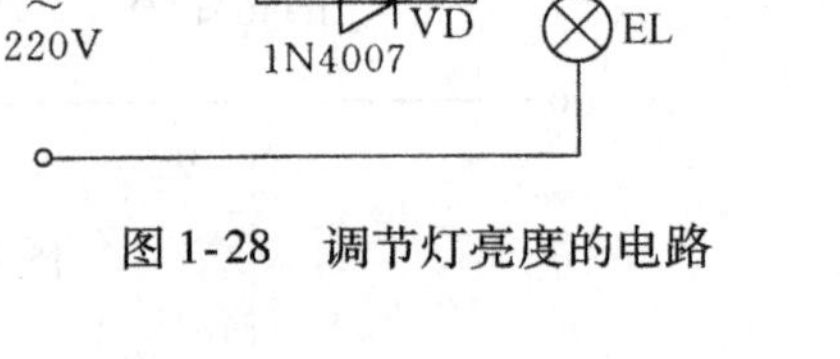

图 1-28　调节灯亮度的电路

的温度和亮度减小。此电路的缺点是通过电灯的电流呈半波波形，有频闪的感觉，不适宜于作室内照明之用，但可用于加热器具的温度控制，如电热毯的温度控制。S_1 为电源开关，S_2 为温控开关。

十一、无绳电话机电源电压检测电路

无绳电话机中利用发光二极管监测镍铬电池电压的电路如图 1-29 所示。

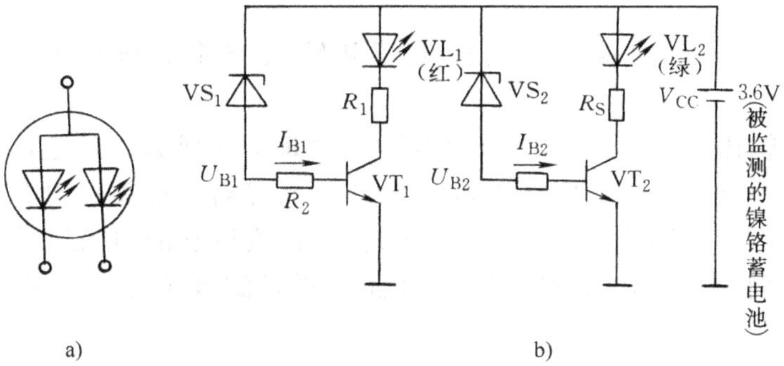

图 1-29　无绳电话机电源电压检测电路

电路中采用的变色发光二极管是在一个管芯内制造出一个发红光和一个发绿光的发光二极管，封装在一个管壳内，如图 1-29a 所示。当两个发光二极管均通过相同的电流时，由于两只发光二极管靠得很近，发出的红光和绿光混合在一起给人的视觉效果是黄光。当只有一个发光二极管通过电流时，只发出红光或绿光。控制两只发光二极管的电流比例，可使视觉效果感到发出的光从红色经橙色、黄色、黄绿、逐渐过渡到绿色，有一定的彩色效果（本例中采用的是共阳极变色二极管，还有共阴极变色二极管）。

在图 1-29b 电路中，稳压管 VS_1、VS_2 的击穿电压分别为 2V 和 2.5V。当被测电池电压在 3.6V 以上时，VS_1 和 VS_2 均被击穿，U_{B1}、U_{B2} 均大于 0.7V，因此 VT_1、VT_2 均导通，VL_1、VL_2 均发光，视觉效果为黄色。当电源电压降至 3V 以下时，VS_2、VT_2 截止（硅晶体管的死区电压约为 0.5V，第二章介绍），VL_2 不发光，视觉效果为红色，提示用户要及时充电。

当电池电压进一步下降至 2.5V 以下时，VS_1、VT_1 也截止，VL_1 也不发光了，变色二极管不亮，提示用户电池已用完，须及时充电。

本 章 小 结

1. 按导电性能来分，可以把物质分为导体、半导体和绝缘体。导电性能介于导体和绝缘体之间的物质称为半导体。半导体具有热敏特性、光敏特性和掺杂特性。

2. 纯净（本征）的半导体内加入不同的杂质可以形成杂质半导体，分别为 N 型半导体和 P 型半导体，它们是制造各种半导体电子器件的基本材料。P 型半导体和 N 型半导体结合在一起可以形成 PN 结。

3. 半导体二极管由一个 PN 结组成，具有单向导电性。二极管工作时分为正向导通、反向截止和反向击穿三个状态。二极管加正偏电压（必须大于死区电压）时导通，正向电阻很小，理想情况下相当于开关闭合；二极管加反偏电压时截止，反向电流极小，反向电阻很大，理想情况下相当于开关断开；二极管的反偏电压超过击穿电压时将被反向击穿（电击穿），此时其两端电压变化很小，具有稳压作用，但电流太大时，其功率将超过额定功率，二

极管会被烧坏（热击穿）。

4. 硅稳压二极管工作在反向击穿状态；发光二极管正向导通时可以发光；光敏二极管加反偏电压后，在光照的作用下，会产生较大的反向电流，并随光的强度变化；变容二极管加反偏电压时，其等效电容随反偏电压而改变。

5. 单相半波整流电路输出的直流电压和输入交流电压有效值之间的关系为：$U_O=0.45U_2$。

6. 单相桥式整流电路输出的直流电压和输入交流电压有效值之间的关系为：$U_O=0.9U_2$。

7. 整流电路输出的是单方向的脉动电压，含有交流成分，通过滤波电路，负载上能得到比较平滑的直流电压。常用的滤波元件有电容器和电感。电容有阻止其两端电压波动的能力，所以用作并联滤波器；电感有阻止流过它的电流变化的能力，所以用作串联滤波器。同时使用电感和电容可组合为复式滤波电路，可使滤波效果进一步提高。

练 习 题

一、填空题

1. 半导体是导电能力介于________和________之间的物质。

2. 利用半导体的________特性，可制成杂质半导体；利用半导体的________特性，可制成光敏电阻，利用半导体的________特性，可制成热敏电阻。

3. PN 结加正向电压时________，加反向电压时________，这种特性称为 PN 结的________特性。

4. PN 结正向偏置时 P 区的电位________ N 区的电位。

5. 二极管正向导通的最小电压称为________电压，使二极管反向电流急剧增大所对应的电压称为________电压。

6. 二极管最主要的特性是________，使用时应考虑的两个主要参数是________和________。

7. 在常温下，硅二极管的死区电压约为________ V，导通后的正向压降约为________ V。

8. 在常温下，锗二极管的死区电压约为________ V，导通后的正向压降约为________ V。

9. 半导体二极管加反向偏置电压时，反向饱和电流越________，二极管的性能越好。

10. 稳压管工作在伏安特性的________区，此时，反向电流有较大变化时，它两端的电压________。

11. 理想二极管正向电阻为________，反向电阻为________，这两种状态相当于一个________。

12. 当温度升高时，二极管的正向电压________，反向电流________。

13. 整流电路的作用是____________，核心元器件是________。

14. 滤波电路的作用是________________________。

15. 单相半波整流与单相桥式整流相比，整流效果好的是________。

二、选择题

1. 二极管的导通条件是（　　）。

A. $U_D > 0$　　B. $U_D >$ 死区电压　　C. $U_D >$ 击穿电压

2. 硅二极管的正向电压在0.7V的基础上增加10%，它的电流（　　）。

A. 基本不变　　B. 增加10%　　C. 增加10%以上

3. 锗二极管的正向电压在0.3V的基础上增大10%，它的电流（　　）。

A. 基本不变　　B. 增加10%　　C. 增加10%以上

4. 用万用表的 $R\times100\Omega$ 档和 $R\times1k\Omega$ 档分别测量一个正常二极管的正向电阻，两次测量值分别为 R_1 和 R_2，则 R_1 与 R_2 的关系为（　　）。

A. $R_1 > R_2$　　B. $R_1 = R_2$　　C. $R_1 < R_2$

5. 当温度为20℃时，二极管的导通电压为0.7V，若其他参数不变，当温度升高到40℃时，二极管的导通电压将（　　）。

A. 等于0.7V　　B. 小于0.7V　　C. 大于0.7V

6. 如图1-30所示，$V_{CC} = 12V$，二极管均为理想元件，则 VD_1、VD_2、VD_3 的工作状态为（　　）。

A. VD_1 导通，VD_2、VD_3 截止

B. VD_2 导通，VD_1、VD_3 截止

C. VD_3 导通，VD_1、VD_2 截止

7. 在图1-31电路中，稳压管 VS_1 的稳定电压为9V，VS_2 的稳定电压为15V，输出电压 U_O 等于（　　）。

A. 15V　　B. 9V　　C. 24V

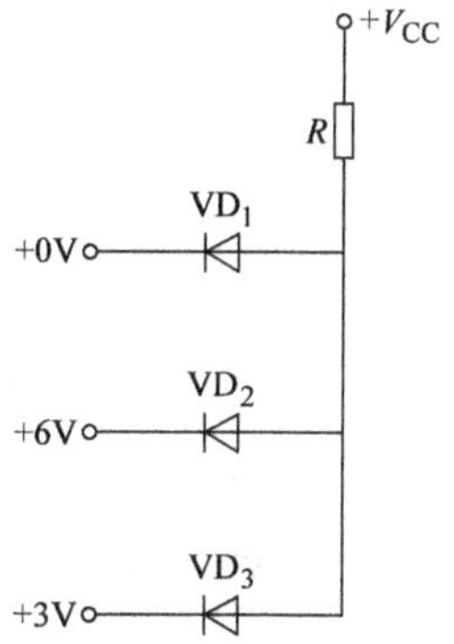

图 1-30

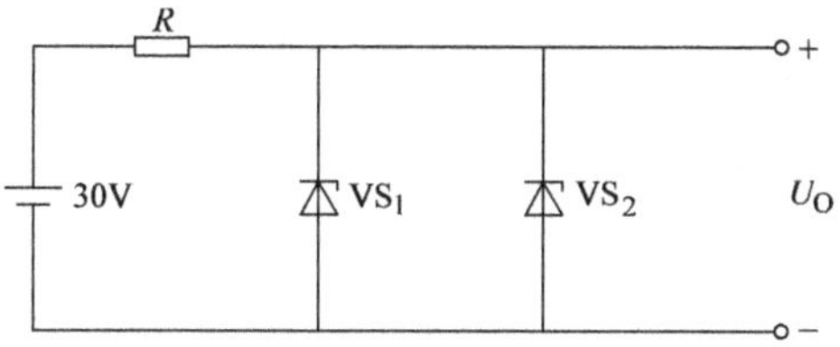

图 1-31

8. 电路如图1-32所示，VD_1 ~ VD_3 为理想二极管，A、B、C是三只相同的白炽灯，其中最亮的灯是（　　）。

A. B

B. C

C. A

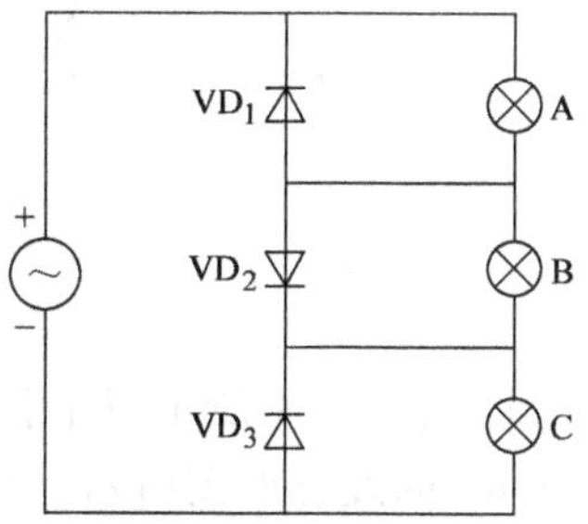

图 1-32

9. 在理想二极管桥式整流和电阻性负载电路中，二极管承受的最大反向电压为（　　）。

A. 小于 $\sqrt{2}U_2$

B. 等于 $\sqrt{2}U_2$

C. 大于$\sqrt{2}U_2$，小于$2\sqrt{2}U_2$

D. 等于$2\sqrt{2}U_2$

10. 单相桥式整流电容滤波电路中，在满足 $R_LC \geqslant (3\sim5)T/2$ 时，负载电阻上的平均电压估算值为（　　）。

A. $1.1U_2$　　B. $0.9U_2$　　C. $1.2U_2$　　D. $0.45U_2$

11. 图 1-33 所示电路图中，$u_i = 10\sin\omega t$（V），若忽略二极管导通压降，用示波器观察 u_O 的波形，正确的是（　　）。

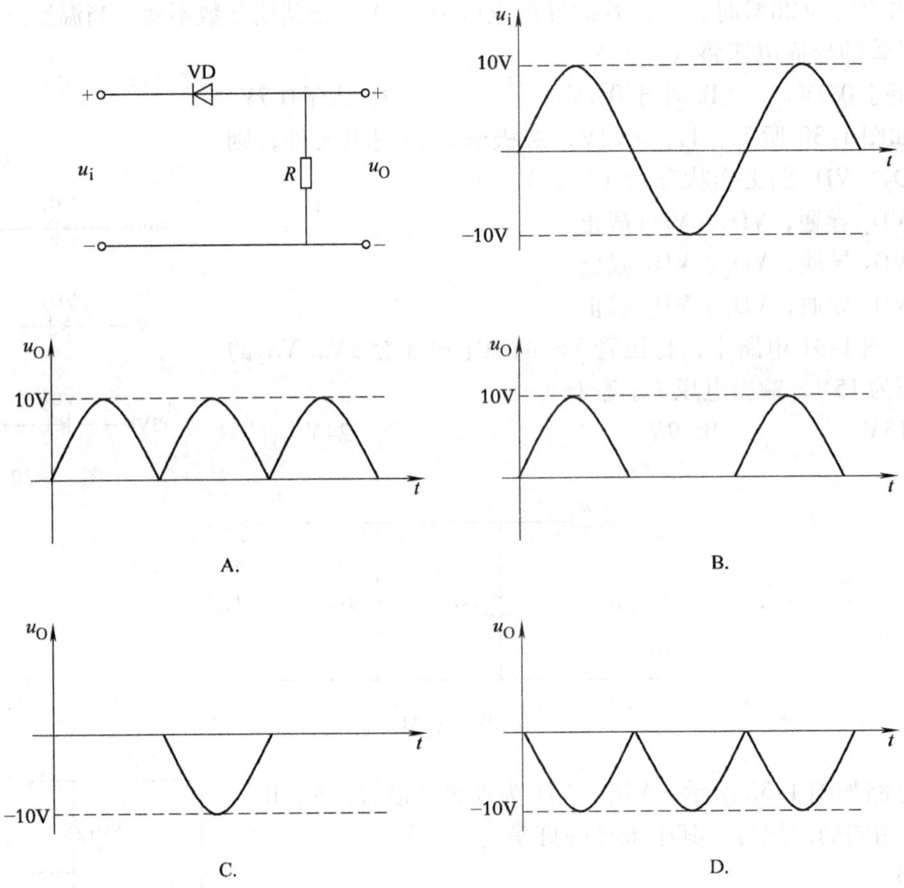

图 1-33

12. 图 1-34 所示三个整流电路 A. B. C.，变压器二次电压为$u_2 = \sqrt{2}U_2\sin\omega t$（V），负载电压 u_O 的波形如图所示，符合该波形的电路是（　　）。

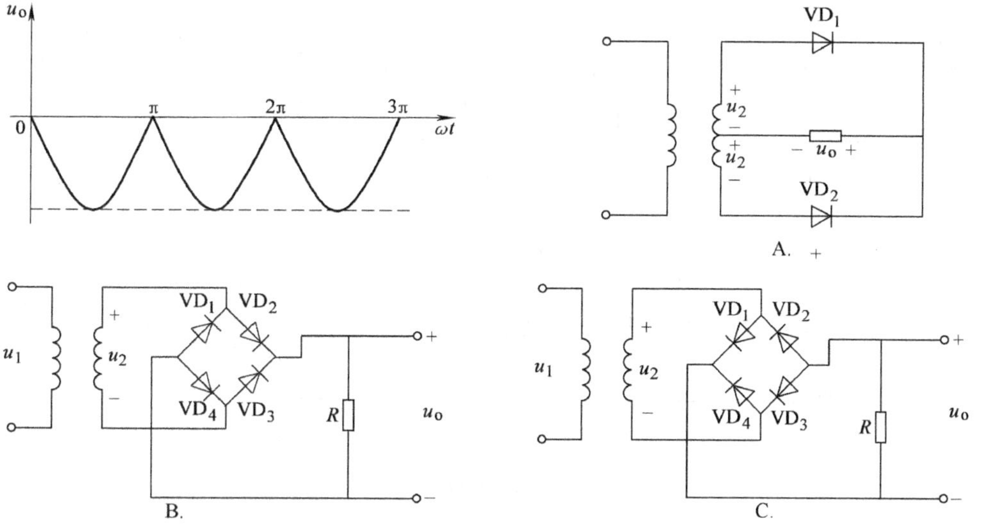

图 1-34

三、判断题

1. 在二极管的反向截止区，反向电流随反向电压增大而增大。 (　　)
2. 如果稳压管工作电流 $I_Z < I_{Z\min}$，则管子可能被损坏。 (　　)
3. 光敏二极管用作光的测量时，应该工作在反向偏置状态。 (　　)
4. 桥式整流电路中，流过每个二极管的平均电流相同，都只有负载电流的一半。 (　　)
5. 电容滤波电路的负载电流越大，则滤波效果越好。 (　　)

四、分析计算题

1. 判断图 1-35 所示电路中二极管的工作状态。

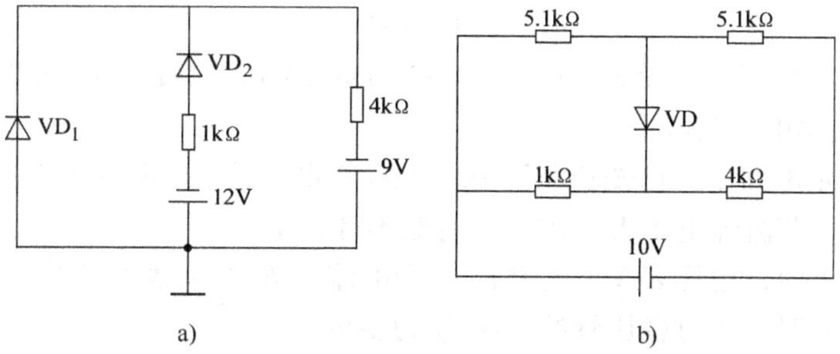

图 1-35

2. 二极管电路如图 1-36 所示，设二极管为理想二极管（导通电压为零），试判断图中二极管是导通还是截止？并求输出电压 U_O。

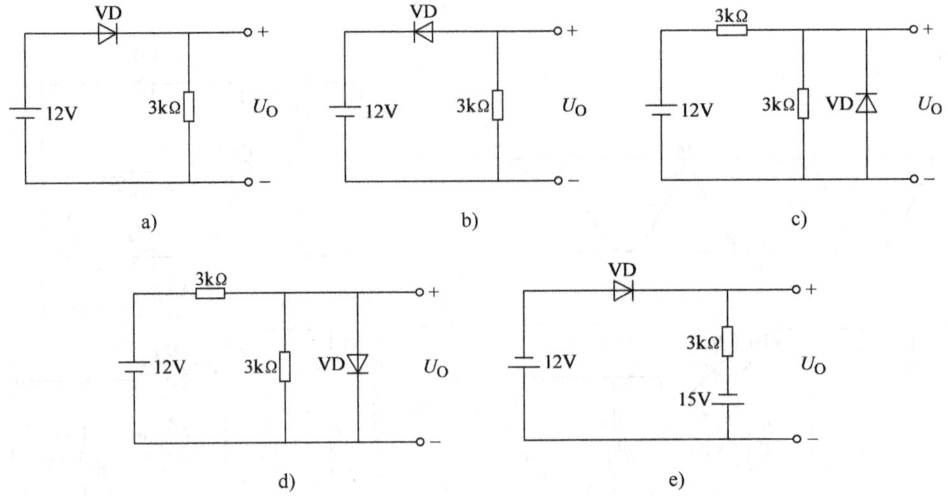

图 1-36

3. 电路如图 1-37 所示，设二极管导通压降为 0.7V，判断二极管是否导通并求输出电压 U_O。

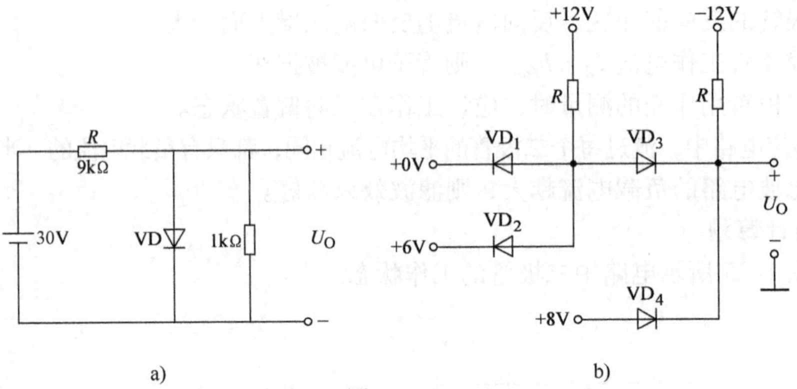

图 1-37

4. 电路如图 1-38 所示，设 $E=6V$，$u_i=12\sin\omega t$ （V），二极管的正向压降忽略不计，试在图中分别画出输出电压的波形。

5. 图 1-39 所示电路中，已知稳压管 2CW5 的参数如下：稳定电压 $U_Z=12V$，最大稳定电流 $I_{Zmax}=20mA$，若流经电压表 V 的电流忽略不计，求：

1）开关 S 合上时，电压表 V、电流表 A_1 和电流表 A_2 的读数为多少？

2）开关 S 打开时，流过稳压管的电流 I_Z 为多少？

3）开关 S 合上，且输入电压由原来的 30V 上升到 33V 时，此时电压表 V、电流表 A_1 和电流表 A_2 的读数为多少？

6. 桥式整流电容滤波电路及实际输出电压极性如图 1-40 所示，$u_2=10\sqrt{2}\sin\omega t$ （V），试画出图中 4 只二极管和滤波电容（标出极性），并求：

1）正常工作时，$U_O=$？

2）若电容脱焊，$U_O=$？

3）若 R_L 开路，$U_O=$？

4）若其中一个二极管开路，$U_O=?$

7. 桥式整流电容滤波电路及实际输出电压极性如图 1-41 所示，$u_2=20\sqrt{2}\sin\omega t$（V），试画出图中 4 只二极管和滤波电容（标出极性），并求：

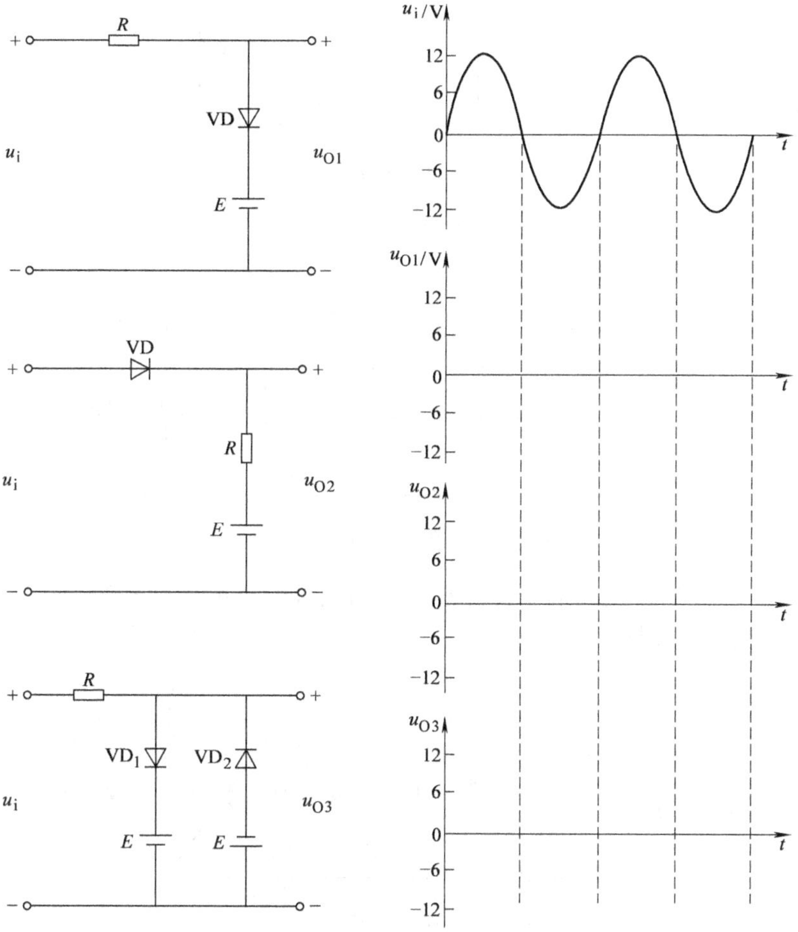

图　1-38

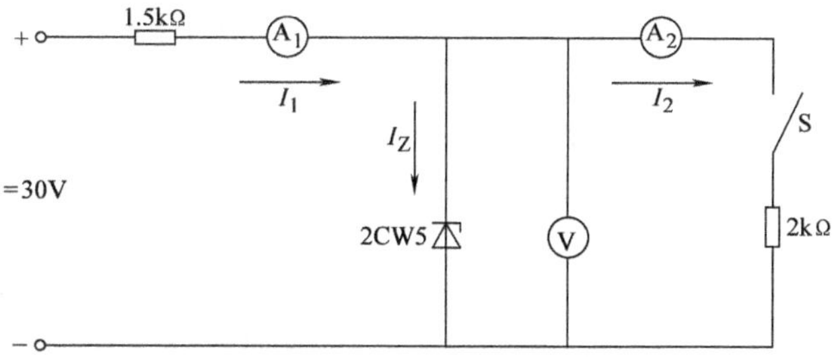

图　1-39

1）正常工作时，$U_O=?$

2）若电容脱焊，$U_O=?$

3）若 R_L 开路，$U_O=?$

4）若其中一个二极管短路，电路会有什么后果？

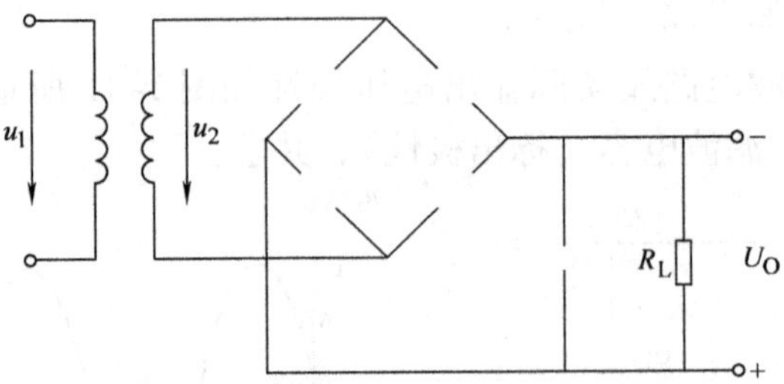

图 1-40

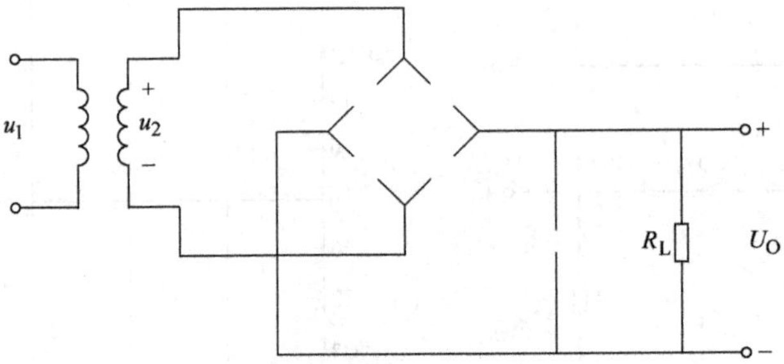

图 1-41

8. 试分析图 1-42 所示电路的工作原理，标出电容电压的极性和数值，并标出电路能输出几倍压的输出电压和极性。

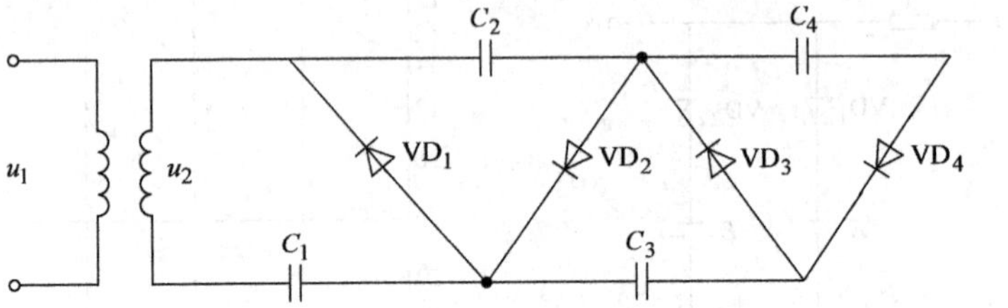

图 1-42

第二章　晶体管及其放大电路

晶体三极管（semiconductor triode）也称晶体管（以下均简称为晶体管）或双极型晶体管，它是放大电路的最基本元件之一。本章首先介绍晶体管的基本结构和特性参数，接着以晶体管共发射极放大电路为例，重点讨论由分立元件组成的放大电路结构、工作原理、分析方法以及特点和应用，然后介绍静态工作点的稳定问题，以及共集电极电路和共基极电路。

第一节　晶　体　管

一、晶体管的结构及符号

晶体管是由三层不同的杂质半导体组合而成的，按杂质半导体的组合方式不同，可将其分为 NPN 型管和 PNP 型管。图 2-1 和图 2-2 分别是 NPN 型和 PNP 型晶体管的结构示意图和图形符号。

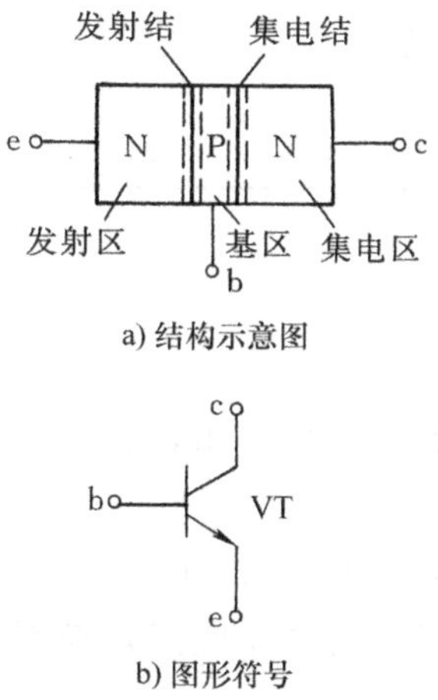

图 2-1　NPN 型晶体管

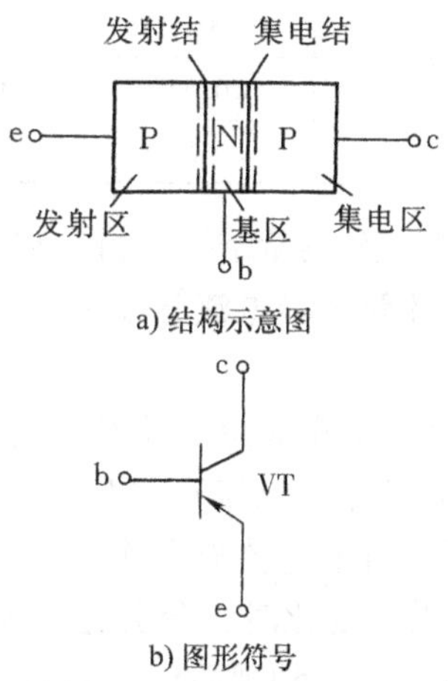

图 2-2　PNP 型晶体管

如图 2-1a 和图 2-2a 所示，无论是 NPN 型管还是 PNP 型管，它们内部均含有三个区：发射区（emitter region）、基区（base region）和集电区（collector region）；从三个区各自引出一个电极，分别称为发射极 e（emitter）、基极 b（base）和集电极 c（collector）；在三个区的两个交界处形成了两个 PN 结，发射区与基区之间形成的 PN 结称为发射结，集电区与基区之间形成的 PN 结称为集电结，两个 PN 结通过掺杂浓度很低且很薄的基区联系着。在晶体管内部，为了收集发射区发射过来的载流子，集电结的结面积较大，而发射区的掺杂浓度比集电区高得多，因此使用时集电极与发射极不能互换。晶体管的图形符号如图 2-1b 和图 2-2b 所示，符号中带箭头的是发射极，箭头方向是由 P 区指向 N 区的（即 PN 结正向偏置时的电流方向）。

二、晶体管中的电流分配和放大作用

晶体管结构上的特点是：含有两个背靠背的 PN 结，发射区掺杂浓度高，基区很薄且掺杂浓度低，集电结面积大等，这些特点是晶体管具有电流放大作用的内部条件。

晶体管实现放大作用的外部条件是发射结正向偏置，集电结反向偏置。晶体管有 NPN 型和 PNP 型两类，因此为了保证其外部条件，这两类晶体管工作时外加电源的极性是不同的：对 NPN 型管来说，三个电极的电位关系是 $V_C > V_B > V_E$；如果是 PNP 型管，则应是$V_C < V_B < V_E$。

为了了解晶体管各个电极的电流分配及它们之间的关系，我们先做一个实验，实验电路如图 2-3 所示，由于这种电路中的晶体管发射极是公共端，因此称为共发射极接法。因为用的是 NPN 型硅管，电源 V_{CC}和V_{BB}的极性必须照图中那样接法，使发射结加正向电压，集电结加反向电压，晶体管才能起到放大作用。

改变可变电阻 R_B，则基极电流 I_B、集电极电流 I_C 和发射极电流 I_E 都发生变化。电流方向如图所示。测量结果列于表 2-1 中。

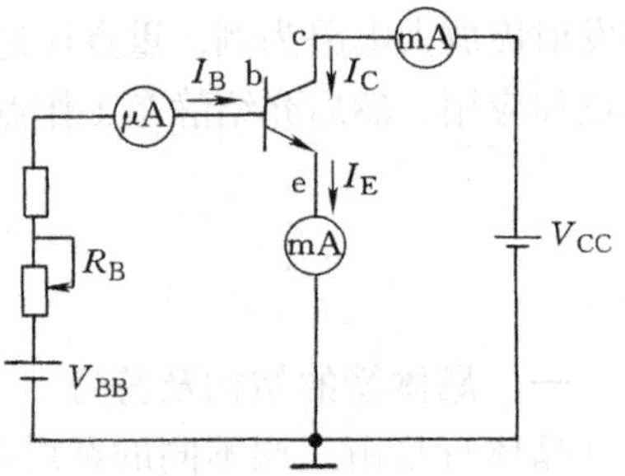

图 2-3 晶体管电流放大的实验电路

表 2-1 晶体管电流测量数据 （单位：mA）

I_B	0	0.02	0.04	0.06	0.08	0.10
I_C	<0.001	0.70	1.50	2.30	3.10	3.95
I_E	<0.001	0.72	1.54	2.36	3.18	4.05

由此实验及测量结果可得出如下结论：

1）晶体管各极电流分配关系为

$$I_E = I_C + I_B$$

此结果符合基尔霍夫电流定律，即发射极电流（流出电流）等于集电极电流（流入电流）与基极电流（流入电流）之和。

2）晶体管的电流放大作用。从实验数据还可以看出：$I_C >> I_B$，而且当调节电位器 R_B 使 I_B 有一微小变化时，会引起 I_C 较大的变化，这表明基极电流（小电流）控制着集电极电流（大电流），这种现象称为晶体管的电流放大作用。

当晶体管外部条件满足时，I_C和 I_B的比值基本上保持一定，这个比值用$\overline{\beta}$表示，即

$$\overline{\beta} = \frac{I_C}{I_B} \tag{2-1}$$

$\overline{\beta}$ 表征晶体管的电流放大能力，称为电流放大系数。

$I_C \approx \overline{\beta} I_B$ 表明晶体管的电流是按比例分配的，若有一个单位的基极电流 I_B，就会有$\overline{\beta}$倍基极电流的集电极电流 I_C。所以 I_C的大小不但取决于 I_B，而且远大于 I_B。因此**只要控制基极回路的小电流 I_B，就能实现对集电极回路大电流 I_C（或 I_E）的控制，所谓晶体管的电流**

放大作用和电流控制能力，就是这个意思。除了管子本身的内部结构条件外，还必须保证管子外部使用条件，那就是发射结正向偏置，集电结反向偏置。由于通过控制基极电流 I_B 的大小，能实现对集电极电流 I_C 的控制，所以**常把晶体管称为电流控制器件。**

图 2-4 所示是 NPN 型晶体管和 PNP 型晶体管中电流方向和各极极性（图 2-3 中如换用 PNP 型管，则电源 V_{CC} 和 V_{BB} 要反接）。

3）当 $I_B=0$（将基极开路）时，$I_C<0.001\text{mA}$，该电流称为穿透电流（penetration current），用 I_{CEO} 表示，是指 $I_B=0$ 时，由集电区穿过基区流入发射区的电流。I_{CEO} 不受 I_B 控制。

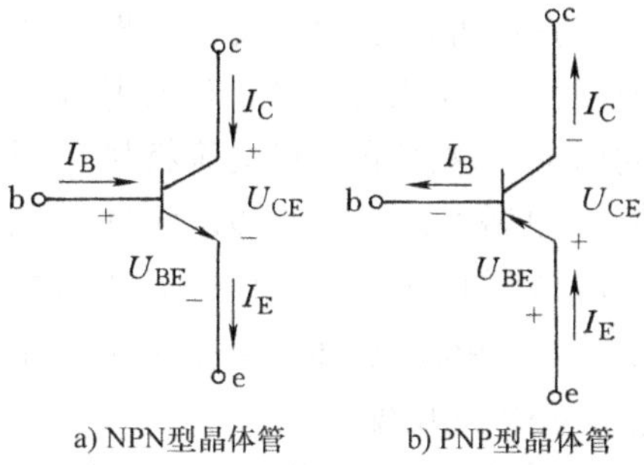

图 2-4　电流方向和各极极性

三、晶体管的特性曲线

晶体管的特性曲线是用来表示该晶体管各极电压和电流之间相互关系的，它反映了晶体管的性能，是分析放大电路的重要依据。最常用的是共发射极接法（common - emitter configuration）时的输入特性曲线（input characteristic curves）和输出特性曲线（output characteristic curves）。这些特性曲线可用晶体特性图示仪直观地显示出来，也可通过实验电路进行测绘。

（一）输入特性曲线

输入特性曲线是指当晶体管集电极和发射极之间的电压 U_{CE} 为某一常数时，输入回路中晶体管基射电压 U_{BE} 与基极电流 I_B 之间的关系曲线，用函数式表示为

$$I_B=f(U_{BE})\Big|_{U_{CE}=\text{常数}}$$

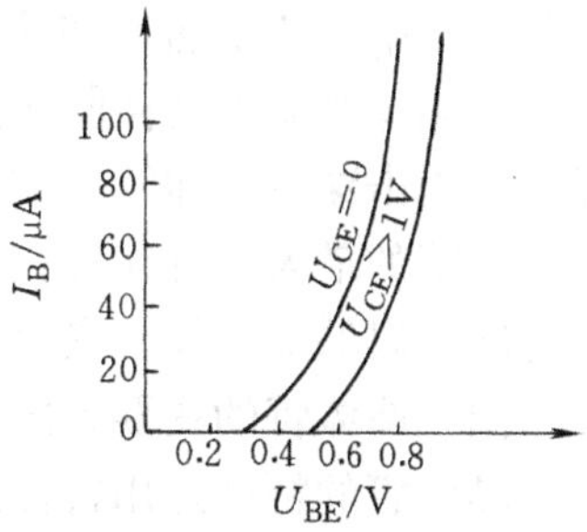

图 2-5　某晶体管输入特性曲线

图 2-5 是某晶体管的输入特性曲线，可分两种情况。

1）$U_{CE}=0$ 时，C、E 间短接，I_B 和 U_{BE} 的关系，就是发射结和集电结两个正向二极管并联的伏安特性。

2）U_{CE} 增大时，输入特性曲线右移，这说明 U_{CE} 对输入特性有影响。特性曲线右移表明，在同样 U_{BE} 下，I_B 将减小。图 2-5 中给出了 $U_{CE}>1\text{V}$ 时的输入特性曲线。U_{CE} 越大，曲线越向右移，但当 U_{CE} 大于一定值（一般当 $U_{CE}>1\text{V}$）后，曲线基本重合，因此只需测试一条 $U_{CE}>1\text{V}$ 的输入特性曲线。

由图 2-5 可见，晶体管的输入特性曲线是非线性的。晶体管输入特性也有一段死区。当发射结外加电压小于死区电压时，晶体管基极电流 I_B 很小，约等于零，只有当发射结外加电压大于死区电压时，晶体管才导通，出现基极电流 I_B。硅管的死区电压约为 0.5V，锗管约为 0.1V。晶体管导通后，发射结电压变化不大，硅管约为 0.6～0.7V，锗管约为 0.2～0.3V。

（二）输出特性曲线

输出特性曲线是指在基极电流 I_B 一定的情况下，晶体管输出回路中集电极和发射极之间的电压 U_{CE} 与集电极电流 I_C 之间的关系曲线，用函数式表示为

$$I_C=f(U_{CE})\big|_{I_B=\text{常数}}$$

图 2-6 为某晶体管的输出特性曲线。

在不同的 I_B 下，可得出不同的曲线，所以晶体管的输出特性曲线是一组曲线。

通常把晶体管的输出特性曲线分为三个工作区：

1. 放大区（amplification region）：输出特性曲线中近似于水平部分的是放大区。

从图中可以看出，I_B一定时，当 U_{CE}超过一定数值（约 1V）以后，U_{CE}继续增加，I_C也不再有明显的增加，这区域具有恒流特性。当 I_B增大时，相应的 I_C也增大，曲线上移，而且 I_C比 I_B大得多，这就是晶体管的电流放大作用。在放大区，I_C和 I_B成正比，$I_C=\bar{\beta}I_B$。晶体管处于放大区的条件是发射结正偏，集电结反偏。

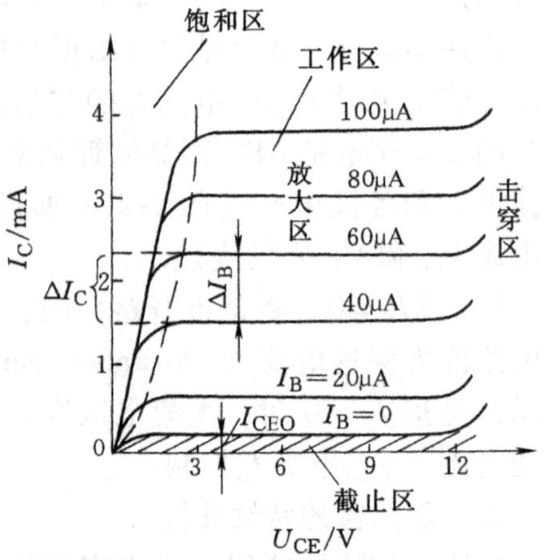

图 2-6　某晶体管输出特性曲线

2. 截止区（cutoff region）：$I_B=0$ 的曲线以下的区域称为截止区。$I_B=0$ 时，$I_C=I_{CEO}$（在表 2-1 中，I_{CEO}小于 1μA）。晶体管的 U_{BE}小于死区电压时，已开始截止，但是为了截止可靠，常使 $U_{BE}\leq 0$，即发射结零偏或反偏。

3. 饱和区（saturation region）：饱和区是对应于 U_{CE}较小（$U_{CE}<U_{BE}$）的区域，此时集电结处于正向偏置，以致使 I_C不能随 I_B的增大而成比例增大，即 I_C处于"饱和"状态。在饱和区，$I_C\neq\beta I_B$，晶体管发射结和集电结都处于正向偏置。

从晶体管输出特性曲线的右边区域可以看到，当 U_{CE}大于某一值后，I_C开始剧增，这个现象称为击穿。晶体管击穿后，集电极电流突增，此时 U_{CE}也较大，晶体管功耗很大，如超过晶体管的最大允许功耗，晶体管将被烧毁，因此，晶体管正常工作时，U_{CE}一般应小于击穿电压，以保证晶体管安全工作。

四、晶体管的主要参数

晶体管的特性除用特性曲线表示外，还可用一些数据来说明，这些数据就是晶体管的参数。晶体管的参数是设计电路时选用晶体管的依据。晶体管主要参数有下面几个：

（一）电流放大系数 $\bar{\beta}$、β

1. 共射极直流电流放大系数 $\bar{\beta}$　当晶体管接成共发射极放大电路时，静态（基极、集电极电流保持不变）时集电极电流 I_C与基极电流 I_B的比值称为共射极直流电流放大系数

$$\bar{\beta}=\frac{I_C}{I_B}$$

2. 共射极交流电流放大倍数 β　当晶体管的基极电流变化时，其变化量若为 ΔI_B，它将引起集电极电流变化，其变化量为 ΔI_C，ΔI_C与 ΔI_B的比值称为交流（动态）电流放大系数

$$\beta=\frac{\Delta I_C}{\Delta I_B} \tag{2-2}$$

显然，$\bar{\beta}$ 和 β 的含义是不同的，但二者相差不大，估算时，可认为 $\bar{\beta}\approx\beta$。

（二）极间反向电流

1. I_{CBO}　为发射极开路时，集电极和基极间的反向饱和电流。小功率硅管的 I_{CBO}小于 1μA，锗管的 I_{CBO}一般超过 10μA。

2. I_{CEO}　为基极开路时，由集电区穿过基区流入发射区的电流，称为穿透电流，它是 I_{CBO}的（$1+\bar{\beta}$）倍。

$$I_{CEO} = (1 + \bar{\beta}) I_{CBO} \tag{2-3}$$

考虑到穿透电流后，集电极电流 I_C 则为

$$I_C = \bar{\beta} I_B + I_{CEO} \tag{2-4}$$

由于 I_{CBO} 受温度影响很大，故温度变化对 I_{CEO} 和 I_C 的影响更大，选用管子时，一般希望极间反向饱和电流尽量小些。

（三）晶体管的极限参数（limiting parameter）

1. 集电极最大允许电流 I_{CM}　集电极电流 I_C 超过一定值时，晶体管的值要下降。当 β 值下降到正常值的三分之二时的集电极电流，称为集电极最大允许电流 I_{CM}。因此，在使用晶体管时，I_C 超过 I_{CM} 时并不一定会使晶体管损坏，但 β 值将显著降低。

2. 集－射反向击穿电压 $U_{(BR)CEO}$　它是指基极开路时，加于集电极与发射极间的反向击穿电压，其值通常为几十伏至几百伏以上。当温度变化时，击穿电压要随之变化，所以选择晶体管时 $U_{(BR)CEO}$ 应大于工作电压 U_{CE} 两倍以上，以保证有一定的安全系数。使用时，若 $U_{CE} > U_{(BR)CEO}$，将可能导致晶体管损坏。

3. 射－基反向击穿电压 $U_{(BR)EBO}$　它是指集电极开路时，在发射极－基极之间允许施加的最高反向电压，一般为几伏至几十伏电压。

4. 集电极最大允许功耗 P_{CM}　由于集电结所加电压较大，通过电流 I_C 后管芯会产生热量，使集电结温度上升。根据管子工作时允许的最高温度（硅管约 150℃），定出了集电极最大允许功率损耗 P_{CM}。因 $U_{CB} \approx U_{CE}$，故将 $U_{CE} I_C$ 作为集电极的功率损耗。晶体管在使用中应保证 $U_{CE} I_C < P_{CM}$。根据 P_{CM} 值，可在输出特性曲线上画出一条 P_{CM} 线，称之为允许管耗线，如图 2-7 所示。晶体管工作在 P_{CM} 线的左下方范围内是安全的。晶体管的管耗在 P_{CM} 线的右上方时，$P_C > P_{CM}$，称过损耗区。使用时，P_C 超过极限值是不允许的。

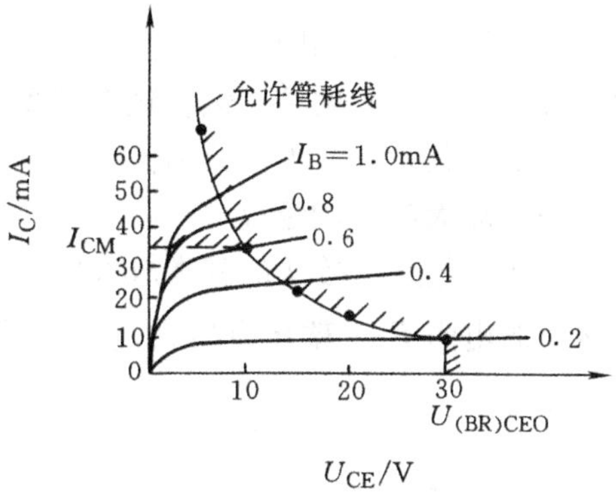

图 2-7　晶体管的安全工作区

（四）温度对晶体管参数的影响

晶体管的输入、输出特性和主要参数都和温度有着密切的关系。

1. 温度对 U_{BE} 的影响　温度升高时，晶体管输入特性曲线将向左移，说明在 I_B 相同的条件下，U_{BE} 将减小。U_{BE} 随温度变化的规律与二极管正向导通电压随温度变化的规律一样，即温度每升高 1℃，U_{BE} 减小 2～2.5mV。

2. 温度对 β 的影响：晶体管的电流放大倍数 β 随温度升高而增大，温度每升高 1℃，β 值增大 0.5%～1%。在输出特性曲线图上，表现为各条曲线间的距离随温度升高而增大。

3. 温度对 I_{CBO} 及 I_{CEO} 的影响　集电结的反向饱和电流 I_{CBO} 和二极管的反向饱和电流一样，对温度很敏感，温度每升高 10℃，I_{CBO} 约增加一倍。因穿透电流 $I_{CEO} = (1 + \beta) I_{CBO}$，温度上升时，$\beta$、$I_{CBO}$ 均增加，I_{CEO} 随温度变化的幅度更大。

综上所述，温度升高后，晶体管 U_{BE} 下降、β 增大、I_{CBO} 及 I_{CEO} 增大，如晶体管基极电流不变，集电极电流 $I_C = \bar{\beta} I_B + I_{CEO}$ 增加的幅度更大，这是使用晶体管必须注意的问题。

五、晶体管的选择要点

1）为保证晶体管工作在安全区并能有效放大，应使工作电流 $I_C < I_{CM}$、$P_C < P_{CM}$、$u_{CE} < U_{(BR)CEO}$。如果在发射结上有反向电压时，特别要注意 E、B 极间的反向电压不能超过 $U_{(BR)EBO}$。使用功率晶体管时，要按要求加装散热片，满足散热条件。

2）在放大高频信号时，要选用高频管，使高频段 β 值不致下降太多。在开关电路（switching circuit）中，应选用开关管，来保证有足够高的开关速度。

3）因为硅管的反向电流很小，允许的结温也大于锗管，所以在温度变化大的环境中应选用硅管；而要求导通电压低时或电源电压很小时，应选用锗管。

4）为保证放大电路工作稳定，应选用反向电流小、β 值不太高的晶体管，否则工作可能不稳定。晶体管的型号和主要参数可查阅手册。

第二节 共射基本放大电路

晶体管的主要用途之一是利用其电流放大作用组成放大电路。

由于晶体管有三个电极，它在放大电路中可有三种连接方式（或称三种组态），即共基极、共发射极和共集电极连接，如图 2-8 所示。以基极为输入回路和输出回路的公共端时，即为共基极连接，如图 2-8a 所示，其余类推。**无论是哪种连接方式，要使晶体管有放大作用，都必须保证发射结正偏，集电结反偏。**

下面以共射极放大电路为例，讨论其电路结构、工作原理和分析方法。

一、放大电路的组成

图 2-9 是共射接法的基本放大电路，输入端接放大的交流信号源，输入电压为 u_i；输出端接负载电阻 R_L，输出电压为 u_o。电路中各元件作用如下：

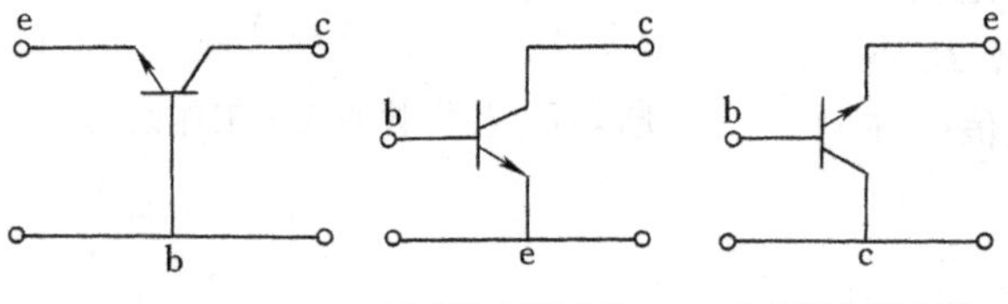

a) 共基极电路 b) 共发射极电路 c) 共集电极电路

图 2-8 晶体管放大电路的三种组态

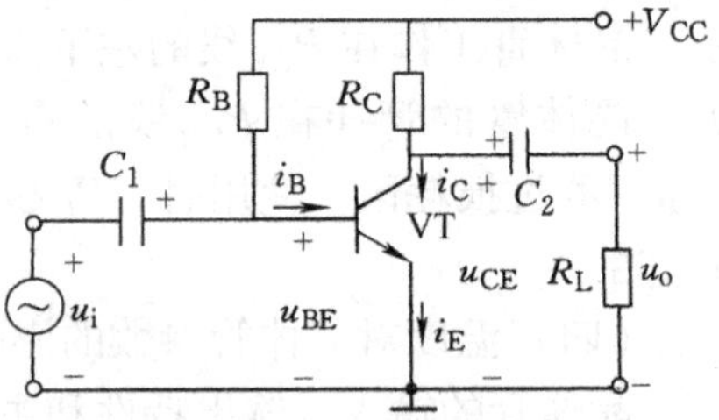

图 2-9 共射极放大电路

1. 晶体管 VT　它是放大电路的核心元件，利用它的电流放大能力来实现电压放大。

2. 直流电源 V_{CC}　其作用是：①提供晶体管发射结和集电结的工作电压，其接法必须保证发射结正偏和集电结反偏；②向负载提供输出功率与提供整个电路的功率损耗。

3. 偏置电阻 R_B　决定静态基极电流 I_{BQ} 的大小。I_{BQ} 也称偏置电流，故 R_B 称为偏置电阻（biasing resistance）。

4. 集电极电阻 R_C　将晶体管的电流放大作用转换成电压放大作用。

5. 耦合电容 C_1 和 C_2　其作用是"隔断直流，传递交流"，简称"通交隔直电容"，流过 R_B 的直流电流不能通过 C_1 流向信号源，流过 R_C 的直流电流不能通过 C_2 流向负载。对交流信号而言，只要 C_1 和 C_2 足够大，其容抗可忽略不计，这样信号源提供的交流电压几乎全部加到晶体管的基极和发射极之间，而集电极和发射极之间的交流电压也几乎全部传给负载。本课程主要讨论低频放大，信号频率通常小于数百千赫兹，C_1 和 C_2 通常为几微法至几十微法。

电路图中，符号“⊥”表示电路的参考零电位点，又称公共参考端，它是电路中各点电压的公共端点。电路中各点的电位，实际上就是该点与公共端点之间的电压。“⊥”称为“接地符号”，但实际上并不一定需要直接接大地。

为了分析方便，我们规定：电压的正方向是以公共端为负端，其他各点为正端，如图 2-9中所示；而电流的假定正方向如图中的箭头所示，即 I_B、I_C 以流入电极为正，I_E 则以流出电极为正。

放大电路中既含有直流量又含有交流量，为了便于区分不同的量，通常对表示符号作如下规定：

1. 直流分量　图 2-10a 所示波形，用大写字母和大写下标表示，如 I_B 表示基极的直流电流。

2. 交流分量　图 2-10b 所示波形，用小写字母和小写下标表示，如 i_b 表示基极交流电流。

3. 总变化量　图 2-10c 所示波形，是直流分量与交量分量之和，用小写字母和大写下标表示，如 $i_B = I_B + i_b$。

4. 交流有效值　用大写字母小写下标表示，如 I_b 表示基极的正弦交流电流有效值。

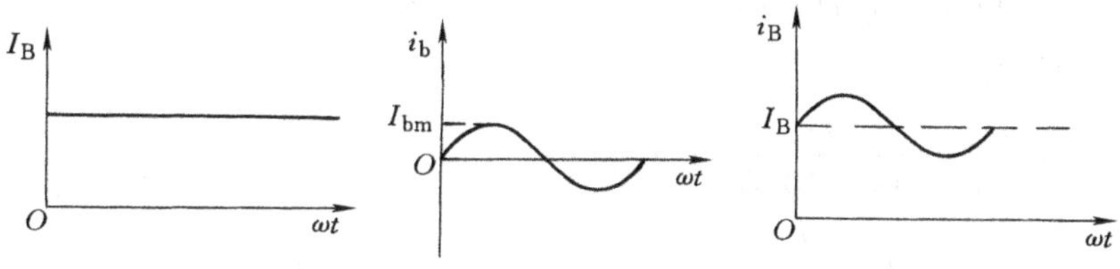

a) 直流电流　　b) 交流电流瞬时值　　c) 电流瞬时值

图 2-10

二、放大电路的工作原理

对放大电路可分静态和动态两种情况来分析。静态是当放大电路没有输入信号时的工作状态；动态则是有输入信号时的工作状态。静态分析（quiescent analysis）是要确定放大电路的静态值（直流值）I_B、I_C、U_{BE} 和 U_{CE}，静态时，只有当发射极正偏、集电结反偏条件满足时，放大电路动态时才能对输入信号进行放大，而且放大电路的性能与其静态值有关。动态分析（dynamic analysis）是要确定放大电路的电压放大倍数（voltage gain）A_u、输入电阻（input resistance）R_i 和输出电阻（output resistance）R_o 等。

（一）静态工作点（quiescent point）估算

静态值既然是直流，可以根据电路的直流通路（direct current path）计算。图 2-11 是图 2-9 所示放大电路的直流通路。画直流通路时，电容 C_1 和 C_2 可视为开路。

图中各电量的下标 Q 表示它们是静态值。

根据图 2-11 所示的直流通路可以得出

$$I_{BQ}=\frac{V_{CC}-U_{BEQ}}{R_B} \tag{2-5}$$

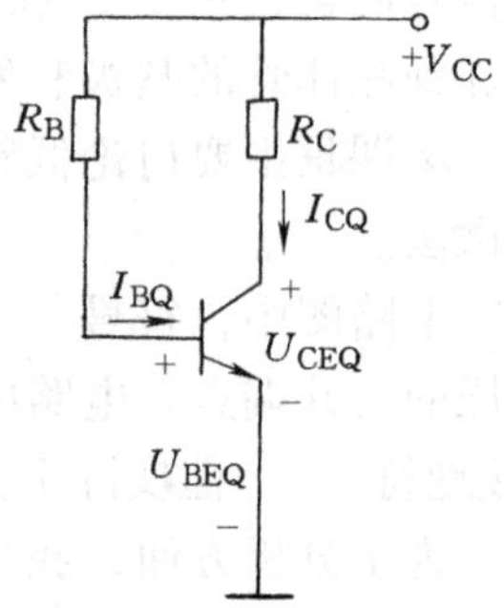

图2-11 放大电路直流通路

硅管的 U_{BEQ} 约为0.7V，锗管约为0.3V，当 $V_{CC} >> U_{BEQ}$ 时，则可将 U_{BEQ} 略去，即

$$I_{BQ}\approx\frac{V_{CC}}{R_B}$$

根据晶体管的电流放大特性可得

$$I_{CQ}=\beta I_{BQ} \tag{2-6}$$

$$U_{CEQ}=V_{CC}-I_{CQ}R_C \tag{2-7}$$

使用式（2-6）的条件是晶体管工作在放大区。如果算得 U_{CEQ} 值小于 U_{BEQ}，则说明晶体管已处于饱和状态，I_{CQ} 将不再与 I_{BQ} 成 β 倍关系，此时，I_{CQ} 被 R_C 限流，称为饱和电流 I_{CS}，U_{CEQ} 等于集电极和发射极之间的饱和电压 U_{CES}（U_{CES} 的值很小，硅管取0.3V，锗管取0.1V）。

$$I_{CS}=\frac{V_{CC}-U_{CES}}{R_C}\approx\frac{V_{CC}}{R_C} \tag{2-8}$$

由上式可以看出，I_{CS} 基本上只与 V_{CC} 及 R_C 有关，与 β 及 I_{BQ} 无关（I_{BQ} 足够大时）。设：

$$I_{BS}=\frac{I_{CS}}{\beta}=\frac{V_{CC}}{\beta R_C} \tag{2-9}$$

如果 $I_{BQ}>I_{BS}$，则表明晶体管已进入饱和状态。

【例2-1】 在图2-9中，已知 $V_{CC}=12V$，$R_C=3k\Omega$，$R_B=300k\Omega$，晶体管为3DG100，$\beta=50$，试求：（1）放大电路的静态值；（2）如果偏置电阻 R_B 由300kΩ减至120kΩ，晶体管的工作状态有何变化？

解：（1）$I_{BQ}\approx\frac{V_{CC}}{R_B}=\frac{12V}{300\times10^3\Omega}=0.04mA$

$$I_{BS}=\frac{I_{CS}}{\beta}=\frac{V_{CC}}{\beta R_C}=\frac{12V}{50\times3\times10^3\Omega}=0.08mA$$

因为 $I_{BQ}<I_{BS}$，说明晶体管处于放大区，所以

$$I_{CQ}=\beta I_{BQ}=50\times0.04mA=2mA$$

$$U_{CEQ}=V_{CC}-I_{CQ}R_C=12V-2mA\times3k\Omega=6V$$

（2）如果偏置电阻 R_B 由300kΩ减至120kΩ，则：

$$I_{BQ}\approx\frac{V_{CC}}{R_B}=\frac{12V}{120\times10^3\Omega}=0.1mA$$

因为 $I_{BQ}>I_{BS}$，说明晶体管已进入饱和工作状态，所以

$$U_{CEQ}=U_{CES}\approx0.3V$$

$$I_{CQ}=I_{CS}\approx\frac{V_{CC}}{R_C}=\frac{12}{3}mA=4mA$$

（二）放大原理

放大电路的功能是将微小的输入信号放大成较大的输出信号。

晶体管具有电流放大作用，即基极电流的微小变化（例如几十微安）可引起集电极电

流的较大变化（例如几毫安）。给放大电路加入了输入信号电压（例如几十毫伏）后，晶体管基极电流发生变化，晶体管集电极将基极电流放大β倍，实现了电流放大，集电极电流的变化通过R_C转换成电压的变化（例如几伏），这样输出电压的幅值就远大于输入电压的幅值，从而实现了电压放大的目的。

共射放大电路的放大原理如图 2-12 所示，图 a 为电路图，图 b 为各电流、电压波形图。其放大过程如下：输入电压u_i通过耦合电容C_1叠加在发射结的直流电压U_{BEQ}上，引起u_{BE}的变化，从而引起i_B的变化。如果晶体管满足放大区的条件，则$i_C=\beta i_B$，实现电流放大，i_C的分流通过电阻R_C转换成电压的变化，晶体管集电极与发射极之间的电压u_{CE}等于直流电压源的电压V_{CC}减去电阻R_C上的电压，当电阻R_C上的电压增加时，u_{CE}减小，电阻R_C上的电压减小时，u_{CE}增大。耦合电容C_2将电压u_{CE}中的交流成分耦合到负载上，负载上得到的就是放大了的交流电压。**注意：负载上的电压和输入电压是反相的。**

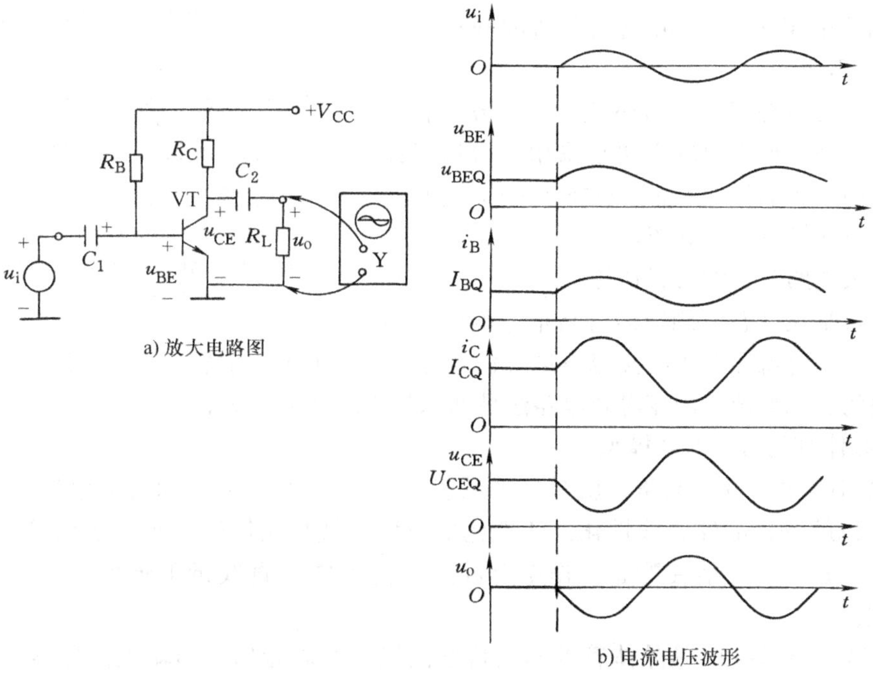

图 2-12　共射放大电路的工作图解

（三）静态工作点与非线性失真

通常对放大电路有一个基本要求，就是输出信号应尽可能不失真。所谓失真，是指输出信号的波形与输入信号的波形各点不成比例。晶体管是非线性元件，由晶体管组成的放大电路在放大信号时会产生失真，这种失真是由于晶体管的非线性特性所引起的，称为非线性失真（nonlinear distortion）。如果晶体管放大电路静态工作点选择适当，非线性失真较小；如果静态工作点选择不当，则非线性失真较大；特别是当晶体管的工作范围进入到饱和区和截止区时，失真会很严重。

在图 2-13b 中，静态工作点电流偏小，当输入正弦电压时，在它的负半周，晶体管进入了截止区，造成i_C的负半周和u_{CE}的正半周被削平。这是由于晶体管进入截止区而引起的，故称为截止失真。

在图 2-13d 中，由于静态工作点电流偏大，在输入电压（图 2-13a）的正半周，晶体管进入了饱和区。这时 i_B基本不失真，但 i_C在正半周的某段时间里饱和，等于饱和电流 i_{CS}，虽然 i_B按正弦规律上升但 i_C无法增大，正半周被削平，所以产生了严重的失真，而 u_{CE}也产生失真，负半周被削平。这种由于晶体管进入饱和区而引起的失真称为饱和失真。

因此，要减小放大电路的非线性失真，必须要有一个合适的静态工作点。

在图 2-12a 电路中用示波器观察输出波形的同时，调整偏置电阻 R_B，就可找到合适的静态工作点，如图 2-13c 所示。

找到合适的静态工作点后还有一个任务，就是要把它稳定下来，最常用的方法是采用“分压式偏置电路”，通过“直流负反馈”使静态工作点稳定，这部分内容将在第三节中介绍。

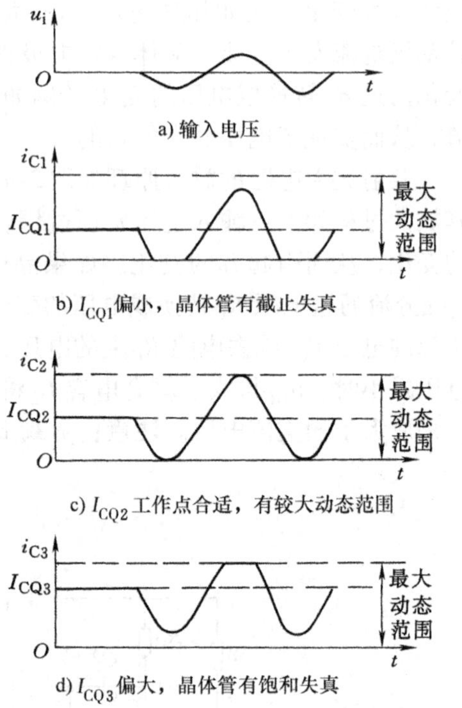

图 2-13 静态工作点对输出波形失真的影响

三、放大电路参数的工程估算

动态分析是在静态值确定后分析信号的传输情况，考虑的只是电流和电压的交流分量（信号分量），相当于用叠加定理分析交流分量单独作用时电路的交流参数。微变等效电路法是动态分析的基本方法。

（一）晶体管的微变等效模型

放大电路的微变等效电路，就是把非线性元件晶体管所组成的放大电路等效为一个线性电路，也就是把晶体管线性化。线性化的条件，就是晶体管必须在小信号（微变量）情况下工作，这样，才能在静态工作点附近的小范围内用直线近似地代替晶体管的非线性特性曲线。

1. 输入端　图 2-14a 是晶体管的输入特性曲线，可以看出，当输入信号很小时，在静态工作点 Q 附近的曲线可以近似地看作是直线。当 U_{CE}为常数时，Δu_{BE}与 Δi_B之比称为晶体管的输入电阻，在微变等效电路法中可将晶体管输入端等效为这个电阻 R_{be}。

$$R_{be}=\left.\frac{\Delta u_{BE}}{\Delta i_B}\right|_{u_{CE}=\text{常数}}=\left.\frac{u_{be}}{i_b}\right|_{u_{ce}=0} \tag{2-10}$$

低频小功率晶体管的输入电阻常用下式估算：

$$R_{be}=300\Omega+(1+\beta)\frac{26\text{mV}}{I_{EQ}} \tag{2-11}$$

式中 I_{EQ}是发射极电流的静态值。R_{be}一般为几百欧到几千欧。

2. 输出端　图 2-14b 是晶体管的输出特性曲线，在放大区是一组近似等距离的平行直线。当 u_{CE}为常数时，Δi_C与 Δi_B之比即为晶体管的电流放大系数。

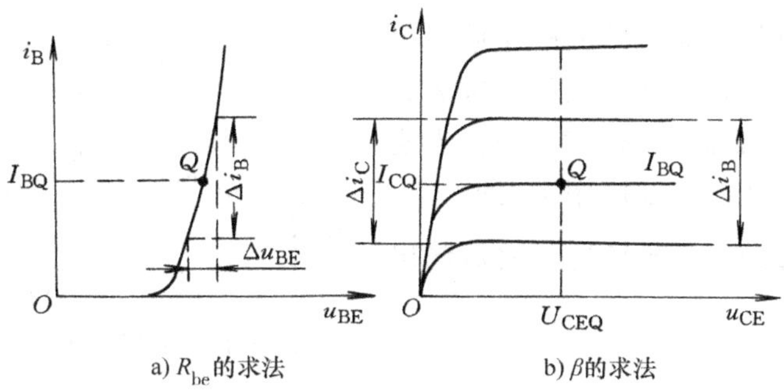

图 2-14　从晶体管的特性曲线求 R_{be}、β

$$\beta = \frac{\Delta i_C}{\Delta i_B}\bigg|_{u_{CE}=\text{常数}} = \frac{i_c}{i_b}\bigg|_{u_{ce}=0} \tag{2-12}$$

在小信号的条件下，β 可以看作常数，所以，晶体管的输出电路可用一个理想的受控电流源 $i_c = \beta i_b$ 来等效。

根据以上分析，可得晶体管及其微变等效电路如图 2-15 所示。

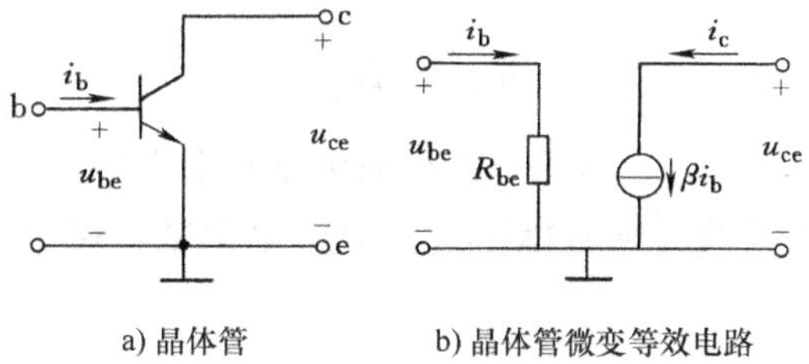

图 2-15　晶体管及其微变等效电路

（二）放大电路的微变等效电路

由晶体管的微变等效电路和放大电路的交流通路（alternating current path）可得出放大电路的微变等效电路。图 2-16a 是图 2-9 所示共射极放大电路的交流通路，对交流分量而言，电容 C_1 和 C_2 可视作短路，直流电源也可认为短路。放大电路的微变等效电路如图2-16b 所示。

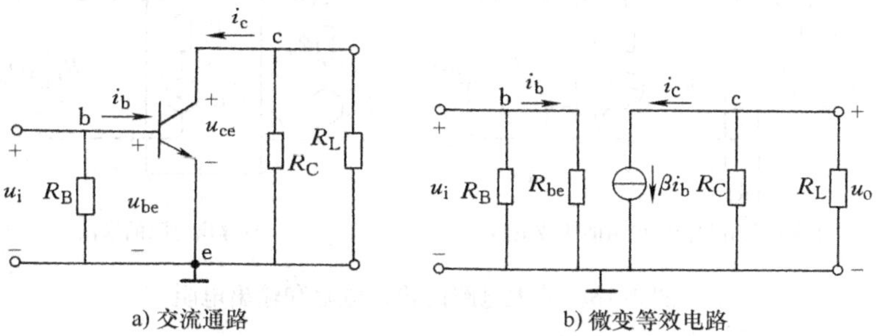

图 2-16　共射放大电路交流通路及其等效电路

（三）放大电路动态指标的估算

动态分析主要计算放大电路的电压放大倍数、输入电阻和输出电阻。现把共射基本放大电路的微变等效电路重画于图 2-17 中，当输入是正弦量时，电压和电流都用相量表示。

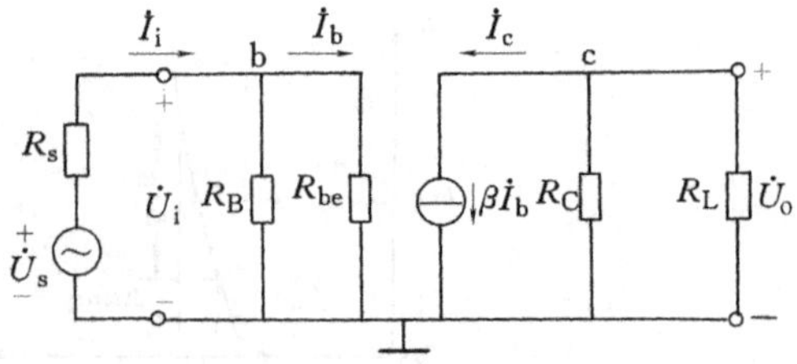

图 2-17 共射放大电路的微变等效电路

1. 电压放大倍数 $\dot A_u$ 定义为放大器输出电压 $\dot U_o$ 与输入电压 $\dot U_i$ 之比，是衡量放大电路电压放大能力的指标。即

$$\dot A_u = \frac{\dot U_o}{\dot U_i} \tag{2-13}$$

对于图 2-17 的微变等效电路有

$$\dot A_u = -\frac{\dot I_C(R_C /\!/ R_L)}{\dot I_b R_{be}} = -\frac{\beta(R_C /\!/ R_L)}{R_{be}} = -\frac{\beta R'_L}{R_{be}} \tag{2-14}$$

负号表示输出电压与输入电压的相位（Phase）相反。

当不接负载 R_L 时，电压放大倍数为

$$\dot A_u = -\beta\frac{R_C}{R_{be}} \tag{2-15}$$

因 $R'_L = R_C /\!/ R_L$，即 $R'_L < R_C$，接入负载后放大倍数会下降。

2. 输入电阻 R_i **放大电路对信号源来说，是一个负载，这个负载电阻也就是放大器的输入电阻 R_i**，即

$$R_i = \frac{\dot U_i}{\dot I_i} \tag{2-16}$$

R_i 越大，输入回路的电流 $\dot I_i$ 越小。对信号源来说，R_i 是与信号源内阻 R_S 串联的，如 2-18a 所示，R_i 大就意味着 R_S 上的电压小，放大器的输入端得到的电压就越接近信号源的电压 $\dot U_S$。要对信号源的电压进行放大，就要设法提高放大器的输入电阻 R_i，尤其当信号源内阻较高时更应如此。

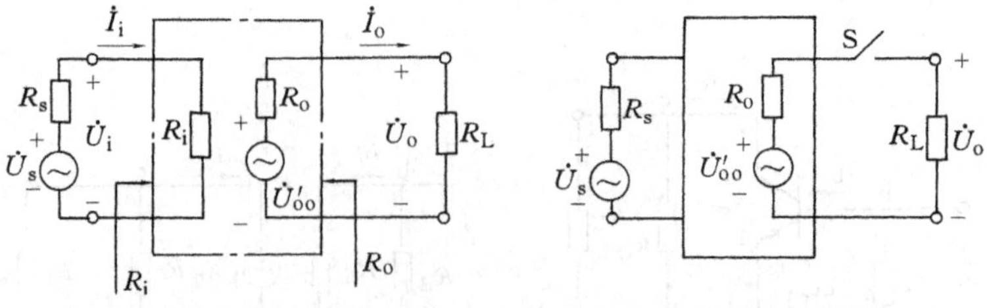

a) 输入电阻和输出电阻的等效电路　　b) 输出电阻的求法

图 2-18 放大电路的输入电阻和输出电阻

对于图 2-17 所示放大电路，不难看出此放大电路的输入电阻为

$$R_i = R_B /\!/ R_{be} \tag{2-17}$$

通常 $R_B >> R_{be}$，故 $R_i \approx R_{be}$，可见共射基本放大电路的输入电阻 R_i 不大。

3. 输出电阻 R_o　对负载来说，放大器相当于一个信号源，运用戴维南定理，可将放大器等效为电压为 $\dot{U}'_{oo}$、内阻为 R_o 的信号源（电压源），如图 2-18 所示。

图 2-18a 中信号源的等效电压 $\dot{U}'_{oo}$ 为放大器输出端开路（不接 R_L）时的输出电压，等效信号源的内阻 R_o 称为输出电阻。放大电路的输出电阻是将信号源置零（令 $\dot{U}_S = 0$，但保留内阻 R_s）、负载开路，从放大器输出端看进去的等效电阻。根据图 2-17 可得

$$R_o = R_c \tag{2-18}$$

可以用实验方法求放大器的输出电阻。如图 2-18b 所示，保持输入电压不变，先测出放大器输出开路（S 断）时的输出电压 U'_{oo}，再接上负载电阻 R_L，测出此时放大器的输出电压 U_o，由图可得

$$U_o = U'_{oo}\frac{R_L}{R_L + R_o}$$

所以输出电阻为

$$R_o = \left(\frac{U'_{oo}}{U_o} - 1\right)R_L \tag{2-19}$$

如果放大电路的输出电阻较大（相当于信号源的内阻较大），当负载变化时，输出电压的变化也较大，也就是放大电路带负载的能力较差。因此，通常在放大电压信号时，希望放大电路的输出电阻低一些。

【例 2-2】　放大电路见图 2-19，晶体管的 $\beta = 45$，求 $\dot{A}_u$、R_i 和 R_o 值。

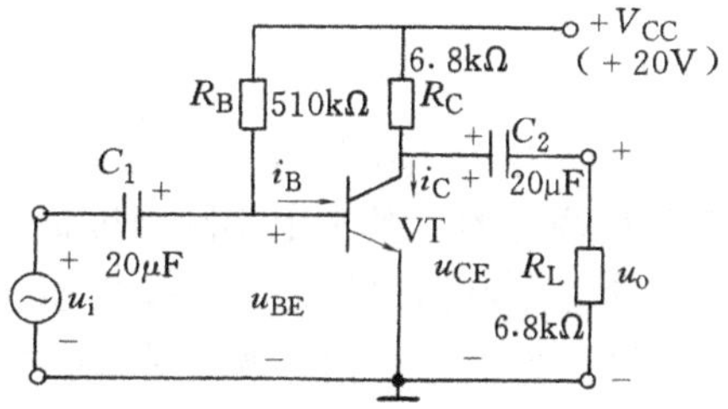

图 2-19　共射放大电路

解： $I_{BQ} \approx \dfrac{V_{CC}}{R_B} = \dfrac{20}{510}\mu A \approx 40\mu A = 0.04mA$

$$R_{be} = 300\Omega + (1+\beta)\frac{26mV}{I_{EQ}} = 300\Omega + \frac{26mV}{I_{BQ}} = 950\Omega \approx 1000\Omega$$

$$\dot{A}_u = -\beta\frac{R'_L}{R_{be}} = -45 \times \frac{6.8 \times 6.8}{6.8 + 6.8} = -153$$

$$R_i = R_B /\!/ R_{be} = \frac{510 \times 1}{510 + 1}k\Omega \approx 1k\Omega$$

$$R_o = R_C = 6.8k\Omega$$

在小信号工作条件下，利用微变等效电路对放大电路的交流通路进行分析和计算非常简便，但应注意，它不能用来计算静态工作点。

第三节　静态工作点的稳定及分压式偏置电路

前面介绍的共射极放大电路称为固定偏流式共射极放大电路，其结构简单，电压和电流放大作用都比较大，其突出的缺点是静态工作点不稳定。

造成静态工作点不稳定的原因很多，如电源电压波动、电路参数变化、晶体管老化等，但主要原因是晶体管特性参数（U_{BE}、β、I_{CBO}）随温度变化造成静态工作点的变化。

晶体管的 I_{CBO} 和 β 均随环境温度的升高而增大，U_{BE} 则随温度的升高而减小，这些都会

使放大电路中的集电极电流 I_C 随温度升高而增加。例如，当温度升高时，对于同样的 I_{BQ}（40μA），I_{CQ}增大，集电极电位下降，严重时，将使晶体管进入饱和区而失去放大能力。为了克服上述问题，稳定静态工作点，可以从电路结构上采取措施，图2-20所示偏置电路是常用的工作点稳定电路，称为分压式偏置电路。

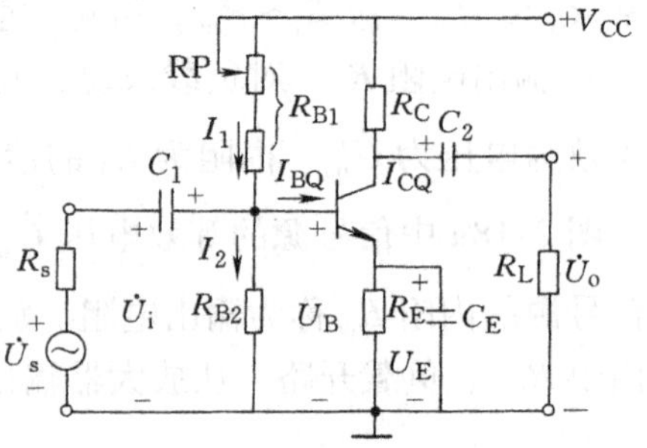

图2-20 分压式偏置电路

此电路的特点是：

1）利用电阻 R_{B1} 和 R_{B2} 分压来稳定基极电位。设流过电阻 R_{B1} 和 R_{B2} 的电流分别为 I_1 和 I_2，且 $I_1=I_2+I_{BQ}$，一般 I_{BQ} 很小，$I_1>>I_{BQ}$，近似认为 $I_1\approx I_2$，这样，基极电位为

$$U_B\approx\frac{R_{B2}}{R_{B1}+R_{B2}}V_{CC} \tag{2-20}$$

所以基极电位 U_B 由电压 V_{CC} 经 R_{B1} 和 R_{B2} 分压所决定，不随温度而变。

2）利用发射极电阻 R_E 来获得反映电流 I_E 变化的信号，反馈（Feedback）到输入端，实现工作点稳定。

其过程为　　t（℃）$\uparrow\rightarrow I_{CQ}\uparrow\rightarrow U_E\uparrow\rightarrow U_{BE}\downarrow\rightarrow I_{BQ}\downarrow\rightarrow I_{CQ}\downarrow$

若 $U_B>>U_{BE}$，则发射极电流

$$I_E=\frac{U_B-U_{BE}}{R_E}\approx\frac{U_B}{R_E} \tag{2-21}$$

根据 $I_1>>I_{BQ}$ 和 $U_B>>U_{BE}$ 两个条件，得出的式（2-20）和式（2-21），分别说明了 U_B 和 I_E 是稳定的，基本上不随温度而变，而且也基本上与管子的参数 β 无关。如果 I_1 和 U_B 越大，则工作点稳定越好。但是 I_1 也不能太大，一方面，I_1 太大，电阻 R_{B1} 和 R_{B2} 上的损耗太大；另一方面，对信号源的分流作用变大了。U_B 也不能太大，U_B 大必然 U_E 大，导致 U_{CE} 减小，会减小放大电路的动态工作范围。通常选择：

$$I_1=(5\sim10)I_{BQ}(\text{硅管})\qquad U_B=(3\sim5)\text{V}(\text{硅管}) \tag{2-22}$$

$$I_1=(10\sim20)I_{BQ}(\text{锗管})\qquad U_B=(1\sim3)\text{V}(\text{锗管}) \tag{2-23}$$

图2-20所示电路中的电容 C_E 为旁路电容，当 C_E 取值足够大时，C_E 对交流信号近似为短路，晶体管发射极交流接地。若将 $R_{B1}/\!/R_{B2}$ 看成是一个电阻 R_B，则图2-20所示电路的交流通路以及微变等效电路与固定偏流式共射放大电路完全相同（见图2-16），其动态参数的计算公式也一样。

若没有旁路电容 C_E，将产生交流负反馈（见后续负反馈方面的内容），放大电路的电压放大倍数将下降，但输入电阻会增加。分析过程不再赘述。

第四节　其他组态放大电路

一、共集电极放大电路－射极输出器

（一）电路组成

共集电极放大电路如图2-21a所示。由于 V_{CC} 点为交流地电位，从它的交流通路（图

2-20b)可以看到，集电极是输入回路与输出回路的公共端，故称为共集电极放大电路，简称共集电路，又由于是从发射极输出，故又称为射极输出器。

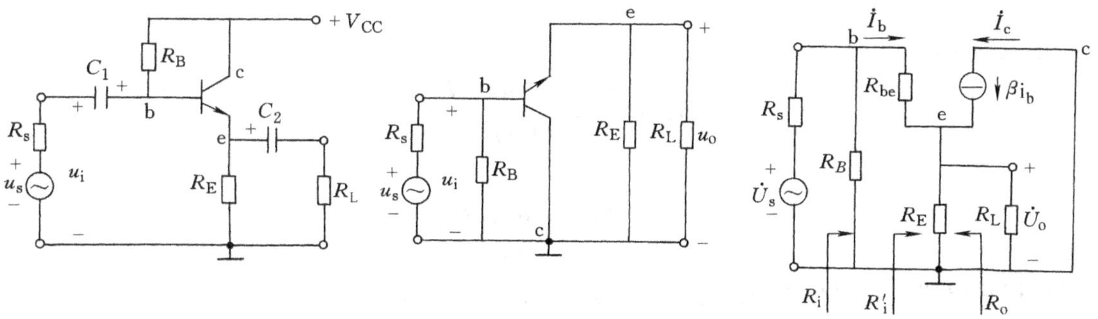

a) 放大电路　　b) 交流通路　　c) 微变等效电路

图 2-21　共集电路

（二）射极输出器的特点

1. 静态工作点稳定　由图 2-21a 的直流通路可列出：

$$V_{CC}=I_{BQ}R_B+U_{BEQ}+I_{EQ}R_E=I_{BQ}R_B+U_{BEQ}+(1+\beta)I_{BQ}R_E$$

则

$$I_{BQ}=\frac{V_{CC}-U_{BEQ}}{R_B+(1+\beta)R_E}$$

$$I_{CQ}\approx I_{EQ}=(1+\beta)I_{BQ}$$

$$U_{CEQ}=V_{CC}-I_{EQ}R_E$$

电阻 R_E 同样具有稳定工作点的作用，其作用过程如下：

$$t(℃)\uparrow\rightarrow I_{CQ}\uparrow\rightarrow I_{EQ}\uparrow\rightarrow U_{EQ}\uparrow\rightarrow U_{BEQ}\downarrow\rightarrow I_{BQ}\downarrow\rightarrow I_{CQ}\downarrow$$

上述过程说明射极输出器的工作点是稳定的。

2. 电压放大倍数小于 1（近似为 1）　由微变等效电路图 2-21c 可得

$$\dot{U}_o=(1+\beta)\dot{I}_bR_L'$$

$$\dot{U}_i=\dot{I}_b[R_{be}+(1+\beta)R_L']$$

式中，$R_L'=R_E/\!/R_L$。可得

$$\dot{A}_u=\frac{\dot{U}_O}{\dot{U}_i}=\frac{(1+\beta)R_L'}{R_{be}+(1+\beta)R_L'}<1 \tag{2-24}$$

在式（2-24）中，一般有（$1+\beta$）$R_L'>>R_{be}$，故 $\dot{A}_u$ 略小于 1，该电路没有电压放大作用，但发射极电流远大于基极电流，所以仍具有电流放大作用。因为输出电压接近输入电压，两者相位又相同，故此电路称为射极跟随器（emitter follower），简称射随器。

3. 输入电阻高　由图 2-21c 可知

$$R_i'=R_{be}+(1+\beta)R_L'$$

$$R_i=R_B/\!/R_i'=R_B/\!/[R_{be}+(1+\beta)R_L'] \tag{2-25}$$

通常 R_B 阻值较大（几十千欧至几百千欧），同时 $R_{be}+(1+\beta)R_L'$ 也比 R_{be} 大得多，因此，射极输出器的输入电阻高，可达几十千欧到几百千欧。

4. 输出电阻低　令 $\dot{U}_S=0$，根据图 2-21c 分析可得

$$R_o=R_E//\left[\frac{R_{be}+(R_B//R_S)}{1+\beta}\right] \tag{2-26}$$

在大多数情况下，有

$$R_E>>\frac{R_{be}+(R_B//R_S)}{1+\beta}$$

所以

$$R_O\approx\frac{R_{be}+(R_B//R_S)}{1+\beta} \tag{2-27}$$

可见射极输出器具有很小的输出电阻，一般为几欧至几百欧。

二、共基极放大电路

共基放大电路如图 2-22a 所示。它是由发射极输入信号，从集电极输出信号，基极是交流通路的公共端。

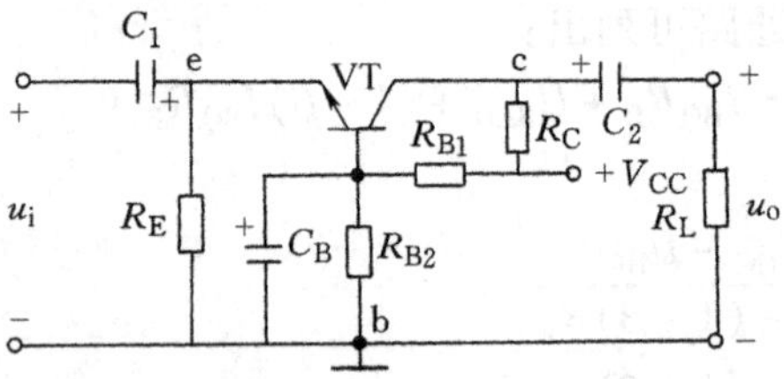

a) 放大电路

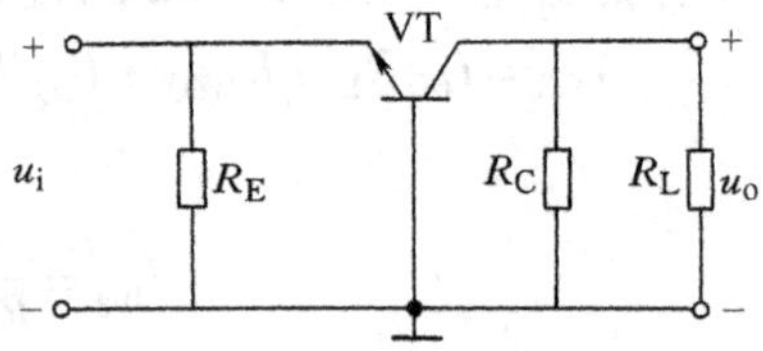

b) 交流电路

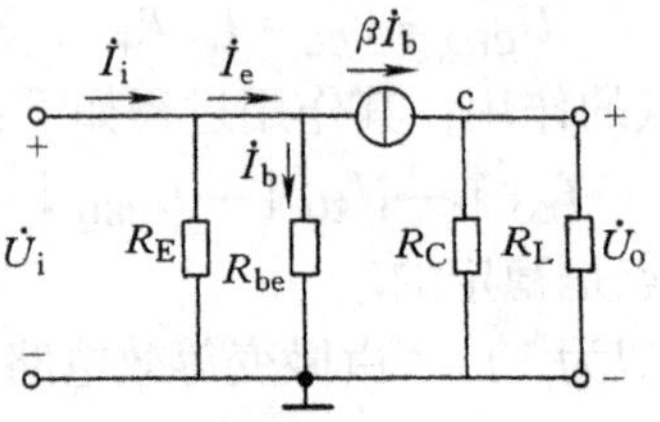

c) 微变等效电路

图 2-22　共基放大电路

它的微变等效电路如图 2-22c 所示。由微变等效电路图可知：

$$\dot{A}_u=\frac{\dot{U}_o}{\dot{U}_i}=\frac{\beta\dot{I}_bR'_L}{\dot{I}_bR_{be}}=\frac{\beta R'_L}{R_{be}} \tag{2-28}$$

可见，共基电路的放大倍数与共射电路大小相同，符号相反，电压放大倍数为正值，输出电压和输入电压相位相同。

由微变等效电路可求得输入电阻

$$R_i=R_E//R'_i$$

其中 R'_i 为不计 R_E 的输入电阻，即

$$R'_i=\frac{\dot{U}_i}{\dot{I}_e}=\frac{\dot{I}_bR_{be}}{(1+\beta)\dot{I}_b}=\frac{R_{be}}{1+\beta}$$

所以

$$R_i' = R_E // \frac{R_{be}}{1+\beta} \tag{2-29}$$

在图 2-22c 中，根据输出电阻的定义，令输入电压为零，则基极电流和集电极电流均为零，从输出端看进去的电阻为放大电路的输出电阻，即输出电阻 $R_o = R_C$。

综上所述，共基电路的特点是：输入电阻低；输出电阻同共射放大电路一样，输出电压与输入电压同相，电压放大倍数的绝对值与共射放大电路一样。此外，从图 2-22 可以看出，其输出回路电流（集电极电流）略小于输入回路电流（发射极电流），所以其电流放大倍数略小于 1。

三、三种组态的基本放大电路的比较

表 2-2 给出了共射极电路、共集电极电路和共基极电路的主要性能。

表 2-2 三种组态的基本放大电路的比较

组态形式	共 射	共 集	共 基
电路	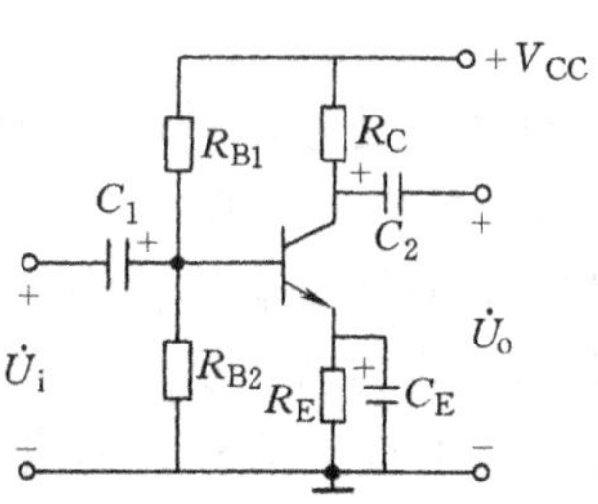	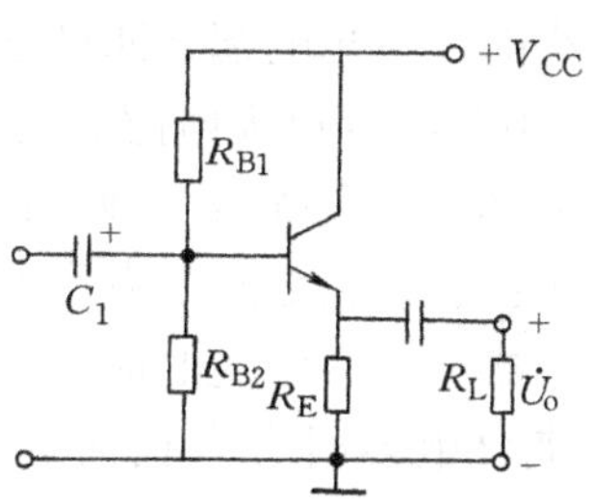	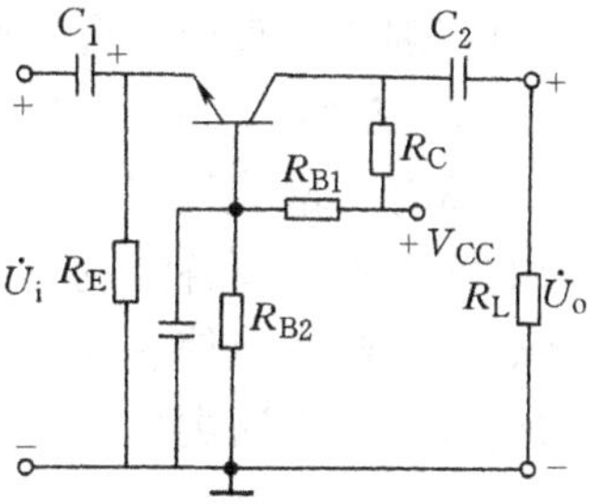
A_u	大（几十～一百以上）	小（小于 1）	大（几十～一百以上）
A_i	大（β）	大（$1+\beta$）	小（小于 1）
R_i	中（几百欧～几千欧）	大（可大于一百千欧）	小（几欧～几十欧）
R_o	大（几百欧～几千欧）	小（几欧～几十欧）	大（几百欧～几千欧）

共发射极电路的电压、电流增益都比较大，因而应用广泛。但是，由于 c、b 两极之间存在的极间电容 C_{CB} 对高频信号的衰减很大，高频时的放大能力较差，因此共发射极电路不宜作为高频（10MHz 以上）放大电路。

共基极电路的高频特性比较好，因此常用于高频放大电路。

共集电极电路的突出优点是输入电阻高、输出电阻低。因为输入电阻高，它常用作多级放大电路的输入级（input stage），这对高内阻的信号源更为有意义。如果信号源的内阻较高，而接入的放大电路输入电阻小，信号源的电压主要降在信号源本身的内阻上，放大电路输入端所得到的电压就很小，不能对输入信号有效采样，实际放大能力就很差。射极输出器也常用作多级放大电路的输出级，这是因为射极输出器的输出电阻较低，则当负载接入后，输出电压下降的幅度就小，说明它带负载的能力较强。射极输出器还可用于两级放大电路之间的隔离级（缓冲级）。在多级放大电路的极间耦合中，往往存在着前级放大电路输出电阻大，后级放大电路输入电阻小这种阻抗不匹配的现象，这将造成后级放大电路得到的输入信

号较小，使放大倍数下降。利用射极输出器输入电阻大、输出电阻小的特点，将其接入上述两级放大器之间，虽然它不具有电压放大能力（电压放大倍数接近于1），但可以使后级得到较大的输入电压，起到了阻抗匹配作用。

第五节 多级放大电路

一、多级放大电路的组成

在实际应用中，放大器的输入信号都较微弱，有时可低到毫伏或微伏级，为了驱动负载工作，必须采用多级放大电路对微弱的信号进行连续放大，方可在输出端获得必要的电压幅值或足够的功率。图2-23为多级放大电路的组成框图，其中的输入级和中间级主要用作电压放大，可将微弱的输入电压放大到足够的幅度；后面的输出级（output stage）用作功率放大，以输出负载所需要的功率。所以多级放大电路也可以认为由两部分组成：电压放大部分和功率放大部分。

二、级间耦合方式及特点

在多级放大电路中，每两个单级放大电路之间的联接方式称为耦合方式，常用的级间耦合有阻容耦合、直接耦合、变压器耦合和光电耦合四种方式。

1. 阻容耦合　图2-24为两级阻容耦合放大电路，两级之间是通过电容耦合起来的。由于电容器有“隔直”和“通交”的作用，因此前一级的输出信号可以通过耦合电容传送到后级的输入端，而各级的直流工作状态相互之间没有影响。此外，它还具有体积小、重量轻的优点。这些优点使它在多级放大器中得到广泛的应用。但阻容耦合方式不适合传送缓慢变化的信号，因为这类信号在通过耦合电容时会有很大的衰减。至于直流信号，则根本不能传送。

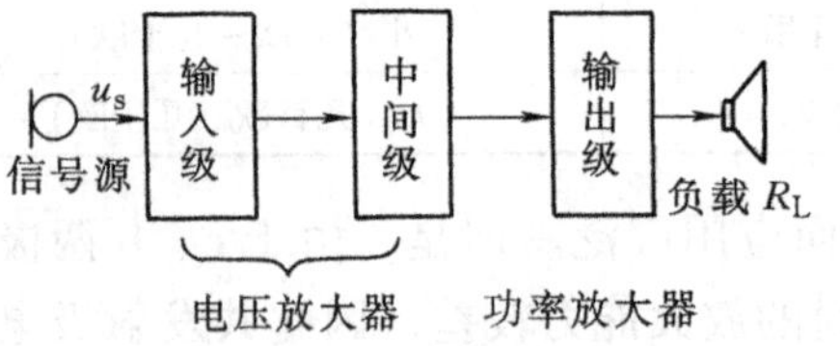

图2-23　用作音频功放的多级放大器组成方框图

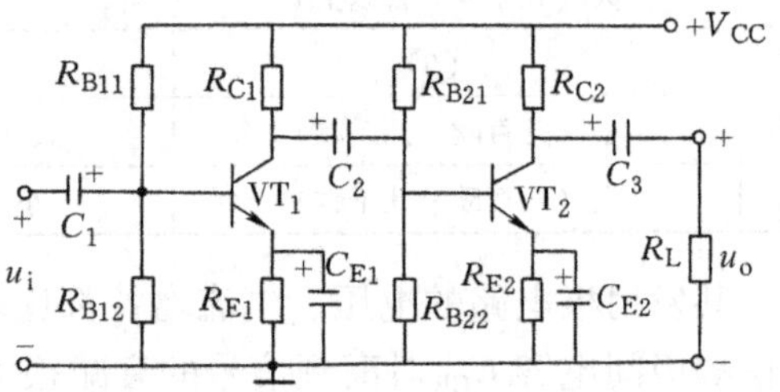

图2-24　两级阻容耦合放大器

2. 直接耦合　为了避免耦合电容对缓慢信号造成衰减，可以把前一级的输出端直接接到下一级的输入端，如图2-25所示。我们把这种连接方式称为直接耦合。直接耦合放大电路不仅能放大交流信号，也能放大直流或缓慢变化的信号。但直接耦合使各级的直流通路互相连通，各级的静态工作点互相影响，温度造成的直流工作点漂移会被逐级放大，温漂较大。直接耦合是集成电路内部电路常用的耦合方式。

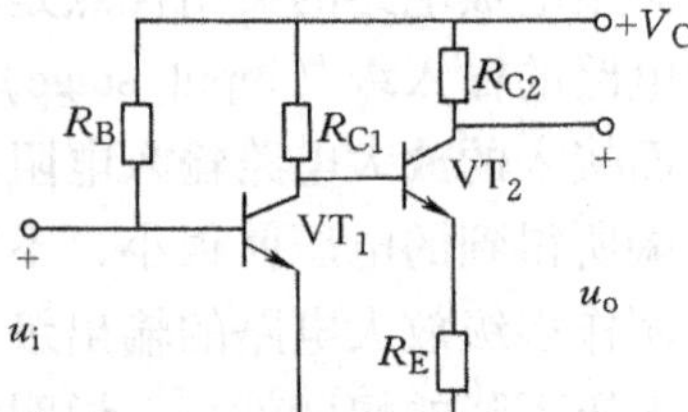

图2-25　直接耦合方式

3. 变压器耦合方式　通过变压器实现级间耦合的放大器如图 2-26 所示。变压器 T_1 将第一级的输出信号电压变换成第二级的输入信号电压，变压器 T_2 将第二级的输出信号电压变换成负载 R_L 所要求的电压。

变压器耦合的最大优点是能够进行阻抗、电压和电流的变换，这在功率放大器中常常用到。由于变压器对直流电无变换作用，因此具有很好的隔直作用。变压器耦合的缺点是体积和重量都较大，高频性能差，价格高，不能传送变化缓慢的信号或直流信号。

4. 光电耦合　图 2-27 所示放大器，采用的是光电耦合方式，前级与后级的耦合元件是光耦合器。前级的输出信号通过红外发光二极管转换为红外线，照射在对红外线敏感的光敏晶体管上，还原为电信号送至后级输入端。光电耦合既可传输交流信号又可传输直流信号，既可实现前后级的电隔离，又便于集成化。

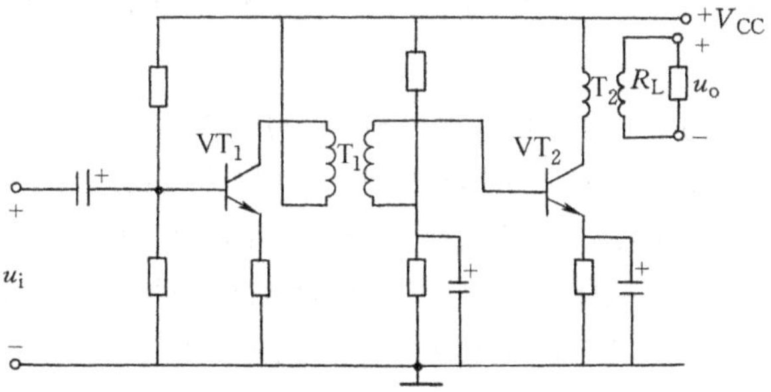

图 2-26　变压器耦合方式

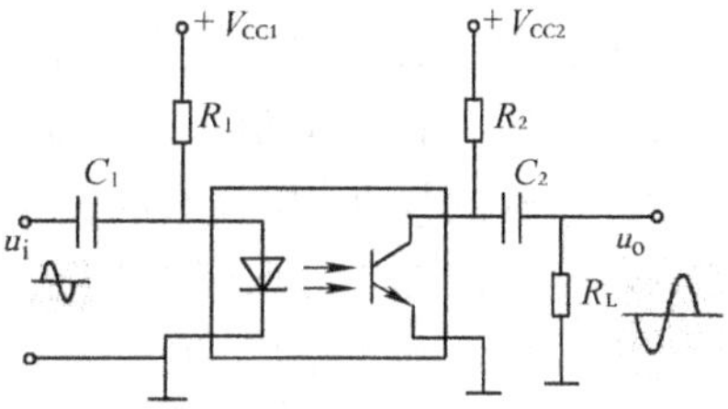

图 2-27　光电耦合方式

三、多级放大器的动态分析

1. 多级放大电路的电压放大倍数　在多级放大电路中，前一级的输出信号可看成后一级的输入信号，而后一级的输入电阻又是前一级的负载电阻。多级放大电路的输入信号逐级进行放大，多级放大器的电压放大倍数等于各级电压放大倍数的乘积。即：

$$\dot{A}_u = \dot{A}_{u1}\dot{A}_{u2}\cdots\dot{A}_{un} \tag{2-30}$$

式中，$\dot{A}_u$ 是多级放大器的电压放大倍数，$\dot{A}_{u1}$ 是第一级的电压放大倍数，$\dot{A}_{u2}\cdots\dot{A}_{un}$ 分别是各级的电压放大倍数。

在计算各级的电压放大倍数时，必须考虑到**后级的输入电阻是前级的负载电阻。**

电压放大倍数在工程中常用分贝（dB）来表示，也称为增益，定义为

$$A_u(\text{dB}) = 20\lg A_u \tag{2-31}$$

当 A_u 大于 1 时，输出量大于输入量，增益为正值；当 A_u 小于 1 时，输出量小于输入量，增益为负值，称为衰减；当 $A_u = 1$，输出量等于输入量时，增益为 0dB。

放大倍数采用分贝表示的好处是可将多级放大电路的乘、除关系转化成加、减关系，给计算使用带来很多方便。若用分贝表示，则多级放大电路的总增益为各级增益的代数和，即

$$A_u(\text{dB}) = 20\lg(A_{u1}A_{u2}\cdots A_{un}) = 20\lg A_{u1} + 20\lg A_{u2} + \cdots + 20\lg A_{un} \tag{2-32}$$

【例 2-3】 某三级放大电路，若测得 $A_{u1} = 10$，$A_{u2} = 100$，$A_{u3} = 100$，试问总的电压放大倍数是多少？折算为分贝是多少？

解：总的电压放大倍数 $A_u = A_{u1}A_{u2}A_{u3} = 10 \times 100 \times 100 = 100000$

折算为分贝：A_u（dB）$= 20\lg 100000\text{dB} = 100\text{dB}$

也可以利用式（2-32）计算：

$$A_u(\mathrm{dB})=20\lg(A_{u1}\cdot A_{u2}\cdot A_{u3})=20\lg A_{u1}+20\lg A_{u2}+20\lg A_{u3}$$
$$=A_{u1}(\mathrm{dB})+A_{u2}(\mathrm{dB})+A_{u3}(\mathrm{dB})=(20+40+40)\mathrm{dB}=100\mathrm{dB}$$

2. 多级放大电路的输入电阻和输出电阻　多级放大器的输入电阻和输出电阻与单级放大器类似，其输入电阻是输入端的等效电阻，也就是第一级的输入电阻，即 $R_i=R_{i1}$；输出电阻也就是最后一级的输出电阻，如果一共有 n 级放大电路，则 $R_o=R_{on}$。

第六节　放大电路的频率响应

在阻容耦合放大电路中，由于级间耦合电容、发射极旁路电容、晶体管的结电容等电容的容抗将随频率的变化而变化，对于不同频率的信号，输出电压会发生变化，因而电压放大倍数也发生变化。

电压放大倍数是用复数表示的，$\dot{A}_u=A_u\angle\varphi$，它的模 A_u 表示输出电压有效值和输入电压有效值的比值，它的幅角 φ 表示输出电压与输入电压之间的相位差，也称为相移。

放大倍数的模 A_u 与频率的关系称为幅频特性，放大倍数的幅角 φ 与频率之间的关系称为相频特性。图 2-28a 所示分别是阻容耦合单级放大电路的幅频特性和相频特性。可以看出，在阻容耦合放大电路的某一段频率范围内，电压放大倍数 A_u 达到最大值 A_{um}，随着频率的增高或降低，电压放大倍数要减小。另外，输出电压与输入电压之间的相位差也随输入信号的频率而改变。当放大倍数下降为 $A_{um}/\sqrt{2}$（即 $0.707A_{um}$）时所对应的两个频率，分别称为下限频率 f_L 和上限频率 f_H，这两个频率之间的频率范围，称为放大器的通频带，通频带的宽度（简称通频带或带宽）$BW=f_H-f_L$，它是放大器频率响应的一个重要指标。通频带越宽，表示放大器工作的频率范围越宽。下面就幅频特性作一简单说明。

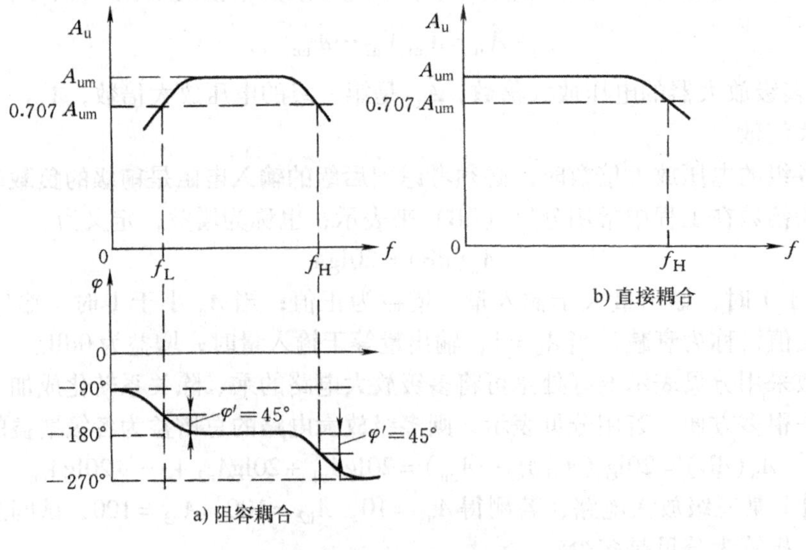

图 2-28　单级放大电路的频率特性

在分析放大电路的频率特性时，将频率范围分为低、中、高三个频段。

在中频段，由于级间耦合电容和发射极旁路电容的容量较大，中频时的容抗很小，可视作短路。晶体管的极间电容和导线的分布电容是并联在输入端和输出端的，其等效电容很小，中频时容抗很大，可视为开路。所以，在中频段，可认为电容不影响交流信号的传送，放大电路的放大倍数与信号频率无关。在低频段，电压放大倍数下降的原因，是由于耦合电容 C_1、C_2和射极电容 C_E在低频时阻抗增大，信号通过这些电容时就被明显衰减，并且产生相移；晶体管极间电容、导线之间分布电容的容抗比中频段更大，仍可视作开路，对放大电路没有影响。在高频段，由于信号频率较高，耦合电容和发射极旁路电容的容抗比中频段更小，可视作短路，不影响电路的放大倍数；但晶体管极间电容、导线分布电容的容抗将减小，对信号的分流作用增大，从而降低了电压放大倍数，同时产生相移。此外，在高频段电流放大系数 β 下降，导致电压放大倍数的进一步降低。

只有在中频段，可认为电压放大倍数与频率无关，前面所讨论的放大电路的交流参数，都是指放大电路工作在中频段的情况。要扩展低频段，必须增大 C_1、C_2、C_E的容量；要扩展高频段，必须选用结电容小的高频晶体管。

图 2-28b 为直接耦合放大电路的幅频特性，由于它具有良好的低频特性，低频时电压放大倍数并不降低，展宽了通频带，所以对低频特性要求高的交流信号放大电路一般均采用直接耦合放大电路。

在多级放大电路中，如两级放大电路，如果每一级的上、下限频率均相等，在上、下限频率处，其电压放大倍数相乘后只有最大值的 1/2，所以其上限频率将下降、下限频率将上升，通频带将变窄，因此，多级放大电路的通频带将变窄，同时输出信号和输入信号之间的相位差等于每级放大电路产生的相位差之和，相频特性也会产生变化。

第七节　特殊晶体管介绍

一、复合管

复合管是指用两只或多只半导体晶体管按一定的方式连接，进行组合，等效成一只大 β 的半导体晶体管，复合管又称为达林顿管。

图 2-29 是由两个晶体管 VT_1 和 VT_2联接成的 NPN 和 PNP 两大类复合管。

等效晶体管 VT 的管型总是和 VT_1 同类，以图 2-29a 为例，其电流放大系数为

$$\beta=\frac{i_c}{i_b}=\frac{i_{c1}+i_{c2}}{i_b}\approx\beta_1+(1+\beta_1)\beta_2\approx\beta_1\beta_2$$

由上式可见，复合管的等效电流放大系数是两管电流放大系数的乘积，其中 VT_1 只需小功率管（small power transistor）即可。如果 I_C很大，VT_2需采用大功率晶体管。在需要同样的输出电流时，复合管所需的输入电流明显减小，这样可以大大减轻前级信号源的负担。

二、光敏晶体管

光敏晶体管旧称光电晶体管，它的电流是受外部光照控制的，是一种半导体光电器件，比光敏二极管灵敏得多。如图 2-30a 所示，图中光敏晶体管的发射结正向偏置，集电结反向偏置，集电结相当于一个光敏二极管，其电流等于 I_{CBO}，所以 $I_C=I_{CEO}=(1+\beta)I_{CBO}$，光照时，$I_{CBO}$增大，$I_C$将随之增加。光敏晶体管的特性曲线如图 2-30b 所示，曲线族中参变量是

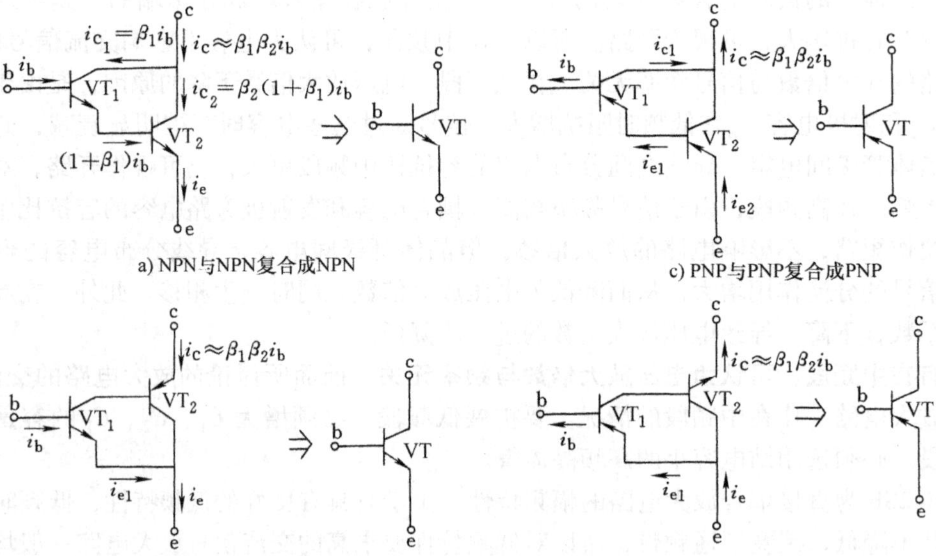

a) NPN与NPN复合成NPN　　c) PNP与PNP复合成PNP

b) NPN与PNP复合成NPN　　d) PNP与NPN复合成PNP

图 2-29　复合管和等效晶体管

辐射照度 E。光敏晶体管的符号如图 2-30c 所示。

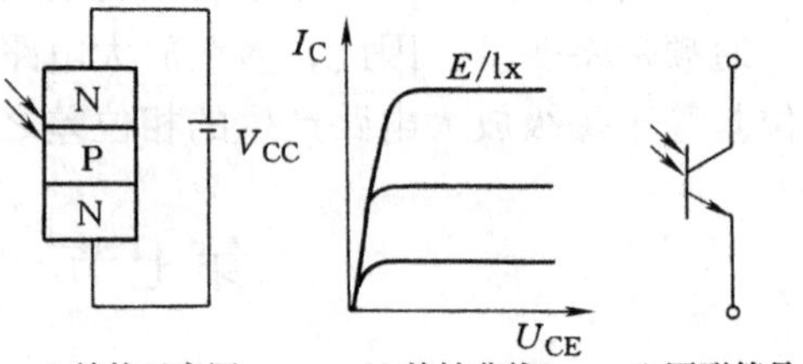

a) 结构示意图　　b) 特性曲线　　c) 图形符号

图 2-30　光敏晶体管

三、光耦合器

光耦合器旧称光电耦合器（photo electronic coupler），是一种发光器件和光敏器件组成的光电器件，它是由发光源和受光器两部分组成的。发光源常用砷化镓红外发光二极管，发光源引出的管脚为输入端；常用的受光器有对红外光敏感的光敏晶体管、光敏晶闸管和光敏集成电路等，受光器引出的管脚为输出端。光耦合器能实现电－光－电信号的变换，通过光进行了输入端与输出端之间的耦合，并且输入信号与输出信号是隔离的。

光耦合器的典型电路如图 2-31 所示。其中，图 a 是光敏晶体管型光耦合器；图 b 是达林顿型光耦合器；图 c 是晶闸管型光耦合器；图 d 是集成电路光耦合器（其输出信号取决于输入信号以及内部集成电路的类型）。

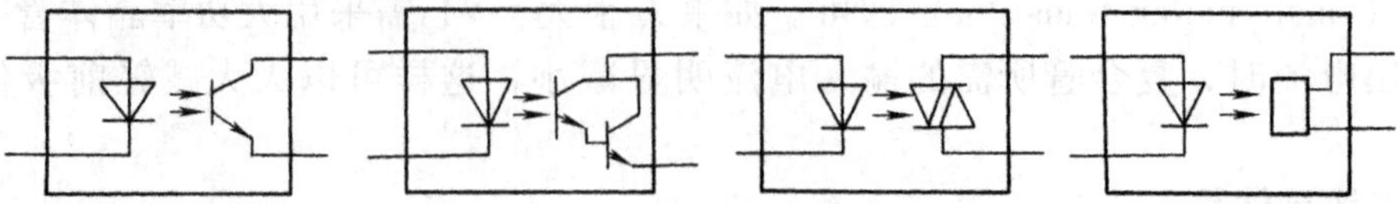

a) 晶体管型　　b) 达林顿型　　c) 晶闸管型　　d) 集成电路型

图 2-31　光耦合器的电路符号

光耦合器输入输出之间具有很高的绝缘电阻，可以达到 $10^{10}\Omega$ 以上，输入与输出间能承受 2000V 以上的耐压，信号单向传输而无反馈影响，具有抗干扰能力强、响应速度快（一般为微秒数量级)、工作可靠等优点,因而用途广泛,如在高压开关、信号隔离转换、电平匹配等电路中,起信号传输和隔离作用。

光耦合器中,光敏晶体管的集电极输出电流 I_C 与发光二极管输入电流 I_F 之比称为光耦合器的电流传输比,用 CTR 表示。晶体管型的光耦合器 CTR 约为 1,但达林顿型光耦合器的 CTR 可以达到几十。

第八节 晶体管应用电路举例

一、小电容测量电路

用万用表检查电容时,一般只能鉴别容量较大的电容的好坏。对于小电容,因为其充电时间常数很小,电容充满电所需时间很短,而由于表针的惯性,其摆幅极小,甚至来不及摆动,充电就结束了,不容易鉴别。若按图 2-32 所示电路那样,加上一只 PNP 型复合管,将被测小电容接在复合晶体管的基极和集电极之间,当测试笔接触时,根据晶体管的电流关系,流过小电容的充电电流只有表笔电流的 $1/\beta_1\beta_2$,充电较慢,这时,流过表头的电流(等于电容充电电流的 $\beta_1\beta_2$ 倍)就可以使表针摆动,随着电容的充电,充电电流逐渐减小,表针摆幅也逐渐减小,这样,鉴别起来就比较容易了。目前,一般采用数字式万用表检测小容量电容器的电容量。

二、晶体管用于放大音乐片信号

现在的音乐集成电路(俗称音乐片)能产生许多大家熟悉的歌曲,它的输出电压是一连串幅度不变、但频率随音乐内容变化的方波信号。

由于音乐片的输出电流很小,不足以带动扬声器,因此可以用最简单的晶体管放大电路用作功率放大,电路如图 2-33 所示。VT 为共射接法,当音乐片没有信号输出(B 端处于“停”状态)时,$I_B=0$,$I_C=0$,所以 VT 工作在截止区。当音乐片的输出方波脉冲跳变到 +3V 时,$I_B>I_{BS}$,所以 VT 处于饱和区,$I_C=(V_{CC}-U_{CES})/R_L=[(3-0.3)/8]A\approx0.34A$,数值较大,但 $U_{CE}=U_{CES}\approx0.3V$,管耗 $P=I_CU_{CES}=0.34\times0.3W=102mW$,数值较小。综上所述,VT 轮流工作在截止区和饱和区,管耗小,效率高。但此电路不适合放大正弦信号,否则会引起很大的失真。

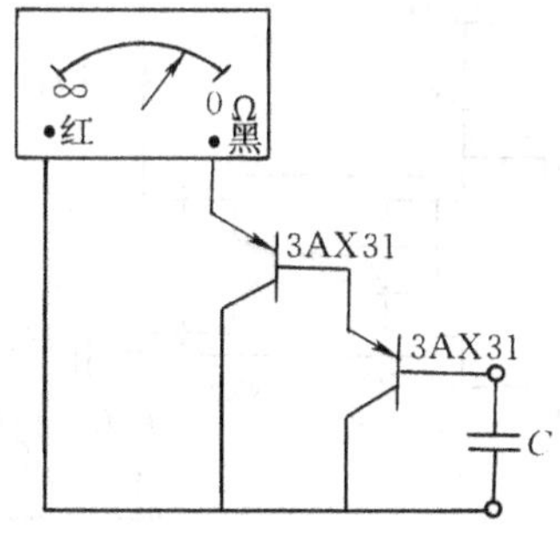

图 2-32 小电容测量电路

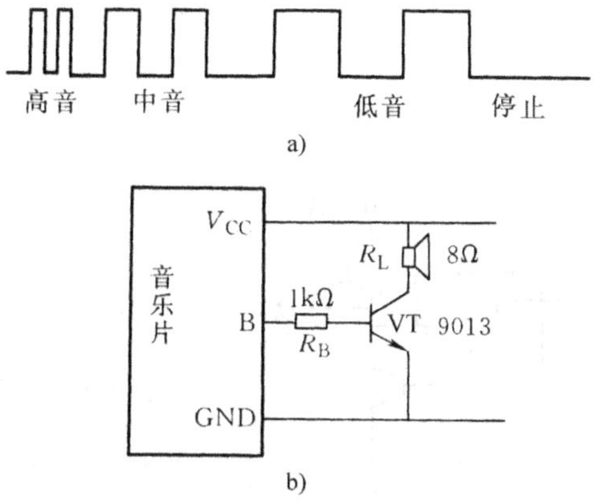

图 2-33 音乐集成电路

*三、视频信号放大电路

图 2-34b 是用于放大视频信号的共射–共基放大电路，图 2-34a 为其幅频特性曲线。

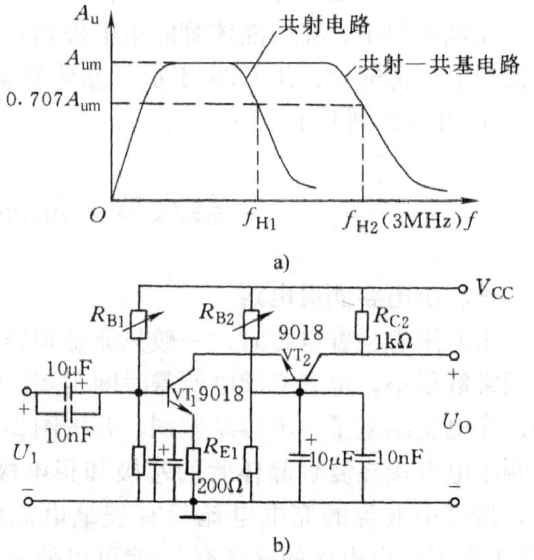

图 2-34 视频信号放大电路

VT_1 组成共射电路，VT_2 组成共基电路，两电路直接耦合。由于 VT_2 对高频而言处于共基状态，其输入电阻较小，因此第一级放大电路只有电流放大作用（$i_{c1} \approx \beta_1 i_{b1}$），没有电压放大作用。$i_{c1}$ 输入到 VT_2 的发射极。虽然共基电路没有电流放大作用，但它有电压放大作用，因此 VT_1 与 VT_2 组成的放大电路，其功率放大作用较好。由于共基电路的输入电阻很小（相当于共射电路的负载电阻），第一级共射电路的电压放大倍数很小，减小了共射电路集电结电容对高频的衰减作用，扩展了通频带。

因电解电容的高频特性较差（其等效电感对高频信号有较大的衰减），电路中的耦合电解电容和旁路电解电容旁边并联了一个小磁介电容，磁介电容的高频特性比电解电容好得多，有利于减小高频损耗。

调整静态工作点时，应调节 R_{B1}、R_{B2}，使 $U_{CE1} \approx U_{CE2} \approx V_{CC}/3$，两级均处于放大状态并具有较大的动态范围。

四、达林顿管的应用

图 2-35 所示为达林顿光敏管应用电路。光敏二极管 VD 的光电流经两级晶体管放大后能输出较大的负载电流。这种达林顿光敏管是一种高灵敏光检测器件，缺点是漏电流较大、反应速度较慢。

五、光耦合器在交流信号隔离耦合中的应用

光耦合器将红外发光二极管和光敏晶体管封装在一个不透光的 IC（集成电路）封装中，如图 2-36 中的 IC_1 所示，它是利用光来传递信号的。

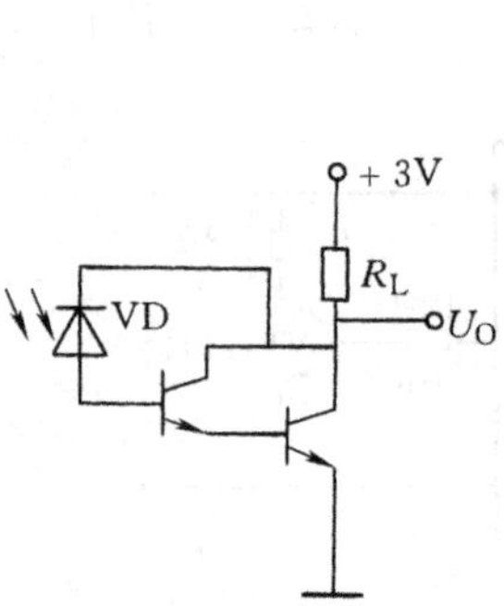

图 2-35 达林顿光敏管应用电路

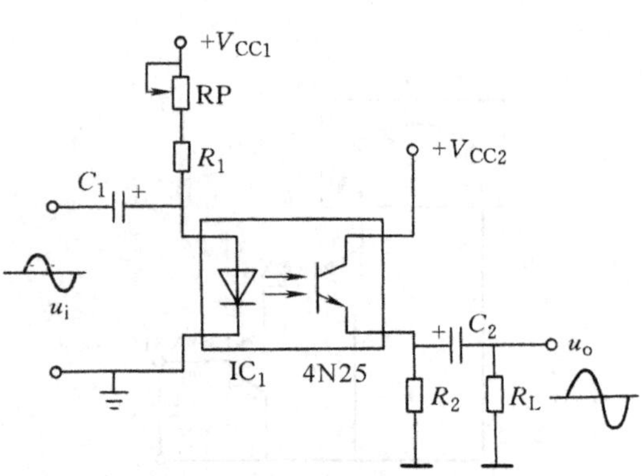

图 2-36 光耦合器的应用电路

光耦合器的应用电路如图 2-36 所示。由于光耦合器左边的发光二极管存在死区电压（约 1.1V），所以必须给其提供静态偏置电流。电源 V_{CC1} 通过 RP 和 R_1 给发光二极管提供约 1mA 左右的直流偏置电流。输入电压 u_i 的交流电压通过耦合电容 C_1 叠加在直流之上，改变红外发光二极管两端的电压，使之发出的红外光强度随之发生变化，该红外光被右边的光敏晶体管所接收，光敏晶体管的导通电流与红外光强度成正比，其电流在 R_2 上产生压降，经 C_2 隔离掉直流分量，在 R_L 上得到与 u_i 成正比的 u_o。由于左右两回路的耦合是靠光来完成的，所以左右两回路在电气上是隔离的，绝缘电阻高达 1000MΩ 以上，击穿电压高于 1000V。

采用光耦合器后，实现了 u_i 和 u_o 的隔离和耦合，提高了电路的抗干扰能力。

本章小结

1. 晶体管是由两个 PN 结构成的半导体器件，分为 PNP 型和 NPN 型两类。晶体管有三个电极，三个电极的电流关系为 $I_E = I_C + I_B$。

2. 晶体管正常工作时有三种工作状态，即三个工作区，分别是放大区、饱和区和截止区。当晶体管的发射结正偏、集电结反偏时，晶体管工作在放大区。工作在放大区时，晶体管是一种电流控制器件，$I_C = \beta I_B$，可以通过较小的基极电流去控制较大的集电极电流。当晶体管发射结与集电结均正偏时，晶体管工作在饱和区，$I_C < \beta I_B$，I_C饱和，其大小由外部电路决定。工作在饱和区时，晶体管集电极与发射极之间的电压很小，相当于开关闭合。当晶体管发射结反偏或发射结电压小于死区电压时，晶体管处于截止区，基极电流为零，集电极和发射极之间的电流也近似为零，相当于开关断开。

3. 放大电路中的各种电流和电压信号，既有直流分量，又有交流分量，交流性能受直流工作点的影响。在分析计算时，静态工作点由直流通路分析，交流性能由交流通路分析。通常用估算法估算放大电路的静态工作点。小信号时，用微变等效电路法分析放大电路的动态情况，计算放大电路的电压放大倍数、输入电阻和输出电阻。

4. 温度会影响晶体管的参数，温度上升时，晶体管发射结电压降低，β 增加，I_{CBO} 增加，会造成静态工作点不稳定，可采用分压式偏置电路，稳定静态工作点。

5. 在三种基本组态的放大电路中，共射电路的电压放大倍数较大，应用较广泛；共基电路适用于高频放大；共集电路的输入电阻高、输出电阻小、电压放大倍数接近 1，适用于多级放大器的输入级、输出级以及两级放大电路的中间缓冲级。

6. 多级放大电路常见的耦合方式有阻容耦合、直接耦合、变压器耦合和光电耦合四种。多级放大器的电压放大倍数是各级放大倍数的乘积，其分贝数 $A_u(\text{dB}) = 20\lg A_u$。

7. 放大电路对不同频率的信号具有不同的放大能力，用频率响应来表示这种特性。放大倍数在低频段下降的主要原因是由于耦合电容及射极旁路电容的存在，在高频段下降的主要原因是晶体管的极间电容及分布电容的影响。

练 习 题

一、填空题

1. 晶体管可以分成________和________两种类型。

2. 设晶体管的压降 U_{CE} 不变，基极电流为 20μA 时，集电极电流等于 2mA，则 $\bar{\beta}$ =

________。若基极电流增大至25μA，集电极电流相应地增大至2.6mA，则β=________。

3. 晶体管的电流放大作用是指晶体管的________电流约是________电流的β倍，即利用________电流，就可实现对________电流的控制。

4. 某晶体管的发射极电流i_E等于1mA，基极电流i_B等于20μA，穿透电流$I_{CEO}=0$，则其集电极电流i_C等于________，电流放大系数β等于________。

5. 晶体管工作在________区时，$I_C \approx \overline{\beta} I_B$，条件是发射结________偏置，集电结________偏置。

6. 晶体管工作在________区时，$I_C \approx 0$，条件是发射结________偏置或发射结电压________死区电压，集电结________偏置。

7. 晶体管工作在________区时，$U_{CE} \approx 0$，条件是发射结________偏置，集电结________偏置。

8. 当NPN硅管处在放大状态时，在三个电极电位中，________极的电位最高，________极电位最低，________极和________极之间的电位差约等于0.7V。

9. 当PNP锗管处在放大状态时，在三个电极电位中，________极的电位最高，________极电位最低，U_{BE}约等于________V。

10. 晶体管放大电路中，三个电极的电位分别为$V_1=-4V$，$V_2=-1.2V$，$V_3=-1.5V$，则晶体管的类型是________，材料是________；电极1为________极，电极2为________极，电极3为________极。

11. 温度升高时，晶体管的电流放大倍数β将________；穿透电流I_{CEO}将________；发射极电压U_{BE}将________。

12. 温度升高时，晶体管的共射输入特性曲线将________移，输出特性曲线将________移，而且输出特性曲线的间隔将变________。

13. 查阅电子器件手册，了解下列常用晶体管的极限参数，并记录填写在表2-3中。

表 2-3

型号		类型	材料	P_{CM}/mW	I_{CM}/mA	$U_{(BR)CEO}$/V
低频大功率管	3AD50C					
	3CD030E					
高频小功率管	3DG100A					
	3DG130A					

14. 当静态工作点电流设置偏小时，会引起________失真；当静态工作点电流偏大时，会产生________失真。

15. 造成放大电路静态工作点不稳定的因素很多，其中影响最大的因素是________，分压式偏置的共射放大电路可以稳定________。

16. 三种基本组态的放大电路中，u_o和u_i相位相反的是________电路，u_o和u_i相位相同的是________电路和________电路。

17. 三种基本组态的放大电路中，有电压放大无电流放大作用的是________电路，有电流放大无电压放大作用的是________电路，既有电压放大又有电流放大作用的是________电路。

18. 多级放大电路的耦合方式有________、________、________和________四种。

二、选择题

1. 当晶体管的两个 PN 结都反偏时，则晶体管处于（　　）。

A. 截止状态　　B. 饱和状态　　C. 放大状态

2. 当晶体管的两个 PN 结都正偏时，则晶体管处于（　　）。

A. 截止状态　　B. 饱和状态　　C. 放大状态

3. 测得放大电路中某晶体管三个电极对地的电位分别为 6V、5.3V 和 -6V，则该晶体管的类型为（　　）。

A. 硅 PNP 型　　B. 硅 NPN 型　　C. 锗 PNP 型　　D. 锗 NPN 型

4. 测得放大电路中某晶体管三个电极对地的电位分别为 8V、2.3V 和 2V，则该晶体管的类型为（　　）。

A. 硅 PNP 型　　B. 硅 NPN 型　　C. 锗 PNP 型　　D. 锗 NPN 型

5. 测得放大电路中某晶体管三个电极对地的电位分别为 6V、5.3V 和 12V，则该晶体管的类型为（　　）。

A. 硅 PNP 型　　B. 硅 NPN 型　　C. 锗 PNP 型　　D. 锗 NPN 型

6. 测得放大电路中某晶体管三个电极对地的电位分别为 6V、5.7V 和 -6V，则该晶体管的类型为（　　）。

A. 硅 PNP 型　　B. 硅 NPN 型　　C. 锗 PNP 型　　D. 锗 NPN 型

7. 检查放大器中晶体管在静态时是否进入截止区，最简便的方法是测量（　　）。

A. I_{BQ}　　B. U_{BEQ}　　C. I_{CQ}　　D. U_{CEQ}

8. 放大器中晶体管在静态时进入饱和区的条件是（　　）。

A. $I_B > I_{BS}$　　B. $I_B < I_{BS}$　　C. U_{BQ} > 死区电压　　D. U_{BEQ} = 导通压降

9. 工作在放大状态的晶体管是（　　）。

A. 电流控制元件　　B. 电压控制元件　　C. 不可控元件

10. 用直流电压表测得放大电路中的晶体管电极 1、2、3 的电位分别为 $V_1 = 1\text{V}$，$V_2 = 1.3\text{V}$，$V_3 = -5\text{V}$，则三个电极为（　　）。

A. 1 为 e；2 为 b；3 为 c　　B. 1 为 e；2 为 c；3 为 b

C. 1 为 b；2 为 e；3 为 c　　D. 1 为 b；2 为 c；3 为 e

11. 用直流电压表测得放大电路中的晶体管电极 1、2、3 的电位分别为 $V_1 = 2\text{V}$，$V_2 = 6\text{V}$，$V_3 = 2.7\text{V}$，则三个电极为（　　）。

A. 1 为 e；2 为 b；3 为 c　　B. 1 为 e；2 为 c；3 为 b

C. 1 为 b；2 为 e；3 为 c　　D. 1 为 b；2 为 c；3 为 e

12. 处于放大状态的 NPN 型晶体管，各电极的电位关系是（　　）。

A. $U_B > U_C > U_E$　　B. $U_E > U_B > U_C$

C. $U_C > U_B > U_E$　　D. $U_C > U_E > U_B$

13. 处于放大状态的 PNP 型晶体管，各电极的电位关系是（　　）。

A. $U_B > U_C > U_E$　　B. $U_E > U_B > U_C$

C. $U_C > U_B > U_E$　　D. $U_C > U_E > U_B$

14. 晶体管共射极输出特性常用一组曲线来表示，其中每一条曲线对应一个特定的（　　）。

A. i_C　　B. u_{CE}；　　C. i_B；　　D. i_E

15. 放大电路的三种组态，都有（　　）放大作用。

A. 电压　　B. 电流　　C. 功率

16. 测得某放大电路负载开路的输出电压为4V，接入2kΩ的负载后，测得输出电压为2.5V，则该放大电路的输出电阻为（　　）。

A. 1.2kΩ　　B. 1.6kΩ　　C. 3.2kΩ　　D. 10kΩ

17. 阻容耦合放大电路加入不同频率的输入信号，低频区电压增益下降的原因是由于（　　）的存在，高频区电压增益下降的原因是由于（　　）存在。

A. 耦合电容与旁路电容　　B. 极间电容和分布电容

C. 晶体管的非线性

18. 已知两级放大电路 $A_{u1}=20\text{dB}$，$A_{u2}=40\text{dB}$，则电路总的 A_u 为（　　）dB。

A. 80　　B. 800　　C. 60　　D. 20

19. 已知两级放大电路 $A_{u1}=100$，$A_{u2}=10$，则电路总的电压放大倍数 A_u 为（　　）。

A. 100　　B. 1000　　C. 110　　D. 1100

20. 两个相同的单级共射放大电路，空载时的电压放大倍数均为30，现将它们级连后组成一个两级放大电路，则总的电压放大倍数（　　）。

A. 等于60　　B. 等于900　　C. 小于900　　D. 大于900

三、判断题

1. 晶体管由两个PN结构成，二极管包含有一个PN结，因此可以用两个二极管反向串接来构成晶体管。（　　）

2. 晶体管三个电极上的电流总能满足 $I_E=I_C+I_B$ 的关系。（　　）

3. 晶体管集电极和基极上的电流总能满足 $I_C=\beta I_B$ 的关系。（　　）

4. 只有当电路既能放大电流又能放大电压时，才称其有放大作用。（　　）

5. 放大电路必须加上合适的直流电源才能正常工作。（　　）

6. 阻容耦合多级放大电路各级的静态工作点相互独立，它只能放大交流信号。（　　）

7. 直接耦合多级放大电路各级的静态工作点相互影响，它只能放大直流信号。（　　）

8. 只有直接耦合放大电路中晶体管的参数才随温度而变化。（　　）

四、分析计算题

1. 固定偏置晶体管放大电路如图2-37a所示，输入正弦交流电时，输出波形如图2-37b所示，试判断电路产生的是什么失真？产生该失真的原因是什么？如何改善这种失真？

2. 电路如图2-38a所示，输入正弦交流电时，测得输出电压波形如图2-38b所示。试判断电路产生的是什么失真？产生该失真的原因是什么？如何改善这种失真？

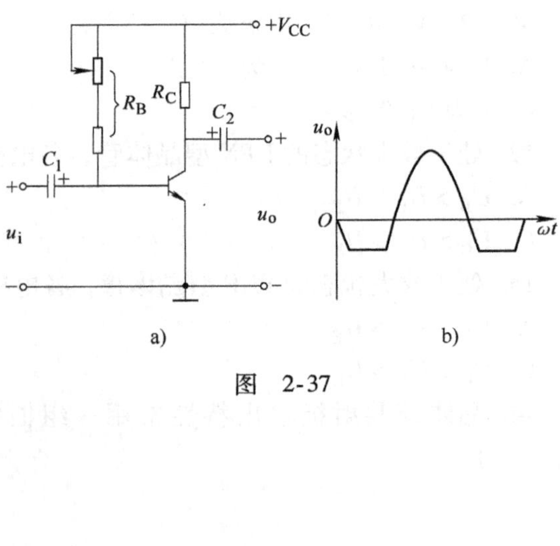

图 2-37

3. 电路如图 2-39 所示，晶体管 $\beta=100$，$U_{BE}=0.7V$。

1）求静态工作点。

2）画出微变等效电路。

3）求电压放大倍数 $\dot{A}_u$、输入电阻 R_i 和输出电阻 R_o。

4）若改为 $\beta=120$，则 $\dot{A}_u$ 变为多大？

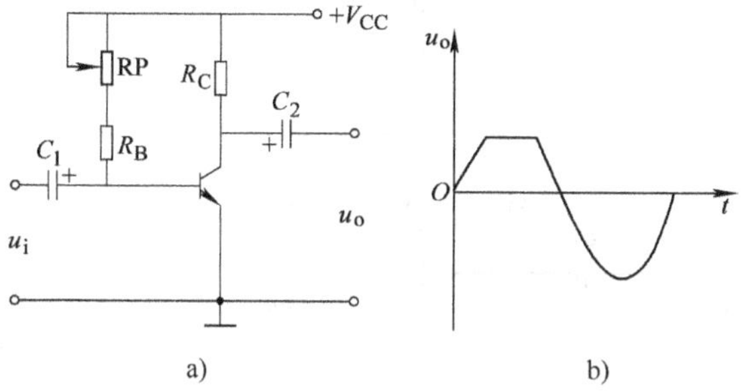

图　2-38

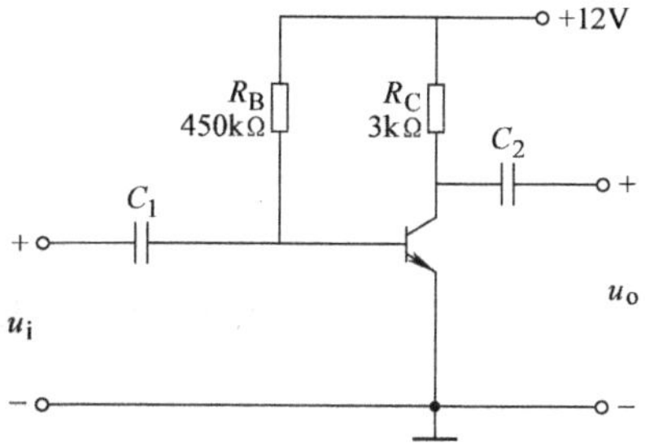

图　2-39

4. 分压式偏置共射极放大电路如图 2-40 所示，已知 $V_{CC}=12V$，$\beta=150$，$R_{B1}=75k\Omega$，$R_{B2}=25k\Omega$，$R_C=2k\Omega$，$R_L=2k\Omega$，$R_E=750\Omega$，$R_S=2k\Omega$，$U_{BE}=0.7V$。求：

1）静态工作点。

2）画出微变等效电路。

3）计算 $\dot{A}_u$、R_i、R_o、$\dot{A}_{us}$。

（注：$\dot{A}_{us}=\dfrac{\dot{U}_o}{\dot{U}_s}=\dfrac{\dot{U}_i}{\dot{U}_s}\times\dfrac{\dot{U}_o}{\dot{U}_i}=\dfrac{R_i}{R_i+R_s}\times\dfrac{\dot{U}_o}{\dot{U}_i}$

$=\dfrac{R_i}{R_1+R_s}\times\dot{A}_u$）

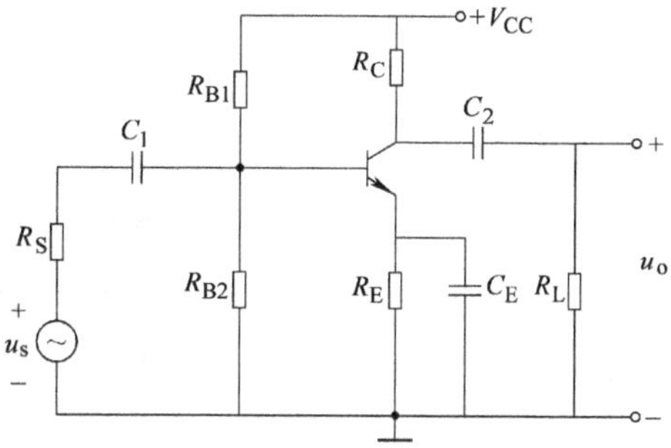

图　2-40

5. 放大电路如图 2-41 所示，判断下列电路能否正常放大交流信号，请写出为什么不能放大的理由？

6. 基本共射极放大电路如图 2-42 所示，NPN 型硅管 $\beta=100$。

1）估算静态工作点。

2）求晶体管的输入电阻 R_{be}值。

3）画出放大电路的微变等效电路。

4）估算电压放大倍数 $\dot{A}_u$、输入电阻 R_i和输出电阻 R_o。

7. 电路如图 2-43 所示，$V_{CC}=18V$、$U_{BE}=0.7V$、$R_B=390k\Omega$、$R_E=3k\Omega$、$R_L=12k\Omega$、$R_S=2k\Omega$、$\beta=100$。

1）计算电路的静态工作点。

2）画出电路的微变等效电路。

3）求电路中的 R_i、R_o、$\dot{A}_u$、$\dot{A}_{us}$。

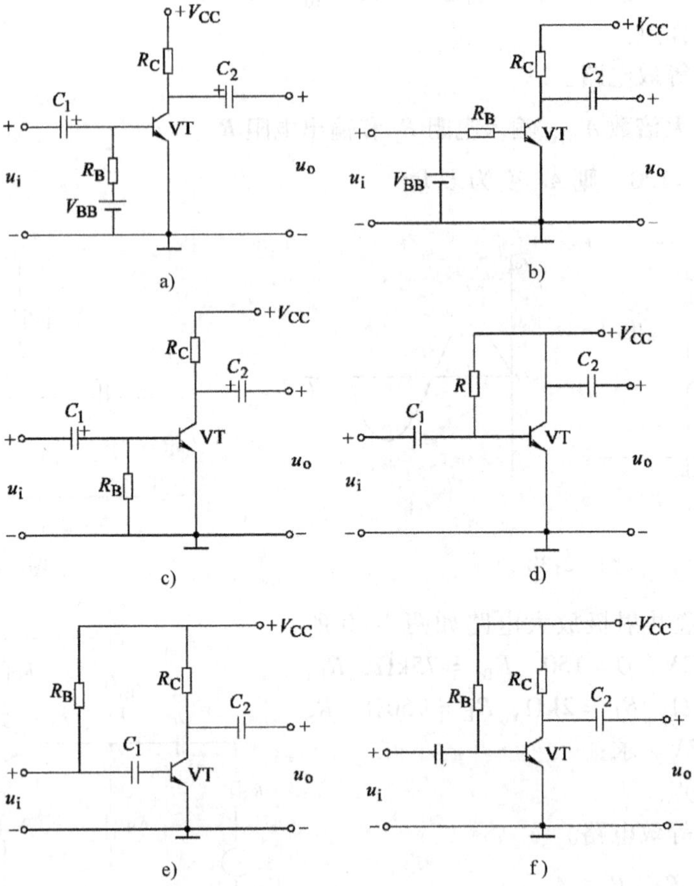

图 2-41

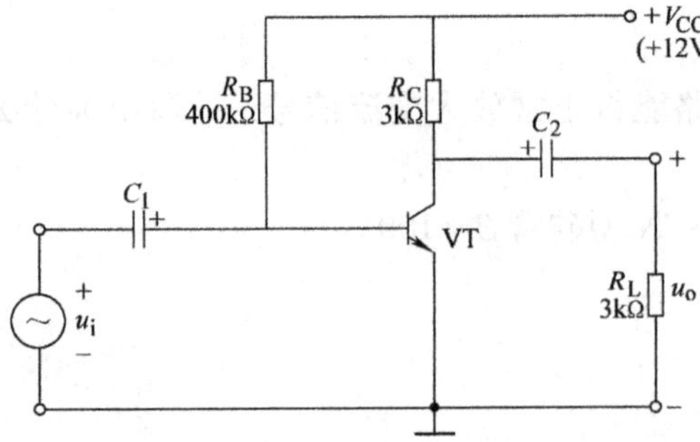

图 2-42

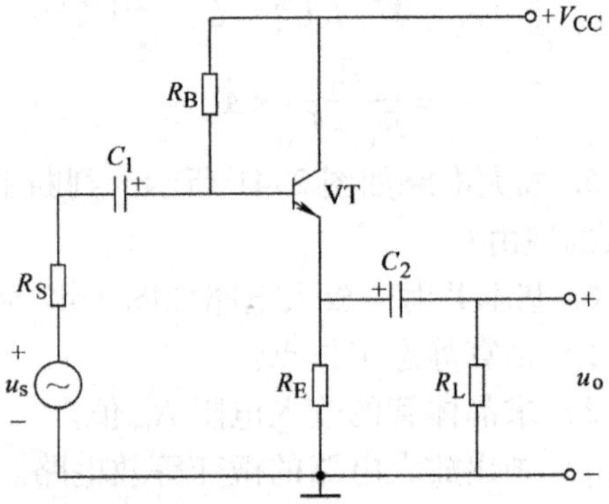

图 2-43

8. 电路如图 2-44 所示，VT_1 的 $R_{be1}=1.6k\Omega$，VT_2 的 $R_{be2}=1k\Omega$，$\beta_1=\beta_2=100$。要求：

1）画出微变等效电路。

2）求电压放大倍数 $\dot{A}_u$、输入电阻 R_i 和输出电阻 R_o。

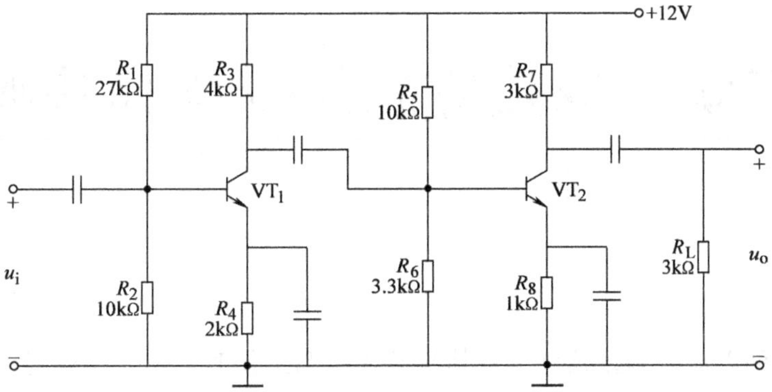
+12V
R1
27kΩ
R3
4kΩ
R5
10kΩ
R7
3kΩ
VT1
VT2
+
ui
R2
10kΩ
R4
2kΩ
R6
3.3kΩ
R8
1kΩ
RL
3kΩ
uo

图　2-44

第三章 场效应晶体管及其基本放大电路

晶体管是一种电流控制型器件，晶体管放大电路工作时，需要由信号源给晶体管提供一定的输入电流，所以，晶体管的输入电阻较低。20 世纪 60 年代初，出现了另一种半导体器件，称为场效应晶体管（field effect transistor，英文缩写 FET）。**场效应晶体管是电压控制型器件**，它利用电压改变电场的强弱来控制管子的导电能力，其控制端电流几乎为零，因而具有很高的输入电阻。

因为场效应晶体管工作时基本上只有一种载流子参与导电，所以也称为单极型晶体管，而前面介绍的晶体管工作时两种载流子均参与导电，所以也称为双极型晶体管。

场效应晶体管还具有热稳定性好、噪声低、抗辐射能力强、制造工艺简单、便于集成等优点，因此在电子电路中得到了广泛的应用。

第一节 场效应晶体管

根据结构的不同，场效应晶体管可分为结型和绝缘栅型两类，其中绝缘栅型应用更为广泛。本章将着重讨论绝缘栅型场效应晶体管，对于结型场效应晶体管仅作简单介绍。

绝缘栅型场效应晶体管是由金属－氧化物－半导体（metal－oxide－semiconductor）材料制造的，简称为 MOS 管。MOS 管可分为 N 沟道和 P 沟道两种（分别称为 NMOS 管和 PMOS 管），每一种又可分为增强型与耗尽型两种类型。本节将主要以 N 沟道为例，说明绝缘栅型场效应晶体管的结构和工作原理。

一、增强型绝缘栅场效应晶体管的结构及工作原理

（一）基本结构及符号

N 沟道增强型 MOS 管的结构如图 3-1a 所示。在 P 型硅片（作衬底）上制成两个掺杂浓度高的 N 区（用 N^+ 表示），用铝电极引出作为源极（source）s 和漏极（drain）d；在表面覆盖一层二氧化硅绝缘层，再喷涂一层铝作为栅极（gate）g；衬底也引出一个电极，通常与源极相连。栅极与源极、漏极以及衬底之间是绝缘的，故称为绝缘栅型器件。图 3-1b 是增强型 N 沟道绝缘栅场效应晶体管的图形符号，箭头方向由 P（衬底）指向 N（导电通道）。图 3-1c 是增强型 P 沟道 MOS 管图形符号，箭头方向由 P（导电通道）指向 N（衬底）。

（二）工作原理

现以图 3-2 所示电路来讨论外加电场是如何控制场效应晶体管电流的。

N 沟道增强型绝缘栅场效应晶体管属电压控制型器件，当栅源极电压 $U_{GS}=0$ 时，管子的漏极和源极之间没有导电通道，极间等效电阻很高，漏极电流 I_D 近似为零。

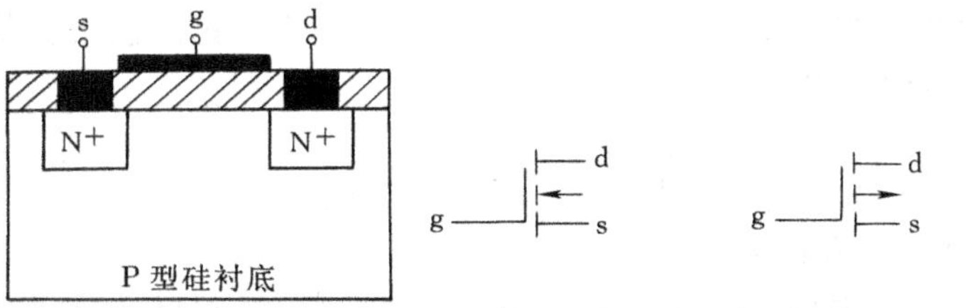

a) 结构　　b) 增强型N沟道MOS管图形符号　　c) 增强型P沟道MOS管图形符号

图 3-1　增强型 MOS 管的结构示意图与图形符号

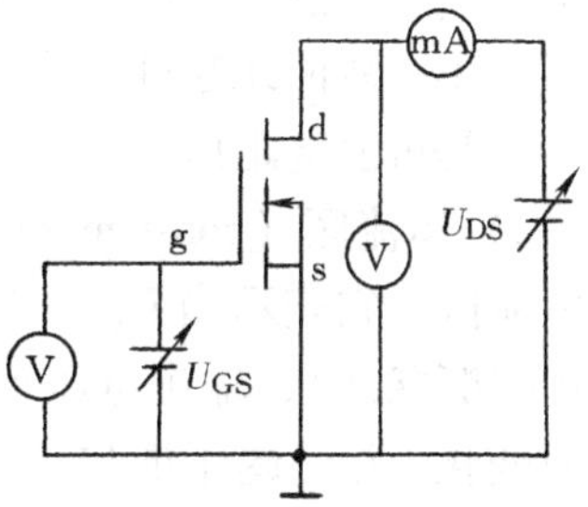

图 3-2　增强型 MOS 管电路

当 U_{GS}足够大时，由于电场的作用，管子的漏极和源极之间将产生一个导电通道（称为沟道），极间等效电阻较小，在 U_{DS}作用下，可以形成一定的漏极电流 I_D。U_{GS}越大，导电沟道（conductive channel）宽度越宽，等效电阻越小，漏极电流 I_D也越大。产生导电沟道所需的最小栅源极电压称为开启电压（threshold voltage）$U_{GS(th)}$。改变栅源极电压，就可以改变导电沟道的宽度，也就可以有效地控制漏极电流 I_D的数值。上述这种在 $U_{GS}=0$ 时没有导电沟道，因而必须在 $U_{GS} \geqslant U_{GS(th)}$时才能形成导电沟道的场效应晶体管称为增强型场效应晶体管。还有一种场效应晶体管在栅源极电压为零时已经存在沟道，这种场效应晶体管称为耗尽型 MOS 管，将在后面介绍。

（三）特性曲线

1. 转移特性曲线　N 沟道增强型 MOS 管的电压控制特性，可用转移特性曲线来描述。

转移特性是描述当 U_{DS}保持不变时，输入电压 U_{GS}对输出电流 I_D的控制关系，即

$$I_D = f(U_{GS}) \Big|_{U_{DS}=\text{常数}}$$

称为转移特性（transfer characteristic），其特性曲线如图 3-3a 所示。当 $U_{GS} < U_{GS(th)}$时，$I_D \approx 0$；当 $U_{GS} = U_{GS(th)}$时，导电沟道开始形成，随着 U_{GS}的增大，沟道加宽，I_D也增大。I_D与 U_{GS}的关系，可用下式近似表示：

$$I_D = I_{DO}\left(\frac{u_{GS}}{U_{GS(th)}} - 1\right)^2 \tag{3-1}$$

式中，I_{DO}是 $u_{GS}=2U_{GS(th)}$时的 I_D值。

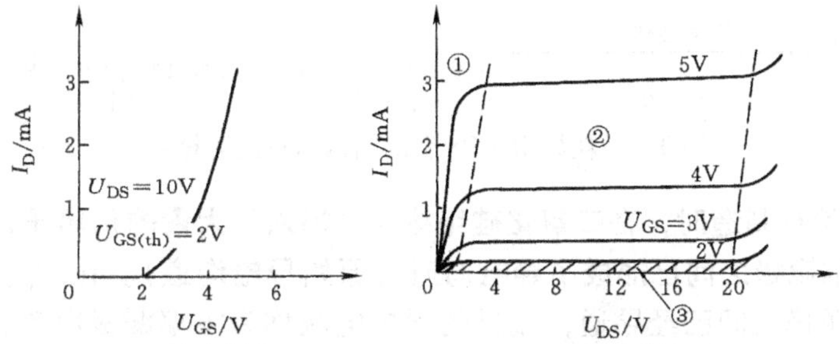

a) 转移特性　　b) 输出特性

图 3-3　N 沟道增强型 MOS 管的特性

2. 输出特性曲线　当 $U_{GS} > U_{GS(th)}$ 并保持不变时，U_{DS}变化也会引起 I_D 的变化，I_D 与 U_{DS}之间的关系称为输出特性，即

$$I_D = f(U_{DS})\Big|_{U_{GS}=\text{常数}}$$

它反映了漏源电压 U_{DS}对 I_D 的影响。

图 3-3b 是 N 沟道增强型 MOS 管的输出特性曲线。场效应晶体管正常工作时，可工作于下列三种状态（对应于三个工作区域）。

1）可变电阻区（variable resistance region）　U_{DS}很小时，可不考虑 U_{DS}对沟道的影响，于是，U_{GS}一定时，沟道电阻也一定，故 I_D 与 U_{DS}之间基本上是线性关系。U_{GS}越大，沟道电阻越小，故曲线越陡。在这个区域中，沟道电阻由 U_{GS}决定，故称为可变电阻区。图 3-3b 中①区是可变电阻区。

2）恒流区（constant current region）（饱和区）　图 3-3b 中，曲线近似水平的部分即是恒流区，它表示当 $U_{DS} > U_{GS} - U_{GS(th)}$ 时（即 $U_{GS} - U_{DS} < U_{GS(th)}$，$U_{GD} < U_{GS(th)}$，管子处于预夹断状态），输出电压 U_{DS}与漏极电流 I_D 间的关系。该区的特点是 I_D 几乎不随 U_{DS}的变化而变化，I_D 已趋于饱和，具有恒流性质，所以这个区域又称饱和区。在恒流区，I_D 仍受 U_{GS}的控制，U_{GS}增大，沟道电阻减小，I_D 随之增加。图 3-3b 中②区就是恒流区。

3）夹断区（pinch off region）（截止区）　当 $U_{GS} < U_{GS(th)}$ 时，没有导电沟道，漏极和源极之间的电流 I_D 近似为零，相当于开关断开，称为夹断状态，也称为截止状态。图 3-3b 中靠近横轴的部分③区就是夹断区，此时 U_{GS}小于开启电压 2V。

当 U_{DS}增大到一定值以后，漏源极之间会发生击穿，漏极电流 I_D 急剧增大，如不加以限制，会造成场效应晶体管损坏。图 3-3b 中右侧虚线右边的部分为击穿状态，场效应晶体管正常工作时，不允许进入这个区域。

二、耗尽型绝缘栅场效应晶体管的结构及特性

增强型绝缘栅场效应晶体管只有当 $U_{GS} > U_{GS(th)}$ 时才能形成导电沟道，如果在制造时就使它具有一个原始导电沟道，这种绝缘栅场效应晶体管称为耗尽型绝缘栅型场效应晶体管。图 3-4 是 N 沟道耗尽型绝缘栅场效应晶体管的结构示意图和符号。

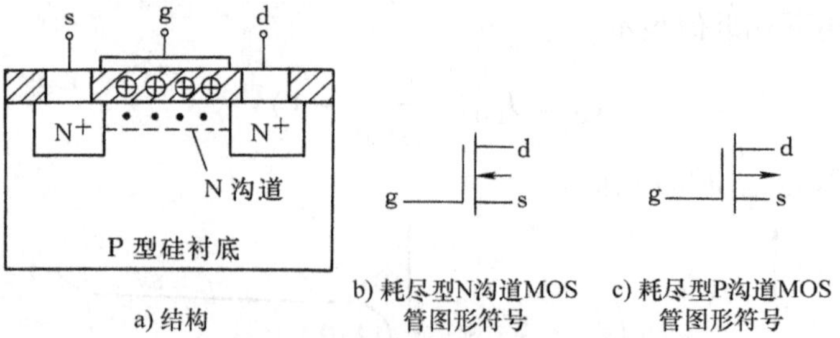

图 3-4　耗尽型 MOS 管的结构示意图与符号

耗尽型 MOS 管在制造时，在二氧化硅绝缘层中掺入了大量的正离子，由于正离子的作用，$U_{GS}=0$ 时，漏源极之间已形成了导电沟道（原始导电沟道）。 在 U_{DS}为常数的条件下，当 $U_{GS}=0$ 时，漏源极之间已经导通，流过的漏极电流称为零偏漏极电流，用 I_{DSS}表示。当 $U_{GS}>0$ 时，即加正向电压时，导电沟道变宽，I_D 增加，U_{GS}越高，导电沟道越宽，I_D 也就越大。当 $U_{GS}<0$ 时，即加反向电压时，导电沟道变窄，I_D 减小，U_{GS}负值越高，导电沟道越

窄，I_D也就越小。当 U_{GS}小于某值时，导电沟道被夹断，$I_D \approx 0$，这时的 U_{GS}称为夹断电压（pinch off voltage），用 $U_{GS(off)}$表示。

图 3-5a 和 3-5b 所示的分别为 N 沟道耗尽型管的转移特性曲线和输出特性曲线。可见，耗尽型绝缘栅场效应晶体管不论栅源电压 U_{GS}是正是负或零，都能控制漏极电流 I_D，这个特点使它的应用具有较大的灵活性。一般情况下，这类管子还是工作在负栅源电压的状态。

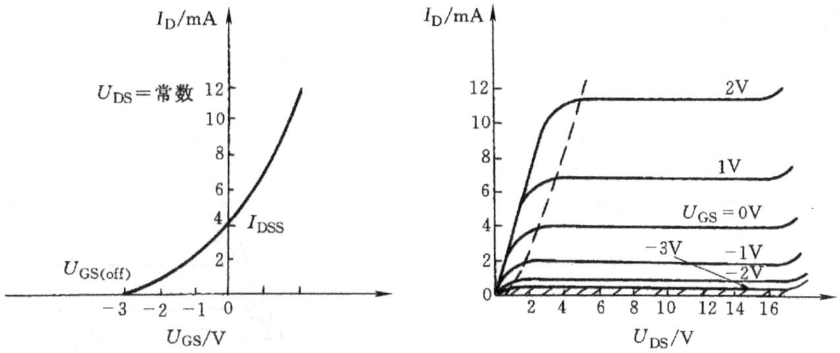

a) 转移特性　　b) 输出特性

图 3-5　N 沟道耗尽型管的特性

实验表明，在 $U_{GS} \geqslant U_{GS(off)}$范围内，N 沟道耗尽型场效应晶体管的转移特性可近似用下式表示：

$$I_D = I_{DSS}\left(1 - \frac{U_{GS}}{U_{GS(off)}}\right)^2 \tag{3-2}$$

三、结型场效应晶体管的特性

结型场效应晶体管（junction type field effect transistor，简称 JFET）的特性和耗尽型绝缘栅场效应晶体管类似。图 3-6a、b 分别为 N 沟道和 P 沟道的结型场效应晶体管图形符号，箭头是加在栅极 g 与源极 s 之间的，箭头由栅极指向沟道的为 N 沟道结型场效应晶体管，否则为 P 型。场效应晶体管的栅极类似于晶体管的基极，漏极类似于晶体管的集电极，源极类似于晶体管的发射极。

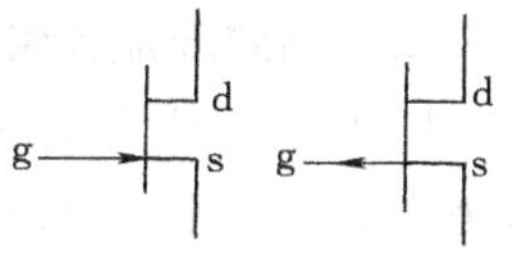

a) N沟道　　b) P沟道

图 3-6　结型场效应晶体管的图形符号

结型场效应晶体管内部也是由 P 型半导体和 N 型半导体制造而成的，符号中箭头的指向是 PN 结的正方向，即由 P 区指向 N 区。对于 N 沟道结型场效应晶体管，栅极接内部 P 区，源极和漏极接内部 N 区，符号中的箭头由栅极指向源极。使用结型场效应晶体管时，应使栅极与源极间加反偏电压，对于 N 沟道的管子来说，栅源极电压应为负值，而漏源极电压要求为正值。

结型场效应晶体管工作时，在漏源极电压 U_{DS}作用下，可形成漏极电流 I_D。栅极与源极之间的反偏电压 $|U_{GS}|$ 的值增大时，导通沟道变窄，从而在一定的 U_{DS}作用下 I_D变小，所以，改变 U_{GS}可实现对 I_D的控制。

当栅源极反偏电压 $|U_{GS}|$ 超过某个值时，导通沟道被夹断，此时 $I_D = 0$，该值称为夹断电压，用 $U_{GS(off)}$ 表示。对于 N 沟道管子来说，$U_{GS(off)}$ 为负值，对于 P 沟道管子来说，$U_{GS(off)}$ 为正值。

图 3-7 为 N 沟道结型场效应晶体管的转移特性曲线。当 $U_{GS} < U_{GS(off)}$ 时，沟道被夹断，

$I_D=0$。

$U_{GS}>U_{GS(off)}$时，随着U_{GS}的增加（$|U_{GS}|$减小），I_D增大，$U_{GS}=0$时，漏极电流达到最大值，称为饱和漏极电流，用I_{DSS}表示。结型场效应晶体管栅源极的PN结之间不允许加正向电压，$U_{GS}=0$时的漏极电流为管子正常工作时的漏极最大电流，所以称为饱和电流。

图3-8为N沟道结型场效应晶体管的输出特性曲线，管子的工作状态也划分为三个区域：可变电阻区、恒流区和夹断区。

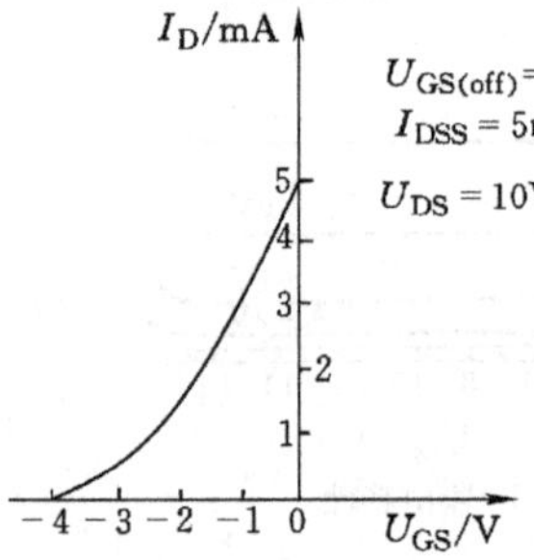

图3-7 N沟道结型场效应晶体管的转移特性曲线

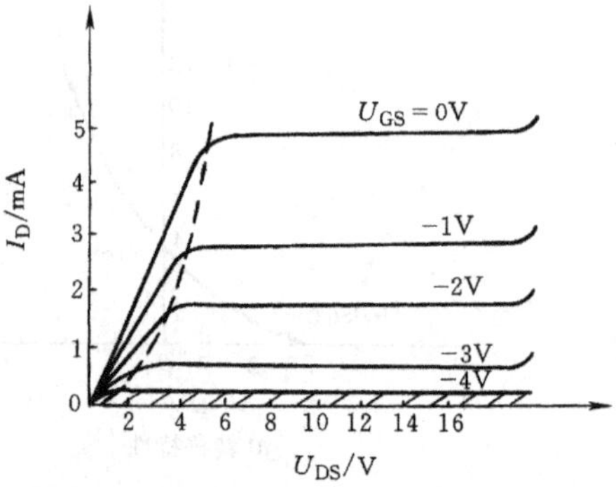

图3-8 N沟道结型场效应晶体管的输出特性曲线

工作于恒流区时，结型场效应晶体管的转移特性也可用下式表示，但u_{GS}必须为反偏电压：

$$I_D=I_{DSS}\left(1-\frac{u_{GS}}{U_{GS(off)}}\right)^2$$

结型场效应晶体管正常使用时，栅极与源极之间的PN结是反偏的，故输入电阻也很高。

四、场效应晶体管的主要参数

1. 夹断电压$U_{GS(off)}$或开启电压$U_{GS(th)}$　当U_{DS}为某固定值，漏极电流I_D接近零时（或按规定等于一个微小电流，例如1μA）的栅源极电压即为夹断电压$U_{GS(off)}$（耗尽型以及结型场效应晶体管）或开启电压$U_{GS(th)}$（增强型场效应晶体管）。

2. 零偏漏极电流或饱和漏极电流I_{DSS}　是指当U_{DS}为某固定值时，栅源极电压为零时的漏极电流。对耗尽型场效应晶体管来讲，称为零偏漏极电流；对结型场效应晶体管来讲，称为饱和漏极电流。

3. 漏源击穿电压$U_{BR(DS)}$　当U_{DS}增加，使I_D开始剧增时的U_{DS}称为$U_{BR(DS)}$。使用时，U_{DS}不允许超过此值，否则会烧坏管子。

4. 栅源击穿电压$U_{BR(GS)}$　使二氧化硅绝缘层击穿时的U_{GS}叫做栅源击穿电压$U_{BR(GS)}$。一旦绝缘层击穿，将造成短路现象，使管子损坏。

5. 直流输入电阻R_{GS}　是指栅源极之间所加的电压与栅极电流的比值。因为栅源极之间存在SiO_2绝缘层（绝缘栅型）或是一个反偏的PN结（结型），R_{GS}数值很大，通常大于$10^9\Omega$（绝缘栅型）或大于$10^7\Omega$（结型）。

6. 漏极最大耗散功率P_{DM}　是管子允许的最大耗散功率，类似于晶体管中的P_{CM}。

7. 跨导g_m　在U_{DS}为规定值的条件下，漏极电流变化量和引起这个变化的栅源极电压变化量之比，称为跨导或互导，即

$$g_m = \left.\frac{dI_D}{dU_{GS}}\right|_{U_{DS}=\text{常数}} \tag{3-3}$$

g_m是转移特性曲线上工作点处斜率的大小。g_m是衡量场效应晶体管放大能力的重要参数，g_m越大，U_{GS}控制I_D的能力越强，场效应晶体管放大能力越好。g_m可以从转移特性曲线上求取。

g_m的单位是毫西门子（mS），简称毫西，g_m的大小一般为零点几到几毫西。

各种场效应晶体管的符号和特性曲线见表3-1。

表3-1　各种场效应晶体管的符号和特性曲线

类　型	符号和极性	转移特性	输出特性
N沟道结型	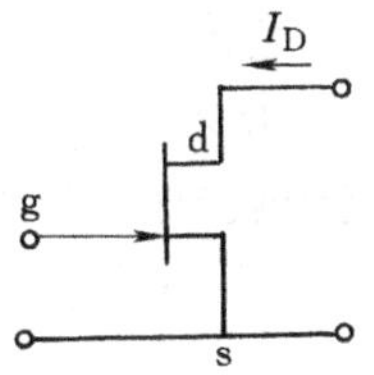	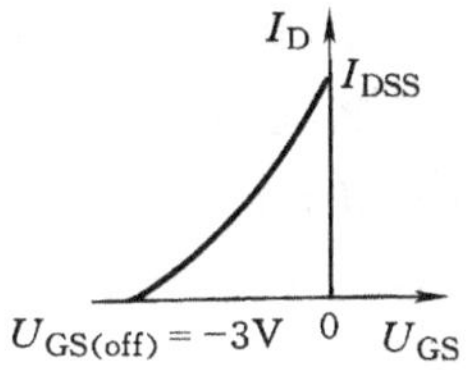	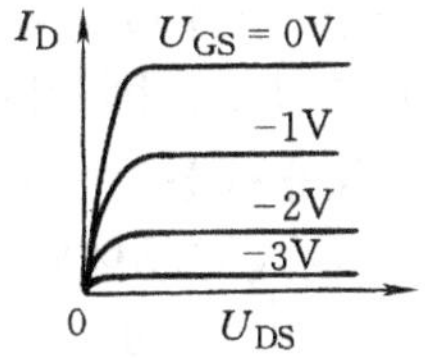
P沟道结型	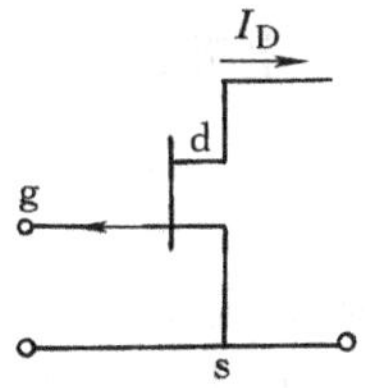	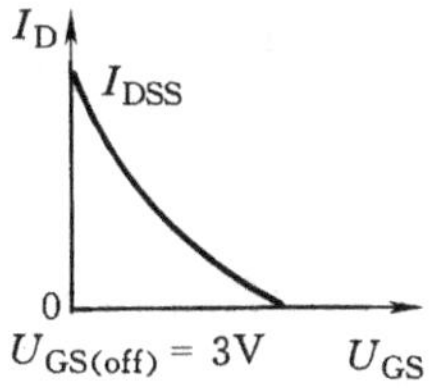	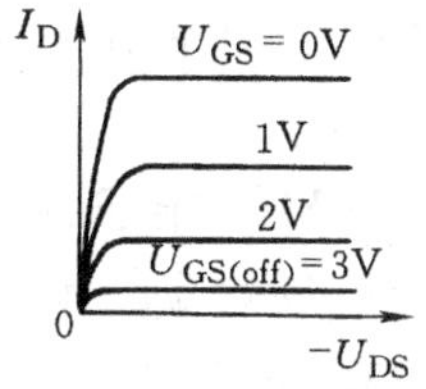
增强型NMOS	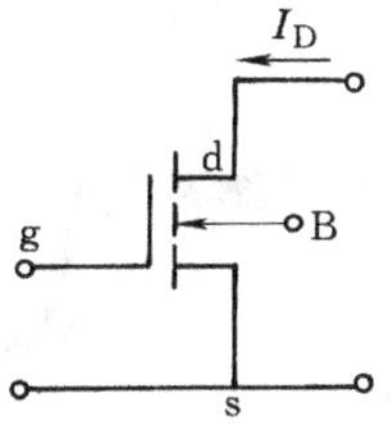	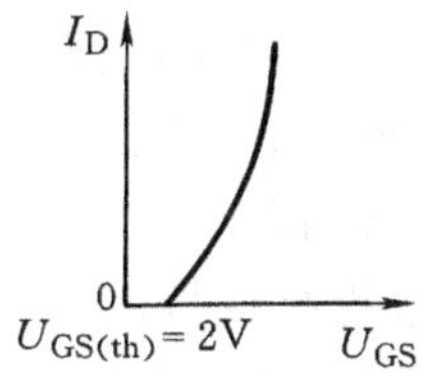	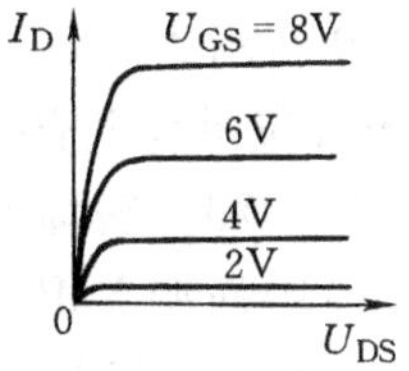
增强型PMOS	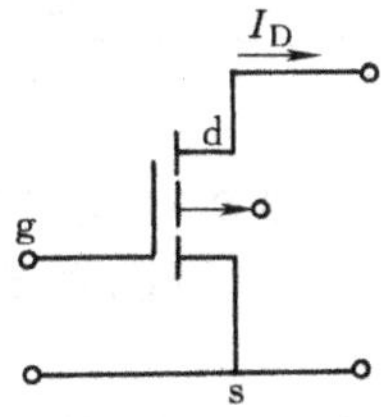	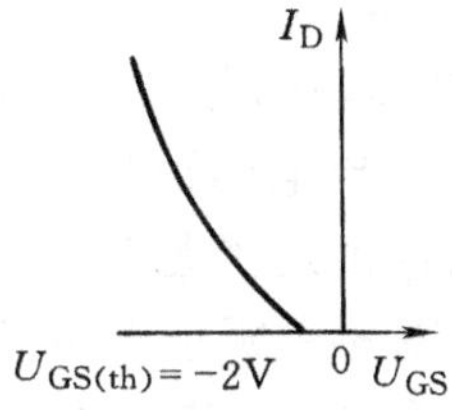	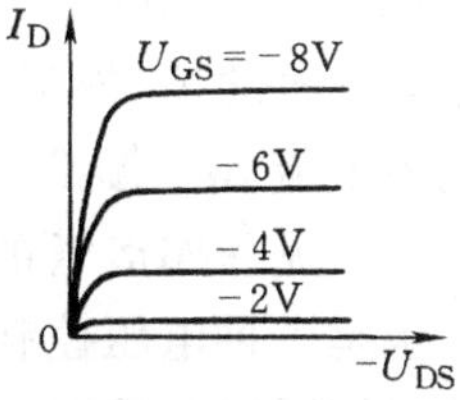
耗尽型NMOS	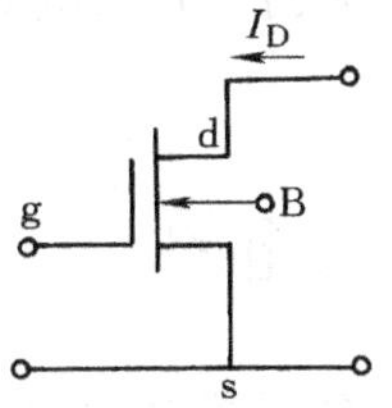	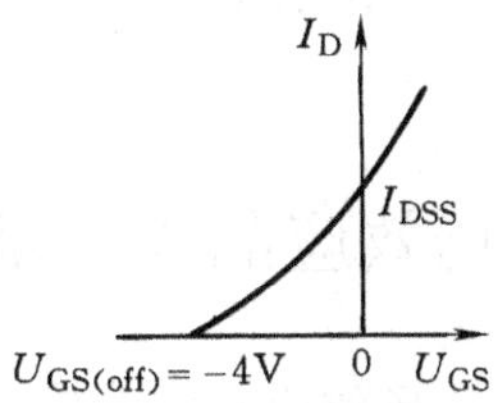	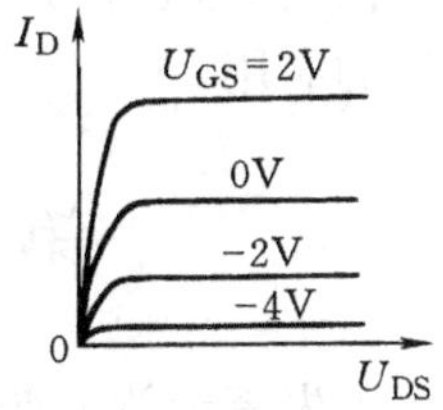

（续）

类　型	符号和极性	转移特性	输出特性
耗尽型 PMOS	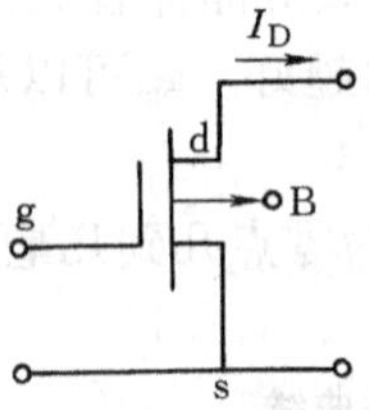	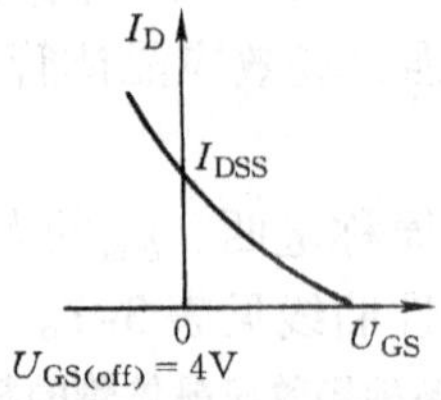	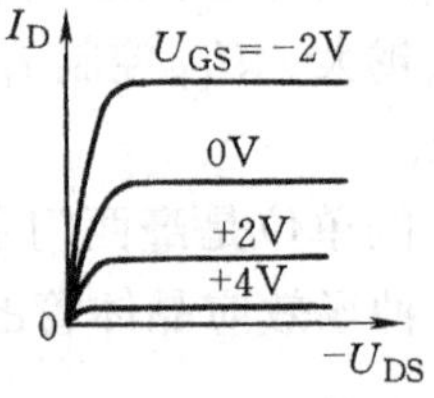

五、使用 MOS 管的注意事项

1）MOS 管栅源极之间的电阻很高，栅极与其他电极之间用绝缘层隔开，使得栅极的感应电荷不易泄放，因极间电容很小，故会造成电压过高使绝缘层击穿，保存时应使三个电极短接，避免栅极悬空。焊接时，电烙铁的外壳应良好接地，或烧热电烙铁后切断电源再焊。测试 MOS 场效应晶体管时，测试仪器应有良好的接地，应先接好测试线路再去除电极之间的短接线，测试结束后应先短接各电极。

2）有些场效应晶体管将衬底引出，故有 4 个管脚，这种管子漏极与源极可互换使用。有些场效应晶体管在内部已将衬底与源极接在一起，只引出 3 个电极，这种管子的漏极与源极不能互换。

六、VMOS 管介绍

VMOS 场效应晶体管（VMOSFET）简称 VMOS 管或功率场效应晶体管，其全称为 V 形槽 MOS 场效应晶体管，它是继 MOSFET 之后新发展起来的高效的功率开关器件。它的最大耗散功率可高达几百瓦甚至上千瓦，漏源间的击穿电压可高达 1200V。

图 3-9 所示为 N 沟道功率场效应晶体管的剖面图，它与一般场效应晶体管的结构不同之处在于采用纵向结构。它的导电过程和一般场效应晶体管基本相同。

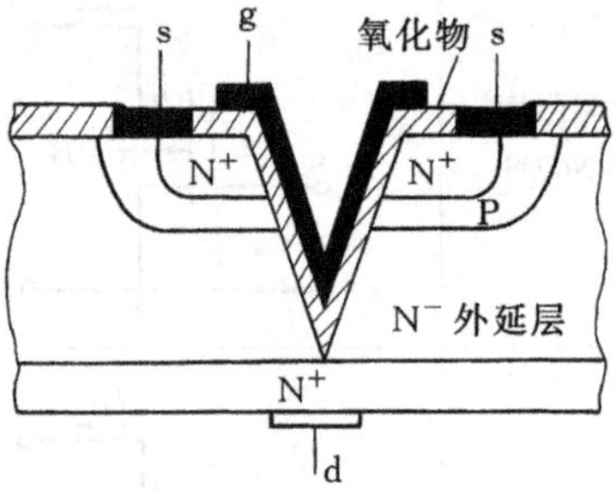

图 3-9　N 沟道增强型 VMOS 管结构示意图

N 沟道增强型 VMOS 管的工作过程是这样的：当栅源极电压为正且大于开启电压时，将产生导电沟道，这时如果给漏极与源极之间加上正电压（$U_{DS}>0$）则电子流由源极 s 经沟道通过 N^- 外延层，贯穿 N^+ 基片到达底部漏极 d，产生漏极电流 i_D。栅源极电压越高，导电沟道越宽，i_D 也就越大。可见 VMOS 管的漏极电流 i_D 也是受栅源极电压控制的，也是一种电压控制型器件。图 3-9 所示 VMOS 管由于它的采用了纵向导电沟道，所以具有电流容量大（可高达 200A）、耐压高、跨导线性好、开关速度快（可达 3ns）等优良特性，在电压放大器、功率放大器、开关电源和逆变器中得到了广泛的应用。

第二节　场效应晶体管基本放大电路

为了不失真地放大变化的信号，场效应晶体管放大电路必须设置合适的静态工作点。场效应晶体管是电压控制器件，因此它没有偏流，关键是要有合适的栅源偏压 U_{GS}。常用的偏置电路有两种。

一、自偏压放大电路

图 3-10 为耗尽型场效应晶体管自偏压放大电路。当耗尽型管的漏源极回路接通时，即使栅源极电压为零，因为有原始沟道存在，在漏极电源的作用下，就有电流 I_D 通过导电沟道，并在源极电阻 R_S 上产生静态电压。因为栅极通过电阻 R_G 接地，栅极电流近似为零，所以栅极电位也为零。栅源极电压的静态值是负值，通常称为自偏压，其值为

$$U_{GS} = -I_D R_S \tag{3-4}$$

适当调整源极电阻 R_S，可以得到合适的静态工作点。通过下列关系式可求得静态工作点电流和电压：

$$\begin{cases} I_D = I_{DSS}\left(1 - \dfrac{U_{GS}}{U_{GS(off)}}\right)^2 \\ U_{GS} = -I_D R_S \end{cases} \tag{3-5}$$

求得 I_D 和 U_{GS} 后，U_{DS} 可由下式求得：

$$U_{DS} = V_{DD} - I_D\ (R_D + R_S) \tag{3-6}$$

图 3-10 的电路不适用于增强型 MOS 管，因为该电路是利用原始沟道产生的电流来提供栅源极偏压的。增强型 MOS 管没有原始沟道，该电路不能使管子开启，即 $I_D = 0$。

二、分压式自偏压放大电路

分压式自偏压放大电路是在自偏压电路的基础加接分压电阻后组成的。这个电路的栅源极电压除与 R_S 有关外，还随 R_{G1} 和 R_{G2} 的分压比而改变。由图 3-11 可得

$$U_{GS} = U_G - U_S = \frac{R_{G2}}{R_{G1} + R_{G2}} V_{DD} - I_D R_S \tag{3-7}$$

适当选择 R_{G1} 或 R_{G2} 值，就可获得正、负及零三种偏压。图中 R_{G3} 阻值很大，用以减小 R_{G1}、R_{G2} 对交流信号的分流作用，以保持高的输入电阻。因栅极静态电流为零，R_{G3} 上的直流电压为零，对分压点的电位没有影响。

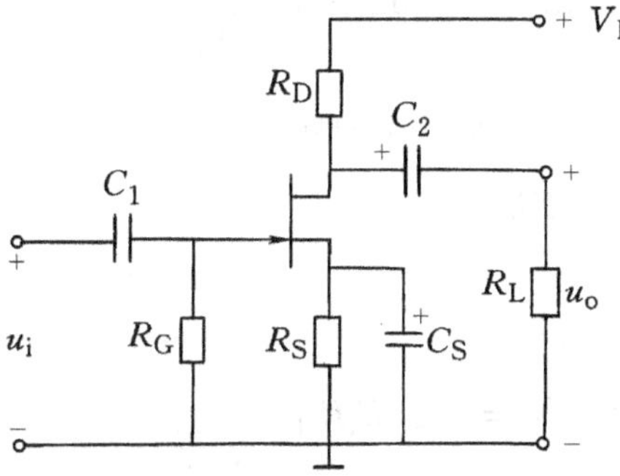

图 3-10　自偏压放大电路

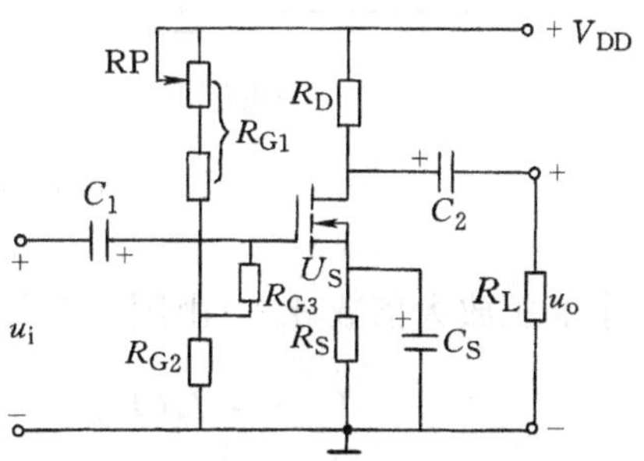

图 3-11　分压式自偏压放大电路

对于图 3-11 电路的静态分析可以通过下列方程来求解：

$$\begin{cases} U_{GS} = \dfrac{R_{G2}}{R_{G1} + R_{G2}} V_{DD} - I_D R_S \\ I_D = I_{DO}\left(\dfrac{u_{GS}}{U_{GS(th)}} - 1\right)^2 \end{cases}$$

求得 I_D 和 U_{GS} 后，U_{DS} 可由下式求得：

$$U_{DS}=V_{DD}-I_D\ (R_D+R_S)$$

实际应用时，可以用 RP 来调节静态工作点。

三、场效应晶体管放大电路的微变等效电路分析法

（一）场效应晶体管的微变等效电路

当场效应晶体管在小信号作用下，工作在恒流区（即放大区）时，其交流分析，也可用微变等效电路来等效。

从输入回路来看，场效应晶体管的输入电阻很高，栅极电流近似为零，因此，场效应晶体管的输入回路可视作开路。从输出回路看，场效应晶体管漏极电流则主要受输入栅源极电压控制，由式（3-3）可知

$$dI_D = g_m dU_{GS}$$

当输入小信号时，场效应晶体管的输出回路可以用一个受栅源电压控制的受控电流源 $g_m\dot{U}_{gs}$ 来等效，这样可画出场效应晶体管的微变等效电路，如图 3-12 所示。

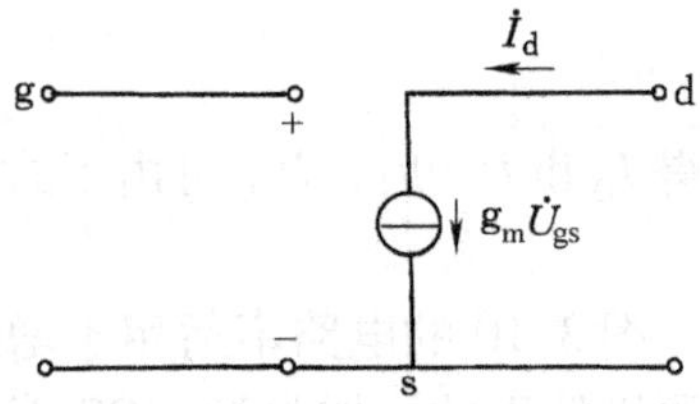

图 3-12 场效应晶体管的微变等效电路

（二）场效应晶体管放大电路的动态分析

用微变等效电路法来分析计算场效应晶体管放大电路的电压放大倍数和输入电阻、输出电阻，其步骤与分析晶体管放大电路相同。

图 3-13 为共源极放大电路和微变等效电路。

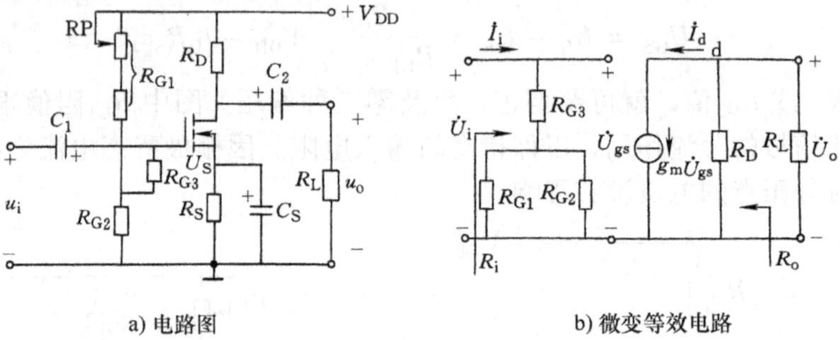

图 3-13 共源极放大电路

1. 求电压放大倍数 $\dot{A}_u$ 由图 3-13b 可知

$$\dot{U}_o=-\dot{I}_d(R_D//R_L)=-g_m\dot{U}_{gs}R'_L=-g_m\dot{U}_iR'_L$$

$$\dot{A}_u=\frac{\dot{U}_o}{\dot{U}_i}=-g_mR'_L \tag{3-8}$$

式中，负号表示输出电压与输入电压反相。

2. 求输入电阻 R_i 由图 3-13b 可知

$$R_i=R_{G3}+\ (R_{G1}//R_{G2}) \tag{3-9}$$

通常，为了减小 R_{G1}、R_{G2} 对输入信号的分流作用，常选择 $R_{G3}>>(R_{G1}//R_{G2})$，故有

$$R_i \approx R_{G3}$$

3. 求输出电阻 R_o

$$R_o \approx R_D \tag{3-10}$$

由上述共源极电路分析可知，g_m越大，$\dot{A}_u$ 越大，由于一般场效应晶体管的跨导只有几毫西到几十毫西，因此场效应晶体管放大电路的电压放大倍数通常比晶体管放大电路要小。场效应晶体管放大电路的输入电阻高，最高可达几十兆欧（射极输出器一般只能达到几千欧至几百千欧）。场效应晶体管放大电路的输出电阻主要由漏极电阻 R_D决定。

共漏极、共栅极放大电路的分析方法同上，这里不做介绍。

*第三节　场效应晶体管应用电路举例

一、可调恒流源

在电子线路中，当流出某一电路的电流基本上不随外接负载电路的影响，其内阻趋于无穷大时，具有这种特点的电路称为恒流源电路。图 3-14 是结型场效应晶体管组成的输出电流大小可调的恒流源电路。

由结型场效应晶体管输出特性可知，当 U_{DS}大于某一数值（如 3V 以上）时，结型场效应晶体管进入恒流区，I_D不随 U_{DS}变化，具有恒流特性。

图 3-14 所示电路与图 3-10 所示的直流通路类似，所以可以根据方程式（3-5）求出 I_D。

$$\begin{cases} I_D = I_{DSS}(1 - \dfrac{U_{GS}}{U_{GS(off)}})^2 \\ U_{GS} = -I_D R_S \end{cases}$$

因为 $I_G = 0$，所以 $I_L = I_S = I_D$。实际应用时可通过调节 RP 来改变 I_L。

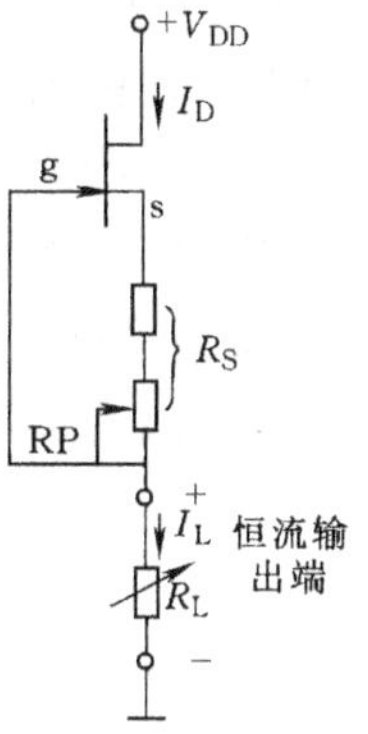

图 3-14　可调恒流源电路

二、场效应晶体管用于驻极体传声器

驻极体是一种极化后能长期保持极化状态的电介质，又叫永电体。驻极体可以在周围产生电场，因此可以看作是类似于永磁体的一种带电体。驻极体传声器则是驻极体材料在声电转换方面的具体应用。由于驻极体传声器具有体积小、频率范围宽、高保真和成本低的特点，因此，在通信设备、家用电器等电子产品中得到了广泛应用。

驻极性传声器的基本结构由一片单面有金属薄膜的驻极体膜片和一个金属极板构成，膜片的金属薄膜与金属外壳相连通。金属薄膜和金属极板构成了一个平板电容器，声波引起驻极体膜片振动，可改变该电容器的电容量。驻极体的电场在电容器的两个极板上产生恒定的感应电荷，根据电容公式：$U = \dfrac{Q}{C}$，Q 不变，当电容变化时，可以引起两端电压的变化，从而输出电信号，实现声电的转换。但驻极体传声器的输出电阻极高（可达 $10^8\Omega$ 以上），不能直接与放大电路相连接，必须连接一个专用的场效应晶体管和一个二极管组成的阻抗变换器。图 3-15中，点画线框内是驻极体传声器的内部电路。通常将驻极体（图中用电容 C 表示驻极体两端的等效电容）、结型场效应晶体管、二极管封装在同一壳体内，驻极体传声器的输出线有三根，即源极 S，漏极 D 和连接金属外壳的编织屏蔽线。二极管的作用是保护场效应晶体管，将场效应晶体管的栅源极电压钳制在二极管导通电压以内。

图 3-15 为驻极体传声器的应用电路。图中，电容器的两个电极接在结型场效应晶体管的栅源极之间，声波越强，C 的容量变化越大，C 两端产生的音频电压信号也越高，漏极电流的变化就越大，经漏极电阻的转换，由电容 C_1 输出变化的音频电压信号，该电路输出电阻等于漏极电阻 R_L（为 3kΩ）。

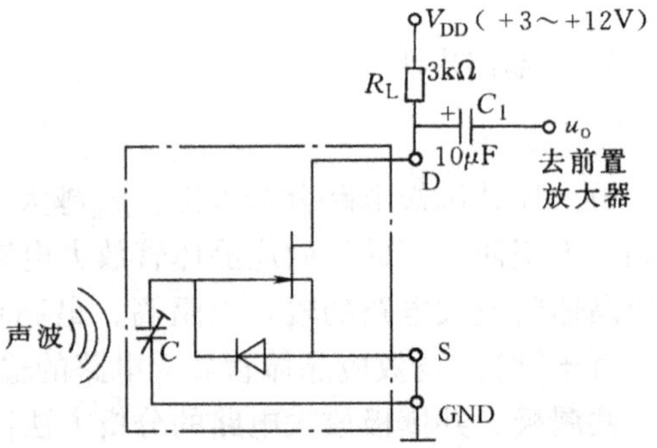

图 3-15　驻极体传声器的应用电路

如接成源极输出器的形式，音频电压信号则从源极输出。

三、触摸式开关电路

图 3-16 所示电路是利用绝缘栅型场效管组成的触摸式开关电路。

当人们在室内活动时，由于人体与周围的 220V 交流电路存在微小的分布电容，使人体因感应交流电场而带有几伏至几十伏的 50Hz 交流信号，由于此感应信号的内阻极高，不能用普通的晶体管电路来检测。当人体触及接在 VF 栅极上的金属板时，该感应电压就加载到 VF 的栅源极之间，使 VF 导通，VT_1 获得 I_{B1} 导通，从而产生 I_{C1}。I_{C1} 流经 VT_2 的基极使其导通，形成较大的集电极电流，从而使继电器 KA 吸合，去控制外电路的负载（如楼道灯等）。

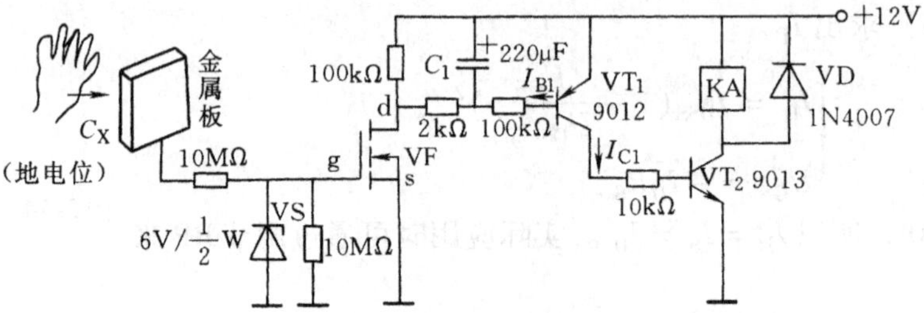

图 3-16　触摸式开关电路

图中的 VS 为稳压管，用于保护 VF 的栅极，使其不会因过高的输入电压而击穿。C_1 和周围的电阻构成延时电路，当 VF 导通时充电，当人体不再触及金属板时，VF 截止，C_1 通过周围的电阻放电，放电期间 VT_1 仍能导通，继电器 KA 继续吸合，能保持 10s 左右的延时。VD 为续流二极管，防止 KA 线圈断电时产生过高的感应电动势以保护晶体管 VT_2。

四、非接触式测电笔电路

导线只要接上交变电压，它的周围就会产生交变电场，而场效应晶体管对外部电场比较敏感，即使很弱的电场也会使场效应晶体管栅源极之间感应到信号电压，用场效应晶体管组成的非接触式测电笔电路如图 3-17 所示。

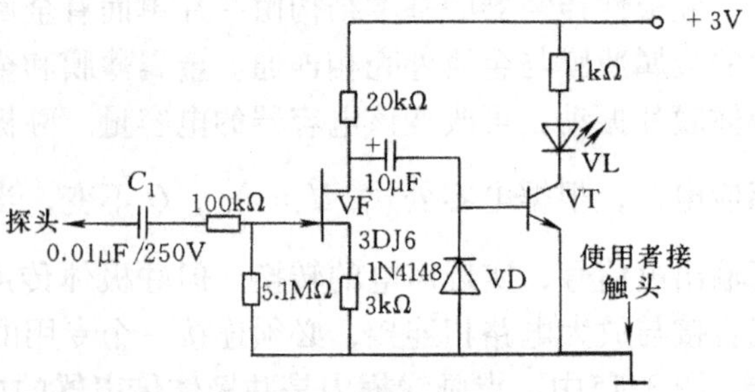

图 3-17　非接触式测电笔电路

此测电笔可用于查找导线内部断路之

处。使用时，把被查导线的端部接到相线上，手握测电笔，沿导线表面移动。在未断部分，探头可感应到交变的电场信号，由电容 C_1 耦合到场效应晶体管 VF 的栅极，放大后经 10μF 电容耦合到晶体管 VT 的基极，使 VT 周期性导通，发光二极管 VL 发光。一旦探头移至某点时发现 VL 熄灭，说明此点已无交变电场，必定就是断芯点，此时，VF 的漏极为直流信号，无法通过 10μF 电容，VT 截止，VL 熄灭。

电路中二极管 VD 和晶体管 VT 的发射结并联，为 10μF 的耦合电容提供充放电回路。当 VF 漏极电位有交流分量时，漏极电位上升，电容充电，VT 导通，VL 发光；漏极电位下降，电容放电，VD 导通，VT 截止，VL 不发光。因为交流信号的频率为 50Hz，所以感觉不到 VL 的闪烁。

另外，如同使用普通试电笔一样，人体必须和电路图中电笔的接地点接触，否则，探头感应到的交流信号无法形成回路，电路中无交流分量，VF 的导通状态不变，漏极电位不变，VL 也不亮。

五、卤钨灯的缓启动电路

卤钨灯是填充的气体内含有部分卤族元素（如碘和溴）或卤化物的充气白炽灯，可以延长灯丝（钨丝）的使用寿命，具有体积小、光色好、光效高等优点。其点亮时间约为 0.1s，启动电流约为工作电流的 5 倍，正是这个启动冲击电流使本来可以长寿的灯管寿命大为缩短。

将功率场效应晶体管（VMOS 管）作为可控开关串联在卤钨灯的电源回路中，可实现缓启动，延长灯管的使用寿命，电路如图 3-18 所示。VD_1 ~ VD_4 对 220V 交流电源作全波整流，R、C 构成延时电路。开关 S 闭合后，C 开始充电，随着其电压的升高，VMOS 管的电流逐渐增大，而压降逐渐减小，卤钨灯逐渐点亮。经过 2s 多钟，C 两端的电压达到稳压管的稳定电压 20V，VMOS 管完全导通，电路便进入稳定工作状态。由于 VMOS 导通时的内阻很小（约零点几欧姆），所以其本身的发热很小，对卤钨灯影响也很小。

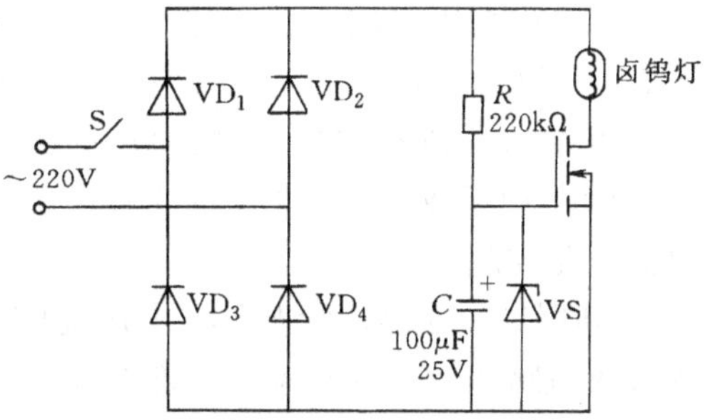

图 3-18　卤钨灯的缓启动电路

六、VMOS 管用于控制碘钨灯的亮度

由于 VMOS 管耐压高、电流大，所以可以带动大功率设备，如碘钨灯、加热器和风机等。

图 3-19 中的 RP 用于调节 U_G，从而控制流过碘钨灯的电流，VS 用于保护 VMOS 管的栅极，防止过电压，C_1 用于防止 U_G 突变，实现软启动；整流桥组成整流电路，R_3、C_2 组成滤波电路，为 U_G 提供稳定的控制电压。

此种调光方法是不够经济的，在碘钨灯调得较暗时，有很大一部分功率损耗在 VMOS 上，必须将 VMOS 与较大面积的散热片装在一起，才能保证 VMOS 的管芯温度小于其极限工作温度 150℃。更好的调光方法应该采用 VMOS 管的 PWM 工作方式，这在后续的课程中可以学到。

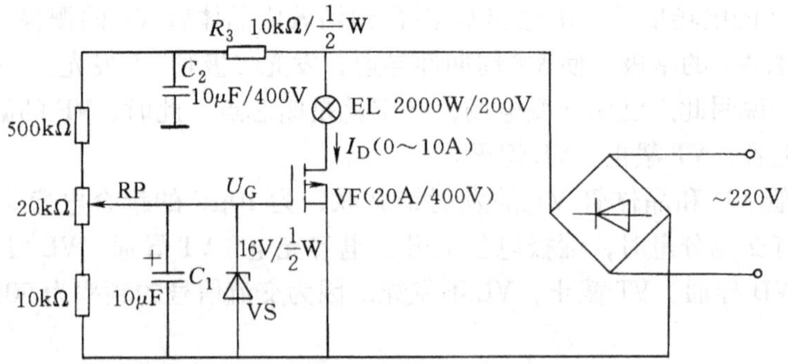

图 3-19 VMOS 管用于控制碘钨灯亮度的电路

本章小结

1. 场效应晶体管是电压控制型器件，利用栅源极电压控制漏极电流。由于 MOS 管栅源极之间是绝缘的，结型场效应晶体管的栅源极之间是反偏的 PN 结，故输入电阻很高。场效应晶体管是单极型晶体管，只有一种载流子参与导电。

2. MOS 管分增强型与耗尽型两种。增强型 N 沟道 MOS 管，当 $U_{GS} > U_{GS(th)}$ 时才形成导电沟道，产生漏极电流 I_D；耗尽型 N 沟道 MOS 管 $U_{GS}=0$ 时也存在导电沟道，能产生漏极电流 I_D，当 $U_{GS} < U_{GS(off)}$ 时，导电沟道被夹断，漏极电流 $I_D=0$。

3. 场效应晶体管输出特性曲线可分为下列三个区域：可变电阻区、恒流区和夹断区（截止区）。用于放大时，管子应工作于恒流区（放大区），此时场效应晶体管的漏极电流由栅源极电压控制。

4. 利用场效应晶体管栅源极电压能够控制漏极电流的特点，可以实现放大作用。与晶体管放大电路相比，场效应晶体管放大电路的最大特点是输入电阻很高，但电压增益比相应的晶体管放大电路小。若将场效应晶体管与晶体管结合使用，可提高和改善电子电路的性能指标，扩展场效应晶体管的应用范围。

练习题

一、填空题

1. MOS 管是由________、________和________三种材料制造的。

2. 绝缘栅型场效应晶体管按导电沟道的类型来分有________和________两类，按有无原始沟道来分又可分为________和________两种。

3. 场效应晶体管与晶体管比较，________为电压控制型器件，________为电流控制型器件，________的输入电阻高。

4. 场效应晶体管有________种载流子参与导电，故场效应晶体管又称为________型晶体管。

5. ________ MOS 管开启电压 $U_{GS(th)} > 0$，________ MOS 管开启电压 $U_{GS(th)} < 0$。

6. ________ MOS 管的夹断电压 $U_{GS(off)} > 0$，________ MOS 管的夹断电压 $U_{GS(off)} < 0$。

7. 使用 MOS 管时应特别注意对________极的保护，在不用时应将三个电极________。

8. 某场效应晶体管的转移特性如图 3-20a 所示，由此可知该管是________沟道________型的绝缘栅场效应晶体管，$U_{GS(th)}$ = ________V。

9. 某场效应晶体管的转移特性如图 3-20b 所示，由此可知该管是________沟道________型的绝缘栅场效应晶体管，I_{DSS} = ________，$U_{GS(off)}$ = ________。

10. 某场效应晶体管的输出特性如图 3-21 所示，由此可知该管是________沟道________型的绝缘栅场效应晶体管，$U_{GS(th)}$ = ________。

11. 某场效应晶体管工作在恒流区，当 $U_{GS}=-1V$ 时，$I_D=8mA$；当 $U_{GS}=-3V$ 时，$I_D=2mA$，则该管的低频跨导 g_m 为________mS。

12. 自偏压电路只适用于________型的场效应晶体管放大电路。

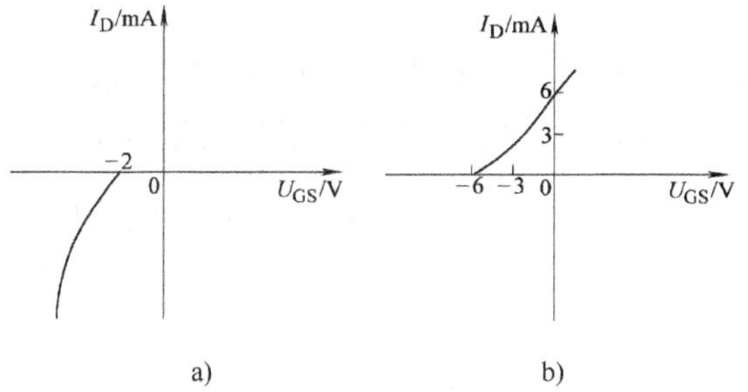

图 3-20

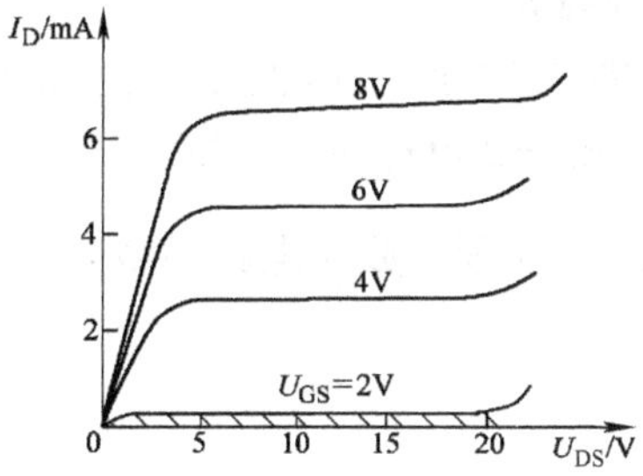

图 3-21

二、选择题

1. 场效应晶体管用（　　）控制漏极电流。

A. 基极电压　B. 栅源极电压　C. 基极电流　D. 栅极电流

2. 表征场效应晶体管放大能力的重要参数是（　　）。

A. $U_{GS(off)}$　B. g_m　C. I_{DSS}　D. $U_{GS(th)}$

3. N 沟道增强型场效应晶体管处于放大状态时要求（　　）。

A. $U_{GS}>0$，$U_{DS}>0$　B. $U_{GS}<0$，$U_{DS}<0$

C. $U_{GS}>0$，$U_{DS}<0$　D. $U_{GS}<0$，$U_{DS}>0$

4. P 沟道增强型场效应晶体管处于放大状态时要求（　　）。

A. $U_{GS}>0$，$U_{DS}>0$　B. $U_{GS}<0$，$U_{DS}<0$

C. $U_{GS}>0$，$U_{DS}<0$　D. $U_{GS}<0$，$U_{DS}>0$

5. 广义地说，结型场效应晶体管应该（　　）。

A. 属于耗尽型管　B. 属于增强型管

6. 图 3-22 所示是某场效应晶体管的特性曲线。据图可知，该管是________。

A. P 沟道结型管　B. N 沟道结型管

C. P 沟道耗尽型 MOS 管　D. N 沟道增强型 MOS 管

7. 图 3-23 所示是某场效应晶体管的特性曲线。据图可知，该管是________。

A. P 沟耗尽型 MOS 管　B. N 沟道耗尽型 MOS 管

C. P 沟增强型 MOS 管　D. N 沟增强型 MOS 管

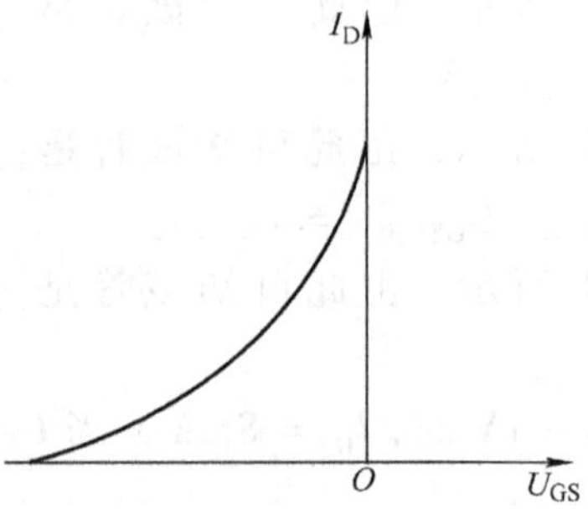

图 3-22

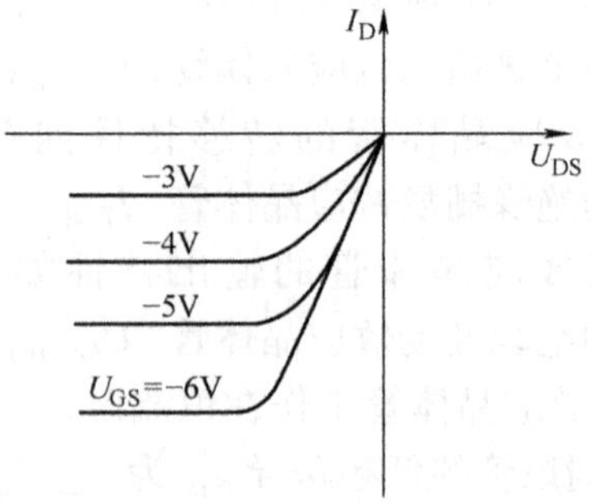

图 3-23

三、计算题

1. 在图 3-24 所示电路中，已知场效应晶体管 3DJ6 的 $I_{DSS}=9mA$，$U_{GS(off)}=-3V$，$g_m=2mS$，$R_G=2M\Omega$，$R_D=5k\Omega$，$R_L=5k\Omega$，$R_S=2k\Omega$，$V_{DD}=12V$，试求静态工作点（I_D、U_{DS}和 U_{GS}），并画出放大电路的微变等效电路，求出电压放大倍数 $\dot{A}_u$ 、输入电阻 R_i和输出电阻 R_o。

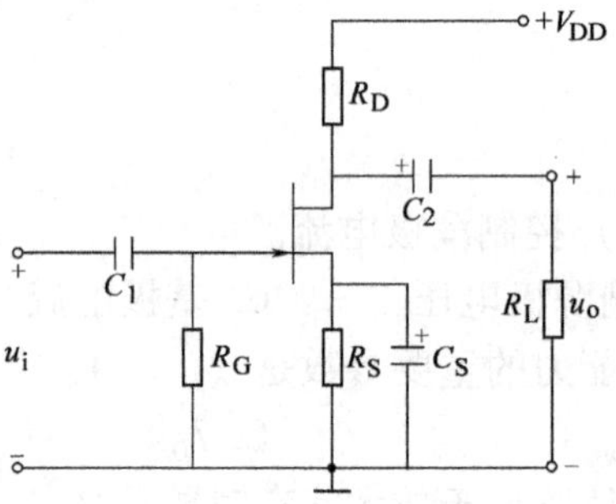

图 3-24

2. 在图 3-24 中，已知管子的 $I_{DSS}=8mA$，$U_{GS(off)}=-2V$，如要求静态工作点电压 $U_{GS}=-1V$，试求源极电阻 R_S，并求出相应的 I_D。

第四章 集成运算放大器

随着科学技术的发展，直接耦合放大电路的应用也越来越普遍，这是因为在自动控制和检测装置中，待放大的电信号有许多是变化十分缓慢的非周期信号。本章讨论直接耦合放大电路（direct－coupled amplifier）需要解决的问题，重点介绍基本差动式放大电路（differential amplifier），它们是集成运算放大器（integrated operational amplifier）的基础；然后讨论集成运放的基本组成，简要介绍集成运放的特点、分类及电压传输特性及参数。

第一节 基本差动放大器

一、直接耦合放大电路需要解决的问题

在第二章讨论多级放大电路的耦合方式时已指出，由于阻容耦合电路无法传递缓慢变化的信号以及直流信号，因此必须采用直接耦合放大电路。直接耦合也是线性集成电路内部所采用的耦合方式。

直接耦合电路与阻容耦合相比，存在着两个问题：

1. 各级静态工作点之间互相影响、互相牵制　在阻容耦合电路中，各级之间用电容隔开，直流通路是相互断开的，因此各级静态工作点互相独立。而直接耦合电路前后级直流电路之间是直接连接的，当某一级的静态工作点发生变化时，其前后级也将受到影响。所以，在直接耦合放大电路中必须采取一定的措施，以保证既能有效地传递信号，又要使每一级有合适的静态工作点。

2. 零点漂移（zero drift）问题　一个理想的直接耦合放大电路，当输入信号为零时，其输出电压应保持不变（不一定是零），但实际上，将一个多级直接耦合放大电路的输入端短接（$u_i=0$），测其输出端电压时，却可以发现有如图 4-1 中记录仪所显示的输出波形，它并不保持恒值，而是缓慢地、无规则地变化，这种现象就称为零点漂移，简称零漂。

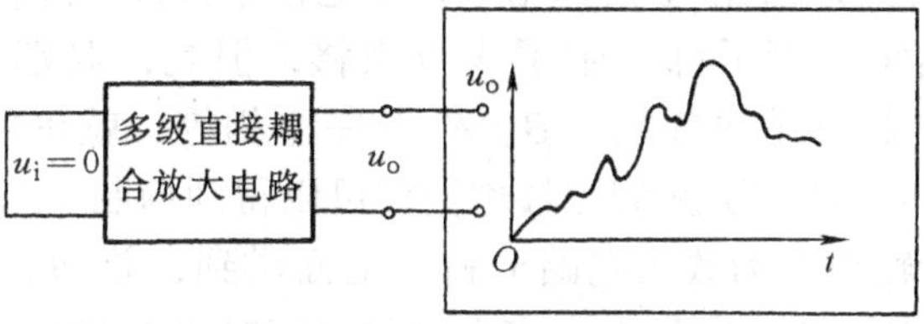

图 4-1　零点漂移现象

当放大电路接入输入信号后，这种漂移就伴随着有用信号共存于放大电路中，难以分辨。如果漂移量大到足以和信号量相比时，放大电路就无法正常工作了。因此，必须知道产

生零点漂移的原因，并相应地采取抑制零点漂移的措施。

产生零点漂移的因素很多，电源电压的波动和晶体管参数随温度的变化，都将造成输出电压的漂移，但是实践证明，**温度变化是产生零点漂移的主要因素**。在阻容耦合放大电路中，由于耦合电容的作用，这些变化缓慢的信号，不会传到下一级放大电路，而直接耦合放大电路的漂移则会传输到下一级。在多级直接耦合放大电路各级的漂移当中，又以第一级漂移的影响最为严重，因为在直接耦合电路中，第一级的漂移被后级电路逐级放大，以致影响到整个放大电路的工作。所以，抑制漂移要将重点放在第一级。衡量一个放大器的零点漂移，不能只看它的输出电压漂移了多少，还要看放大器的放大倍数有多大，零点漂移一般要折合到输入端来衡量。

抑制零漂的方法很多，如采用高稳定度的稳压电源来抑制电源电压波动引起的零漂；电路元件在安装前要经过筛选和“老化”处理，以确保质量和参数的稳定性；选用温漂小的元器件；采用温度补偿电路；使用恒温系统来减小温度变化的影响等。但最常用的方法是利用两只特性相同的晶体管接成差动放大电路。

二、差动放大电路

在直接耦合放大电路中抑制零点漂移最有效的方式是采用差动放大电路，多级直接耦合放大电路的前置级广泛采用这种电路。

（一）基本差动放大电路

1. 电路结构及抑制零点漂移的原理　图4-2所示为一基本差动放大电路，它是由完全对称的左右两个单管共射放大电路组成的。信号电压分别从两管基极输入，称为双端输入，输出电压则取自两管的集电极之间，称为双端输出。因为直接耦合放大电路的信号常常是缓慢变化的信号而不一定是正弦交流信号，所以输入电压信号和输出电压信号分别用 ΔU_I 和 ΔU_O 表示。

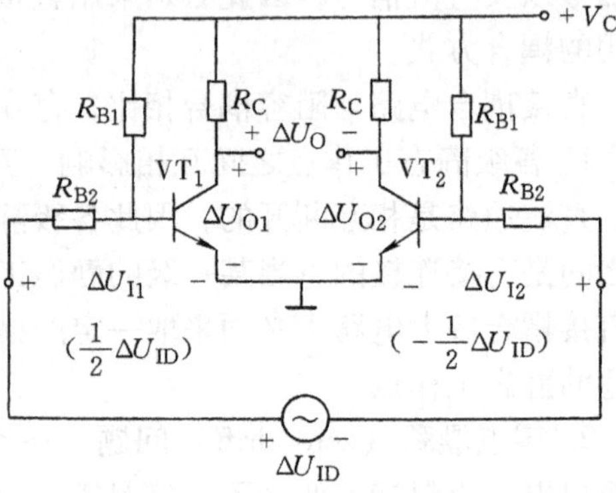

图4-2　基本差动放大电路

基本差动放大电路具有抑制零点漂移的能力。在某一温度下，若 $\Delta U_{I1}=\Delta U_{I2}$，即在图4-2中将左右两边输入端短路，由于电路的对称性，左右两边集电极电位相等，即 $U_{C1}=U_{C2}$，故输出端电压 $\Delta U_o=U_{C1}-U_{C2}=0$，实现了零输入时零输出。

当温度升高时，两管的集电极电流都增大，集电极电位都下降，由于电路对称，所以两边的变化量相等，虽然每个管子都产生了零点漂移，但是，双端输出电压依然为零，即 $\Delta U_O=U_{C1}-U_{C2}=0$。只要各元件参数如 β、R_C 等完全相等，就可以有效地抑制零点漂移。同样，对于由电源电压 V_{CC} 波动引起的漂移也同样可以得到抑制。

2. 双端输入、双端输出差动放大电路分析　上面讲到，差动放大电路之所以能抑制零点漂移，是由于电路的对称性。实际上，完全对称的情况并不存在，所以单靠电路的对称性来抑制零点漂移是有限度的。另外，上述差动电路每个管子集电极电位的漂移并未受到抑制，如果采用单端输出（输出电压从一个管的集电极与“地”之间取出），则漂移根本无法得到抑制。为此，常采用图4-3所示的电路。在这个电路中，增加了发射极电阻 R_E 和负电

源 V_{EE}。这种电路称为具有公共发射极电阻的差动放大电路，又称为长尾电路。

R_E的主要作用是稳定电路的静态工作点，限制每个管子的漂移范围，进一步减小零点漂移。静态时，如温度升高，晶体管的集电极电流 I_{C1} 和 I_{C2} 将同时增大，公共发射极电阻 R_E 上的电流增加，电压也增加，两管的发射极电位增加，两管的发射结电压减小，基极电流减小，基极电流控制集电极电流，使集电极电流的上升幅度得到抑制，从而两管集电极电位的漂移也得到了抑制。R_E越大，两管的发射极电位的变化就越大，抑制零点漂移的能力就越强。

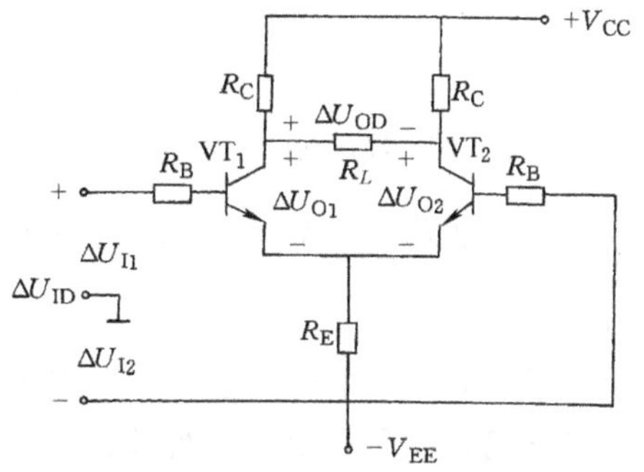

图 4-3　具有公共发射极电阻的差动放大电路

（1）静态分析。静态时，输入信号为零，输入端接地，可得输入回路电压方程为

$$I_{BQ}R_B + U_{BEQ} + 2I_{EQ}R_E = V_{EE}$$

因 I_{BQ}很小，若忽略 I_{BQ}（即忽略 R_B上的电压），可得

$$I_{EQ} = \frac{V_{EE} - U_{BEQ}}{2R_E} \approx \frac{V_{EE}}{2R_E} \approx I_{CQ}$$

$$U_{CEQ} = V_{CC} - I_{CQ}R_C + U_{BEQ} \approx V_{CC} - I_{CQ}R_C$$

可以看出，该电路静态工作点与晶体管参数基本无关，静态工作点稳定。

（2）动态分析。在图 4-3 中，两输入端之间的电压为 ΔU_{ID}，由于电路是对称的，两输入端对地的电压幅度相等，只有 ΔU_{ID} 的一半，但极性相反，即 $\Delta U_{I1} = \frac{1}{2}\Delta U_{ID}$，$\Delta U_{I2} = -\frac{1}{2}\Delta U_{ID}$。这种大小相等、极性相反的信号，称为差模信号（difference - mode signal），这种输入信号称为差模输入信号，用带下标“D”的符号表示，即

$$\Delta U_{ID} = \Delta U_{I1} - \Delta U_{I2} \tag{4-1}$$

R_E的存在并不影响对差模信号的放大。当输入差模信号时，会使一个晶体管射极电流增加，另一个晶体管射极电流减小，且增大量与减小量相等，因而流过 R_E的电流保持不变，故射极电位 V_E也不变。所以在微变等效电路中，射极相当于交流接地。由此可见，R_E对差模信号的放大不产生影响。

差模输入信号就是需要被放大的有用信号，在它的作用下，一个管子的集电极电流上升，另一个管子的集电极电流下降，两管的集电极电位一个下降一个上升，从而产生了差模输出电压

$$\Delta U_{OD} = U_{C1} - U_{C2} = \Delta U_{O1} - \Delta U_{O2}$$

因此，**差动放大电路对差模信号有放大作用**。

差模输出电压 ΔU_{OD} 与差模输入电压 ΔU_{ID} 的比值，定义为电路的差模电压放大倍数（difference - mode gain）A_{uD}。

因两侧电路对称，左右两部分对输入信号的放大能力相同，设两侧单管共射放大电路的电压放大倍数分别为 A_{u1} 和 A_{u2}，则 $A_{u1} = A_{u2} = A_u$。

差模输出电压 $\Delta U_{OD} = \Delta U_{O1} - \Delta U_{O2} = A_{u1}\Delta U_{I1} - A_{u2}\Delta U_{I2} = A_u(\Delta U_{I1} - \Delta U_{I2}) = A_u\Delta U_{ID}$，

则差模电压放大倍数 A_{uD} 为

$$A_{uD} = \frac{\Delta U_{OD}}{\Delta U_{ID}} = A_u = -\beta\frac{R'_L}{R_B + R_{be}} \tag{4-2}$$

式中，因负载电阻 R_L 两端的电位大小相等、极性相反，其中点相当于交流地电位，所以，在交流通路中，晶体管集电极和地之间的等效负载电阻 $R'_L = R_C // \frac{1}{2}R_L$。如不接负载电阻，则 $R'_L = R_C$。

由式（4-2）可见，**差动放大电路的电压放大倍数和单管共射电路的电压放大倍数相同。但该电路以多一倍的元件换来了对零点漂移抑制能力的提高。**

电路的差模输入电阻为两输入端之间的电阻，即

$$R_{iD} = 2(R_B + R_{be}) \tag{4-3}$$

电路的输出电阻为两集电极之间的等效电阻，即

$$R_{oD} = 2R_c \tag{4-4}$$

（3）共模放大倍数和共模抑制比。由于温度变化、电源电压波动等原因所引起两管的输出电压漂移量可以分别折合到输入端，相当于在两个输入端加上了大小相等、极性相同的信号，称为共模信号（common - mode signal），共模信号用带下标“C”的符号来表示。共模输入信号用 ΔU_{IC} 表示，共模输出信号用 ΔU_{OC} 表示。显然，$\Delta U_{IC1} = \Delta U_{IC2} = \Delta U_{IC}$。共模电压放大倍数定义为

$$A_{uC} = \frac{\Delta U_{OC}}{\Delta U_{IC}} \tag{4-5}$$

对于图4-3所示电路，**理想情况下**，电路完全对称，两单管共射放大电路的电压放大倍数相等，而两输入端的共模输入信号也相等，所以两输出端的电位相等，**共模输出电压为零，共模电压放大倍数 $A_{uC} = 0$**。因器件参数的分散性，电路不可能完全对称，输出端将会产生微小的输出电压 ΔU_{OC}，相当于对共模信号也有一定的放大作用。

对差动放大电路来说，差模信号是有用信号，要求对它有较大的放大倍数；而共模信号是需要抑制的，因此对它的放大倍数要越小越好。对共模信号的放大倍数越小，就意味着零点漂移越小，抗共模干扰能力越强。为了全面衡量差动放大电路放大差模信号和抑制共模信号的能力，可引入共模抑制比（common mode rejection ratio）K_{CMR} 来表示，定义为放大电路差模电压放大倍数 A_{uD} 和共模电压放大倍数 A_{uC} 的比值，即

$$K_{CMR} = \left|\frac{A_{uD}}{A_{uC}}\right| \tag{4-6}$$

或用分贝（dB）来表示

$$K_{CMR} = 20\lg\left|\frac{A_{uD}}{A_{uC}}\right|(\text{dB}) \tag{4-7}$$

显然，共模抑制比越大，放大器的性能越好，受共模信号的影响越小。**对于双端输出的差动放大电路，理想情况下，电路完全对称，$A_{uC} = 0$，$K_{CMR} \to \infty$**，而实际上，电路不可能完全对称，共模抑制比也不可能趋于无穷大。

（二）其他输入、输出方式的差动放大电路

1. 差动放大电路的输入方式　差动放大器输入端可采用双端输入和单端输入两种方式，

双端输入是将信号加在两个晶体管的基极；单端输入则是将信号加在一个晶体管的基极和公共端，而另一个管子的输入端接地。不论是双端还是单端输入，其输入电阻均为单管共射放大电路输入电阻的两倍。

当差动放大电路两个输入端的实际输入信号为分别 ΔU_{I1} 和 ΔU_{I2} 时，可以认为同时有差模信号和共模信号输入。其差模成分见式（4-1），$\Delta U_{ID} = \Delta U_{I1} - \Delta U_{I2}$，等于二者的差值；二者的平均值为其共模成分，即

$$\Delta U_{IC} = \frac{\Delta U_{I1} + \Delta U_{I2}}{2} \tag{4-8}$$

引入差模成分和共模成分后，则

$$\Delta U_{I1} = \frac{\Delta U_{ID}}{2} + \frac{\Delta U_{IC}}{2} = \frac{\Delta U_{I1} - \Delta U_{I2}}{2} + \frac{\Delta U_{I1} + \Delta U_{I2}}{2}$$

$$\Delta U_{I2} = -\frac{\Delta U_{ID}}{2} + \frac{\Delta U_{IC}}{2} = -\frac{\Delta U_{I1} - \Delta U_{I2}}{2} + \frac{\Delta U_{I1} + \Delta U_{I2}}{2}$$

根据叠加定理，当差模信号单独作用时，差模输出电压等于差模输入信号乘以差模放大倍数；当共模信号单独作用时，共模输出电压等于共模输入信号乘以共模放大倍数，因理想情况下共模放大倍数为零，所以共模输出电压也为零。

单端输入时，一个输入端信号等于输入信号，另一个输入端接地（电位等于零），其差模成分就等于二者的差值，等于输入信号；共模成分等于二者的平均值，等于输入信号的二分之一。

所以单端输入和双端输入是等效的，只不过单端输入时有共模成分输入（大小为输入信号二分之一），在理想情况下，共模输出信号等于零。

2. 差动放大电路的输出方式　差动放大器的输出端可采用双端输出和单端输出两种方式。

双端输出时，负载 R_L 接在两个晶体管的集电极之间，此时差模电压放大倍数等于单管共射放大电路的放大倍数。

单端输出时，负载 R_L 接在一个晶体管的集电极与公共端之间，零输入时输出端的直流电位不再等于零，同时由于输出电压只有双端输出时的一半，所以差模电压放大倍数和输出电阻均为双端输出时的二分之一。

3. 其他连接方式的差动放大电路　由于差动放大电路有两种输入方式和两种输出方式，因此差动放大器有四种连接方式。前面我们已经介绍了双端输入、双端输出电路，下面我们介绍另外三种电路。

（1）双端输入、单端输出电路。电路如图 4-4 所示。

输出信号也可以从 VT_2 的集电极引出，此时电压放大倍数与单管共射放大电路的计算公式不同，电压放大倍数为正值，表示输出与输入同相。

这种接法常用来将差模信号转换为单端输出的信号，以便与后面输入端有公用接地端的放大电路相连。

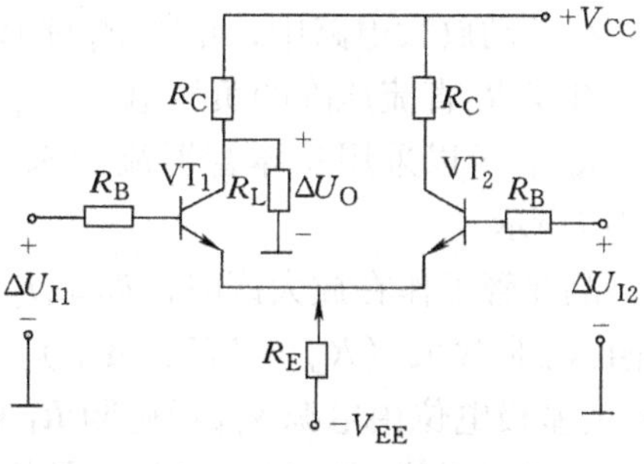

图 4-4　双端输入、单端输出电路

(2) 单端输入、双端输出电路。电路如图 4-5 所示。

单端输入时，一个输入端的输入电压为 $\Delta U_I = \Delta U_I/2 + \Delta U_I/2$，另一个输入端电压为零，可等效为 $\Delta U_I/2 + (-\Delta U_I/2)$，同时有差模信号和共模信号输入，共模信号的大小为 $\Delta U_I/2$。如果共模抑制比为无穷大，则共模信号可忽略，单端输入和双端输入是等效的。双端输入的各种结论，均适用于单端输入情况。实际上，电路对共模信号的放大倍数并不为零，所以单端输入时，并不能完全消除输出信号中的共模信号。

单端输入、双端输出差动放大电路可以把单端输入的信号转换成双端输出，作为下一级差动放大电路的差动输入信号，以便更好地利用差动放大电路的特点。

(3) 单端输入、单端输出电路。电路如图 4-6 所示。

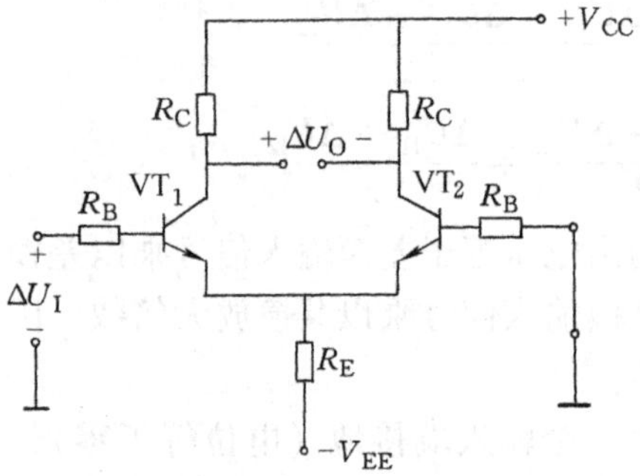

图 4-5 单端输入、双端输出电路

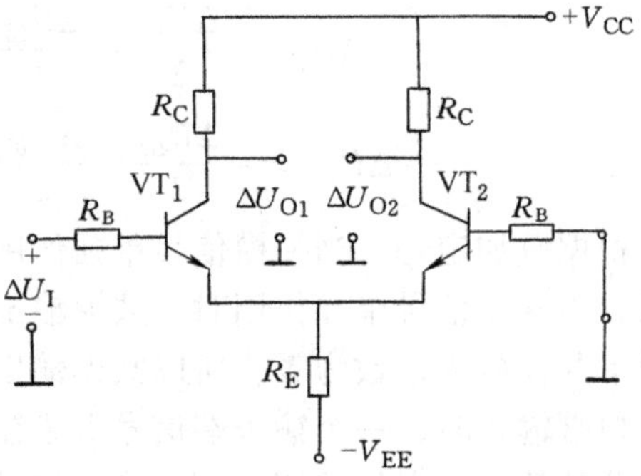

图 4-6 单端输入、单端输出电路

负载接在 VT_1 或 VT_2 的集电极与地之间。它的优点是，两个输出端输出的信号极性分别与输入信号反相和同相，从不同的输出端输出可实现同相放大或反相放大。缺点是共模抑制比比较低。

综上所述，差动电路的四种接法可归纳如下：

1) 四种接法的差动电路，对需要放大的有用信号而言都是等效的，差模输入电压均等于外加的信号源电压。但单端输入时有共模成分输入，其大小等于外加信号源电压的二分之一。

2) 双端输出的差模电压放大倍数和单管共射放大电路的电压放大倍数相等，单端输出的差模电压放大倍数为双端输出的二分之一。

3) 四种接法的差模输入电阻，都为单管共射电路的输入电阻的两倍。

4) 单端输出的差模输出电阻和单管共射电路相等，双端输出的差模输出电阻是单管共射电路的两倍。

(三) 具有恒流源 (constant current source) 的差动放大电路

在差动放大电路中，增加 R_E 能够有效地抑制共模信号，但是 R_E 值不能任意增加，R_E 越大，补偿 R_E 直流压降的负压电源 V_{EE} 也愈大，这是不合适的。为了能用较小的 V_{EE} 得到较大的 K_{CMR}，可以采用晶体管恒流源来代替电阻 R_E，这就是具有恒流源的差动放大电路，如图 4-7所示。

晶体管工作在放大区时，如果 I_E 恒定，I_C 也恒定，则具有恒流特性。此时，管子的动态电阻 R_{ce} 非常大 ($R_{ce} = \Delta U_{CE}/\Delta I_C$)。在图 4-7a 中，用恒流管 VT_3 取代了电阻 R_E。图中，VT_3 的基极电位由电源 V_{EE} 经电阻 R_1 和 R_2 分压所固定，即 U_{B3} 为常数，U_{E3} 也为常数，I_{E3} (流过 R_3 的电流) 恒定，$I_{C3} \approx I_{E3}$，晶体管具有恒流特性。图中二极管 VD 起温度补偿作用。图

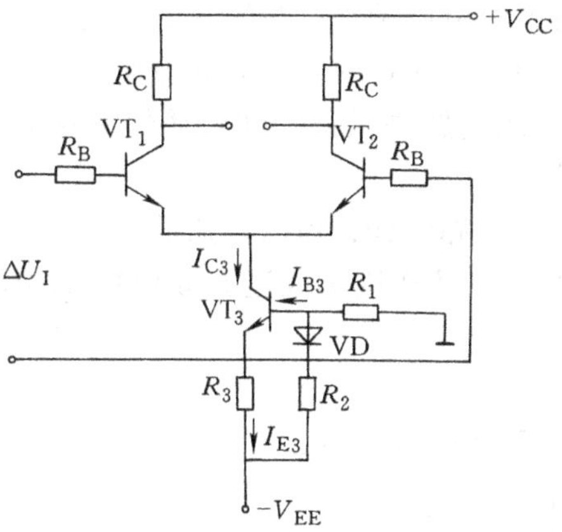

a) 电路

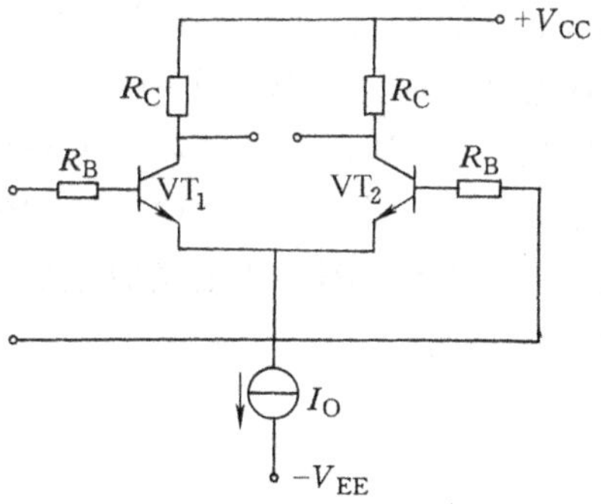

b) 用恒流源表示VT_3的电路

图 4-7 具有恒流源的差动放大电路

中，U_{CE3}只要大于U_{BE3}，晶体管就可以处于放大区，所以电源V_{EE}的值不需要很大。

I_{C3}的恒流特性，大大提高了抑制零漂的效果。具有恒流源的差动放大电路共模抑制比可达60～120dB，在模拟集成电路中这种恒流源电路得到普遍应用。

第二节 集成运算放大器

一、集成运算放大器的电路结构及符号

集成电路（integrated circuit，简称IC）是采用一定的工艺，把电路中所需要的半导体管、电阻、电容等元器件及电路的连线都集成制作在一块半导体基片上，再封装在一个管壳内，构成的具有一定功能的器件，所以又称为固体组件。集成电路按性能和用途的不同，可分为模拟集成电路和数字集成电路两大类。集成运算放大器（integrated operational amplifier）简称为集成运放，是一种应用最广泛的模拟集成电路。集成运放是用集成电路工艺制成的具有很高电压增益的直接耦合的多级放大器，通常可分为输入级、中间级、输出级和偏置电路四个基本组成部分，如图4-8所示。

1. 输入级　输入级是提高运算放大器质量的关键部分，要求输入电阻高。为了能减小零点漂移和抑制共模干扰信号，输入级都采用具有恒流源的差动放大电路。

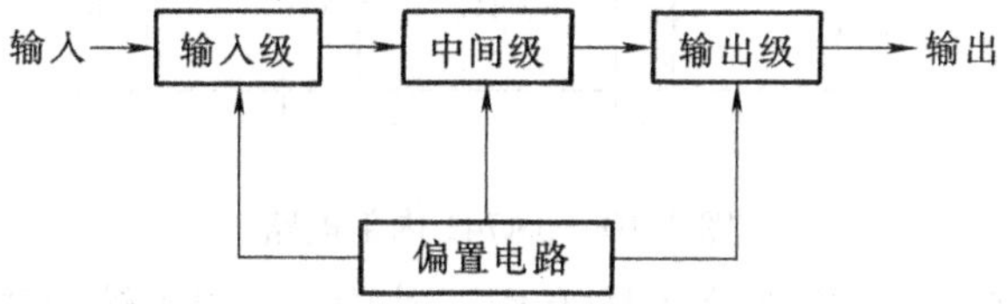

图 4-8 集成运放的组成框图

2. 中间级　中间级的主要任务是提供足够大的电压放大倍数。所以要求中间级本身具有较高的电压增益；为了减少对前级的影响，还应具有较高的输入电阻；另外，中间级还应向输出级提供较大的驱动电流，并能根据需要将双端差动输入转为单端输出，或将单端输入转为双端差动输出。

3. 输出级　输出级的主要作用是提供足够的电流以满足负载的需要，大多采用复合管作输出级。输出级通常含有过电流保护电路，以防止输出端意外短路或负载电流过大烧毁管子。

4. 偏置电路　偏置电路的作用是为上述各级电路提供稳定和合适的偏置电流，决定各级的静态工作点，一般由各种恒流源电路构成。

在应用集成运放时，不一定要知道它的内部电路结构，但需要知道它各个引脚的用途以及放大器的主要参数。图 4-9 是集成运放的符号以及通用集成运放 μA741 的引脚图。其内部电路如图 4-10 所示。

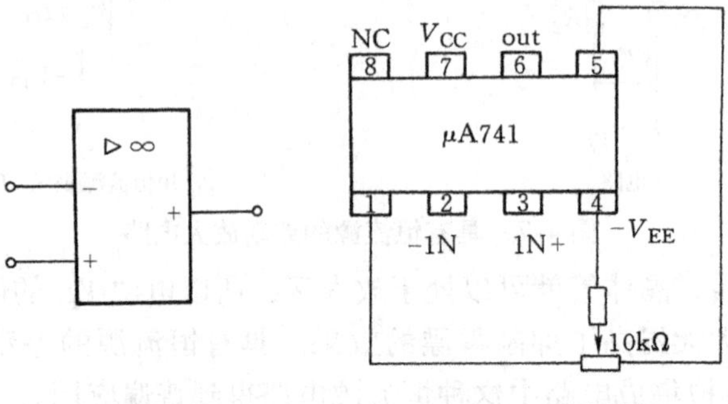

a) 图形符号　　b) μA741的引脚图

图 4-9　集成运放的符号与通用集成运放 μA741 的引脚图

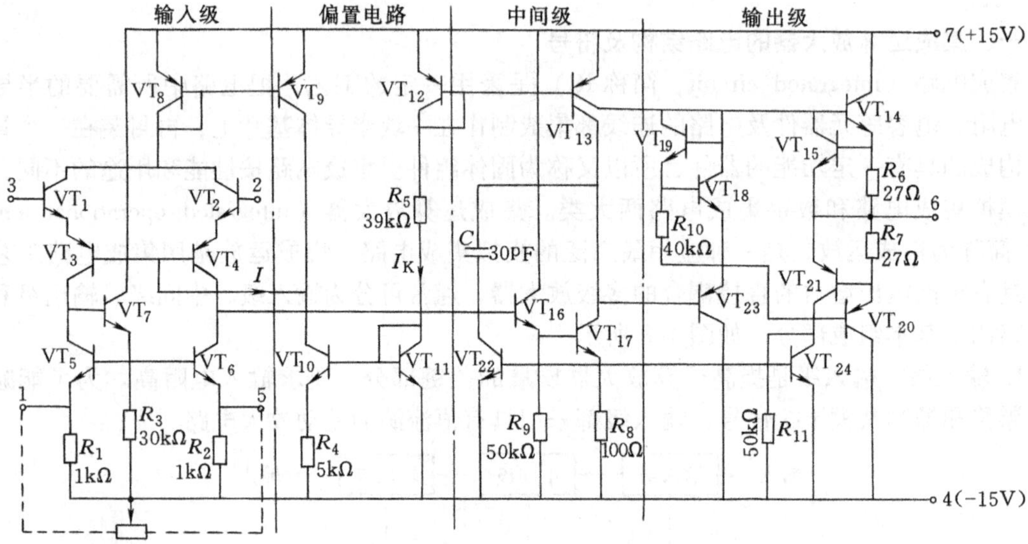

图 4-10　μA741 内部电路

μA741 有 8 个引脚，但只有 7 个引脚有用，其中，6 脚为输出端；2 脚为反相输入端，由此端接输入信号，则输出信号与输入信号是反相的；3 脚为同相输入端，由此端接输入信号，则输出信号与输入信号是同相的；4 脚为负电源端，接 −3 ~ −18V 的直流电源；7 脚为正电源端，接 3 ~ 18V 的直流电源；1 脚和 5 脚为外接调零电位器（通常为 10kΩ）的两个端子；8 脚为空脚，无用。

二、集成运放的电路特点

1）电阻和电容的值一般均较小，电路结构上采用直接耦合方式。由于集成电路中是利用半导体的体电阻来制作电阻元件，而集成电路中的电容是利用 PN 结的结电容或 MOS 电容（MOS 管的栅极与沟道间的电容）来构成，阻值和容量很小（千欧数量级和皮法数量级），因此集成电路内部的电阻阻值范围一般为几十欧到几十千欧，电容值范围约在 100pF 以下。

由于在集成电路中制作大容量的电容器较为困难，至于电感更难制造，因此，电路结构一般只能采用直接耦合方式。

2）为了克服直接耦合电路的漂移，常采用差动放大电路。由于同一硅片上的元器件采用同一标准工艺流程制成，虽然元件参数的分散性大，但一致性好，因此，常采用差动放大电路，即利用两个晶体管参数的对称性来抑制温度漂移。

3）大量采用晶体管（或场效应晶体管）代替大电阻和二极管等元件。在集成电路制造工艺中，制造晶体管（特别是 NPN 管）比制造其他元件容易，且占用面积小，性能好，因此，常用晶体管（或场效应晶体管）构成恒流源作偏置电路和等效电阻，将晶体管的基极和集电极短接构成二极管、稳压管等。

电路中如需要大的直流电阻和电容可采用外接方式。

三、集成运放的分类及选择

按特性分，集成运放可分为通用型及专用型两大类。

1. 通用型　其性能参数比较均衡，可以满足一般应用的要求。由于通用型应用范围宽，产量大，所以价格便宜。作为一般应用，应首先考虑选择通用型器件。

2. 专用型（又称高性能型）　按某特性参数分类，可分成高速型、高阻型、高压型、大功率型、低功耗型、低漂移型、低噪声型、高精度型和单电源型等。

按构造分类，集成运放可分为下列几类：

1. 双极型运算放大器　指输入级差动放大电路采用双极型晶体管构成，用 BJT 表示。

2. 结型场效应晶体管输入级运算放大器　基本上由双极型晶体管构成，但输入级差动电路采用结型场效应晶体管，其特点是输入阻抗高，输入偏流小，动态输入范围较大。但是它的失调电压、温漂、共模抑制比等性能比双极型输入级运算放大器差。这种运算放大器用 JFET－BJT 表示。

3. MOS 型场效应晶体管输入级运算放大器　输入级差动放大电路采用 MOS 场效应晶体管，因此输入阻抗可视为无穷大，输入信号漏泄电流只有 0.1pA 数量级。这种运算放大器缩写用 MOSFET－BJT 表示。

4. CMOS 型运算放大器　全部用 CMOS 场效应晶体管构成，因为电路中既包含 NMOS 管，又包含 PMOS 管，所以称为互补型 MOS（简称 CMOS）电路。其特点是输入阻抗高，静态电流小。它用 CMOSFET 表示。

在选择运算放大器时，必须要注意并不是档次愈高的产品其各项指标均能全面提高。仔细分析可以发现有不少指标是互相矛盾又互相制约的，在实际应用时一定要从整机或系统的技术要求出发考虑，只需考虑其中几项有特殊要求的指标，对其他指标不必苛求，同时，要尽量选用通用型运算放大器。

图 4-11 所示电路是由集成运放组成的生物电信号前置放大器。由于生物电信号十分微弱（微伏级），因此要求放大器有较大的差模电压放大倍数 A_{uD}，并且能将双端输入转换为单端输出。又由于实验时生物（比如人）处于有 50Hz 干扰的室内，所以生物体上带有较高

的50Hz感应电压（有时可达几十伏），该电压对生物身上输出的两根信号线而言，属于共模电压，所以希望放大器的共模放大倍数要越小越好，即K_{CMR}要尽量大。在图4-11所示电路中，要对微弱的生物电（例如做心电图时的心电流）信号进行放大，同时抑制较大的50Hz共模干扰信号，必须采用高精度、低漂移、高共模抑制比的专用型运算放大器，而不能采用通用型运算放大器。

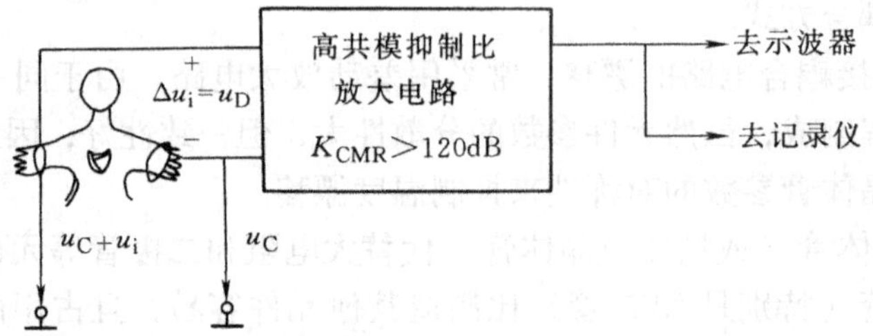

图4-11 由集成运放组成的生物电信号前置放大器

四、集成运放的电压传输特性和参数

（一）电压传输特性

在分析运算放大器时，一般可将它看成是一个理想的运算放大器。理想化的条件主要是：

1）开环（open loop）差模电压放大倍数$A_{uD}\to\infty$。

2）开环输入电阻$R_{iD}\to\infty$。

3）开环输出电阻$R_o\to 0$。

4）共模抑制比$K_{CMR}\to\infty$。

在集成运算放大器输出端和输入端之间未外接任何元件时，称为放大器处于开环状态，若两输入端加有直流差模输入电压$U_{ID}=U_P-U_N$，输出电压U_O与U_{ID}之比称为集成运放的开环差模电压放大倍数。

由于实际运算放大器的上述技术指标很接近理想化的条件，因此在分析时用理想运算放大器代替实际放大器所引起的误差很小，在工程上是允许的，这样就使分析过程大大简化。以后，对含有运算放大器的电路都可以根据它的理想化条件来分析。

图4-12是理想运算放大器的图形符号。它有两个输入端和一个输出端。反相输入端标有“-”号，同相输入端标有“+”号。它们对“地”的电压（即电位）分别用U_N、U_P和U_O表示。

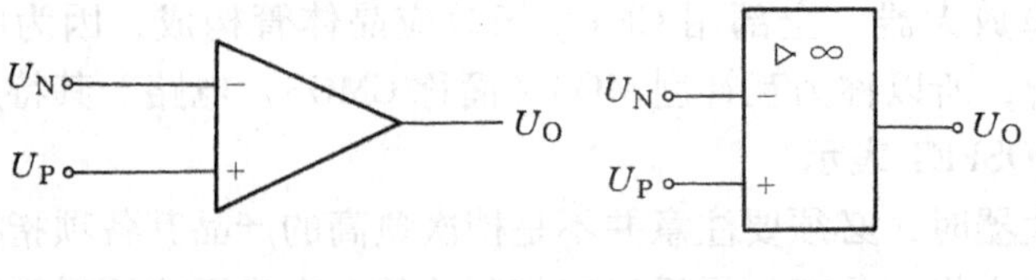

a) 旧国标 b) 新国标

图4-12 理想运算放大器的图形符号

表示输出电压与输入电压之间关系的特性曲线称为传输特性，图4-13为运算放大器的传输特性曲线。运算放大器的传输特性可分为线性区和非线性区。运算放大器可工作在线性区，也可工作在非线性区，分析方法也不一样。

1. 线性区　当集成运放工作在线性区时，作为一个线性放大元件，它的输出信号和输入信号之间满足以下关系：

$$U_O = A_{uD}\ (U_P - U_N) \tag{4-9}$$

通常集成运放的开环差模放大倍数 A_{uD} 很大，为了使其工作在线性区，大都引入深度的负反馈（下一章介绍），以保证输出电压不超出线性范围。

2. 非线性区　由于 $A_{uD}\to\infty$，所以当 U_P 大于 U_N 时，$U_O = A_{uD}\ (U_P - U_N)$，趋于正向饱和，输出电压等于正饱和电压 $+U_{(sat)}$；当 U_P 小于 U_N 时，$U_O = A_{uD}\ (U_P - U_N)$ 趋于负向饱和，输出电压等于负饱和电压 $-U_{(sat)}$，如图4-13所示。运算放大器的正、负饱和电压主要受正、负电源电压限制。

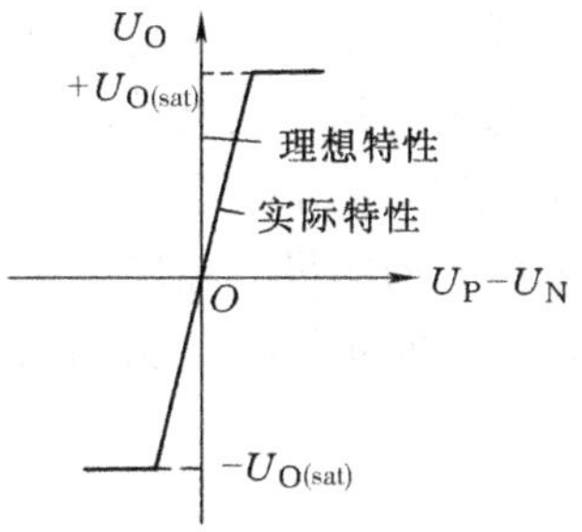

图4-13　运算放大器的传输特性曲线

（二）主要参数

下面，我们介绍表示运算放大器性能的一些参数。

1. 开环差模电压放大倍数 A_{uD}　在没有外接反馈电路时所测出的差模电压放大倍数 A_{uD}，称为开环电压放大倍数。A_{uD} 越高，运算放大器应用电路的精度越高。运算放大器的开环电压放大倍数一般约为 $10^4 \sim 10^7$，即 80 ~ 140dB。

2. 输入失调电压 U_{IO}　理想运算放大器能实现零输入零输出，而实际的集成运放，当输入电压为零时，存在一定的输出电压，把它折算到输入端就是输入失调电压。它在数值上等于输出电压为零时，输入端应施加的直流补偿电压。失调电压的大小主要反映了差动输入级元件的失配程度。通用型运算放大器的 U_{IO} 为 mV 数量级，有些运算放大器可小至 μV 数量级。

3. 输入失调电流 I_{IO}　理想运算放大器两输入端的静态电流相等，而实际上，当集成运放的输出电压为零时，流入两输入端的电流并不相等，这个静态电流之差 $I_{IO} = |I_{B1} - I_{B2}|$ 就是输入失调电流。输入失调电流的大小反映了差动输入级两个晶体管 β 的不平衡程度。I_{IO} 也是愈小愈好，通用型运算放大器的 I_{IO} 为 nA 数量级。

4. 输入偏置电流 I_{IB}　如图4-14所示，它是指当输出电压为零时，流入两输入端的静态电流的平均值，即 $I_{IB} = \frac{1}{2}(I_{B1} + I_{B2})$，其值也是愈小愈好，通用型运放约为几十 μA。

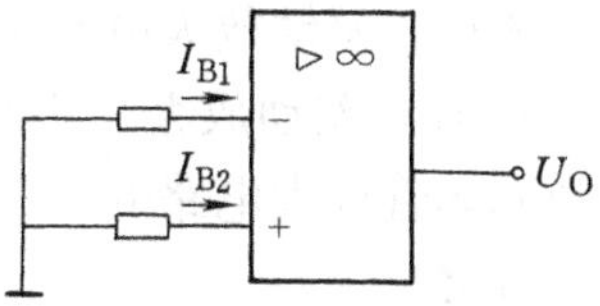

图4-14　输入偏置电流

5. 输入失调电压温度漂移 $\Delta U_{IO}/\Delta T$　这个指标说明运算放大器的温漂性能的好坏，一般以 μV/℃ 为单位。通用型集成运放的指标为 μV/℃ 数量级。

6. 开环差模输入电阻 R_{iD}　它是指运算放大器开环工作时，两个输入端之间的动态电阻，一般运算放大器的 R_{iD} 为几百千欧至几兆欧，MOSFET 则更高。

7. 最大差模输入电压 U_{IDM}　指运算放大器同相输入端和反相端之间所能承受的最大电压。超过这个电压，运算放大器输入级的晶体管将可能被击穿。一般集成运放电路的 U_{IDM} 在几伏至几十伏之间。

8. 最大共模输入电压 U_{ICM}　运算放大器的输入信号中往往既有差模成分又有共模成分，如果共模成分超过一定限度，则输入级管子将进入非线性区工作，就会产生比较严重的失真；共模成分太大时，也会使输入端的晶体管击穿。通用型运放的最高共模电压基本上与电源电压相等。

9. -3db 带宽f_h和单位增差带宽f_c　f_h和f_c是运算放大器的开环幅频参数。运算放大器的下限频率等于0，上限频率f_h就等于它的-3dB 带宽，当$|A_{uD}|$下降3dB 时所对应的频率称为-3dB带宽或截止频率f_h。当$|A_{uD}|$进一步下降至0dB（$A_{uD}=1$）时，对应的频率f_c称为单位增益带宽，这时将无法对该频率的信号进行放大。一般集成运放的f_c约为 1MHz 左右，有的可达几十兆赫兹。

10. 最大输出电压U_{OPP}　能使输出电压和输入电压保持不失真关系的最大输出电压，称为运算放大器的最大输出电压。其绝对值一般比正、负电源绝对值低0.5~1.5V。

11. 转换速率S_R　为输出电压的最大变化速率

$$S_R = \left|\frac{du_o}{dt}\right|_{max}$$

它反映运算放大器输出对于高速变化的输入信号的响应能力。S_R越大，表示运算放大器的高频性能越好，影响转换速率的主要原因是运算放大器内部电路存在着寄生电容。

总之，集成运放具有开环电压放大倍数高、输入电阻高、输出电阻低、漂移小、可靠性高、体积小等主要特点，所以它已成为一种通用器件，广泛而灵活地应用于各个技术领域。在选用集成运放时，就像选用其他电路元件一样，要根据它们的参数说明，确定适合的型号。

本章小结

1. 直接耦合放大电路的应用越来越普遍，但存在着零点漂移问题（主要是温度漂移），差动放大电路可以减小零点漂移。

2. 差动放大电路有两个输入端，如果两个输入端输入大小相等、极性相反的信号，则称为差模输入信号；如果两个输入端输入大小相等、极性相同的信号，则称为共模输入信号。理想情况下，差动放大电路对差模信号有放大作用，对共模信号没有放大作用，即共模电压放大倍数等于零。引起零点漂移的因素，相当于在差动放大电路的输入端引入了共模信号，所以，差动放大电路可以抑制零点漂移。

3. 加在差动放大电路两个输入端之间的信号是差模信号，双端输出时的差模电压放大倍数和单管放大电路的电压放大倍数相同，单端输出时的差模电压放大倍数等于双端输出时的二分之一。

4. 差动放大电路两输入端如果同时加有信号，则其差值就是其差模成分，平均值就是其共模成分。理想情况下，共模放大倍数等于零，所以其输出只有差模成分，等于差模输入乘以差模放大倍数。因为双端输入（将输入信号加在差动放大电路两输入端之间）和单端输入（输入信号加在一个输入端，另一端接地）的差模成分是一样的，所以二者是等效的，输出电压相等，但单端输入有共模成分。

5. 衡量差动放大电路抑制共模信号的能力用共模抑制比来表示，共模抑制比等于差动放大电路的差模放大倍数和共模放大倍数的比值。共模抑制比越大，性能越好，抑制共模信号（零点漂移）的能力越强。

6. 集成运放是用集成电路工艺制成的具有高电压增益的直接耦合放大器。它一般由输入级、中间级、输出级和偏置电路四个基本部分组成。分析集成运放时，可以把它看成是理想运放，理想条件是开环电压放大倍数 $A_{uD}\to\infty$ ，开环输入电阻 $R_{iD}\to\infty$ ，开环输出电阻 $R_o\to 0$，共模抑制比 $K_{CMR}\to\infty$ 。

7. 集成运放除通用型以外，还有某项性能比较突出的专用型运放，如高速、高阻、高压、大功率、低功耗和低漂移型等，应根据使用时的具体情况合理选择。

练 习 题

一、填空题

1. 差动放大电路对________信号具有良好的放大作用，对________信号具有很强的抑制作用。

2. 差动放大电路的两个输入端电压分别为 $U_{I1} = 2.00\text{mV}$，$U_{I2} = 1.98\text{mV}$，则该电路的差模输入电压 U_{ID} 为________ mV，共模输入电压 U_{IC} 为________ mV。

3. ________耦合放大电路的零点漂移会被后级放大。采用差动放大电路的主要目的是为了克服________。

4. 共模抑制比 K_{CMR} 等于________之比，电路的 K_{CMR} 越大，表明电路________能力越强。

5. 长尾电路的对称性越________，R_E 的值越________，则差动放大电路抑制零点漂移的能力越好，它的 K_{CMR} 就越________。

6. 差模电压增益 A_{uD} 等于________之比，A_{uD} 越大，表示对________信号的放大能力越大。

7. 共模电压增益 A_{uC} 等于________之比，A_{uC} 越大，表示对________信号的的抑制能力越弱。

8. 双端输出时，差模电压增益________单管放大电路的增益，共模电压增益近似为________，共模抑制比趋于________。

9. 差动放大电路有________个信号输入端和________个信号输出端，因此有________种不同的连接方式。

10. 差动放大电路的四种连接方式分别是________、________、________和________。

11. 理想运算放大器的开环差模电压放大倍数 A_{uD} 为________，输入电阻 R_{iD} 为________，输出电阻 R_o 为________。

二、选择题

1. 放大电路产生零点漂移的主要原因是（　　）。

A. 电压放大倍数太大　　B. 环境温度的变化引起的参数变化　　C. 外界干扰

2. 差动放大电路的主要作用是（　　）。

A. 提高电压放大倍数　　B. 增大输入电阻　　C. 抑制零点漂移

3. 差模输入信号是两个输入端信号的（　　）。

A. 差　　B. 和　　C. 比值　　D. 平均值

4. 共模输入信号是两个输入端信号的（　　）。

A. 差　　B. 和　　C. 比值　　D. 平均值

5. 在长尾式差动放大电路中，晶体管发射极的公共电阻 R_E 的主要作用是（　　）。

A. 提高差模输入电阻　　　　　　　　　　B. 提高差模电压放大倍数
C. 提高共模电压放大倍数　　　　　　　　D. 提高共模抑制比

6. 直接耦合放大电路的电压放大倍数越大，在输出端出现的零点漂移现象就越(　　)。
A. 严重　　　　B. 轻微　　　　C. 与放大倍数无关

7. 在相同条件下，多级阻容耦合放大电路的零点漂移（　　）。
A. 比直接耦合电路大　　B. 比直接耦合电路小　　C. 与耦合方式无关

8. 集成运算放大器是一种采用（　　）方式的放大电路。
A. 阻容耦合　　　　B. 直接耦合　　　　C. 变压器耦合

9. 假设多级直流放大器中各级自生的零漂大致相同，则抑制零点漂移的重点应放在(　　)。
A. 输入级　　　　　　　　　　B. 中间级
C. 输出级　　　　　　　　　　D. 增益最高的那一级

三、计算题

1. 有一差动放大器，已知 $U_{I1}=2\text{V}$，$U_{I2}=2.001\text{V}$，$A_{uD}=60\text{dB}$，$K_{CMR}=100\text{dB}$。试求输出 U_O 中的差模成分 $|U_{OD}|$ 和共模成分 $|U_{OC}|$。

2. 双端输出差动放大电路如图 4-15 所示，已知两管的 $U_{BE}=0.7\text{V}$，$\beta=50$，$R_{be}=1\text{k}\Omega$，求：

1）静态工作点 I_{CQ}、U_{CEQ}。

2）动态参数 A_{uD}、R_{iD}、R_o。

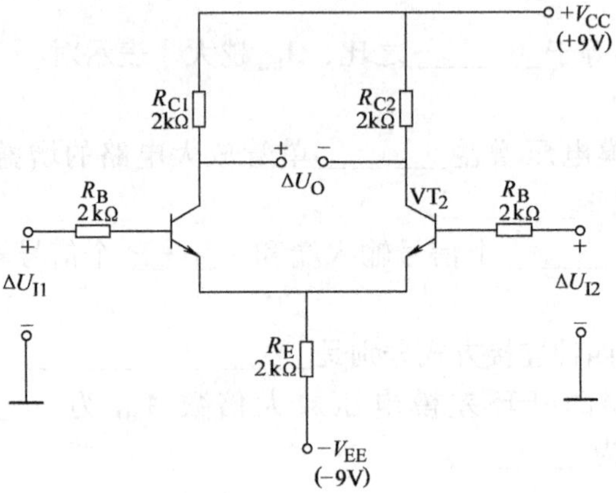

图　4-15

第五章　负反馈放大电路

在电子设备的放大电路中，通常要求放大电路的放大倍数保持稳定，输入和输出电阻、非线性失真、通频带等指标也要满足实际使用所提出的要求。但基本放大电路的放大倍数会随着环境温度、管子参数和负载的阻值变化而变化，多级放大电路的通频带会随着级数的增加而变窄，由于晶体管是非线性元件，当输入信号较大时，会使输出波形产生较严重的非线性失真，所以基本放大电路的性能在许多方面还需要改进和提高。**改进和提高放大器性能的一种重要手段是在放大电路中引入负反馈**（negative feedback）。

第一节　反馈的基本概念

一、反馈

在电子系统中，把放大电路的输出量（电压或电流）的一部分或全部，通过某些元件或网络（称为反馈网络）反送到输入回路中，从而构成一个闭环系统，使得放大电路的输入量不仅受到输入信号的控制，而且受到放大电路输出量的影响，这种连接方式就叫反馈。

根据以上定义，要实现反馈，必须有一个连接输出回路与输入回路的中间环节。如图5-1所示为分压式偏置稳定电路，其稳定静态工作点的过程如下：

$$温度\ T\ (℃)\ \uparrow \longrightarrow I_{CQ} \uparrow \longrightarrow I_{EQ} \uparrow \longrightarrow U_{EQ} \uparrow \longrightarrow U_{BE} \downarrow \longrightarrow I_{BQ} \downarrow \longrightarrow I_{CQ} \downarrow$$

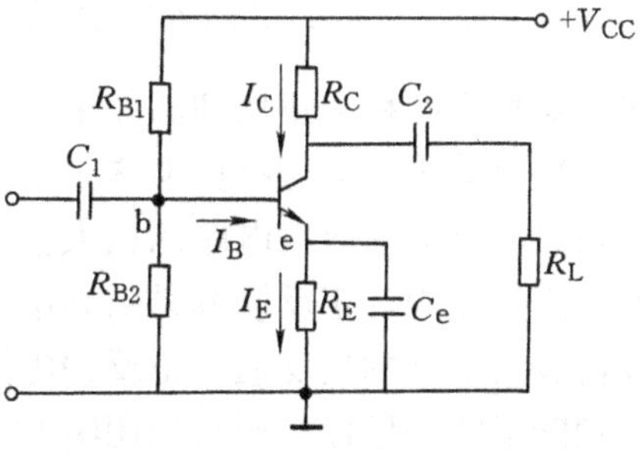

图5-1　分压式偏置稳定电路

可以看出，电路中由于R_E的存在，当环境温度升高时，晶体管β增大，穿透电流I_{CEO}增加，使集电极电流I_C（$=\beta I_B + I_{CEO}$）增大，电阻R_E上的电压增大，发射极电位增高，U_{BE}降低（因为U_B基本不变），基极电流I_B减小，使输出回路的集电极电流I_C增加的幅度下降，稳定了静态工作点；反之，当I_C减小时，电阻R_E上的电压减小，发射极电位降低，U_{BE}增加，基极电流I_B增大，使集电极输出电流I_C减小的幅度下降，也可以稳定静态工作点。电阻R_E的作用是把输出电流I_C的变化转换成电位U_E的变化，并与输入端的U_B进行比较，再来控制输入电流I_B，最终达到控制输出电流的目的。这样，电阻R_E既与输入回路有关，又与输出回路有关，它是起着连接输出与输入的中间环节，故它是反馈元件。通常把引入反馈的放大电路称为反馈放大电路，也叫闭环（closed loop）放大电路，而未引入反馈的放大电路，称为开环放大电路。判断放大电路中有无反馈，主要是看放大电路中有无连接输入和输出的支路，如有则存在反馈，否则则没有反馈。

反馈放大电路的组成可以用框图表示，如图5-2所示。它由基本放大电路$\dot{A}$与反馈网络（feedback net）$\dot{F}$组成。在基本放大电路中，信号$\dot{X}_i$从输入端向输出端正向传输；在反馈网络中，反馈信号（feedback signal）$\dot{X}_f$由输出端反送到输入端，并在输入端与输入信号比较（叠加）。要判断放大电路是否存在反馈，只要分析它的输出回路与输入回路是否存在相互联系的电路元件，即反馈网络。

在图5-3所示的多级放大电路中，第一级运算放大器的输出端与输入端之间有反馈元件R_2，第二级运算放大器的输出端与输入端之间有反馈元件R_4，由于这两条反馈通路只限于本级，称为本级（局部）反馈。而第二级输出端与第一级输入端之间有反馈元件R_6，则构成了级间反馈。

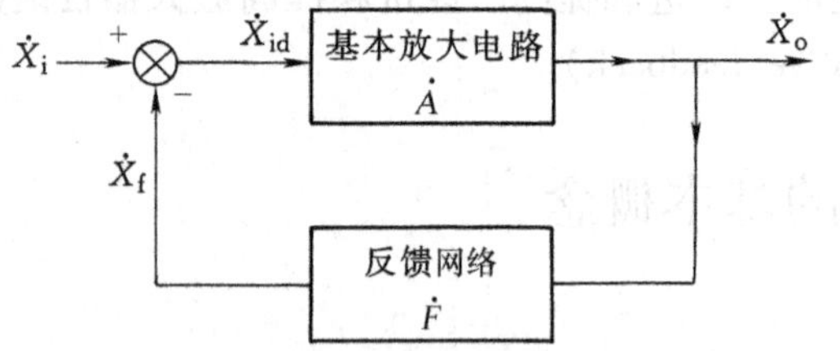

图5-2　反馈放大电路的组成框图

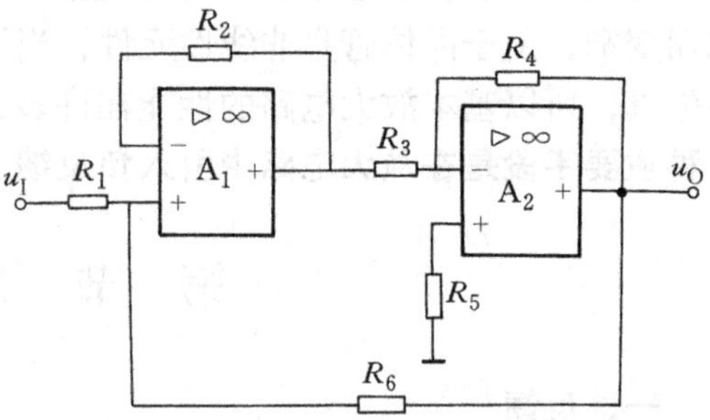

图5-3　两级运算放大器间的级间反馈

二、反馈的极性及判断

放大电路中的反馈，按反馈的极性（feedback polarity）可分为正反馈和负反馈。在图5-2所示的框图中，输入信号$\dot{X}_i$与反馈信号$\dot{X}_f$都作用在基本放大电路的输入端，相叠加后获得净输入量$\dot{X}_{id}$。如果输入信号$\dot{X}_i$与反馈信号$\dot{X}_f$叠加后使净输入量$\dot{X}_{id}$增加，则放大倍数增加，这种反馈称为正反馈。如果输入信号$\dot{X}_i$与反馈信号$\dot{X}_f$叠加后使净输入量$\dot{X}_{id}$减小，放大倍数也减小，则这种反馈称为负反馈。

虽然负反馈使放大电路的放大倍数减小，但它能改善放大电路的性能，所以在放大电路中得到广泛应用。正反馈容易引起电路振荡，使电路不稳定，但可以组成振荡电路。本章主要分析放大电路的负反馈，正反馈电路将在第八章讨论。

判断反馈的极性，通常采用瞬时极性法，方法如下：

1）先假设放大电路输入端信号对地的瞬时极性为正，即该点瞬时电位是升高的，变化量为正，在图中用“(+)”表示。

2）按照放大、反馈的信号传递途径，逐级标出有关点的瞬时极性，如为正则用“(+)”表示；如为负则用“(−)”表示，得到反馈信号的瞬时极性。

3）最后在输入回路将反馈信号与原输入信号进行叠加，看净输入信号相对于原输入信号的幅度是增加还是减小，从而决定是正反馈还是负反馈。净输入信号相对于原输入信号幅度减小是负反馈，幅度增加是正反馈。

在图5-4a电路中，反馈元件R_F接在输出端与同相输入端之间，所以该电路存在反馈。设输入信号u_I对地瞬时极性为（+），因u_I加在运算放大器的反相输入端，所以输出信号u_O瞬时极性为（-），经R_F得到的反馈信号u_F与输出信号瞬时极性相同，也为（-）。因为u_I与u_F加在运算放大器两个不同的输入端，所以净输入$u_{Id}=u_I-u_F$，因u_I为正，u_F为负，净输入信号u_{Id}的幅度比输入信号u_I的幅度大，净输入信号增加，是正反馈。

图5-4b电路中，反馈元件R_F接在运算放大器的输出端与反相输入端之间，所以该电路存在反馈。假设输入信号u_I对地瞬时极性为（+），因u_I加在反相输入端，所以u_O为（-），根据瞬时极性法所标出的瞬时极性，可以看出反相输入端的净输入电流i_{Id}（$=i_I-i_F$）小于输入电流i_I，净输入电流减小，所以该电路是负反馈电路。

这里要指出的是，**对于由单个运算放大器组成的反馈放大电路来讲，如反馈信号反馈至同相输入端，则为正反馈；反馈信号反馈至反相输入端，则为负反馈。**

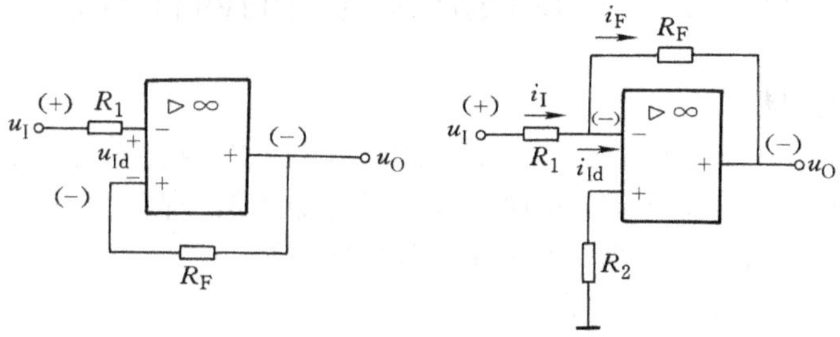

a) 正反馈电路　　b) 负反馈电路

图5-4 用瞬时极性法判断反馈极性

判断反馈极性的过程有两点要注意：

1）按放大、反馈途径逐点确定有关点电位的瞬时极性时，要遵循基本放大电路的相位关系，对于运算放大器组成的电路，输出与同相输入端的瞬时极性相同，与反相输入端的瞬时极性相反。

2）净输入量增大还是减小，是相对于原输入信号的。如原输入信号和反馈信号加在同一个输入端并且极性相同，则叠加后的净输入信号大于原输入信号，为正反馈，否则为负反馈；如原输入信号和反馈信号加在不同的输入端并且极性相同，则净输入信号等于二者相减（差模输入），净输入信号将小于原输入信号，为负反馈，否则为正反馈。

利用瞬时极性法判断反馈极性时，归纳起来就是：**如果输入信号和反馈信号加在同一个输入端，二者极性相反为负反馈；如果输入信号和反馈信号加在不同的输入端，二者极性相同为负反馈。**

三、直流反馈和交流反馈

在放大电路中，一般都存在着直流分量和交流分量，如果反馈信号只含有直流成分，则为直流反馈；如果反馈信号只含有交流成分，则为交流反馈。在很多情况下，反馈信号中兼有两种成分，如果交、直流均有反馈，则称为交直流反馈。

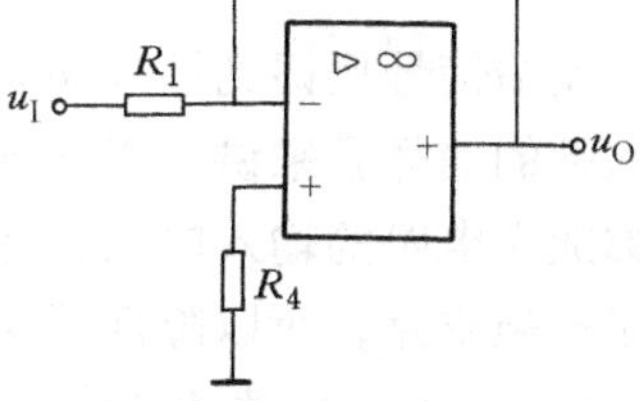

图5-5 交直流反馈的判断

例如在图5-5所示电路中，对直流而言，电容C相当于开路，R_2和R_3串联后接在输出端和反相输入端之间，所以存在直流反馈；对交流而言，当电容容量足够大时，电容容抗很小，相当于短路，反馈信号送不到放大电路的输入端，所以不存在交流反馈。所以这条反馈支路是直流反馈。

在图5-1所示电路中，R_E两端并联有电容C_e，对直流信号而言，电容C_e相当于开路，不起作用，输出回路的电流I_C（约等于I_E）在R_E上产生电压，和基极电位U_B相比较，影响净输入电压U_{BE}，所以存在着直流反馈。对交流信号而言，C_e相当于短路，R_E被C_e短路，对交流信号不起作用，所以该电路也是直流反馈。

在图5-3、5-4所示电路中，反馈电路中没有电抗元件，由电阻组成，既通直流又通交流，是交、直流反馈。

直流负反馈用以稳定静态工作点，交流负反馈用来改善放大电路的动态性能。本章重点分析不同类型的交流负反馈电路。

第二节　负反馈放大电路的四种组态

一、反馈类型及判断

反馈是将输出量的一部分反送到放大电路的输入端，按照反馈网络在输出端的取样方式不同，可分为电压反馈和电流反馈；按照反馈信号与输入信号在放大电路输入端的连接方式不同，可分为串联反馈和并联反馈。下面介绍其判断方法。

（一）串联反馈和并联反馈的判断

当反馈信号与输入信号加在同一输入端时，为并联反馈，如图5-6b电路所示。**若反馈信号与输入信号加在不同输入端时，为串联反馈**，如图5-6a电路所示。

在串联反馈中，输入信号、反馈信号、基本放大器的两输入端在输入回路中串联，其电压代数和为零，基本放大电路两输入端的电压为净输入电压，那么输入电压与反馈电压进行比较（相加或减），得到净输入电压，如图5-6c所示。在并联反馈中，输入信号源、反馈电路、基本放大器的输入端并联在一起，其电流代数和为零，基本放大器的输入电流为净输入电流，输入电流与反馈电流进行比较（相加或相减），得到净输入电流，如图5-6d所示。

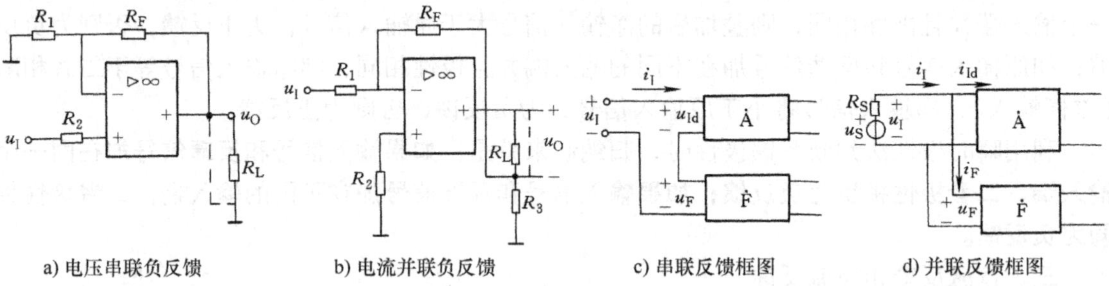

图5-6　几种反馈组态

反馈信号反馈到输入端的连接方式不同，对放大电路的性能有不同的影响。**串联反馈对输入端的信号源来讲，相当于在基本放大电路上串联了反馈网络的输出回路，提高了整个负反馈放大电路的输入电阻；并联负反馈对输入端的信号源来讲，相当于在基本放大电路上并联了一条支路，所以降低了整个负反馈放大电路的输入电阻。**

（二）电压反馈和电流反馈的判断

若反馈取样的对象是输出电压，则称为电压反馈。在图5-6a所示电路中，电路的反馈量与放大电路输出电压成正比，所以是电压反馈。当反馈取样的对象是输出电流，则称为电流反馈。在图 5-6b 所示电路中，其反馈量正比于输出电流，所以是电流反馈。具体判断方法是：假设负载短路，即假设输出电压为零，这时如果反馈量依然存在（此时，反馈网络的信号与输出信号有关），则为电流反馈；如果反馈量消失（此时，反馈网络的信号与输出信号无关），则是电压反馈。图 5-6a 和 b 中的虚线表示假设负载 R_L短路。

有一种简易的判断取样方式的方法，判断方法如下：**如果反馈直接通过反馈元件取自输出端，则为电压反馈；如果是通过负载 R_L取自输出端，则为电流反馈。**原因是这样的，如果反馈直接取自输出端，说明反馈只与输出电压有关，与负载 R_L上的电流无关，所以是电压反馈；如果通过 R_L取自输出端，说明反馈与负载 R_L上的电流有关，与负载 R_L上的电压没有直接的关系（例如负载电阻为零，则负载上电压为零，但反馈依然存在），所以是电流反馈。

取样对象不同，对放大电路性能有不同的影响。负反馈可以稳定取样对象。例如当输入信号不变，取样对象因为某种因素增大，因为反馈信号和取样对象成正比，则反馈信号增大，如果是负反馈，放大电路的净输入信号等于输入信号减去反馈信号信号，所以净输入信号减小，这样就抑制了取样信号的变化。因此，**电压反馈可以稳定输出电压，对负载而言，放大电路输出电压稳定，相当于降低了放大电路的输出电阻；电流反馈可以稳定输出电流，相当于增大了输出电阻。**

二、四种类型的负反馈放大电路

综合反馈的取样方式（电压或电流）以及反馈至输入端的连接方式（并联或串联），负反馈有四种组态（configuration）：电压串联（voltage - series）负反馈、电压并联（voltage - parallel）负反馈、电流串联（current - series）负反馈和电流并联（current - parallel）负反馈。

（一）电压串联负反馈

在图 5-7a 所示电路中，R_F是反馈支路。因为是单级运放，反馈信号反馈至反相输入端，所以是负反馈。由于反馈信号 u_F与输入信号 u_I加在不同的输入端，所以是串联反馈。反馈直接取自输出端，没有通过负载电阻 R_L，所以是电压反馈。综上分析，该电路是电压串联负反馈。图 5-7b 是电压串联负反馈的框图。

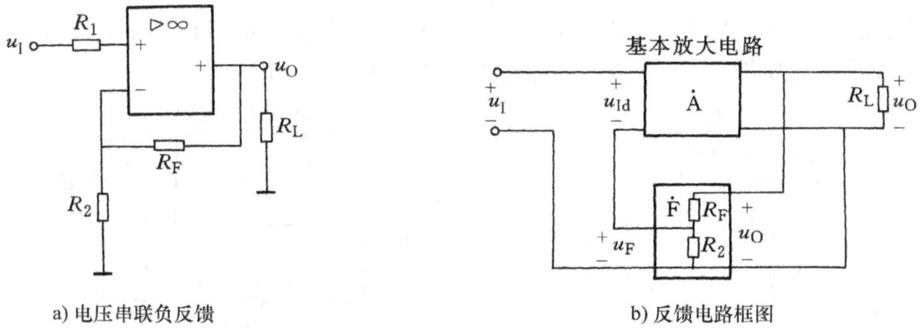

a) 电压串联负反馈　　b) 反馈电路框图

图 5-7　电压串联负反馈

（二）电压并联负反馈

在图 5-8a 所示电路中，R_F是反馈电阻，由于反馈信号与输入信号加在运算放大器的反相输入端，所以是并联负反馈。反馈直接取自输出端，没有通过负载电阻 R_L，所以是电压反馈。该电路是电压并联负反馈。图 5-8b 是电压并联负反馈的框图。

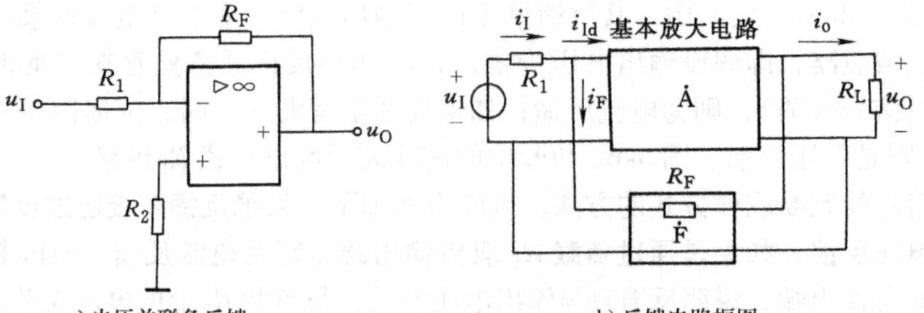

a) 电压并联负反馈　　b) 反馈电路框图

图 5-8　电压并联负反馈

（三）电流串联负反馈

在图 5-9a 所示电路中，因为是单级运放，反馈信号反馈至反相输入端，所以该电路是负反馈。由于反馈信号 u_F 与输入信号 u_I 加在不同的输入端，所以是串联反馈。反馈没有直接取自输出端，而是经过负载电阻 R_L，所以是电流反馈。综上分析，该电路是电流串联负反馈。图 5-9b 是电流串联负反馈的框图。

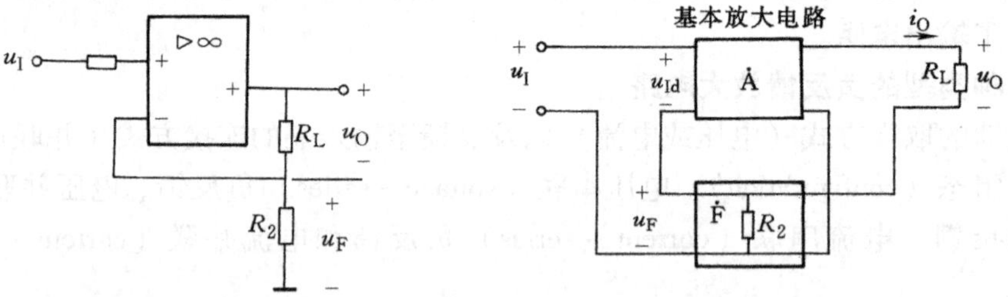

a) 电流串联负反馈　　b) 反馈电路框图

图 5-9　电流串联负反馈

（四）电流并联负反馈

图 5-10 所示电路是电流并联负反馈电路和电流并联负反馈的框图。在图 5-10a 所示电路中，因为是单级运放，反馈信号反馈至反相输入端，所以该电路是负反馈。由于反馈信号与输入信号加在同一输入端，所以是并联反馈。反馈没有直接取自输出端，而是经过负载电阻 R_L，所以是电流反馈。综上分析，该电路是电流并联负反馈。

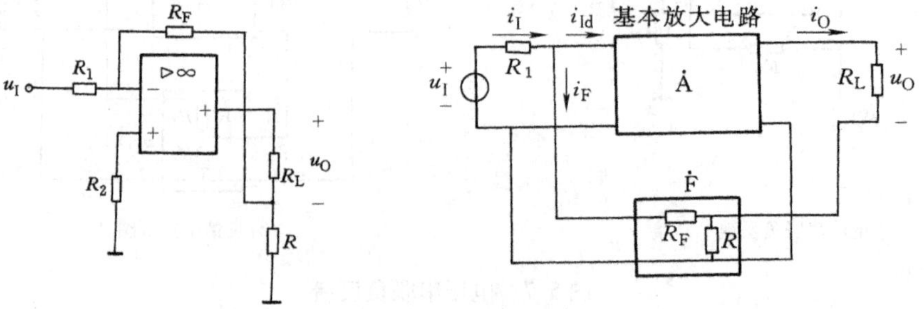

a) 电流并联负反馈　　b) 反馈电路框图

图 5-10　电流并联负反馈

第三节 负反馈对放大电路性能的影响

负反馈有四种组态，我们在实际工作中可根据实际需要，选用不同类型的负反馈。**加入负反馈是提高放大电路性能的重要措施**。下面介绍负反馈放大电路的一般关系式以及负反馈对放大电路主要性能的影响。

一、负反馈放大电路的一般关系式

图 5-2 是反馈电路的一般框图。负反馈时，因反馈信号 $\dot{X}_f$ 与输入信号 $\dot{X}_i$ 极性相反，所以净输入信号为

$$\dot{X}_{id}=\dot{X}_i-\dot{X}_f$$

放大电路的输出信号 $\dot{X}_o$ 与净输入信号 $\dot{X}_{id}$ 的比值，称为开环放大倍数，即

$$\dot{A}=\frac{\dot{X}_o}{\dot{X}_{id}}$$

反馈信号 $\dot{X}_f$ 与放大电路输出信号 $\dot{X}_o$ 的比值称为反馈网络的反馈系数 $\dot{F}$（reverse transmission factor），即

$$\dot{F}=\frac{\dot{X}_f}{\dot{X}_o}$$

放大电路的输出信号 $\dot{X}_o$ 与输入信号 $\dot{X}_i$ 的比值，称为闭环放大倍数，又称为闭环增益（closed－loop gain），即

$$\dot{A}_f=\frac{\dot{X}_o}{\dot{X}_i}$$

经变换可得

$$\dot{A}_f=\frac{\dot{X}_o}{\dot{X}_i}=\frac{\dot{X}_o}{\dot{X}_{id}+\dot{X}_f}=\frac{\dot{X}_o}{\dot{X}_{id}+\dot{A}\dot{F}\dot{X}_{id}}=\frac{\dot{A}\dot{X}_{id}}{(1+\dot{A}\dot{F})\dot{X}_{id}}=\frac{\dot{A}}{1+\dot{A}\dot{F}} \tag{5-1}$$

上式称为负反馈放大电路的一般关系式，也称为负反馈放大电路的基本关系式。

在中频段，耦合电容可以看作短路，分布电容和晶体管的结电容可以看作开路，信号通过放大电路与反馈网络时都不产生相移，$\dot{A}_f$、$\dot{A}$、$\dot{F}$ 均为实数，因而式（5-1）可以写为

$$A_f=\frac{A}{1+AF} \tag{5-2}$$

上式表明，加入负反馈后，闭环增益 A_f下降，是开环增益 A 的 $1/(1+AF)$。其中（$1+AF$）称为反馈深度。（$1+AF$）越大，反馈越深，A_f就越小。（$1+AF$）是衡量反馈强弱程度的一个重要指标。

二、提高放大倍数的稳定性

一般地说，放大器的开环放大倍数 A 是不稳定的。例如在基本共射放大电路中，放大

倍数与晶体管的β值有关，而β值受温度影响较大，而负载发生变化时，电压放大倍数也要随之变化，所以它是不稳定的。当输入信号不变时，引入负反馈后可使放大电路的输出信号趋于稳定，也就是使闭环放大倍数趋于稳定。

放大倍数的稳定性可用放大倍数的相对变化率来衡量。

根据式（5-2），对A求导得

$$\frac{\mathrm{d}A_{\mathrm{f}}}{\mathrm{d}A}=\frac{(1+AF)-AF}{(1+AF)^2}=\frac{1}{(1+AF)^2}=\frac{1}{1+AF}\frac{A_{\mathrm{f}}}{A}$$

闭环放大倍数的相对变化量为

$$\frac{\mathrm{d}A_{\mathrm{f}}}{A_{\mathrm{f}}}=\frac{1}{1+AF}\frac{\mathrm{d}A}{A}$$

上式表明，闭环放大倍数的相对变化量只是开环放大倍数相对变化量的$\frac{1}{1+AF}$。也就是说引入负反馈后，虽然放大倍数下降了（$1+AF$）倍，但是其稳定度却提高了（$1+AF$）倍，并且（$1+AF$）越大，闭环放大倍数越稳定。

三、扩展频带

我们知道，阻容耦合放大电路在低频区和高频区时，其放大倍数均要下降，其幅频特性曲线如图5-11所示。由于负反馈放大电路具有稳定放大倍数的作用，对应于f_{L}和f_{H}，基本放大电路的放大倍数下降到最大值的0.707倍，加入负反馈后，对应于f_{L}和f_{H}，放大倍数下降的程度要减小，放大倍数下降的速率减慢，所以下限频率f_{L}将下降、上限频率f_{H}将上升，通频带变宽。在通常情况下，放大电路的“增益-带宽”之积为一常数，即

$$A_{\mathrm{f}}(f_{\mathrm{Hf}}-f_{\mathrm{Lf}})=A(f_{\mathrm{H}}-f_{\mathrm{L}})$$

一般$f_{\mathrm{H}}>>f_{\mathrm{L}}$，所以$A_{\mathrm{f}}f_{\mathrm{Hf}}\approx Af_{\mathrm{H}}$。这表明，引入负反馈后，电压放大倍数下降多少倍，通频带就扩展多少倍。可见，引入负反馈能扩展通频带，但这是以降低放大倍数为代价的。

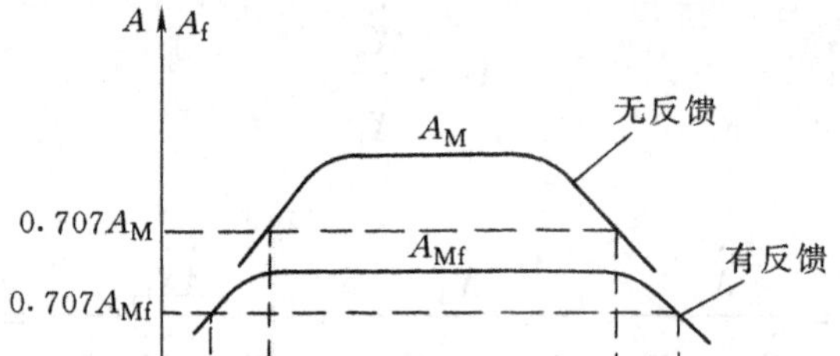

图5-11 开环与闭环的幅频特性曲线

四、减小非线性失真

由于放大电路含有非线性器件，所以放大信号时会产生非线性失真。如图5-12a所示，若输入为正弦信号，经放大电路放大后输出的信号正半周幅度大，负半周幅度小，出现了非线性失真，这是由于放大器件的非线性引起的。

引入负反馈后，反馈信号的波形与输出信号波形相似，也是正半周大，负半周小，经过比较环节，使净输入量变成正半周小、负半周大的波形，再通过放大电路放大，就把输出信号的正半周压缩，负半周扩大，结果使正负半周的输出幅度差距减小，输出波形接近正弦

波，其波形如图 5-12b 所示。减小非线性失真的程度也与反馈深度有关。

应当指出，由于负反馈的引入，在减小非线性失真的同时，降低了输出幅度（即放大倍数下降）。此外输入信号本身固有的失真，是不能用引入负反馈来改善的。

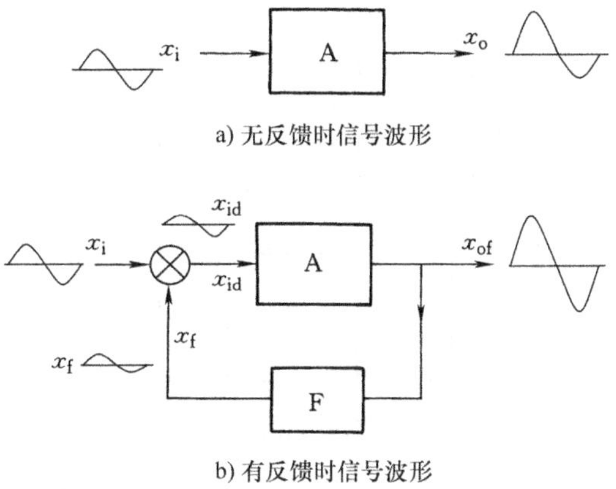

图 5-12　负反馈改善非线性失真

五、抑制内部的干扰和噪声

在电声设备中，当没有信号输入时，扬声器也有杂音输出。这种输出的杂音，是放大电路内部的干扰和噪声引起的。内部干扰主要是直流电源的纹波引起的，内部噪声是电路元器件内部载流子不规则热运动产生的。噪声对放大电路是有害的，它的影响并不单纯由噪声本身的大小来决定。当外加信号的幅度较大时，噪声的影响较小；当外加的信号幅度较小时，就很难与噪声分开，有用信号会被噪声所"淹没"。工程上常用放大电路输出端的信号功率与噪声功率的比值来反映其影响，这个比值称为信噪比。

引入负反馈后，有用信号的功率与噪声功率同时减小，也就是说，负反馈虽然能使干扰和噪声减小，但同时将有用的信号也减小了，信噪比并没有改变。但是，有用信号的减小可以通过增大输入的有用信号来补偿，而噪声的幅度是固定的，从而使整个电路的信噪比增大，减小了干扰和噪声的影响。即哪一级的内部干扰和噪声大，就在哪一级引入深度负反馈。

需要指出的是，负反馈对来自外部的干扰和与输入信号同时混入的噪声是无能为力的。

六、负反馈能改变输入电阻和输出电阻

（一）对输入电阻的影响

负反馈对放大电路输入电阻的影响取决于是串联反馈还是并联反馈。

1. 串联负反馈使输入电阻增大　图 5-13a 是串联负反馈的框图，可以看出基本放大电路的开环输入电阻为

$$R_i = \frac{u_{id}}{i_i}$$

有负反馈时的闭环输入电阻为

$$R_{if} = \frac{u_i}{i_i} = \frac{u_{id} + u_f}{i_i} = \frac{u_{id}(1 + AF)}{i_i} = R_i(1 + AF)$$

上式表明，引入串联负反馈后，输入电阻是无反馈时的（$1+AF$）倍。

也可以这样定性分析：由于输入信号与反馈信号串联，从图中可以看出，等效的输入电阻相当于基本放大电路的输入电阻与反馈回路的输出回路串联，其等效电阻增加。所以串联负反馈使输入电阻增大。

2. 并联负反馈使输入电阻减小　图 5-13b 是并联负反馈的框图，由图可知，开环输入电阻为

$$R_i = \frac{u_i}{i_{id}}$$

有负反馈时的闭环输入电阻为

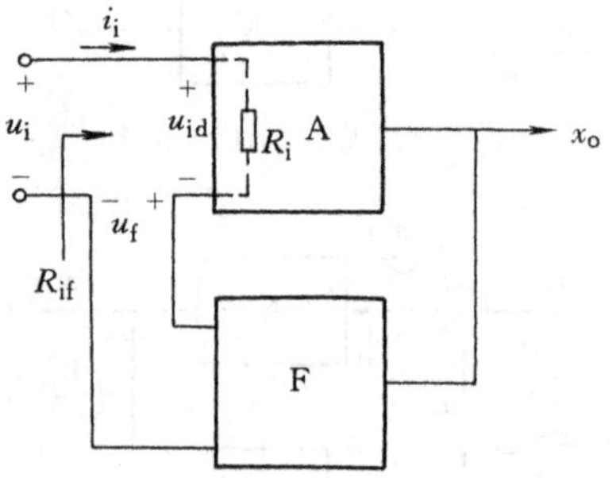

a) 串联负反馈框图

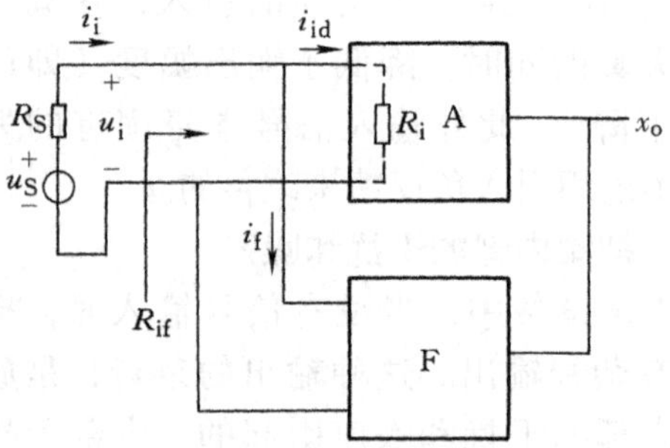

b) 并联负反馈框图

图 5-13 负反馈对输入电阻的影响

$$R_{if}=\frac{u_i}{i_i}=\frac{u_i}{i_{id}+i_f}=\frac{u_i}{i_{id}+AFi_{id}}=\frac{u_i}{i_{id}}\times\frac{1}{1+AF}=\frac{R_i}{1+AF}$$

上式表明，引入并联负反馈后，闭环输入电阻是开环时的 $1/(1+AF)$。也可以这样定性分析：由于基本放大电路的输入端与反馈网络的输出回路并联，等效的输入电阻相当于基本放大电路的输入电阻（开环输入电阻）与反馈回路的输出回路并联，其等效电阻减小。所以并联负反馈使输入电阻减小。

（二）对输出电阻的影响

负反馈对放大器输出电阻的影响取决于输出端的采样方式，即是电压反馈还是电流反馈。

1. 电压负反馈使输出电阻减小　电压负反馈能稳定输出电压。当某些原因使输出电压有下降的趋势时（如负载电流增大时），会有以下变化：

$$某些原因使\ u_o\downarrow\rightarrow u_f\downarrow\rightarrow u_{id}\uparrow\rightarrow u_o\uparrow$$

引入电压负反馈后，通过负反馈的自动调节，最终使输出电压稳定，而与输入端的连接方式无关。稳定输出电压相当于减小输出电阻，如输出电压不随负载而变，相当于输出电阻为零。对于负载 R_L 来说，电压负反馈放大电路相当于一个内阻很小的电压源，这个电压源的内阻就是电压负反馈放大电路的输出电阻。所以引入电压负反馈后输出电阻下降。经分析，两者的关系为

$$R_{of}=\frac{R_o}{1+AF}$$

即引入电压负反馈后，输出电阻是开环输出电阻的 $1/(1+AF)$。

2. 电流负反馈使输出电阻增大　电流负反馈能稳定输出电流。当某些原因使 i_o 有上升的趋势时（如负载电阻减小），负反馈的作用将引起如下的自动调节过程：

$$某些原因使\ i_o\uparrow\rightarrow i_f\uparrow\rightarrow i_{id}\downarrow\rightarrow i_o\downarrow$$

可见，引入电流负反馈后，通过负反馈的自动调节，最终使输出电流稳定。输出电流稳定相当于输出电阻高，当放大电路的输出电流不随负载变化时，放大电路输出电阻等效为无穷大。对负载 R_L 来说，电流负反馈放大电路相当于一个内阻很大的电流源，这个内阻就是负反馈放大电路的输出电阻。引入电流负反馈后，将使输出电阻增大，增大的倍数与反馈深度有关，经分析可得

$$R_{of}=R_o(1+AF)$$

四种负反馈组态的输入、输出电阻的特点是：串联电压负反馈的输入电阻大，输出电阻小；串联电流负反馈的输入电阻大，输出电阻大；并联电压负反馈的输入电阻小，输出电阻小；并联电流负反馈的输入电阻小，输出电阻大。

第四节　深度负反馈放大电路的分析

随着电子技术的发展，集成运放的开环增益可以做得很高，开环时，失调电压就会使输出饱和，进入非线性状态，所以必须引入负反馈，一方面可以提高放大器的总体性能，另一方面，可以使放大器工作在线性状态，**加入负反馈是集成运放工作在线性状态的必要条件**。因为集成运放的放大倍数很大，加入负反馈后，通常为深度负反馈（strong negative feedback）。

一、深度负反馈电路的特点

当反馈深度 $(1+AF)>>1$ 时，即为深度负反馈。此时 $(1+AF)\approx AF$，负反馈放大电路的放大倍数为

$$A_f=\frac{A}{1+AF}\approx\frac{1}{F}$$

当电路引入深度负反馈后，因为反馈信号 $X_f=AFX_{id}$，输入信号 $X_i=(1+AF)X_{id}$，而 $(1+AF)\approx AF$，所以外加输入信号近似等于反馈信号，即

$$X_i\approx X_f$$

而 $X_{id}=X_i-X_f\approx 0$，**即净输入信号近似为零**。

在深度负反馈电路中，因为 $(1+AF)$ 很大，串联负反馈电路的输入电阻是基本放大电路输入电阻的 $(1+AF)$ 倍，可近似地看作无穷大；并联负反馈电路的输入电阻是基本放大电路输入电阻的 $1/(1+AF)$，非常小，可近似看作是零。电压负反馈电路的输出电阻是基本放大器输出电阻的 $1/(1+AF)$，非常小，可近似看作是零；电流负反馈电路的输出电阻是基本放大电路输出电阻的 $(1+AF)$ 倍，可近似地看作是无穷大。

二、深度负反馈电路的分析

在深度负反馈电路的分析中，应抓住基本放大器的净输入信号近似为零这一特点，即基本放大器的净输入电压和净输入电流都近似为零。在差动放大器或运算放大器中，两个输入端之间的电压近似为零，则电位近似相等，称为**虚假短路，简称“虚短”**；两个输入端的电流近似为零，称为**虚假断路，简称“虚断”**。

下面，我们利用深度负反馈电路净输入信号近似为零，即“虚短”和“虚断”的概念分别对四种组态的深度负反馈电路进行分析。

（一）串联电压负反馈电路

在深度负反馈条件下，根据虚假短路和虚假断路的概念，可得

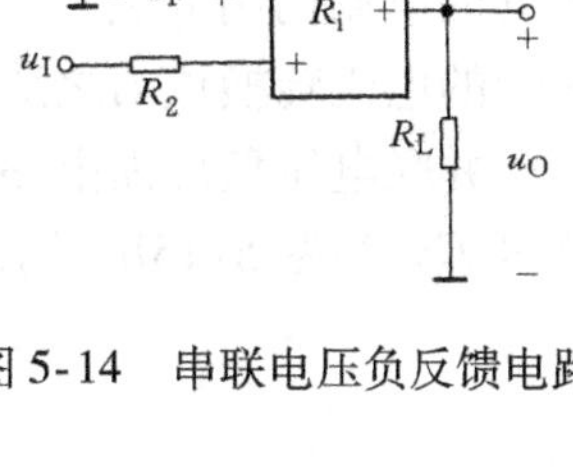

图 5-14　串联电压负反馈电路

$$u_F=\frac{R_1}{R_1+R_F}u_O\approx u_I$$

电压放大倍数为：

$$A_{uf}=\frac{u_O}{u_I}=\frac{R_1+R_F}{R_1}=1+\frac{R_F}{R_1} \tag{5-3}$$

上式表明，**深度负反馈时，串联电压负反馈放大电路（见图 5-14）的电压放大倍数，只取决于反馈网络电阻的阻值，与信号源内阻、负载电阻无关，所以电压放大倍数非常稳定，是理想的电压放大电路。**

（二）并联电压负反馈电路

图 5-15 所示是并联电压负反馈电路，其中图 a 的信号源为等效电流源，图 b 的信号源是等效电压源，二者的关系是：$U_S=I_SR_S$。并联电压负反馈电路的输入电阻近似为零，其输入电流近似等于信号源的源电流 I_S；输出电阻也近似为零，可以输出稳定的电压信号。**并联电压负反馈电路一般用作电流－电压转换电路，其输出电压和信号源电流成比例：$u_O=K_r I_S$，**下面，我们计算其转换系数 K_r。

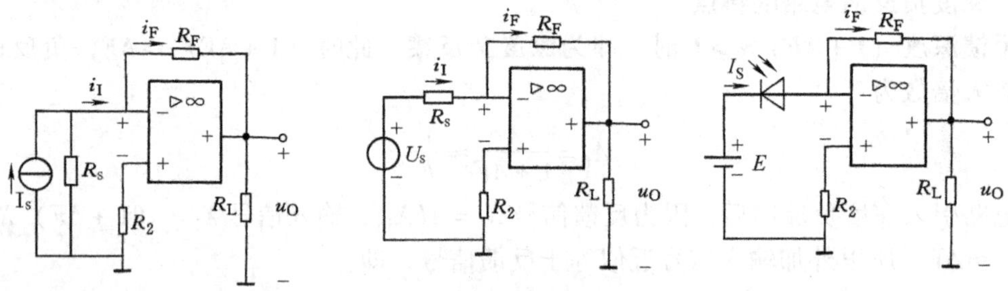

a) 信号源为等效电流源　　b) 信号源为等效电压源　　c) 输入端接光敏二极管

图 5-15　并联电压负反馈电路

在深度负反馈条件下，在图 5-15a 所示电路中，根据虚假断路概念，运算放大器的净输入电流为零，流过电阻 R_2 的电流为零，电阻 R_2 两端的电压为零，再根据虚假短路的概念，运算放大器净输入电压为零，所以运算放大器的反相输入端电位也为零，R_S 两端的电压为零，流过 R_S 的电流为零。可得

$$I_S\approx i_I\approx i_F=-\frac{u_O}{R_F}$$

$$u_O=-R_F\cdot I_S=K_r\cdot I_S \tag{5-4}$$

$$K_r=-R_F$$

可见，输出电压与信号源电流成正比，比例系数只与反馈电路有关，完成了电流－电压的转换。

如果将图 5-15a 所示电路的输入端接一个反偏的光敏二极管，如图 5-15c 所示，光敏二极管的电流仍用 I_S 表示，则输出电压和 I_S 之间的关系仍可用式（5-4）表示，电路将光敏二极管的电流转换成与之成比例的电压信号。

并联电压负反馈电路也可以用于电压放大，若将图 5-15a 中的电源用电压源等效，其电路可等效为图 5-15b 所示电路。因 $U_S=I_S\cdot R_S$，根据式（5-4）可得

$$u_O=-\frac{R_F}{R_S}\cdot U_S=A_{uf}\cdot U_S$$

$$A_{uf} = -\frac{R_F}{R_S} \tag{5-5}$$

可知，其电压放大倍数与信号源内阻有关。

（三）串联电流负反馈电路

串联电流负反馈电路的输入电阻大，输出电阻也大，一般用于进行电压－电流转换，电路如图 5-16 所示。其输出电流和输入电压成比例：$i_O = K_g u_I$。下面，我们计算其转换系数 K_g。

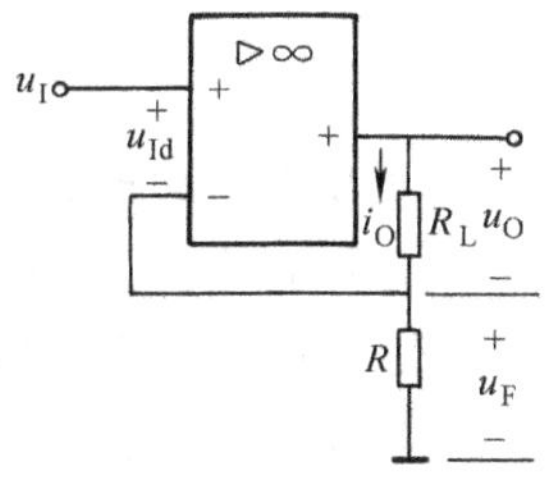

图 5-16　串联电流负反馈电路

设流过负载电阻 R_L 的电流用 i_O 表示，在深度负反馈条件下，根据虚假短路（$u_{Id}=0$）和虚假断路的概念，可得

$$u_F = i_O R \approx u_I$$

$$i_O \approx \frac{1}{R} \cdot u_I = K_g \cdot u_I \tag{5-6}$$

$$K_g = \frac{1}{R}$$

可见，输出电流与输入电压成比例，比例系数与负载电阻无关，完成了电压－电流的转换。

（四）并联电流负反馈电路

并联电流负反馈电路如图 5-17 所示，其输入电阻小，输出电阻大，**主要用于电流放大器**。

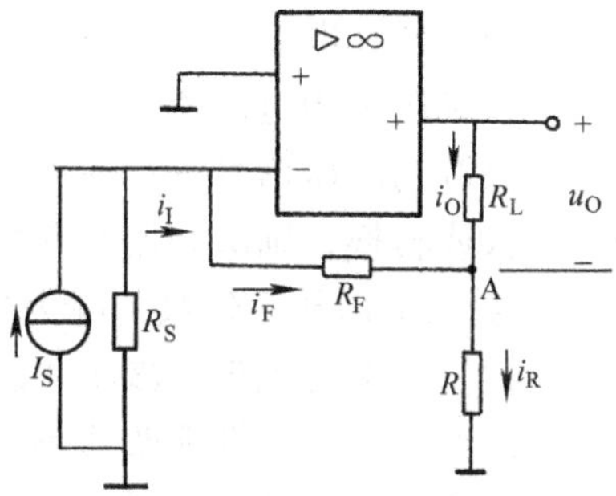

图 5-17　并联电流负反馈电路

在深度负反馈条件下，根据虚假短路的概念，可知流过 R_S 的电流为零；再根据虚假断路的概念可得

$$I_S \approx i_I \approx i_F = \frac{0-u_A}{R_F} = -\frac{u_A}{R_F}$$

$$u_A = -I_S \cdot R_F$$

$$i_R = \frac{u_A}{R} = -\frac{R_F}{R} I_S$$

$$i_O = i_R - i_F = -\left(1+\frac{R_F}{R}\right) I_S \tag{5-7}$$

可见，输出电流与信号源电流成比例，比例系数即电流放大倍数，其值等于 $-\left(1+\frac{R_F}{R}\right)$，只与反馈电路有关，与信号源内阻以及负载电阻的大小无关。该电路是一种性能优良的电流放大电路。

总之，引入不同的反馈类型可以组成不同的应用电路。对于输出端的取样方式来说，如果需要输出稳定的电压信号，应采用电压负反馈；如果需要输出稳定的电流信号，应采用电流负反馈。对于输入端的连接方式来说，如果要对信号源的电压信号进行放大或转换，则应采用串联负反馈；如果要对信号源的电流信号进行放大或转换，则应采用并联负反馈。

通过以上例子可以看出，利用深度负反馈电路的特点：输入信号近似等于反馈信号，净输入信号近似等于零（即虚假短路和虚假断路），再结合电工知识，分析深度负反馈电路是比较方便的。

理想运算放大器的放大倍数可以看成是无穷大，加入负反馈后必然是深度负反馈，可以用“虚短”和“虚断”的概念来分析其应用电路。

本章小结

1. 负反馈可以改善放大电路的性能，放大电路加入负反馈是得到高质量放大器的重要措施。反馈是通过反馈网络将输出量反送到输入端，和输入量比较（叠加）后，控制输出量的变化，它的实质是输出量参与控制。

2. 按反馈极性分，有正反馈和负反馈，负反馈使净输入量减小，放大倍数减小，但换取了放大电路性能的改善；正反馈使净输入量增大，电压放大倍数也增大，电路不稳定，但可构成振荡电路。判断正、负反馈的方法，可采用瞬时极性法。

3. 按反馈回输入回路的信号是直流还是交流，负反馈可分为直流反馈和交流反馈以及交直流反馈。直流负反馈能稳定静态工作点，交流负反馈能改善放大电路的动态性能。

4. 按反馈网络在输出端的取样方式不同，有电压反馈和电流反馈。电压负反馈能稳定输出电压，减小输出电阻；电流负反馈能稳定输出电流，提高输出电阻。

5. 按反馈网络在输入端的连接方式不同，有串联负反馈和并联负反馈。串联负反馈使输入电阻增加，利于得到信号源的电压信号；并联负反馈使输入电阻减小，利于得到信号源的电流信号。

6. 根据取样方式及反馈回输入端的方式不同，负反馈有四种组态：电压并联、电压串联、电流并联和电流串联。对于不同的应用应采用不同的反馈类型。如果需要输出稳定的电压信号，则应采用电压负反馈；如果需要输出稳定的电流信号，则应采用电流负反馈。如果要对信号源的电压信号进行放大或转换，则应采用串联负反馈；如果要对信号源的电流信号进行放大或转换，则应采用并联负反馈。

7. 负反馈以放大倍数下降为代价，可以提高放大电路的其他性能，可以提高放大倍数的稳定性，展宽通频带，减小非线性失真，抑制内部噪声和干扰，改变放大电路的输入、输出电阻。反馈越深，性能改善越好，但放大倍数也下降越多。

8. 在深度负反馈时，输入信号近似等于反馈信号，净输入信号近似等于零（即虚假短路和虚假断路）。

练 习 题

一、填空题

1. 在放大电路中为了减小输出电阻应引入________负反馈，为了增大输入电阻应引入________负反馈。

2. 在放大电路中为了减小输入电阻应引入________负反馈，为了增大输出电阻应引入________负反馈。

3. 电压串联负反馈能稳定输出________，并能使输入电阻________。

4. 电流并联负反馈能稳定输出________，并能使输入电阻________。

5. 放大电路中若引入负反馈，如信号源为电流源，则应引入________负反馈；若要求稳定输出电压，则应引入________负反馈；若要求向信号源索取的电流尽可能小、输出电流稳定，则应引入________负反馈。

6. 深度负反馈的条件是________________。

7. 某负反馈放大电路的开环放大倍数为 50，反馈系数为 0.02，则反馈深度为________，闭环放大倍数为________。

二、选择题

1. 反馈放大电路的含义是（　　）。

A. 输出与输入之间有信号通路　　B. 电路中存在反向传输的信号通路

C. 除放大电路以外，还有信号通路

2. 串联负反馈的净输入量是（　　）。

A. 电压　　B. 电流　　C. 电压或电流

3. 并联负反馈的净输入量是（　　）。

A. 电压　　B. 电流　　C. 电压或电流

4. 要使放大器向信号源索取电流小，同时输出电压稳定，应引入（　　）负反馈。

A. 电流串联　　B. 电压并联　　C. 电压串联　　D. 电流并联

5. 若放大电路放大的信号是传感器产生的电压信号（几乎不能提供电流），希望放大后的输出电压与信号电压成正比，应选（　　）负反馈。

A. 电压串联　　B. 电压并联　　C. 电流串联　　D. 电流并联

6. 负反馈能减小非线性失真是指（　　）。

A. 使放大器的输出电压的波形与输入信号的波形基本一致

B. 不论输入波形是否失真，引入负反馈后，总能使输出为正弦波

C. 以上表述都不对

7. 在放大电路中，为了稳定静态工作点，可以引入（　　）。

A. 直流负反馈　　B. 交流负反馈　　C. 交流正反馈　　D. 直流正反馈

8. 在放大电路中，为了稳定电压放大倍数，可以引入（　　）。

A. 直流负反馈　　B. 交流负反馈　　C. 交流正反馈　　D. 直流正反馈

三、判断题

1. 若放大电路的放大倍数为负，则引入的反馈一定是负反馈。（　　）

2. 若放大电路引入负反馈，则负载电阻变化时，输出电压基本不变。（　　）

3. 在负反馈放大电路中，反馈深度越大，闭环放大倍数就越稳定。（　　）

4. 在负反馈放大电路中，在反馈系数较大的情况下，只有尽可能地增大开环放大倍数，才能有效地提高闭环放大倍数。（　　）

5. 在深度负反馈的条件下，闭环放大倍数 $A_F \approx 1/F$，它与负反馈有关，而与放大器开环放大倍数 A 无关，故此可以省去放大通路，仅留下反馈网络，来获得稳定的放大倍数。（　　）

6. 负反馈只能改善反馈环路内的放大性能，对反馈环路外无效。（　　）

7. 若放大电路负载固定，为使其电压放大倍数稳定，可以引入电压负反馈，也可以引入电流负反馈。（　　）

8. 电压负反馈可以稳定输出电压，流过负载的电流也就必然稳定，因此电压负反馈和电流负反馈都可以稳定输出电流，在这一点上电压负反馈和电流负反馈没有区别。（　　）

9. 负反馈能减小放大电路的噪声，因此无论噪声是输入信号中混合的还是反馈环路内

部产生的，加入负反馈后都能使输出端的信噪比得到提高。（ ）

10. 由于负反馈可展宽频带，所以只要负反馈足够深，就可以用低频管代替高频管组成放大电路来放大高频信号。（ ）

四、分析判断题

1. 电路如图 5-18 所示，判别反馈的组态。

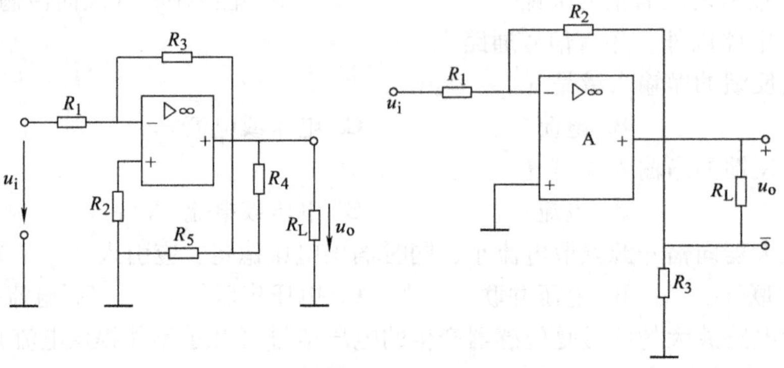

a) b)

图 5-18

2. 判断图 5-19 所示电路的两级之间的反馈极性和反馈组态。

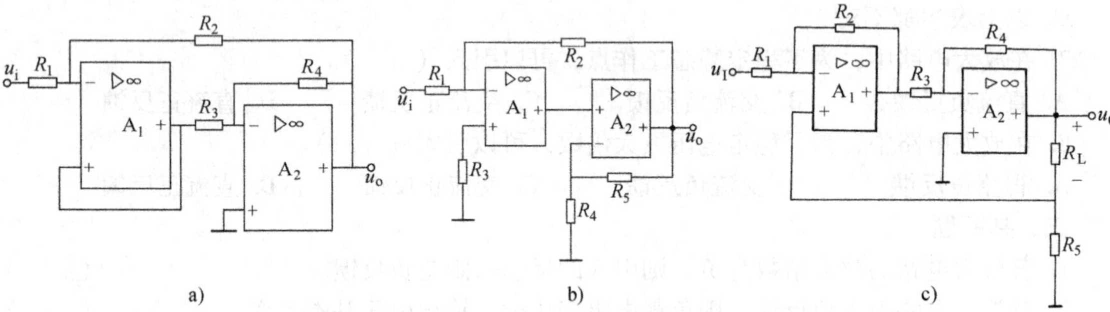

a) b) c)

图 5-19

3. 欲将某放大电路的上限截止频率 $f_H = 0.5\text{MHz}$ 提高到不低于 10MHz，要引入多深的负反馈？如果要求在引入上述负反馈后，闭环增益不低于 60dB，则基本放大电路的开环增益应不低于多少倍？

4. 图 5-20 电路中，设运算放大电路的最大输出电压为 ±12V，其他参数可按理想情况考虑，若 $u_I = +20\text{mV}$，计算：(1) 正常情况下的输出电压；(2) 若反馈电阻 R_F 断开，这时的输出电压是多大？

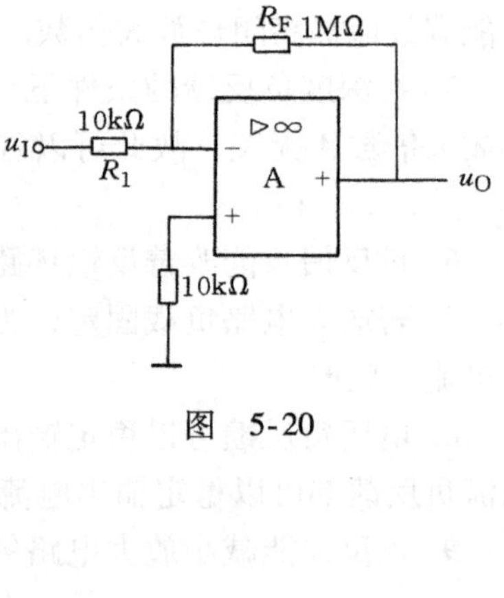

图 5-20

第六章　集成运算放大器基本应用电路

集成运算放大器是一种高增益的直接耦合放大电路，具有开环增益高、输入电阻大、输出电阻小、体积小、功耗低、工作可靠、通用性强、使用方便灵活等特点，在电子技术的各个领域应用非常广泛。它不仅可以用作信号的放大、运算、处理和变换，也可以用作波形产生电路，产生各种波形的信号。

第一节　基本运算电路

一、负反馈是运放线性应用的必要条件

运算放大器（以下简称为运放）的开环增益很大，要使运放工作在线性区，其两输入端之间的电压必定相当小，一般小于零点几个毫伏。因为运放存在着失调电压、失调电流以及偏置电流，并且存在着温度漂移，这些影响相当于在输入端加上了毫伏数量级的电压，使运放在无信号输入时，输出电压就已经进入正向或负向饱和状态，输出电压将达到正的最大值或负的最大值。

例如，μA741开环放大倍数为 10^5 以上，如果两输入端之间加上 1mV 的电压，按工作在线性区来计算，输出电压应为 $1\text{mV}\times10^5=100\text{V}$，这是不可能的，因为μA 741的电源电压最大是±18V，不可能有 100V 的电压输出，这时运放内部的一些晶体管已经工作在饱和区或截止区，输出电压只能接近电源电压。

因此，实际的运放在开环情况下，即使输入信号为零，其输出也会处于正的最大值或负的最大值，进入饱和状态，无法实现线性放大。

另外，运放的开环性能也很差，尽管它的电压放大倍数很大，但对于同一种型号的运放，因器件参数的分散性，开环电压放大倍数相差很大，开环电压放大倍数受温度等因素的影响也很大，无法实现稳定放大。一般的运放开环通频带很窄，也无法适应交流信号的放大要求。

综上所述，运放的开环状态是无法进行线性放大的，解决的办法是引入负反馈。因为负反馈能解决上述矛盾，所以负反馈是运放线性应用的必要条件。

二、运放线性应用的三种基本电路

现在的集成运放都很接近理想运放，运放的应用主要分为线性应用和非线性应用。由运放构成的电路，无论运放是线性应用还是非线性应用，在分析电路工作原理时，都可当作理想运放对待，仅当进一步研究应用电路的误差时，才考虑实际运放参数所带来的影响。

对于工作在线性区的理想运放，由于加入了深度负反馈，根据深度负反馈电路的特点，其净输入信号近似为零，即：两个输入端之间的电压近似为零，电位近似相等，称为虚假短路，简称“虚短”；两个输入端的电流近似为零，称为虚假断路，简称“虚断”。

理想运放两个输入端之间的电压通常非常接近于零，电位近似相等，即 $u_N \approx u_P$。这是因为，在线性区内，输出电压在有限值之间变化，而运放的电压放大倍数 $A_{ud} \to \infty$，则运放的净输入电压 $u_{Id} = u_O / A_{ud} \approx 0$。实际上，集成运放的两输入端之间的电压一般在 -0.1mV ~ +0.1mV 之间变化，可以近似认为是零。

理想运放的两输入端电流也非常小，即 $i_{Id} \approx 0$。这是因为 $u_{Id} \approx 0$，而运放的差模输入电阻 $R_{id} \to \infty$，实际运放的输入电阻也在 0.5MΩ 以上，这样，线性区运放的输入电流可以近似认为是零。

由于 $u_P \approx u_N$，同相端与反相端之间可相当于短路，但事实上，这两点并没有短接在一起，所以不是真正的短路，我们称之为“虚假短路”(virtual short circuit)，简称为“虚短”。

另外，由于 $i_{Id} \approx 0$，运放的两个输入端之间又相当于断路，但事实上，这两点并没有断开，两个输入端之间还是存在电压和电流的，只不过非常小而已，我们称之为“虚假断路”（virtual cut circuit），简称为“虚断”。值得注意的是，**运放只有工作在线性区时，“虚短”才成立，如果运放工作在非线性区，则 $u_P \neq u_N$，虚短不成立。而运放无论工作在线性区，还是工作在非线性区，“虚断”都成立。**如图 6-1 所示。

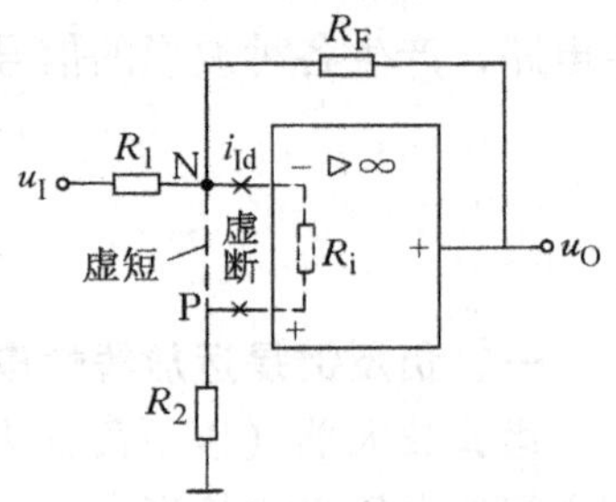

图 6-1 运放线性应用时的“虚短”和“虚断”

以上结论以及“虚短”和“虚断”的概念，是分析运放线性应用电路的非常重要的依据。

集成运放有两个输入端，根据两输入端的不同连接，运放有三种基本电路：反相输入式放大电路、同相输入式放大电路和双端输入式放大电路。

1. 反相输入式放大电路 图 6-2 是反相输入式放大电路，又称为反相放大电路。输入信号通过 R_1 接于运放的反相输入端。通过分析可知，该电路是电压并联负反馈放大电路。图中的 R_2 是平衡电阻，用于消除输入偏置电流 I_{IB} 带来的误差。当输入电压等于零时（输出电压也为零），反相输入端到地的电阻等于 $R_1 // R_F$，输入端的静态电流 I_{IB} 在其上面产生电压，造成反相输入端电位不等于零，如 R_2 短接（等于零），则同相输入端电位等于零，两输入端电位不相等，会造成额外的误差。一般取 $R_2 = R_1 // R_F$，则零输入时，两端对地电阻相等，I_{IB} 在其上面产生的电压相等，两输入端电位相等，可以消除 I_{IB} 引起的误差。

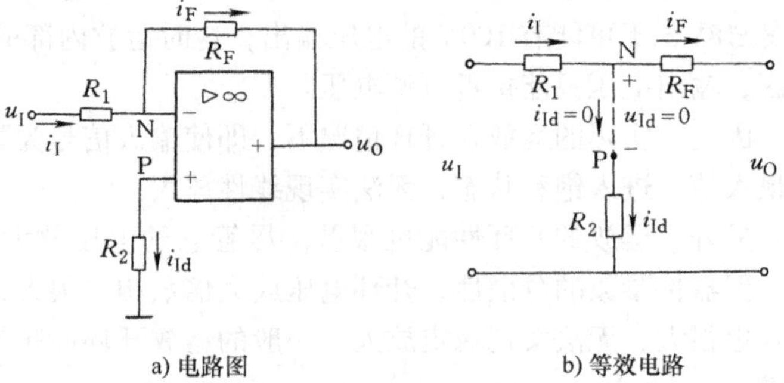

图 6-2 反相输入式放大电路

可将图 6-2a 的电路等效成图 6-2b。图中虚线表示 N、P 两端虚假短路（$u_{Id}=0$）并虚假断路（$i_{Id}=0$），所以电阻 R_2 上无电流流过，则同相输入端电位 $u_P=0$，反相端的电位也为零，即 $u_N = u_P = 0$，因此，N 点相当于接地，但事实上并非真正接地，我们称它为“虚假接地”（virtual ground），简称“虚地”。虚地是反相输入放大电路的重要特征，表明运放输入端无共模信号。由图 6-2b 可以看出，因 $i_{Id} = 0$，所以 $i_1 = i_F$，可得

$$\frac{u_I}{R_1} = \frac{0 - u_O}{R_F}$$

即反相放大电路的电压放大倍数为

$$A_{uf} = \frac{u_O}{u_I} = -\frac{R_F}{R_1} \tag{6-1}$$

式中的负号表示输出与输入反相。输出电压与输入电压呈线性关系。

由于运放的最大输出电流通常只有几个毫安，所以 R_F 必须大于 1kΩ；又由于实际运放存在失调电流，所以 R_F 又必须小于几兆欧，否则易引起运放的饱和。

该电路的特点是：它的共模输入电压近似为零，这样对运放的有关共模的参数要求低。

2. 同相输入式放大电路　图 6-3 所示电路为同相输入放大电路，又称为同相放大电路。该电路是电压串联负反馈电路，R_2 是平衡电阻，一般取 $R_2 = R_F // R_1$。

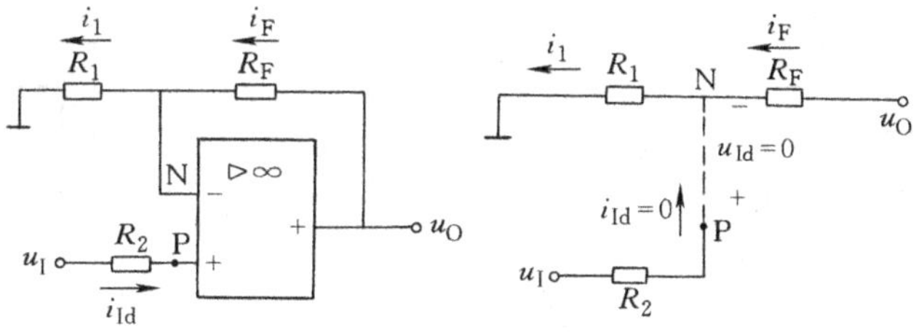

a) 电路图　　b) 等效电路

图 6-3　同相输入放大电路

因 $i_{Id} = 0$，电阻 R_2 上无电流流过，则运放反相输入端的电位 $u_N = u_P = u_I$，同时 $i_1 = i_F$，即

$$\frac{u_I}{R_1} = \frac{u_O - u_I}{R_F}$$

所以

$$u_O = \left(1 + \frac{R_F}{R_1}\right) u_I$$

可得电压放大倍数为

$$A_{uf} = \frac{u_O}{u_I} = 1 + \frac{R_F}{R_1} \tag{6-2}$$

同相输入电压放大倍数只与反馈网络电阻有关，输出电压与输入电压同相，且电压放大倍数 $A_{uf} \geqslant 1$。同相输入放大电路是串联电压负反馈，所以输入电阻特别高，输出电阻很小，近似为零。但由于 $u_N = u_P = u_I$，运放两端存在共模电压，会引起运算误差，所以在选择运放时，就要求它的共模抑制比较高。

如将图 6-3 中的反馈电阻 R_F 短路，R_1 开路，就得图 6-4a 所示的电路，是同相输入放大电路的特例，称为电压跟随器。由式 6-2 可得其电压放大倍数

$$A_{uf} = 1 \tag{6-3}$$

式（6-3）表明，其输出电压等于输入电压且相位相同，故称它为电压跟随器，与射极跟随器类似，但由于运放的反馈深度比射极跟随器大得多，因此跟随性能要好得多。因为它的输入电阻极高，输出电阻很低，常用作阻抗变换器或缓冲器，在电子电路中应用很广泛。缺点是由于输入阻抗极高，易受周围电场干扰的影响，通常可在同相输入端对地接一个适当的电阻，输入电阻有所减小，其数值等于该电阻值，如图 6-4b 所示。

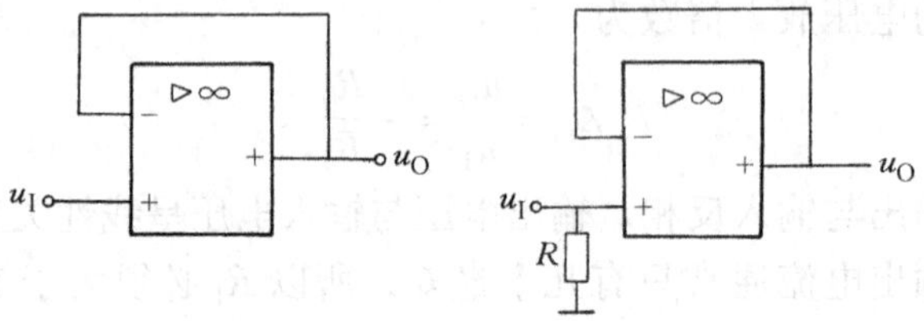

a) 基本电路　　b) 降低输入电阻的电路

图 6-4　电压跟随器

3. 双端输入式放大电路　图 6-5 所示电路是运放双端输入式放大电路。

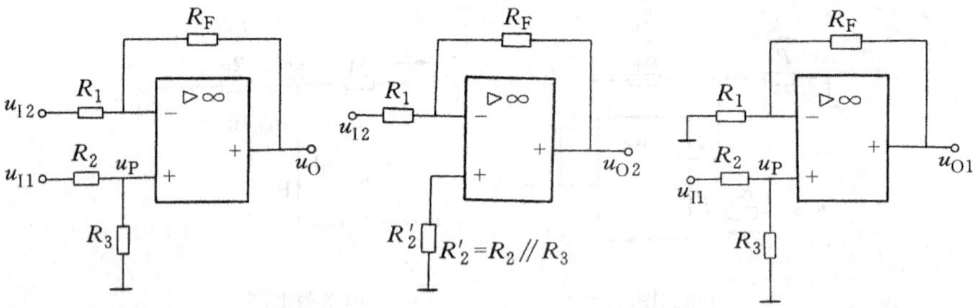

a) 基本电路　　b) 令 u_{I1}=0时的等效电路　　c) 令 u_{I2}=0时的等效电路

图 6-5　运放双端输入式放大电路

图中 u_{I2}通过 R_1加到反相端，u_{I1}通过 R_2、R_3分压后加到同相端。输出信号通过 R_F、R_1组成反馈网络反馈到反相端。双端输入放大电路的输出电压在线性工作条件下，可根据叠加定理分析如下：

令 $u_{I1}=0$，电路属反相输入式放大电路，等效电路如图 6-5b 所示。根据式（6-1）可得

$$u_{O2}=u_{I2}\times\frac{-R_F}{R_1}$$

令 $u_{I2}=0$，电路属同相输入式放大电路，等效电路如图 6-5c 所示。运放同相输入端到地的电压 u_P应等于电阻 R_2和 R_3的分压值

$$u_P=\frac{R_3}{R_2+R_3}\times u_{I1}$$

根据式（6-2）可得

$$u_{O1}=u_P\times(1+\frac{R_F}{R_1})=u_{I1}\times\frac{R_3}{R_2+R_3}\times(1+\frac{R_F}{R_1})$$

则输出电压为

$$u_O=u_{O1}+u_{O2}=(\frac{R_3}{R_2+R_3})(1+\frac{R_F}{R_1})u_{I1}+\frac{-R_F}{R_1}\times u_{I2} \tag{6-4}$$

选取电阻时，如果 $R_1=R_2$，$R_F=R_3$，则式（6-4）可转换为如下关系式：

$$u_O=\frac{R_F}{R_1}(u_{I1}-u_{I2}) \tag{6-5}$$

即输出电压与两个输入电压之差（$u_{I1}-u_{I2}$）成正比，所以该电路又称为差动放大电路。

该差动放大电路的两输入端存在大小相等、相位相同的共模输入信号，应选择共模抑制比高的运算放大器，否则易带来误差。

第二节　模拟信号运算电路

运放工作在线性区时，其应用电路的输出、输入电压关系取决于反馈网络，可以模拟成 $y=f(x)$的数学方程式，其中 y 表示输出电压，x 表示输入电压。因此，反馈网络只要接入不同的元器件和采用不同的电路形式，就可实现各种数学运算。这些基本的运算电路在自动调节系统、测量仪器中得到广泛的应用。下面介绍一些典型运算电路。

一、比例运算电路

比例运算（scaling operation）的数学方程是 $y=kx$，前面介绍的反相输入放大电路和同相输入放大电路的输入、输出电压关系分别是 $u_O=-(R_F/R_1)u_I$、$u_O=(1+R_F/R_1)u_I$，电阻之比是常数，它们的电压放大倍数就是比例因子 k，实现了比例运算。调整电阻 R_F、R_1的比值，就可以改变比例因子 k；若取反相输入式放大电路的 $R_F=R_1$，比例因子为 -1，则输出电压等于负的输入电压，即 $u_O=-u_I$，实现的运算 $y=-x$ 称为变号运算。

二、加法运算电路

利用运放实现加法运算（additive operation）时，可采用反相输入方式或同相输入方式。由于同相加法电路存在共模电压，同时，信号源内阻的大小会对运算关系产生相互影响，所以这里重点介绍反相输入模拟加法运算电路。

在反相比例运算放大电路的基础上，增加几条输入支路，便可组成反相加法运算电路，也称反相加法器，如图 6-6 所示。

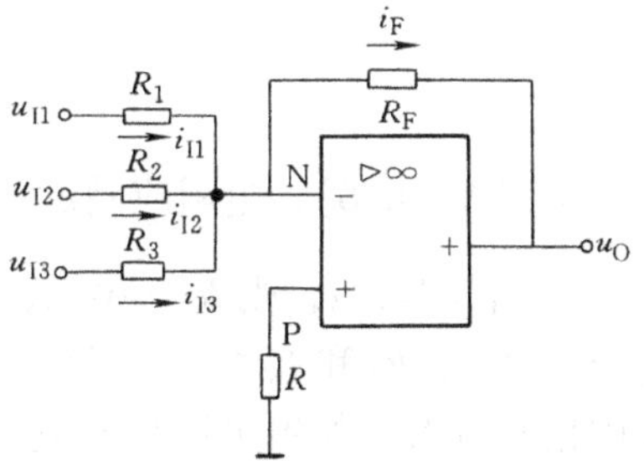

图 6-6　反相加法电路

图中，R 是平衡电阻，一般满足 $R=R_1//R_2//R_3//R_F$，在要求不高的场合也可将同相输入端直接接地。

用虚短及虚断的概念，在理想情况下，由于反相输入端为虚地，可得

$$i_{I1}+i_{I2}+i_{I3}=i_F$$

即

$$\frac{u_{I1}}{R_1}+\frac{u_{I2}}{R_2}+\frac{u_{I3}}{R_3}=-\frac{u_O}{R_F}$$

故有

$$u_O=-\left(\frac{R_F}{R_1}u_{I1}+\frac{R_F}{R_2}u_{I2}+\frac{R_F}{R_3}u_{I3}\right) \tag{6-6}$$

式(6-6)表示输出电压等于各输入电压按照不同比例相加之和。这一电路可以实现 $y=-(k_1x_1+k_2x_2+k_3x_3)$ 的数学运算。若 $R_1=R_2=R_3=R_F$，则 $u_O=-(u_{I1}+u_{I2}+u_{I3})$。

【例 6-1】 设计一个加法器，实现下面的运算表达式：

$$u_O=2u_{I1}+3u_{I2}+4u_{I3}$$

要求输入端电阻不能小于 3kΩ。

解： 将式 $u_O=2u_{I1}+3u_{I2}+4u_{I3}$ 与式（6-6）比较可知，必须采用两级运放来实现上述运算，第一级 A_1 用来实现加法运算，第二级 A_2 用来实现变号运算，电路如图 6-7 所示。

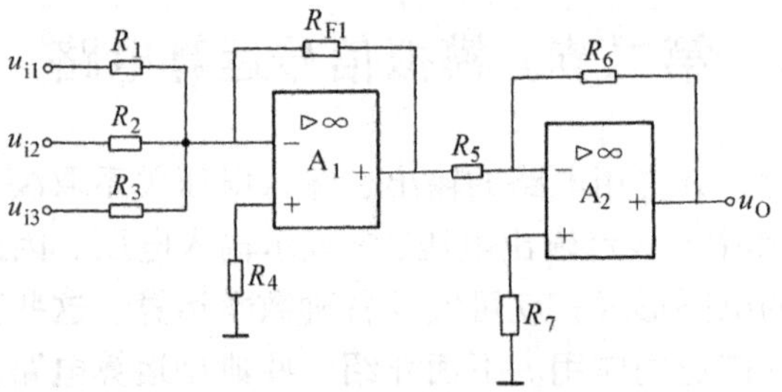

a) 理想电路

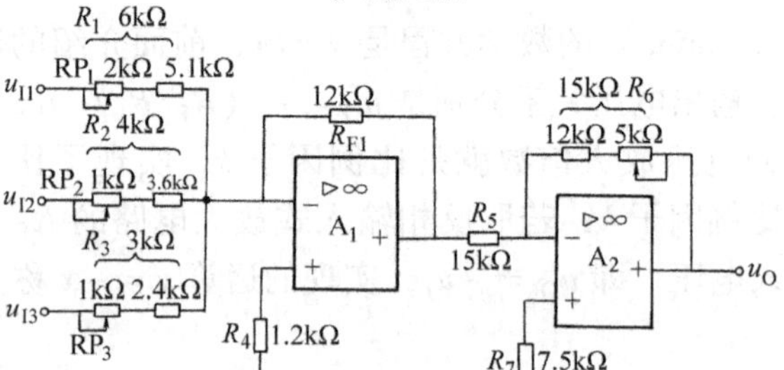

b) 实际电路

图 6-7 例 6-1 电路图

根据式（6-6），电阻应满足：$\frac{R_F}{R_1}=2$，$\frac{R_F}{R_2}=3$，$\frac{R_F}{R_3}=4$；即 $R_F=2R_1$，$R_F=3R_2$，$R_F=4R_3$。

取 $R_F=12\text{k}\Omega$，则 $R_1=6\text{k}\Omega$，$R_2=4\text{k}\Omega$，$R_3=3\text{k}\Omega$，运放的平衡电阻 $R_4=R_1//R_2//R_3//R_F=1.2\text{k}\Omega$；$R_5$ 和 R_6 可以取 15kΩ，则 $R_7=R_5//R_6=7.5\text{k}\Omega$。如电路要求较高，以上电阻可选用精密电阻。如果采用普通电阻，因市售电阻的标称值系列中无 4kΩ、6kΩ 的规格，再考虑到各电阻均有一定的误差，所以必须在电阻 R_1、R_2、R_3、R_6（或 R_5）支路各串联一个适当阻值的电位器（可变电阻），实际电路如图 6-7b 所示。R_5 相当于是第一级运放的负载电阻，其值不应低于 1kΩ，在此取 15kΩ。

三、减法运算电路

减法运算（subtraction operation）可采用图 6-5 所示双端输入方式的放大电路。由式（6-5）可知，双端输入方式中，输出电压与输入电压的关系可以模拟 $y=k_1x_1-k_2x_2$ 的数学运算。

四、积分运算电路

积分运算（integration operation）函数式为 $y=k\int x(t)\,\mathrm{d}t$，要求积分电路的输入输出关系是

$$u_O=k\int u_I(t)\,\mathrm{d}t$$

我们知道电容两端电压是充电电流对时间 t 的积分，即

$$u_C = \frac{1}{C}\int i_C \mathrm{d}t$$

图 6-8a 所示电路是利用集成运放组成的积分运算电路，由于反相输入端为虚地，所以

$$i_C = i_I = \frac{u_I}{R}$$

可得

$$u_O = -u_C = -\frac{1}{C}\int \frac{u_I}{R}\mathrm{d}t = -\frac{1}{RC}\int u_I \mathrm{d}t \tag{6-7}$$

式（6-7）表明，输出电压与输入电压对时间的积分成比例，实现了积分运算。图中 R_2 是平衡电阻，其值等于 R。

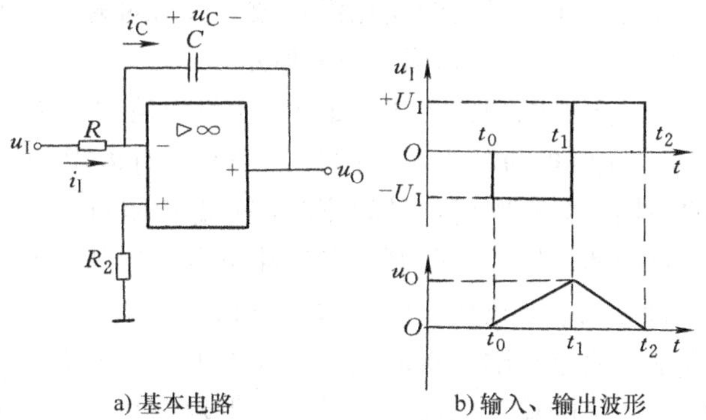

图 6-8　积分运算电路

若要求解某一段时间（$t_0 \sim t$）内的积分值，则

$$u_O = -\frac{1}{RC}\int_{t_0}^{t} u_I \mathrm{d}t - u_C \Big|_{t_0}$$

其中 $u_C \mid t_0$ 是电容两端在 t_0 时刻的电压，即电容的初始电压值。

若 u_I 是恒定电压 U，$t_0 = 0$，并且电容的初始电压值为零，则

$$u_O = -\frac{1}{RC}Ut \tag{6-8}$$

式（6-8）表明，输出电压随时间线性变化，极性与输入电压相反，如图 6-9 所示。其电压变化速率与电压和积分时间常数 τ 有关（$\tau = RC$）。当输出电压 u_O 达到运放的最大输出电压值时，积分作用无法继续，运放进入饱和状态，输出电压达到最大值，如图 6-9 虚线所示。

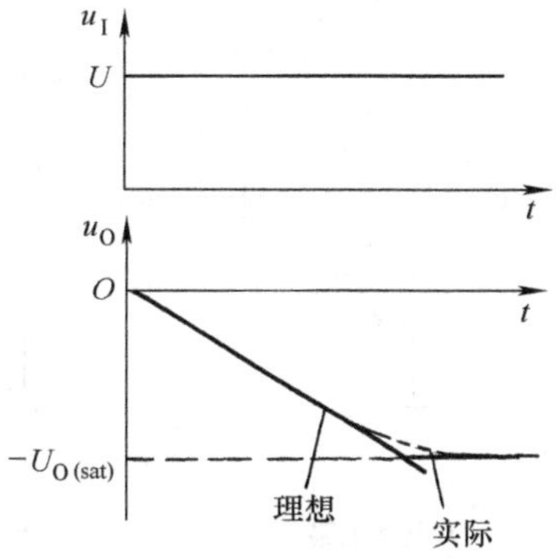

图 6-9　$u_I = U$ 时的工作波形

实际上，由于运放存在着失调电流，电容也有漏电现象，这些因素会使电容充电速度变慢，从而出现误差。

积分电路的应用很广，例如它可将输入的方波转变为三角波输出，若电容的初始电压值

为零，图 6-8a 电路的输入、输出波形如图 6-8b 所示。

五、微分运算电路

微分是积分的逆运算，将积分电路的电阻和电容位置互换，就可实现微分运算（differentiation operation），如图 6-10 所示。

由于反相输入端为虚地，输入支路是电容，输入电流与输入电压成微分关系，即

$$i_I = i_C = C\frac{du_I}{dt}$$

由于反馈支路是电阻，则有

$$u_O = -i_F R_F = -i_C R_F = -R_F C\frac{du_I}{dt} \tag{6-9}$$

式（6-9）表明，输入电压 u_I与输出电压 u_O有微分关系。

当输入电压为矩形波时，在矩形波的变化沿运放有尖脉冲输出，而当输入电压不变时，即 $du_I/dt=0$，运放输出电压将为零。如图 6-10b 所示。

上述微分电路还存在一定的问题，从式（6-9）中可以看出，输出尖脉冲的幅度取决于电阻 R_F的大小以及电容 C 充电电流的大小，因为信号源是有内阻的，电容充电电流不可能为无穷大，所以尖脉冲的幅度为有限值，其幅度与信号源内阻有关，解决的办法是在反馈回路并联稳压管进行双向限幅和稳压，以限制并稳定输出电压尖脉冲的幅度。另一个问题是因为输出电压与输入电压的变化率成正比，因此微分电路对输入信号中的高频噪声非常敏感，故此电路的抗干扰性能差，使电路输出端的信噪比大大下降。解决的方法是在输入回路串一个小电阻，减小高频噪声产生的输入电流，在反馈电阻两端并联一个小电容，该电容对高频干扰相当于短路，最终可以降低高频干扰对输出电压的影响。另外，在平衡电阻两端并联一个小电容，起相位补偿作用。实用的微分运算电路如图 6-11 所示，图中 R_2是限流电阻。

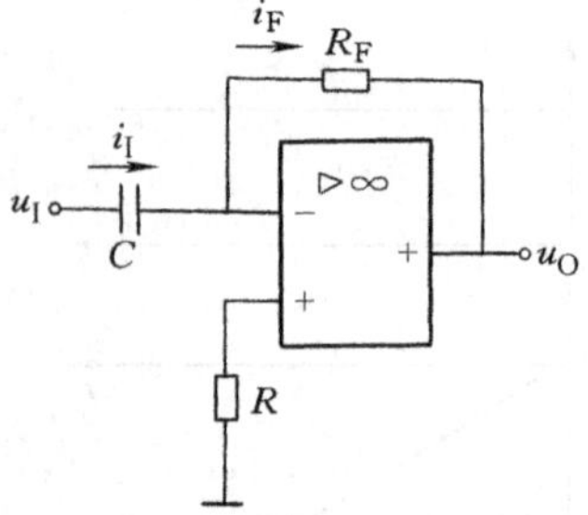

a) 基本电路

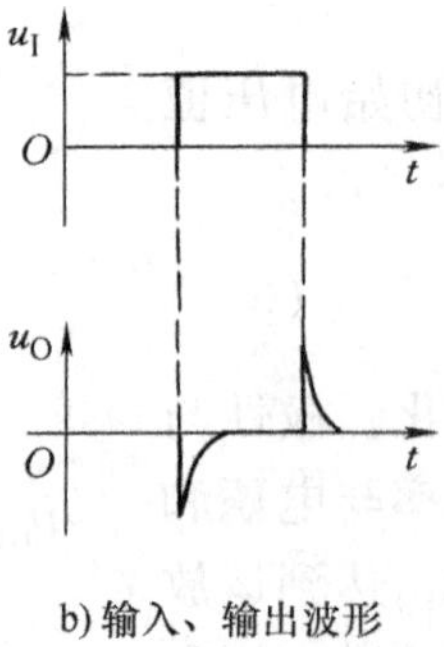

b) 输入、输出波形

图 6-10 微分运算电路

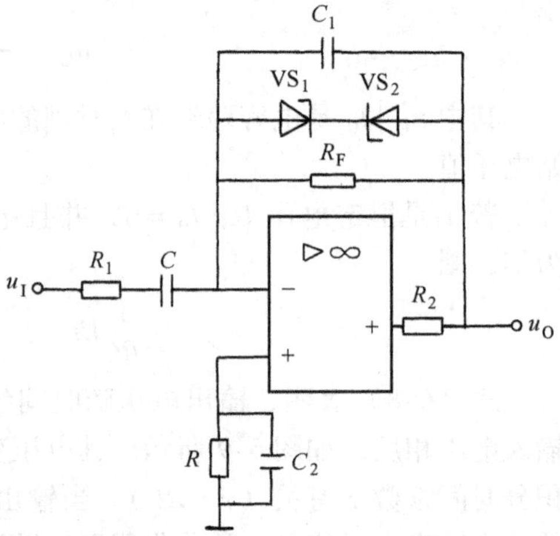

图 6-11 实用的微分运算电路

由以上运算电路分析可知，运放大多采用反相输入方式，这是因为反相输入方式的反相输入端为“虚地”，其输出电压只取决于反馈电流与反馈支路的伏安特性，输入电流只取决于输入电压与输入支路元件的伏安特性，输入电流等于反馈电流，因此，给组成运算电路带

来极大的方便。如果要实现 $y=f(x)$ 的运算，只要找到伏安特性符合 $y=f(x)$ 算式的元件接入反馈支路，电阻接入输入支路即可。若要实现逆运算，只要将两支路的元件互换即可。用这种方法，可以实现对数运算、指数运算、乘法运算、除法运算等，这里不再介绍。

第三节 电压－电流变换电路

在自动控制系统和测量系统中，经常需要把待测的电压信号转换成电流信号或把待测的电流信号转换成电压信号，利用运放可完成它们之间的转换。

一、电压－电流转换电路

将输入电压变换成与之成正比的输出电流的电路（不受 R_L 大小影响），称为电压－电流转换器（voltage－current converter），又叫做 U/I 转换电路。例如，在远距离直接传输电压信号时，导线的阻抗会使电压衰减和失真。如果将电压信号变换成与之成比例的电流信号，再进行传输，由于回路中的电流处处相等，负载端得到的电流波形、幅值必定与电流发送端相同，所以可消除导线阻抗对信号的影响。

图 6-12 所示电路是电压－电流变换器的基本电路。图 6-12a 是反相输入式电压－电流变换器，负载 R_L 接在输出端与反相输入端之间，是浮动负载（负载不接地）。在理想情况下，有

$$i_L = i_1 = \frac{u_I}{R_1} \tag{6-10}$$

式（6-10）表明，负载电流 i_L 仅由输入电压 u_I 决定，而与负载 R_L 的大小无关（由于运放电源的限制，负载只能在一定范围内变化）。当输入电压不变，负载电阻在一定范围内变化时，输出电流将保持不变，此电路就成为恒流源。

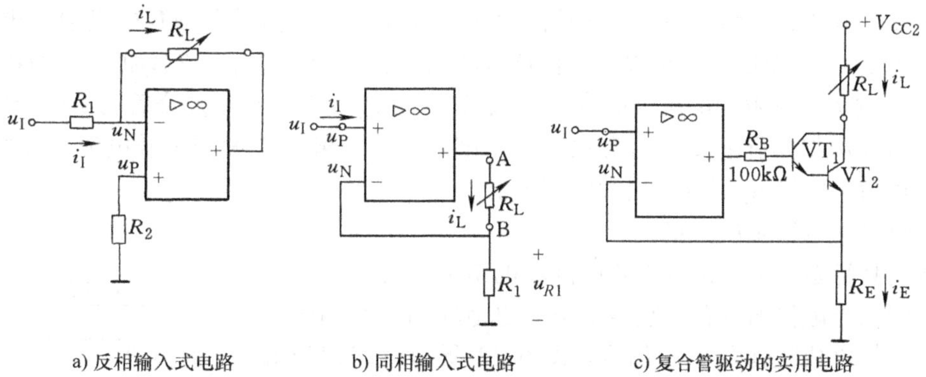

a) 反相输入式电路　　b) 同相输入式电路　　c) 复合管驱动的实用电路

图 6-12 电压－电流变换电路

图 6-12b 为同相输入式电压－电流转换电路。由于 $u_{R1}=u_I$，在理想情况下，有

$$i_L = \frac{u_I}{R_1}$$

亦可实现电压－电流的转换。

反相输入式电压－电流变换电路，由于输入电阻低，因而信号源内阻的变化会影响转换精度，但它的输入端共模信号低，信号的动态范围大；同相输入式变换电路，它的输入阻抗很大，信号源内阻的变化对转换精度的影响小，但运放的输入端存在较高的共模信号，从而

限制了输入电压的动态范围。

【例 6-2】 图 6-12a 电路中，运放的最大输出电压为 $U_{O\max}=\pm12V$，$R_1=1k\Omega$。（1）若 $R_L=2k\Omega$，求满足 $i_L=u_I/R_1$ 的最大输入电压 $U_{I\max}$；（2）若 $R_L=2k\Omega$，$u_I=8V$，求 i_L 及反相端电位 U_N；（3）若要求电路输出为 1mA 的恒流（此时输入电压为恒定值），求负载阻值的变化范围。

解：（1）因 $u_O/u_I=-R_L/R_1$，运放的最大输出电压 $U_{O\max}=\pm12V$，故有

$$-U_{I\max}=\frac{R_1}{R_L}U_{O\max}=\frac{1}{2}\times(\pm12)V=\pm6\ V$$

即输入电压只允许在 −6 ~ +6V 之间变化，才能满足上述关系。

（2）若 $u_I=8V$，此时 $u_I>U_{I\max}$，故运放不在线性区工作，此时的运放将输出负饱和值 −12V，若忽略运放输入端电流，则有

$$i_I=i_L=\frac{u_I-(-U_{O\max})}{R_1+R_L}=\frac{8-(-12)}{1+2}mA\approx6.7mA$$

所以，反相端的电位为

$$U_N=u_I-i_IR_1=(8-6.7\times1)V=1.3V$$

可见，此时 $u_N\neq u_P$，运放不是工作在线性区。

（3）$i_L=1mA$ 时，因 $u_O=-i_LR_L$，所以当 $u_O=-12V$ 时

$$R_{L\max}=-\frac{u_{O\max}}{i_L}=\frac{12}{1}k\Omega=12k\Omega$$

即负载在 0 ~12kΩ 范围内变化时，输出才为恒定的 1mA 电流。从上述分析可知，即使 R_L 为 0，I_L 仍然只有 1mA。

上述反相和同相输入式的电压 − 电流转换电路，只能用于负载不接地的场合。图 6-12c 是能提供较大电流的实用电路。在线性区由于 $u_P=u_N$，所以复合管 VT_2 的发射极电阻 R_E 两端的电压等于 u_I，电流等于 u_I/R_E，因为复合管的电流放大倍数 $\beta=\beta_1\beta_2$ 很大，所以 $i_L\approx u_I/R_E$。可见流过负载电阻的电流仅取决于 u_I 及 R_E，与 R_L 无关。由于复合管的集电极电流允许在很大范围（例如几百毫安）内变化，所以该电路可以输出较大的负载电流。又由于 V_{CC2} 可以取得较高，所以 R_L 可以取较大的阻值。

二、电流 − 电压变换电路

在自动测量系统中，经常需要将微弱的电流信号转换成电压信号，例如光敏检测装置，它需要把光电池输出的微弱电流信号转换成与之成正比的电压信号。图 6-13 所示电路即为电流 − 电压转换器，又称为 *I/U* 转换电路。

图中电路在理想条件下可得

$$u_O=-i_FR_F=-i_IR_F$$

即输出电压与输入电流成比例，实现了电流 − 电压的转换。这种转换器可用作测量电流或用作微电流的放大。例如，根据这个原理，可测量电容的漏电流以及晶体管的穿透电流等。

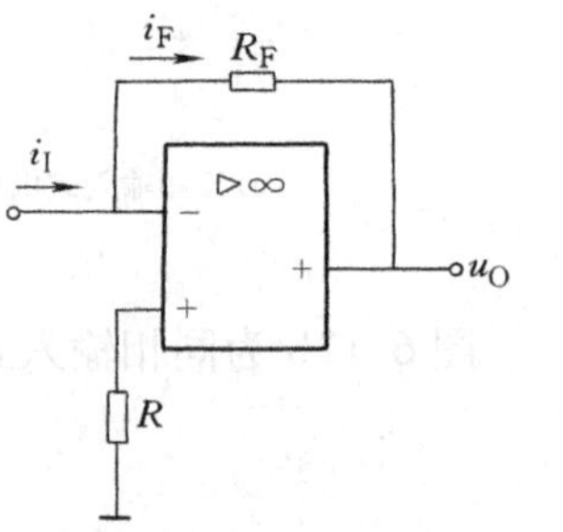

图 6-13 电流 − 电压转换电路

三、恒流源电路

所谓恒流源，就是电源电压和负载电阻在一定范围内变化时，输出电流基本保持不变的

电路。在本节讨论的电压－电流变换电路中，如果输入电压是恒定值，则负载在一定范围内变化时，输出电流基本是恒定值，**所以，电压－电流转换电路，在输入电压恒定时，即为恒流源电路**。稳定输出电压的方法，我们将在第九章直流稳压电源中讨论。

第四节　运放在信号处理方面的应用

运放能够对输入信号进行各种方式的处理，下面我们讨论几种常见电路的工作原理。

一、单电源交流放大电路

当采用单电源供电电路时，可选用专用的单电源运放，如果没有单电源运放，可将双电源运放改成单电源供电。为了保证单电源工作时，集成运放内部各点间的相对直流电压和双电源时一致，静态时（无输入信号时）集成运放两个输入端和一个输出端的直流电位应为电源电压 V_{CC}的一半，这样运放才能正常工作。

图 6-14 和图 6-15 所示电路分别是单电源反相输入阻容耦合放大电路和单电源同相输入阻容耦合放大电路。图中，这两个电路的直流电源经电阻 R_1和 R_2分压后提供 $V_{CC}/2$ 的偏置电压给集成运放的同相输入端，反相输入端与同相输入端虚短，电压也等于 $V_{CC}/2$，C_1、C_2为耦合电容，C_3为旁路电容，C_4为隔直电容。静态时，两电路的反相输入端电流均为零，所以输出电位和反相输入端电位相等，也为 $V_{CC}/2$。

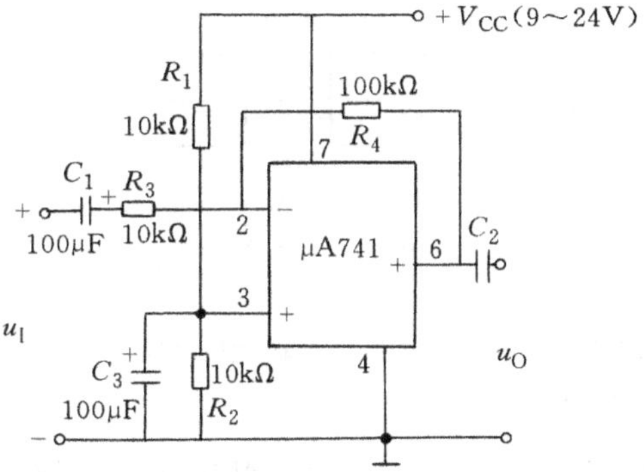

图 6-14　单电源反相输入阻容耦合放大电路

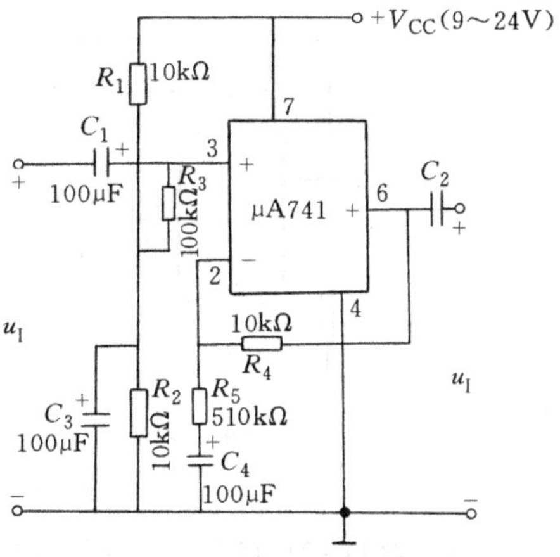

图 6-15　单电源同相输入阻容耦合放大电路

在图 6-15 所示电路中，为了保持高输入电阻的特点，在 R_1 和 R_2的分压点串入了电阻 R_3。R_2两端由于并联了较大的电容，所以 R_2两端均为交流地电位。

两电路的交流放大倍数均可以根据交流通路进行分析。

二、线性整流电路

在第一章讨论的整流电路中，当交流电压小于二极管的死区电压时，二极管实际上还处于截止状态，这样，输出电压的波形将不同于交流电压波形，即输出信号有失真现象。例如，使用普通二极管整流电路，当交流电压瞬时值为 10mV 时，因小于二极管的死区电压，输出电压基本为零，所以无法实现线性整流。但在精密测量以及模拟运算等场合，都要求线性整流。利用运放可组成线性整流电路。

图 6-16a 为线性半波整流电路。设图中的二极管为硅管，导通电压为 0.7V。当输入交流信号时，如果 VD_1 和 VD_2 均未导通，运放处于开环状态，因运放开环放大倍数很高，u_O'将正向或负向饱和，强迫 VD_1 或 VD_2 导通，形成负反馈，则反相输入端为虚地，电位为零。

当输入电压 u_I为负值（负半周）时，u_O'为正值，二极管 VD_1 因反偏而截止，VD_2导通，由于 R_F的负反馈作用，输出电压与输入电压的关系是线性关系，即

$$u_O = -\frac{R_F}{R_1}u_I$$

输出电压 u_O 为正值，而 $u_O' = u_O + 0.7V$。

当 u_I为正半周时，u_O'为负值，VD_1 导通形成负反馈，u_O'为 $-0.7V$。因反相输入端电位为零，经电阻 R_F使 VD_2反偏截止，电阻 R_F上无电流（即使输出端接入负载电阻，负载电阻和 R_F相当于串联，两端电位都为零，电阻 R_F上仍无电流），所以 $u_O = 0$。

图 6-16b 为单相线性半波整流电路的电压传输特性曲线。图 6-16c 是输入电压波形和负载电压波形，可见，u_I为负半周时，得到与输入成比例的正的输出电压，如 $R_F = R_1$，则输出电压等于 $-u_I$。u_I为正半周时，输出为零，它是线性半波整流电路。

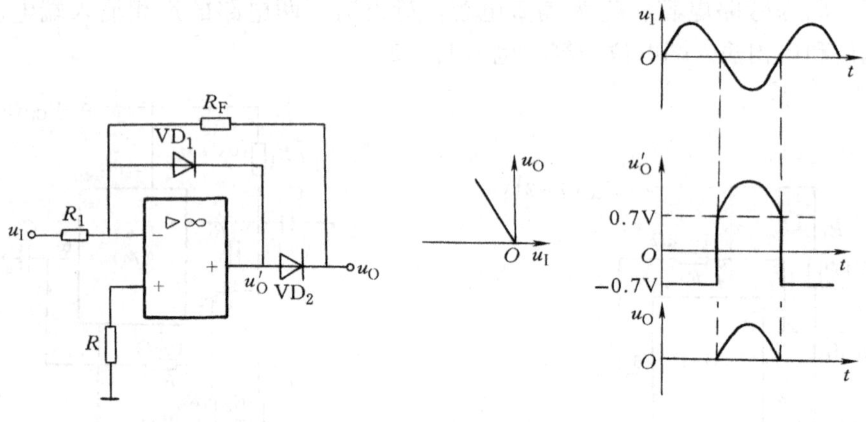

a) 基本电路　　b) 电压传输特性　　c) 输入、输出电压波形

图 6-16　单相线性半波整流电路

图 6-16a 中的 VD_1的作用是在输入信号为正时，形成负反馈，保持反相输入端电位为零（虚地）。否则，当接入负载时，输入电压 u_I通过 R_1和 R_F直接加到负载两端，影响输出信号和输入信号的整流关系。同时 VD_1还有抗饱和的作用，提高运放的传输速度。运放工作在深度饱和状态时，当输入信号变化，运放内部电路无法立即退出饱和状态，输出状态的转换要滞后一段时间，特别是在对高频信号整流时，会产生较大的误差。由于 VD_1的存在，在 u_I的正半周，u_O'为负电压，VD_1导通，u_O'被钳位在 $-0.7V$ 上，运放不进入饱和状态，这样，当 u_I负半周到来时，运放的输出可以立即变为正值，不影响负半波的整流。

在半波线性整流电路的基础上，再加一级加法器，就可组成全波线性整流电路，如图 6-17a 所示。其中第一级为半波线性整流电路。第二级为加法器，其输出电压为

$$u_O = -\left(\frac{2R}{2R}u_I + \frac{2R}{R}u_{O1}\right) = -(u_I + 2u_{O1})$$

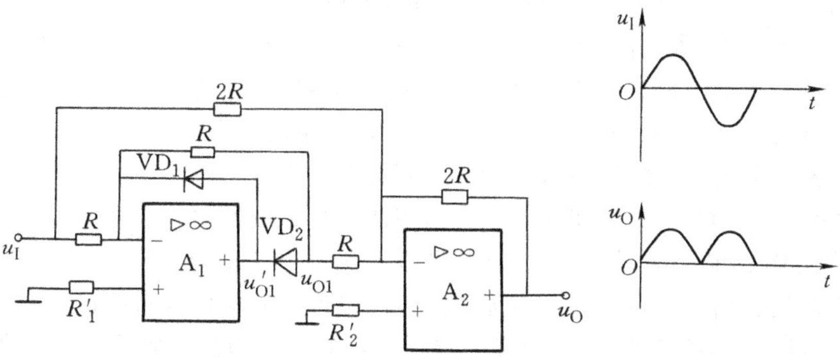

a) 基本电路　　b) 输入、输出波形图

图 6-17　全波线性整流电路

u_I为正半周时，A_1输出 u'_{O1}为负，VD_2导通，$u_{O1}=-u_I$，则 $u_O=-(u_I-2u_I)=u_I$，u_O为正值。u_I为负半周时，A_1输出 u'_{O1}为正值，VD_2截止，$u_{O1}=0$，$u_O=-u_I$，u_O仍为正值。所以无论 u_I为正半周还是负半周，u_O的输出均为正值，且幅值、波形与输入电压 u_I的绝对值相等，输入、输出波性如图 6-17b 所示。该电路也称绝对值运算电路。

三、有源滤波电路

滤波器的功能是让某些频率的信号比较顺利地通过，而其他频率的信号则被抑制。滤波电路可以只用一些无源元件 *R*、*L*、*C* 组成，也可以包含某些有源元件（如运算放大器），前者称为无源滤波器，后者称为有源滤波器（active Filter）。

与无源滤波器相比，有源滤波器的主要优点是具有一定的信号放大和带负载能力，可以很方便地改变其特性参数；另外有源滤波器可以不使用电感元件，可减小滤波器的体积和重量。但是，由于通用型集成运放的带宽有限，所以目前有源滤波器的工作频率较低，一般在几千赫以下（采用特殊器件也可以做到几兆赫），而在频率较高的场合，则采用 *LC* 无源滤波器效果较好。根据幅频特性所表示的通过或阻止信号的频率范围不同，滤波器可以分为低通滤波器（low – pass Filter）、高通滤波器（high – pass Filter）、带通滤波器（band – pass Filter）和带阻滤波器 band – reject Filter）。一般用幅频响应来表征滤波器的特性，把能通过的频率范围称为通带，而把受阻或衰减的频率范围称为阻带，通带和阻带的界限频率称为截止频率。各种滤波器理想的幅频特性如图 6-18 所示。

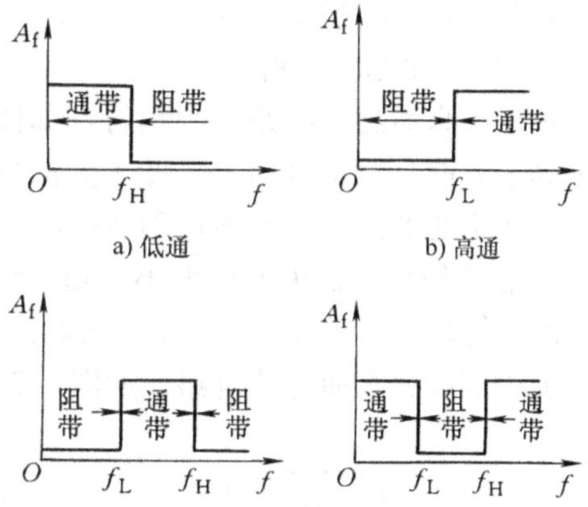

c) 带通　　d) 带阻

图 6-18　各种滤波器的理想幅频特性

（一）低通滤波器

理想的低通滤波电路的幅频特性如图 6-18a 所示，它表明允许低于 f_H的低频信号通过，高于 f_H的高频信号则被抑制。

先看一下最简单的无源 *RC* 低通滤波电路，如图 6-19 所示，它使高频信号衰减的原因

是电容 C 的容抗随信号的频率增加而减小，使 u_I 经滤波器处理后的 $A_u = U_O/U_I$ 值（U_O 和 U_I 表示输出电压和输入电压的有效值）也随频率的增加而下降，直至降到零，所以频率越高 U_O 越小；而低频信号的衰减较小，易于通过，所以称为低通滤波器。这种电路的突出问题是带负载能力差。为了克服这个缺点，可以在 RC 无源滤波电路和负载 R_L 之间接入一个由集成运放组成的电压跟随器，从而构成最简单的有源低通滤波器，如图 6-20a 所示。有源滤波器是利用放大电路将经过无源滤波网络处理后的信号进行放大，它不但可以保持原来的滤波特性（幅频特性），而且还可提供一定的信号增益。另外，运放将 R_L 与滤波网络隔离，使 R_L 变化时不会影响 A_u 与通频带的范围，它的幅频特性如图 6-20c 所示。

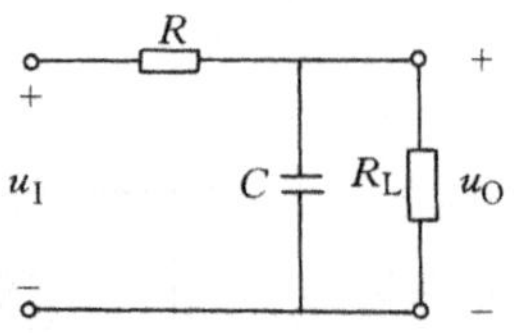

图 6-19 无源低通滤波器

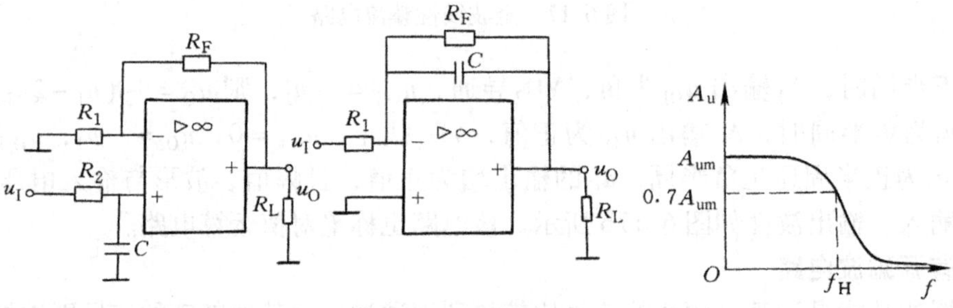

a) 基本电路1　　b) 基本电路2　　c) 幅频特性

图 6-20 有源低通滤波电路

图 6-20b 所示的有源低通滤波电路将 R、C 元件接入反馈支路，随着频率的增加，电容 C 的容抗下降，电压放大倍数下降，它的幅频特性的形状与图 6-20c 一致。

（二）高通滤波电路

理想的高通滤波电路的幅频特性如图 6-18b 所示，它表明允许高于 f_L 的高频信号通过，低于 f_L 的低频信号则被抑制。简单的无源高通滤波电路如图 6-21 所示，对于低频信号，由于电容 C 的容抗很大，输出电压很小；随着频率的增加，电容的容抗下降，u_O 增加。在无源高通滤波器的基础上，加上集成运放，就得到有源高通滤波电路，如图 6-22 所示。

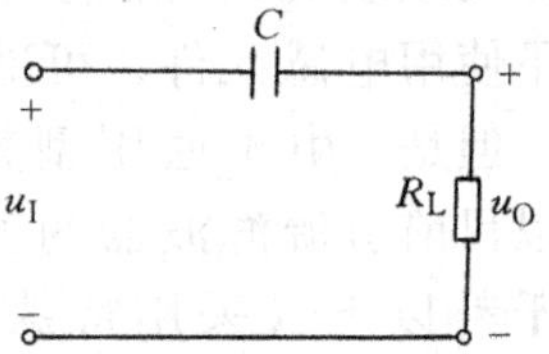

图 6-21 高通无源滤波电路

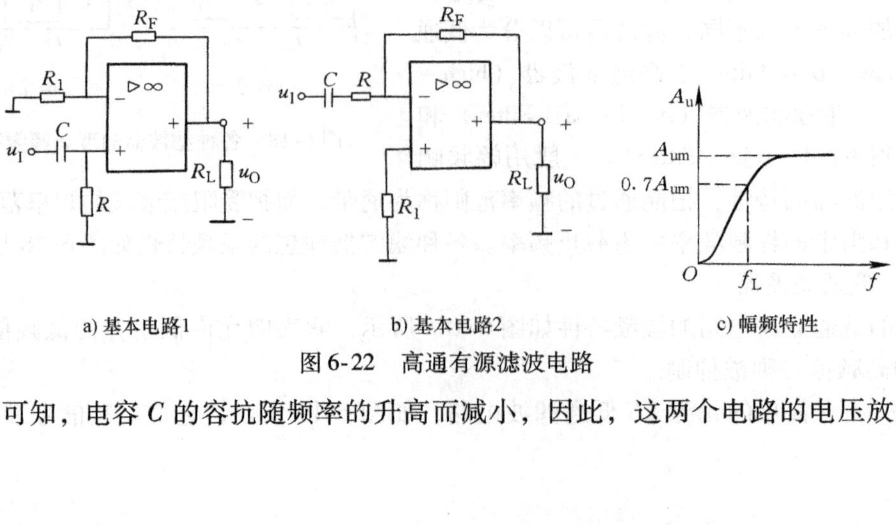

a) 基本电路1　　b) 基本电路2　　c) 幅频特性

图 6-22 高通有源滤波电路

由图可知，电容 C 的容抗随频率的升高而减小，因此，这两个电路的电压放大倍数也随频率的升高而增大。当频率很低时，容抗可视为无穷大，作开路处理，电压放大倍数为零。当频率升至一定值时，电容的容抗可视为零。它们的幅频特性如图 6-22c 所示。

（三）带通、带阻滤波器

带通滤波器的理想幅频特性如图 6-18c 所示，频率在$f_L<f<f_H$的信号可以通过，而在这范围外的信号则被阻断。带阻滤波器的幅频特性如图 6-18d 所示，它表明信号频率在$f_L<f<f_H$的信号被阻断，而这频率范围之外的信号都能通过。

把带通滤波器的幅频特性与高通和低通滤波器的幅频特性相比，不难看出，如果低通滤波器的上限截止频率f_H高于高通滤波器的下限截止频率f_L，见图 6-23，把这样的低通与高通滤波器“串接”，就可组成带通滤波器。此时，在低频时，整个滤波器的幅频特性取决于高通滤波器；而在高频时，整个滤波器的幅频特性取决于低频滤波器。

这样组成的带通滤波器，通频带较宽，上、下限截止频率易于调节，缺点是元件较多。

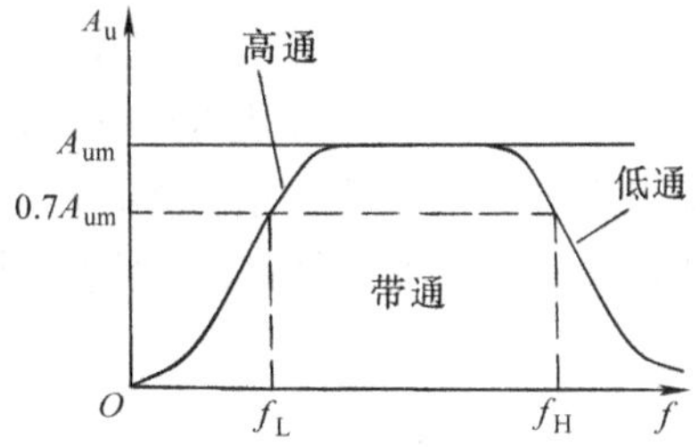

图 6-23 带通滤波电路的幅频特性

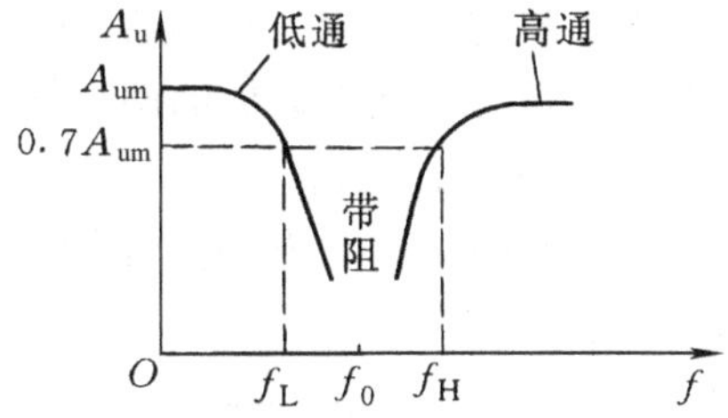

图 6-24 带阻滤波器的幅频特性

带阻滤波器可以由高通滤波器和低通滤波器“并联”组成，若低通滤波器上限截止频率小于高通滤波器下限截止频率，就可组成带阻滤波器，如图 6-24 所示。频率低于低通滤波器上限截止频率时，信号可通过低通滤波器，高通滤波器不起作用；频率大于低通滤波器上限截止频率但低于高通滤波器下限截止频率时，两个滤波器对信号均有较强的抑制作用；在频率高于高通滤波器下限截止频率时，信号可以通过高通滤波器，低通滤波器不起作用。

有源滤波器并联比较困难，电路元件也较多。因此，常用无源的低通和高通滤波电路并联，组成无源带阻滤波电路，再将它与集成运放组合成有源带阻滤波器。一般无源低通和高通滤波电路由 *RC*“T 形”电路构成，如图 6-25 所示。

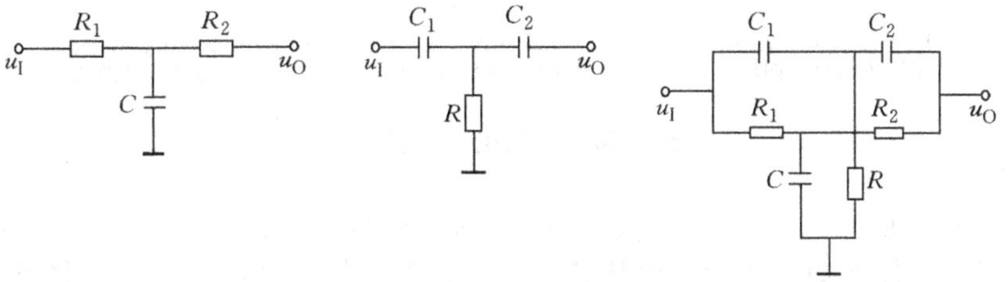

a) 无源低通滤波器 b) 无源高通滤波器 c) *RC*“T形”带阻滤波器

图 6-25 *RC*“T 形”电路

除 *RC* 滤波器外，常用的滤波器还有声表面滤波器、石英晶体滤波器和陶瓷滤波器等。

第五节 运放的非线性应用

运放处于开环状态或加入正反馈时将工作在非线性状态。处在非线性状态的运放，同相输入端和反相输入端不再是“虚假短路”，输出电压也不随输入电压连续线性变化，由于集成运放的开环放大倍数很高，只要运放两输入端的电位略有差异，输出电压不是最高值就是最低值。**当 $u_N > u_P$ 时，输出反向饱和，输出电压为 $-U_{O(sat)}$；当 $u_P > u_N$ 时，输出正向饱和，输出电压为 $+U_{O(sat)}$。**工作在非线性区的运放只有两种输出状态，分别将这两种状态称为输出高电平与输出低电平，这一特性在数字电子技术、自动控制系统中有广泛的应用。本节只介绍典型非线性应用的基本电路。

一、单值电压比较器

单值电压比较器（comparator）的基本功能是比较两个电压的大小，并由输出的高电平或低电平来反映比较结果。比较器的基本电路如图 6-26a 所示。电路中，运放处于开环状态，两个输入量分别加在运放的两个输入端，一个是参考电压 U_R，一个是输入信号 u_I。当 $u_I > U_R$ 时，$u_N > u_P$，则 $u_O = -U_{O(sat)}$（运放的饱和输出电压，也可用 U_{OM} 表示）。当 $u_I < U_R$ 时，则 $u_O = +U_{O(sat)}$。输出电压取决于 u_I 与 U_R 的比较结果。电压传输特性如图 6-26b 所示。

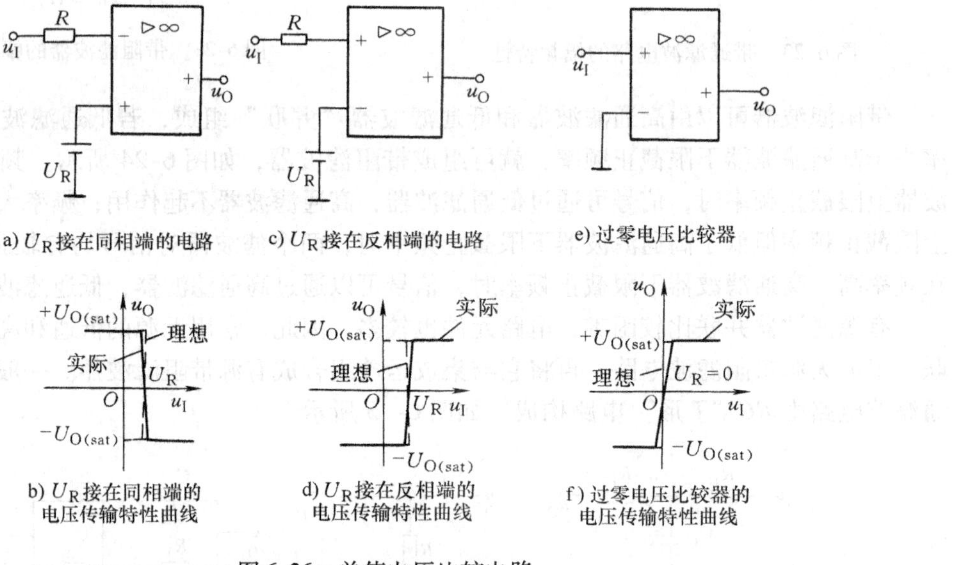

图 6-26 单值电压比较电路

若要求 $u_I > U_R$ 时，$u_O = +U_{O(sat)}$；$u_I < U_R$ 时，$u_O = -U_{O(sat)}$；则可将图 6-26a 中的 u_I 与 U_R 对调即可，如图 6-26c 所示。电压传输特性曲线如图 6-26d 所示。由图 6-26b、d 两图可知，输入电压 u_I 变化经过 U_R 值时输出状态发生翻转。比较器的输出电压从一个电平翻转到另一个电平时对应的输入电压值称为阈值电压或门限电压（threshold voltage），用符号 U_{TH} 表示。对于图 6-26a、c 电路，$U_{TH} = U_R$。如果参考电压 $U_R = 0$，则该电路称为过零电压比较器，如图 6-26e 所示，特性曲线如图 6-26f 所示。

上述电压比较器由于集成运放的开环电压放大倍数不是无穷大，输出电压不能垂直地从一种状态转换到另一种状态，而是沿着一条斜线变化。如果增大开环电压放大倍数，可提高斜线的斜率，从而提高比较器的比较精度。

二、迟滞电压比较器

比较器存在这样的问题：当输入信号在门限电压上下波动时，输出会频繁翻转。例如，在图 6-27 所示的波形变换电路中，在正弦波一个周期内，输出只应翻转一次。如果正弦波上叠加有一个很小的高频干扰电压，在一个周期内输出信号将翻转多次，即出现了错误信息。解决办法是采用迟滞电压比较器（voltage comparator with hysteresis），电路如图 6-28 所示，它将输出电压通过电阻 R_F 再反馈到同相输入端，引入了电压串联正反馈。

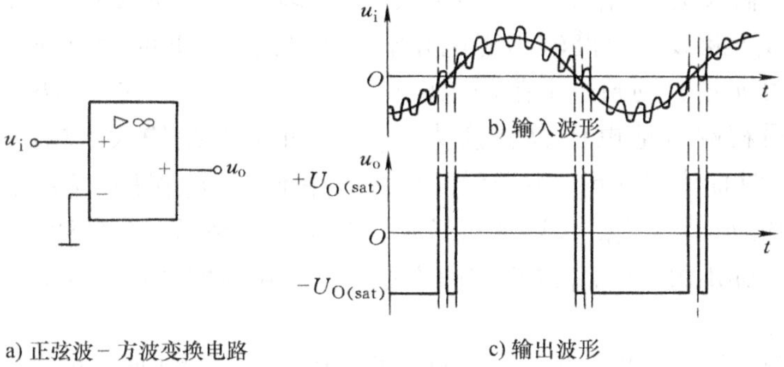

图 6-27　外界干扰对输出波形的影响

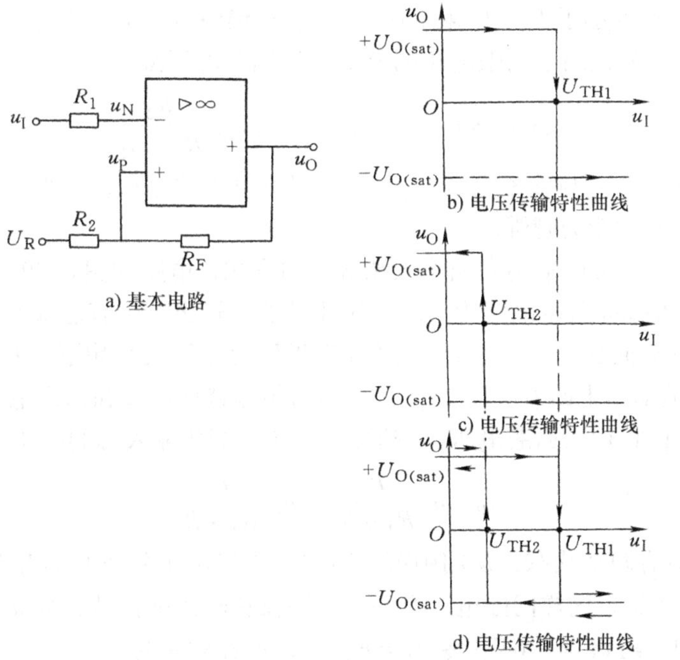

图 6-28　具有迟滞特性的电压比较器

电路中，同相输入端接有参考电压 U_R。集成运放看作理想器件，由于运放接有正反馈回路，所以电路工作于非线性状态。同相输入端的电压 u_P 由参考电压 U_R 和输出电压 U_O 共同决定。U_O有 $-U_{O(sat)}$ 和 $+U_{O(sat)}$ 两个状态，可应用叠加原理分析它的两个门限电压：

电路输出正饱和电压时，得上限门限电压 U_{TH1}

$$U_{TH1}=U_R\frac{R_F}{R_2+R_F}+U_{O(sat)}\frac{R_2}{R_2+R_F}$$

电路输出负饱和电压时，得下限门限电压 U_{TH2}

$$U_{TH2}=U_R\frac{R_F}{R_2+R_F}-U_{O(sat)}\frac{R_2}{R_2+R_F}$$

由以上两式可知，$U_{TH1}>U_{TH2}$，因此，当输入电压 $u_I>U_{TH1}$时，电路翻转而输出负饱和电压 $-U_{O(sat)}$；当输入 $u_I<U_{TH2}$时，电路再次翻转并输出正饱和电压 $+U_{O(sat)}$。

假设开始时 u_I足够低，电路输出正饱和电压 $+U_{O(sat)}$，此时运放同相端对地电压等于 U_{TH1}。当输入信号 u_I增大到超过上限门限电压 U_{TH1}时，电路翻转，输出由 $+U_{O(sat)}$ 翻转到 $-U_{O(sat)}$，运放同相端对地电压也转换为 U_{TH2}，如 u_I继续增大，输出电压不变，保持 $-U_{O(sat)}$，传输特性曲线如图 6-28b 所示。如 u_I开始下降，u_O保持 $-U_{O(sat)}$ 值，同相端对地电压为 U_{TH2}，即使 u_I小于 U_{TH1}，只要 u_I仍大于 U_{TH2}，电路仍不会翻转。当 u_I小于 U_{TH2}时，电路才发生翻转，输出由 $-U_{O(sat)}$ 翻转为 $+U_{O(sat)}$，u_P重新增大到 U_{TH1}，传输特性曲线如图 6-28c 所示。

将图 6-28b 和 c 的特性曲线合并在一起，就组成了图 6-28d 所示的滞回特性曲线，滞回特性也称为迟滞特性或“施密特”特性。

从特性曲线上可以看出 u_I从小于 U_{TH2}逐渐增大到超过 U_{TH1}门限电压时，电路翻转；u_I从大于 U_{TH1}逐渐减小到小于 U_{TH2}门限电压时，电路翻转；而 u_I在 U_{TH1}和 U_{TH2}之间时，电路输出保持原状态。我们把两个门限电压的差值称为回差电压ΔU_{TH}

$$\Delta U_{TH}=U_{TH1}-U_{TH2}=2U_{O(sat)}\frac{R_2}{R_2+R_F}$$

上式表明，回差电压ΔU_{TH}与参考电压 U_R无关。回差电压的存在，可大大提高电路的抗干扰能力，R_F越小，抗干扰能力越强。

迟滞电压比较器也可以采用同相输入端输入的形式，电路如图 6-29 所示。

【例 6-3】 图 6-29a 所示电路为迟滞电压比较器，输出端带有起限幅作用的两只稳压二极管（可采用一只双向稳压管，其结构相当于两只稳压管反相串联，可以双向稳压），图 6-29b为输入电压波形，求回差电压ΔU_{TH}，并画出传输特性曲线和输出电压波形。

解：本电路是同相输入迟滞电压比较器，$u_N=0$。同相输入端的电压为

$$u_P=u_I\frac{R_F}{R_2+R_F}+u_O\frac{R_2}{R_2+R_F}$$

输出电压 u_O只有两个状态，从图中可以看出，由于两个稳压管的存在，输出电压 u_O有 +6V 或 −6V 两种状态，这样门限电压有两个。因反相输入端接地，如 $u_P>u_N=0$，则 $u_O=6V$；如 $u_P<u_N=0$，则 $u_O=-6V$。令 $u_P=u_N=0$，计算对应的 u_I，即

$$u_P=u_I\frac{R_F}{R_2+R_F}+u_O\frac{R_2}{R_2+R_F}=0$$

$$u_I=-\frac{R_2}{R_F}u_O$$

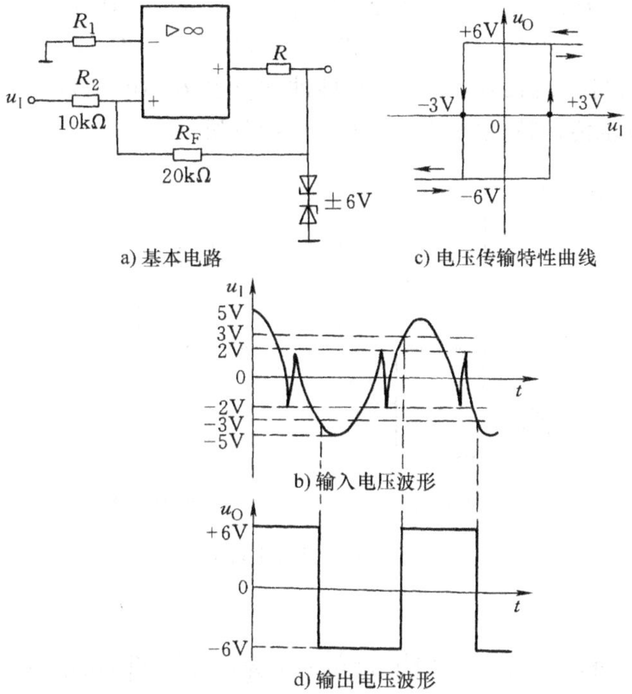

a) 基本电路　　c) 电压传输特性曲线

b) 输入电压波形

d) 输出电压波形

图 6-29　例 6-3 电路

当输出电压为 +6V 时，$u_I = -\dfrac{R_2}{R_F} \times 6V = -3V$，为下限门限电压 U_{TH2}（此时 $u_P = u_N = 0$），如 $u_I < -3V$，$u_P < u_N = 0$，输出将翻转为 −6V。

当输出电压为 −6V 时，$u_I = -\dfrac{R_2}{R_F} \times (-6V) = 3V$，为上限门限电压 U_{TH1}（此时 $u_P = u_N = 0$），如 $u_I > 3V$，$u_P > u_N = 0$，输出将翻转为 6V。

回差电压为

$$\Delta U_{TH} = U_{TH1} - U_{TH2} = 3V - (-3)V = 6V$$

传输特性曲线如图 6-29c 所示。根据电压传输特性和输入波形，可画出图 6-29d 所示的输出电压波形。

由本例可见，尽管输入信号中叠加有干扰信号，但只要干扰的幅度不超过回差电压，则输出电压不受干扰电压的影响。

三、窗口比较器

单值电压比较器只能检测一个电平，若要检测 u_I是否在 U_1 和 U_2 两个电平之间，则需采用窗口比较器。它用于工业控制系统时，当被测对象（如温度、液位等）超出标准范围时，便发出指示信号。

图 6-30a 所示电路是窗口比较器的基本电路，它具有图 6-30b 所示的传输特性，形似窗口，所以称它为窗口比较器。其工作原理如下。

图 6-30a 所示电路中的 U_1 和 U_2 为参考电压，且 $U_1 > U_2$。当 $u_I > U_1$ 时，A_1 输出为 $+U_{O(sat)}$，A_2 输出为 $-U_{O(sat)}$，故二极管 VD_1 导通，VD_2 截止，u_O 则近似等于 $+U_{O(sat)}$；当

$u_I < U_2$时，A_1输出为$-U_{O(sat)}$，A_2输出为$+U_{O(sat)}$，二极管VD_1截止，VD_2导通，u_O也近似等于$+U_{O(sat)}$；只有当$U_2 < u_I < U_1$时，A_1和A_2的输出均为$-U_{O(sat)}$，二极管VD_1、VD_2都截止，u_O为0。所以窗口比较器的电压传输特性曲线如图6-30b所示。若$U_2 > U_1$，就不能实现图6-30b所示的电压传输特性曲线，请读者自行分析。

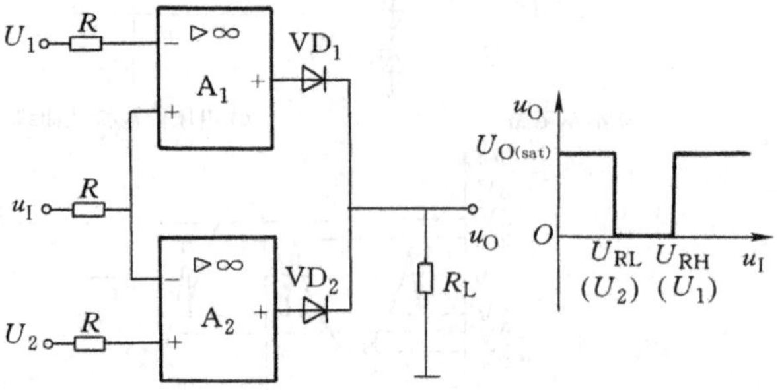

a) 基本电路　　b) 电压传输特性曲线

图6-30　窗口比较器

第六节　集成运放的选择原则和使用

一、集成运放的选择原则

集成运放按用途分为通用型和专用型，专用型运放按各自的特点，又分为高增益、低漂移、低功耗、高电压、高输入电阻、宽频带及大功率等。按每片集成块内部集成的运放数可分为单运放、双运放和四运放等。在选择时应优先选用通用型运放，因为它们价格较低，又比较容易购得。在选择运放时，应遵循下列原则进行选择：

1）信号源内阻较大的，应选用场效应晶体管为输入级的运放，如LM351等，其R_{iD}可达$10^{12}\Omega$。

2）输入信号中，含有较大的共模信号时，应选用共模电压范围大和共模抑制比较大的运放，如LM308等。

3）对精度要求高的电路，要选用高增益、低漂移的运放，如OP－07等。

4）对于输入信号频带宽的电路，宜选用中增益宽带型的运放，如LM353等。

5）对于要求功耗较低的电路，如遥测遥感、生物医学等设备上使用的电子电路，要选择低功耗型，如LM312、OP－20、ICL7600、ICL9611等，如ICL9611，工作电流小于0.1mA。

6）对于输出功率要求较大的场合，应选用大功率型，如MCEL165，在电源电压为18V时，最大输出电流可达3.5A，而一般集成运放仅为几个毫安。功率型运放使用时必须根据要求加装散热片，以防运放因过热而损坏。

二、集成运放使用时应注意的问题

（一）自激振荡的消除

集成运放内部是多级放大电路，而运放电路又引入了深度负反馈，在高频区将产生附加相移，反馈可能从负反馈变成正反馈，容易产生自激振荡，使工作不稳定。目前大多数集成运放内部已设置了消除自激的补偿网络，如μA741，LM6324 等。但还有一些运放，如一些早期的中增益运放、宽带运放等，还需要外接消振的补偿网络进行消振，一般在集成运放规定的引脚接 *RC* 补偿网络，产品说明书中一般都附有典型应用电路，使用时参数可以参考典型电路的参数。

（二）集成运放的保护

集成运放会由于电压极性接反、输入电压过大、输出端过载、碰到外部高压造成电流过大等原因造成损坏，可以在电路中加保护措施。

1. 电源端保护　为了防止电源极性接反，引起器件损坏，可利用二极管的单向导电性，在电源中串接二极管，以实现保护。如图 6-31 所示。

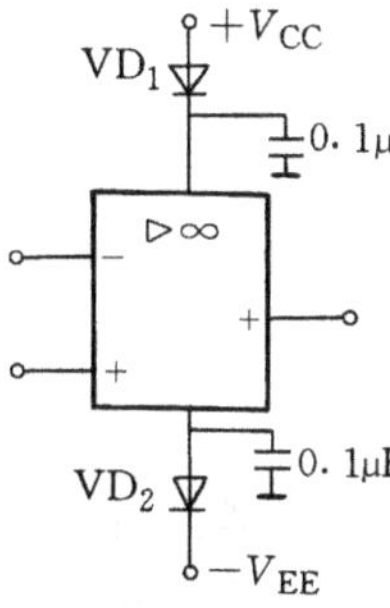

图 6-31　运放电源端的保护

2. 输入端保护　当运放的差模或共模输入电压过高时，会引起运放输入级的晶体管击穿而损坏。另外，输入电压过高，可能使输出电压增至接近电源电压，产生所谓的堵塞现象，这时运放不能调零，信号加不进去，但集成运放并未损坏，只要切断电源后，再重新通电，即可恢复正常。但“堵塞”严重时，也会损坏器件。为此，在输入端可加限幅保护，如图 6-32a 所示的是为防止差模信号过高的限幅保护电路，由电路可知，输入电压的幅度被钳制在二极管的正向导通压降内。图 6-32b 所示电路，是用于防止共模信号过高的限幅保护，使输入电压被限制在稳压管的稳定电压内。

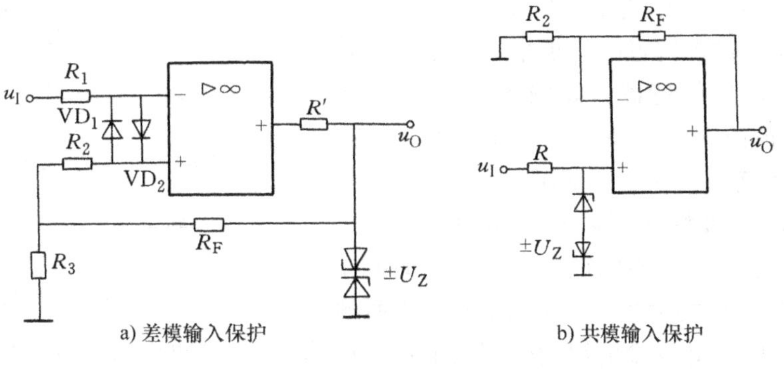

图 6-32　运放输入端的保护

（三）输出电压的限幅

如果要限制运算放大器的输出幅度，把输出电压限制在一定范围之内以保护负载，可用两只稳压管反向串联后，接在运放输出端所接的限流电阻之后或并联在反馈电阻 R_F 两端，如图 6-33 所示。当输出电压 u_O 小于稳压管稳定电压 U_Z 时，稳压管不导通，保护电路不工作，当 u_O 大于 U_Z 时，稳压管工作，将输出端的最大电压幅度限制在±(U_Z + 0.7V) 之间。如采用双向稳压管，则输出端的最大电压幅度被限制在±U_Z之间（U_Z为双向稳压管总的稳定电压）。

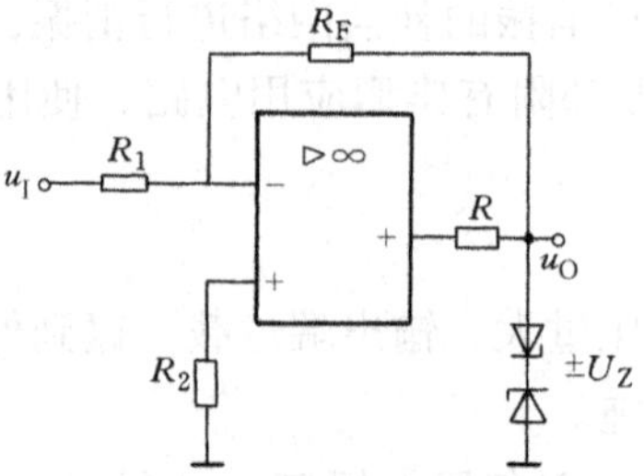

a) 稳压管与输出电压并联

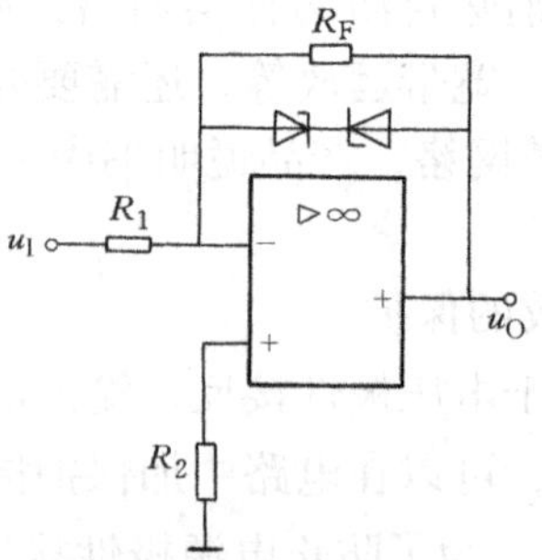

b) 稳压管与反馈电阻 R_F 并联

图 6-33　运放输出端的限幅

第七节　运放应用电路举例

一、电压保持器

在修理或调试电子设备时，经常需要测量电路中某些点的电压值。因为印制电路板上焊点密集，焊点又光滑，测量时，表笔很容易从焊点上滑脱，不但影响读数，还会造成短路而造成新的故障，因此，测量时要专注，如果测量时同时去读表的显示数值，可能会出问题。如果制作一个电压保持器，就可以解决这一问题。

运算放大器接成电压跟随器时，电压增益为 1，输入电阻为运放输入电阻的（$1+A_{ud}$）倍。LM351 是采用场效应晶体管输入级的运算放大器，其输入电阻很大，输入偏置电流很小，应用这一特性，可构成一个电压保持器，如图 6-34 所示，被测信号加至同相输入端。当测量某点电压时，只要把测试表笔在该点碰一下，被测电压便会迅速给 C_1 充电，C_1 的电压很快达到被测电压值。测试表笔移开后，C_1 通过 20MΩ 电阻放电，因放电时间常数很大，所以在较长的时间内，C_1 仍能保持所测电压值，因而可以从运放输出端的电压表上从容地读数。测量时，应注意被测电压不能高于运放的电源电压。

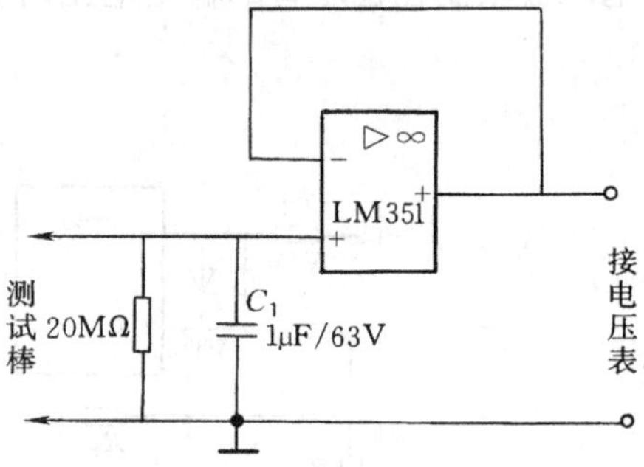

图 6-34　电压保持器

二、负载接地的恒流源

图 6-35 电路是为扩大输出电流而外接功率晶体管的恒流源电路，与前面介绍的恒流源不同，该电路的负载一端是接地的。根据理想运放工作在线性区时的分析依据：$u_N=u_P$，则 A 点电位等于 U_R，同时因为运放的输入电流等于零，这样流过电阻 R 的电流等于晶体管的发射极电流 I_E，为 $(30-U_R)/R=(30-12)/300=60mA$，由于 $I_O=I_C\approx I_E$，所以流过负载 R_L 的电流亦为

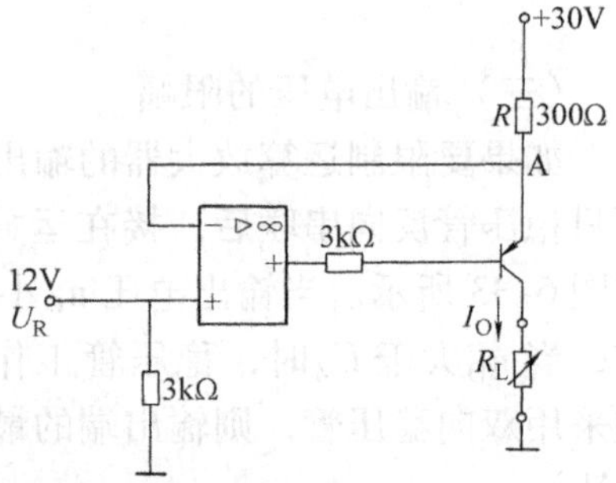

图 6-35　输出恒流电路

60mA。只要运放的输出电压未达到饱和值，同时晶体管的集电极电位低于基极电位（晶体管处于放大区），输出电流的大小就只与电阻 R 及基准电压 U_R 有关，与负载 R_L 的大小无关，$I_O =（V_{CC} - U_R）/R$。

三、小电流检测电路

图6-36所示电路为小电流检测电路，在被测电流回路中接入1Ω电阻，检测其两端产生的电压，再进行放大。

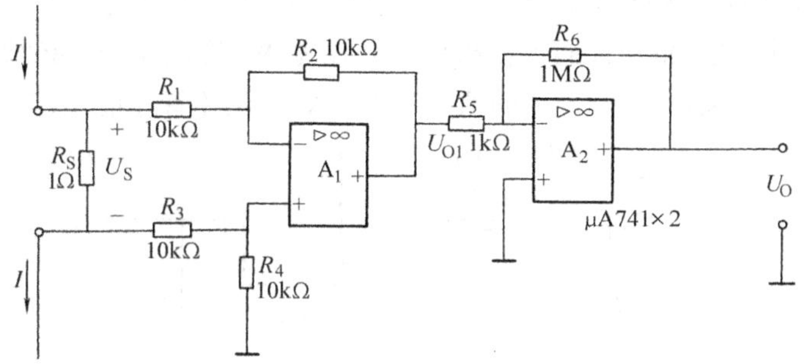

图6-36　小电流检测电路

第一级运放为减法运算电路，比例系数为1，R_S 两端电压 $U_S = R_S I$，输出电压 $U_{O1} = -U_S$。

第二级运放为反向比例运算电路，比例系数为1000，则 $U_O = 1000U_S = 1000R_S I = 1000I$，输出电压的相位与电流的相位相同。

四、温度测量电路

图6-37所示电路是利用二极管的温度特性组成的温度测量电路，用量程为10V的电压表可以测量0～100℃的温度。

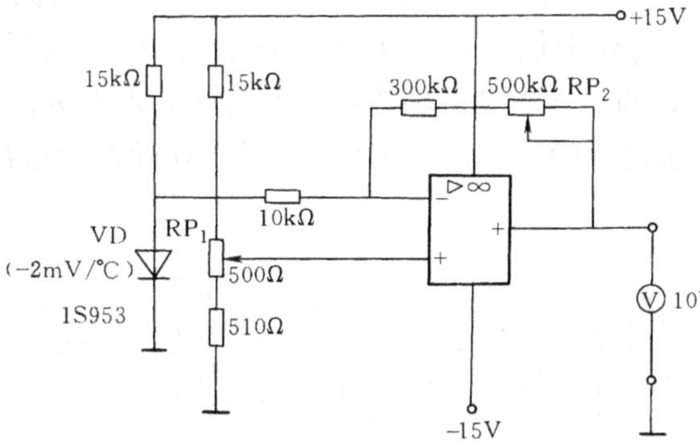

图6-37　温度测量电路

对二极管来讲，随着温度的升高，二极管的正向压降减小，一般来说，温度每升高1℃，二极管的正向压降将减小2mV左右。

为了组成0～100℃的温度计，首先将二极管置于0℃冰水环境中，调整 RP_1，使电压表指示为0，然后再将二极管置于100℃的环境中，调整 RP_2 使电压表指示为10V，调节 RP_2 后，零点会有所变化，所以，以上过程应反复调节几次。调节好后，则温度每变化1℃，电压变化 0.1V。

＊五、场效应晶体管型压控放大器

在自动增益控制电路中，要求放大器的增益受某一个电压的控制，这种电路称为电压控制增益放大器，简称为压控放大器。图 6-38 所示电路为场效应晶体管型压控放大器，它是利用场效应晶体管工作在可变电阻区时栅源极电压能够控制沟道电阻的原理来实现电压控制的。

图中，场效应晶体管栅源极电压 U_C发生变化时，可以改变沟道电阻，自动调整运放的增益。根据 N 沟道结型场效应晶体管的工作条件，其栅源极控制电压 U_C必须为负值，同时输入信号 u_I不能为负值且幅度必须小于一定的值，这样场效应晶体管才能工作在可变电阻区。

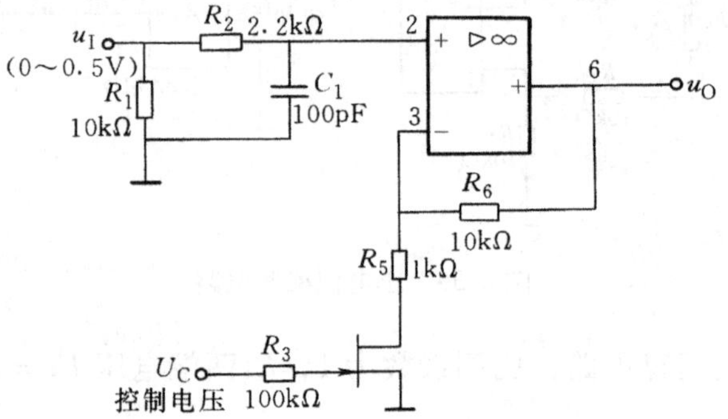

图 6-38 场效应晶体管型压控放大器

＊六、过电压欠电压保护电路

图 6-39 所示电路为过电压欠电压保护电路，由降压变压器、整流、滤波电路以及两个电压比较器（A_1、A_2）等组成。调节电位器，使参考电压 U_H = 3V、U_L = 2.5V，分别代表交流电网的高限值（240V）和低限值（200V）。用 U_I表示实际交流电压变换成的直流电压信号。把 U_H与 U_I、U_L与 U_I分别加到两个电压比较器的输入端进行比较。当交流电压在 200～240V 范围内变化时，两个比较器的输出均为高电压，A 点为高电平，使交流电源与电气设备接通。当交流电压超过 240V 或低于 200V 时，两个比较器中总有一个输出低电平，A 点

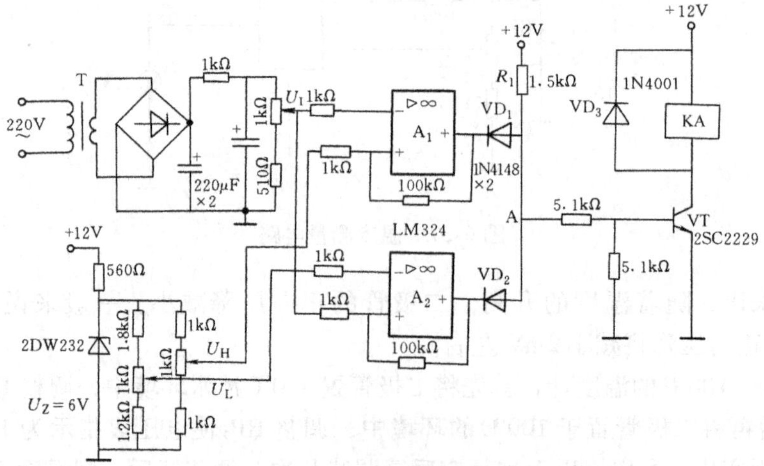

图 6-39 过电压欠电压保护电路

为低电平，使交流电源与电气设备断开，对电气设备而言实现了过电压或欠电压保护。两个电压比较器（A_1、A_2）均加有较弱的正反馈，构成迟滞电压比较器，主要是为了防止当交流电源电压在高限值或低限值附近波动时继电器 KA 的频繁动作。

如需要调整保护电压的高限值或低限值，可以调节电位器，改变 U_H或 U_L，则可调节保护电压的高限值或低限值。

本章小结

1. 集成运放具有高输入阻抗、高增益、低输出电阻以及体积小、使用方便等特点。

2. 只要改变运放的外部反馈元件和输入方式，就可获得各种应用电路。

3. 集成运放的应用可分为线性应用和非线性应用。只有当运放加入负反馈时，才可以工作在线性状态，运放工作在线性状态时，运放两个输入端的输入电流为零（虚断）、输入电压为零（虚短），输出电压处于正负最大值之间。运放线性应用时，可以用叠加定理分析。

4. 运放工作在开环状态或加入正反馈时，运放工作在非线性状态（饱和状态）。运放工作在非线性状态时，两个输入端电流为零，输出电压只有两种状态，为正的最大值（饱和值）或负的最大值（饱和值）：当 $u_P > u_N$时，$u_O = +U_{O(sat)}$；当 $u_P < u_N$时，$u_O = -U_{O(sat)}$。

5. 运放线性应用时，有三种基本输入方式，即同相输入、反相输入和双端输入方式，可以构成模拟加法、减法、微分、积分等运算电路及 U/I 转换电路、I/U 转换电路、有源滤波器等。

6. 运放非线性应用时，可以构成电压比较器、迟滞电压比较器和窗口比较器等电路。

练　习　题

一、填空题

1. 集成运算放大器有两个工作区，分别是________和________。

2. 理想运放工作在线性区时，有两个重要关系，它们是________________，即 $i_{Id}=0$，和________，即 $u_P = u_N$。

3. 单值电压比较器有________个门限电压，迟滞电压比较器有________个门限电压。

4. 迟滞电压比较器的回差电压等于________。

二、选择题

1. 工作在线性区的运算放大器应置于（　　）状态。

A. 负反馈　　B. 开环　　C. 正反馈　　D. 无反馈

2. 能将矩形波转变成三角波的电路是（　　）。

A. 比例运算电路　　B. 微分运算电路　　C. 积分运算电路　　D. 加法电路

3. 由理想集成运算放大电路构成的比例运算电路，其电路增益与运放本身的参数（　　）。

A. 有关　　B. 无关

C. 有无关系不确定

4. 图 6-40 所示电路，设 $u_I > 0$，若 R_F 虚焊，电路的输出 u_O =（　　）。

A. $+U_{O(sat)}$　　B. $-U_{O(sat)}$

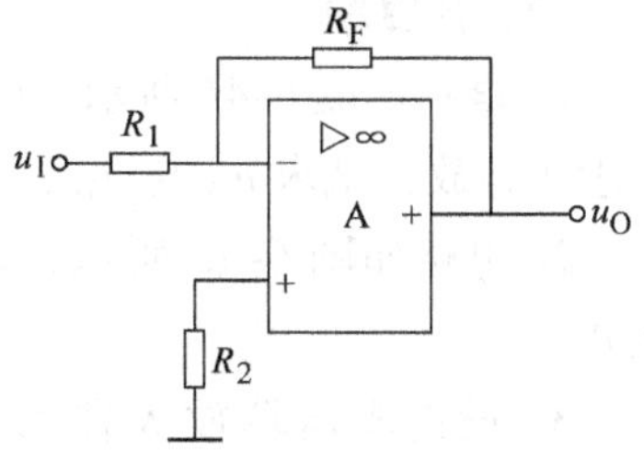

图　6-40

C. ∞　　　　　　　　　　　D. 0

5. 如要求放大两个信号的差值，又能抑制共模信号，则采用（　　）方式的电路。

A. 反相输入　　　B. 同相输入　　　C. 双端输入

6.（　　）输入式比例运算电路的输入电流基本上等于流过反馈电阻的电流，而（　　）输入式比例运算电流的输入电流几乎等于零，所以（　　）输入式比例运算电路的输入电阻大。

A. 同相　　　　　　　　　　B. 反相

7. 在反相比例运算电路中，集成运放的两个输入端的共模信号为（　　），在同相比例运算电路中，集成运放的两个输入端的共模信号为（　　）。

A. 0　　　B. u_I　　　C. $+V_{CC}$　　　D. $-V_{CC}$

8. 工作在非线性区的运算放大器具有（　　）的特点。

A. 虚短　　　B. 虚断　　　C. 虚短和虚断

9. 工作在非线性区的理想运放，当输出电压 $u_O = -U_{O(sat)}$ 时，运放同相输入端和反相输入端之间的关系是（　　）。

A. $u_P < u_N$　　　B. $u_P = u_N$　　　C. $u_P > u_N$

10. 工作在开环状态下的电压比较器 $u_O = \pm U_{O(sat)}$，$U_{O(sat)}$ 的大小由（　　）决定。

A. 运放的开环放大倍数　　　B. 外电路参数　　　C. 运放的工作电源

11. 下列关于迟滞电压比较器的说法，不正确的是（　　）。

A. 迟滞电压比较器有两个门限电压

B. 构成迟滞电压比较器的集成运算放大电路工作在线性区

C. 迟滞电压比较器一定外加正反馈

D. 迟滞电压比较器的输出电压只有两种可能

三、判断题

1. 运算电路中一般均引入负反馈。（　　）

2. 在运算电路中，集成运放的反相输入端均为虚地。（　　）

3. 凡是集成运算放大器构成的电路都可以利用“虚短”和“虚断”的概念分析。（　　）

4. 处于线性工作状态的实际集成运放，在实现信号运算时，两个输入端对地的直流电阻需相等，才能防止输入偏置电流带来的运算误差。（　　）

5. 在反相求和电路中，集成运放的反相输入端为虚地，流过反馈电阻的电流基本上等于各输入电流之和。（　　）

四、计算题

1. 电路如图 6-41 所示，已知 $R_f = 10\text{k}\Omega$，$R_1 = 1\text{k}\Omega$，$R_2 = R_3 = 1\text{k}\Omega$，设集成运算放大器为理想运放，试求 u_O 与 u_{I1}、u_{I2} 的关系表达式。

2. 电路如图 6-42 所示，设集成运算放大器为理想运放，试求 u_O 与 u_{I1}、u_{I2} 的关系表达式。

3. 设集成运算放大器为理想运放，电路如图 6-43 所示，试求 u_O 与 u_I 的关系表达式。

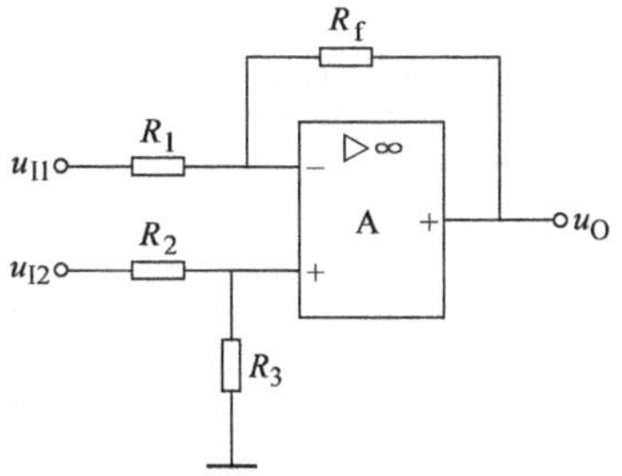

图 6-41

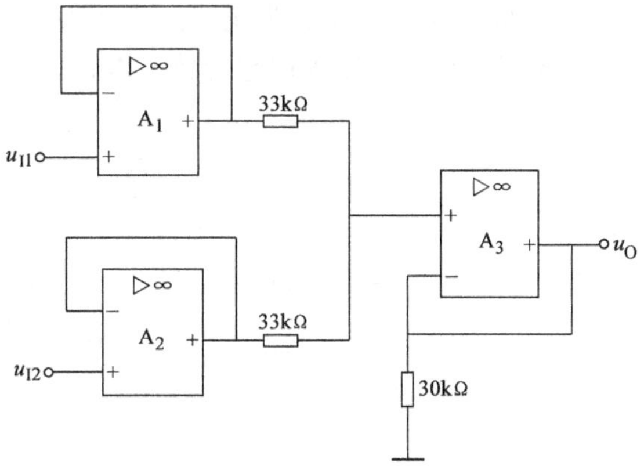

图 6-42

4. 设集成运算放大器为理想运放，电路如图 6-44 所示，试求 u_O 与 u_I 的关系表达式。

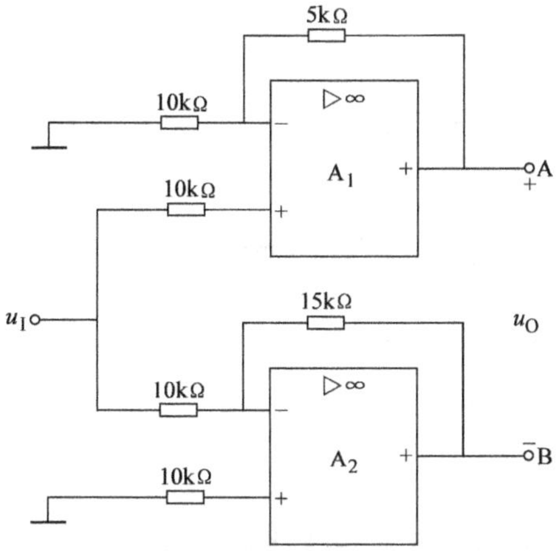

图 6-43

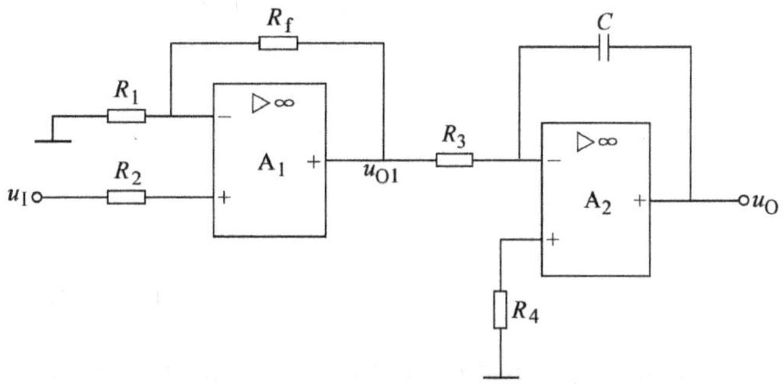

图 6-44

5. 设集成运算放大器为理想运放，电路如图 6-45 所示，试求 U_O 的值（注：双向稳压管总的稳定电压等于 ±5V）。

6. 电路如图 6-46 所示，设集成运算放大器为理想运放，试求 U_O 的值。图中，VD 为硅管，导通电压为 0.7V。

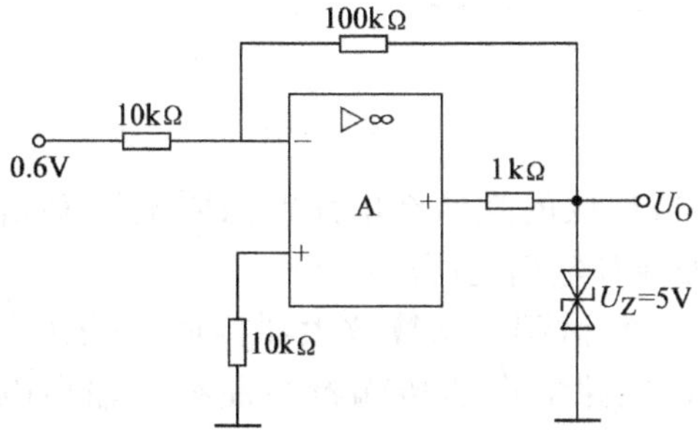

图 6-45

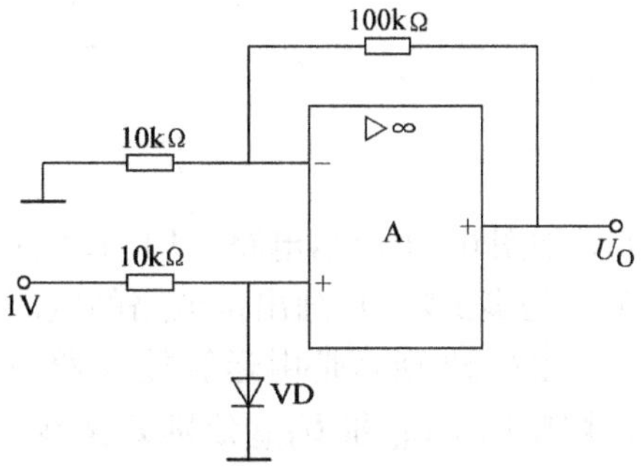

图 6-46

7. 电路如图 6-47 所示，设集成运算放大器为理想运放，试求 U_O 的值。

8. 设集成运算放大器为理想运放，电路如图 6-48 所示，试求 U_O 的值。

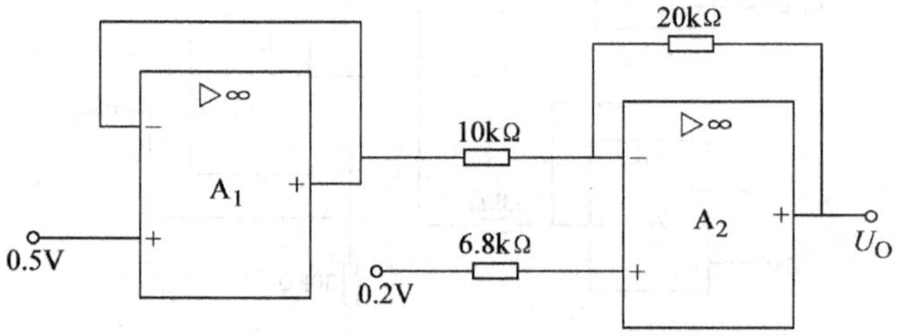

图 6-47

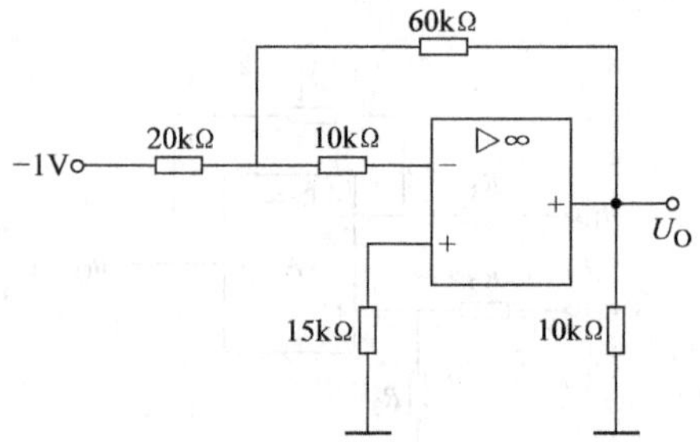

图 6-48

9. 积分电路如图 6-49a 所示，其输入信号 u_I 的波形如图 6-49b 所示，设初始的输出电压 $u_O=0$，试估算 u_O 的峰值并在图 6-49b 中画出 u_O 的波形。

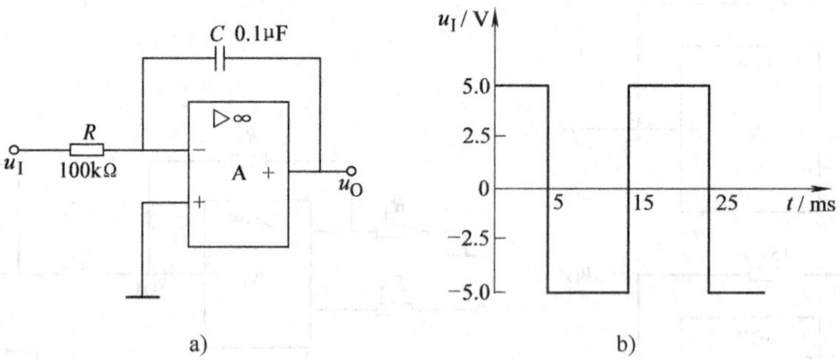

图 6-49

10. 图 6-50 所示是由运算放大器组成的电路。1）试问：运算放大器构成的是什么电路？参考电压 U_R 为多少？2）画出输出电压波形。

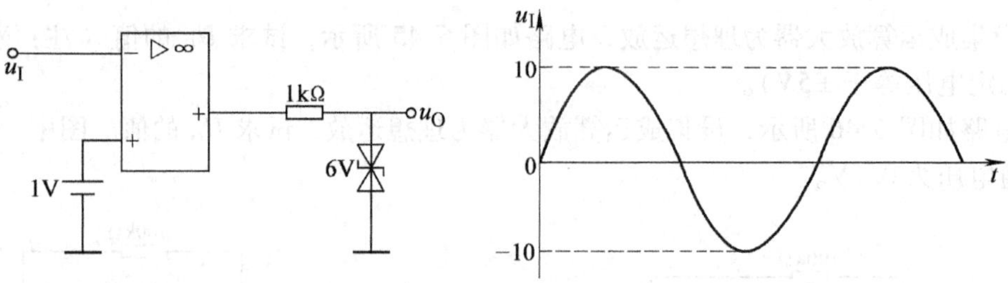

图 6-50

11. 如图 6-51 所示电路，1）试问：运算放大器构成的是什么电路？门限电压 U_{TH1} 和 U_{TH2} 分别是多少？2）画出该电路的电压传输特性曲线和输出电压波形。

12. 图 6-52 所示是由运算放大器组成的电路。1）试问：运算放大器构成的是什么电路？门限电压 U_{TH1} 和 U_{TH2} 分别是多少？2）画出该电路的电压传输特性曲线和输出电压波形。

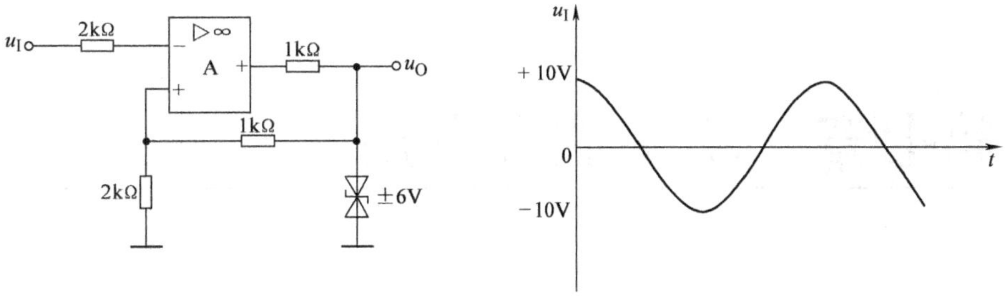

图 6-51

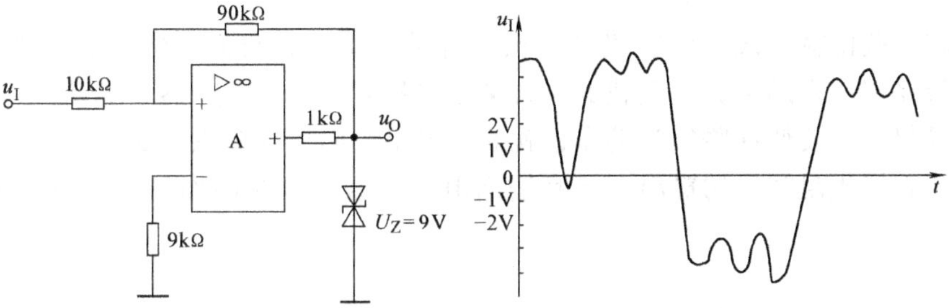

图 6-52

13. 电路如图6-53所示，试问：运算放大器构成的是什么电路？参考电压U_R为多少？根据输入电压波形画出输出电压波形。

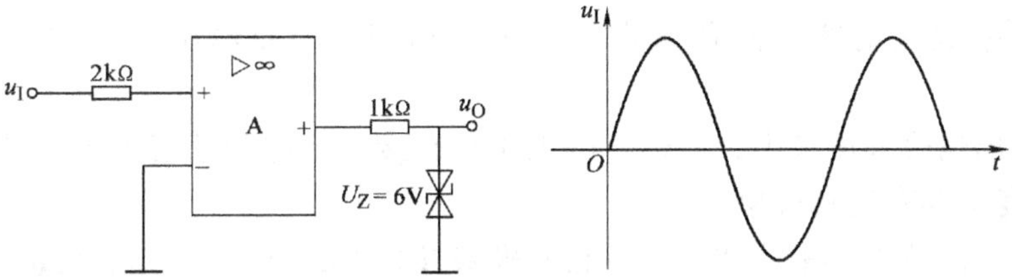

图 6-53

14. 图6-54所示电路是用运放构成的稳压管参数测量仪，已知$E=5V$，$R=1k\Omega$，测得电压表读数为$-6.3V$，试求流过稳压管的电流和稳压管的稳压值。

15. 图6-55所示电路为测量晶体管穿透电流I_{CEO}是否合乎要求的电路，采用单电源供电的运放。VT为被测晶体管，$I_{CEO}<20\mu A$时LED_1（绿色）发光，指示合格，否则LED_2（红色）发光，指示不合格。1）计算电阻R应选多大？2）设运放的输出电压正饱和时为14.2V，负饱和时为0.3V，LED的正向导通压降为1.7V，求流过LED_1、LED_2的电流。

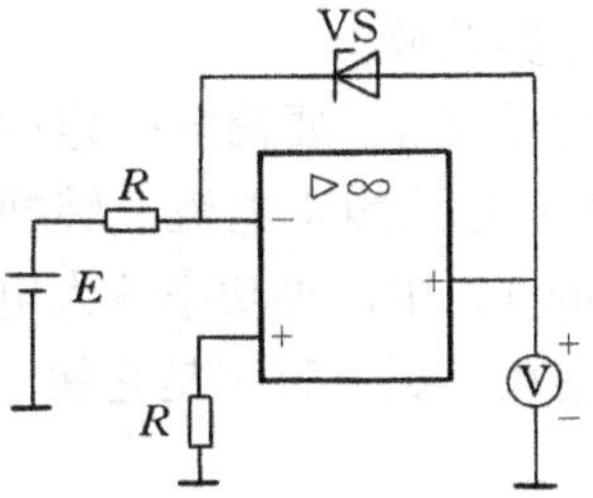

图 6-54

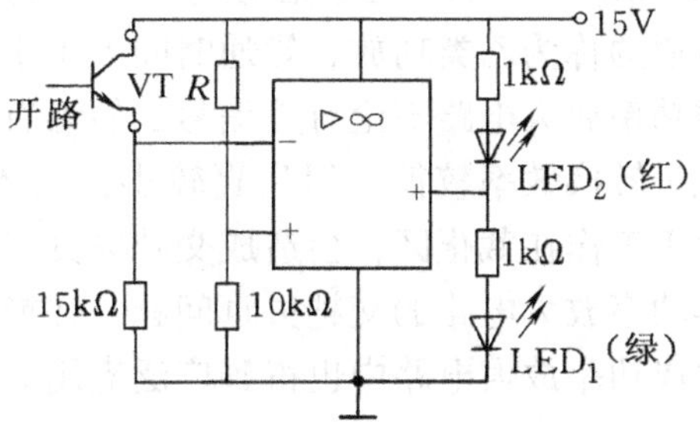

图 6-55

第七章　功率放大电路

放大电路一般由输入级、中间级和输出级等部分组成，我们已经讨论过输入级和中间级，而输出级要带一定的负载，负载的形式又是多种多样，如扬声器、电动机、显像管的偏转线圈、记录仪等。要使这些负载动作，就要求输出级向负载提供足够大的信号功率，即要求输出级向负载提供足够大的输出电压和输出电流，这种放大器称为功率放大电路（power amplifier）。

第一节　功率放大电路的特点和分类

功率放大电路在电子设备中往往处于最后一级，对它的工作状态、分析方法以及要求有以下几个特点：

1）由于功率放大电路要向负载提供一定的功率，因而输出信号的电压和电流幅度较大。

2）由于输出信号幅值较大，晶体管的工作状态接近于饱和状态或截止状态，导致输出信号在一定程度上会有失真现象。

3）输出端的晶体管都采用功率管，它的极限参数 I_{CM}、$U_{(BR)CEO}$、P_{CM}等应满足实际电路正常工作时的要求，并要留有一定的余量。

4）由于功率管的管耗较大，在使用时一般要加散热器，以降低管子温度，确保晶体管安全地工作。

5）电路性能指标以分析功率为主，包括输出功率 P_O、晶体管消耗功率 P_V、电源提供功率 P_E和效率 η，以及晶体管型号的选择等。

功率放大电路按电路中功率晶体管在一个周期内导通时间的不同，可分为甲类功放（class A power amplifier）、乙类功放（class B power amplifier ）和甲乙类功放（class AB power amplifier ）三种类型。在信号整个周期中管子均导通的称为甲类功放，仅在信号的半个周期导通的称为乙类功放，导通时间大于半个周期的称为甲乙类功放。

甲类功率放大电路不论有无信号，始终有较大的静态工作电流 I_{CQ}，要消耗一定的电源功率，能量转换效率较低，但失真较小；乙类功率放大电路基本上无静态电流，转换效率高，但由于工作在截止区，会造成交越失真（cross over distortion）；甲乙类功率放大电路改善了乙类功率放大电路的交越失真问题，转换效率高，目前使用较广泛，特别是它便于集成化，在集成功率放大电路中也得到广泛应用。

第二节　双电源互补对称功率放大电路（OCL 电路）

我们在第二章已经讨论过，射极输出器有输入电阻高、输出电阻低、输出电流大、带负载能力强等特点，它很适宜作功率放大电路。但单管射极输出器静态功耗大，为了解决这个问题，多采用双电源互补对称推挽电路。

一、基本电路及工作原理

图 7-1a 是乙类双电源互补对称功率放大电路，又称无输出电容的功率放大电路，简称为 OCL（output capacitor less）。VT_1为 NPN 管、VT_2为 PNP 管，要求两管特性参数一致。两管的基极相连，作为输入端；两管的发射极相连，作为输出端；两管的集电极分别接正、负电源，从电路上看，每个管子都组成共集组态放大电路，即射极跟随器。其工作原理如下：

1. 静态分析　图中，$V_{CC1}=V_{CC2}$，由于电路无偏置电压，故两管的静态参数 I_{BQ}、I_{CQ}、U_{BEQ}均为零，即管子工作在截止区，电路属于乙类工作状态，发射极电位为零，负载上无电流。

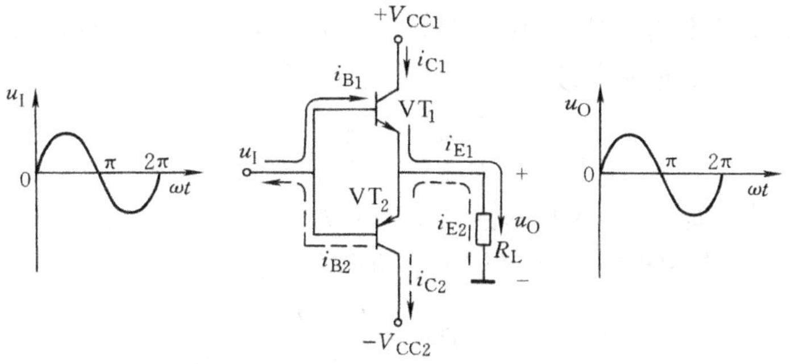

a) 输入信号　　b) 基本信号　　c) 输出信号（理想情况）

图 7-1　乙类双电源互补对称功率放大电路

2. 动态分析　设输入信号为正弦电压 u_I，如图 7-1a 所示。在正半周时，VT_1的发射结正偏导通，VT_2发射结反偏截止，信号从 VT_1的发射极输出，在负载 R_L上获得正半周电压信号，$u_O \approx u_I$；在 u_I的负半周，VT_1发射结截止，VT_2发射结导通，信号从 VT_2的发射极输出，在负载 R_L上获得负半周电压信号 $u_O \approx u_I$，如图 7-1c 所示。如果忽略晶体管的死区电压和导通压降，在负载 R_L上获得了几乎完整的正弦波信号 u_O。这种电路的结构对称，采用两个不同类型但参数对称的晶体管（一个 NPN 管，一个 PNP 管，称为互补管），且两管在信号的两个半周内轮流导通，它们交替工作，一个“推”，一个“挽”，互相补充，故称为互补对称（complementary symmetry）推挽（push pull）功率放大电路。

二、功率参数分析

以下参数分析均以输入信号是正弦波为前提，且忽略失真。

1. 输出功率 P_O　由以上的分析可知，在输出电压的波形中，根据输出功率的定义，输出功率为

$$P_O = \frac{1}{\sqrt{2}}U_{om} \times \frac{1}{\sqrt{2}}I_{om} = \frac{1}{2}U_{om}I_{om} = \frac{U_{om}^2}{2R_L} \tag{7-1}$$

式中 U_{om}、I_{om}分别是负载上电压和电流的峰值。理想条件下（不计晶体管的饱和压

降），负载获得最大输出电压时，其输出电压峰值近似等于电源电压 V_{CC}，故理想情况下，负载得到的最大输出功率为

$$P_{Omax}=\frac{V_{CC}^2}{2R_L} \tag{7-2}$$

2. 直流电源提供的功率 P_E　两个直流电源各提供半波电流，其峰值为 $I_{om}=U_{om}/R_L$。故电源提供的平均电流值为：

$$I_{E(AV)}=\frac{I_{om}}{\pi}=\frac{U_{om}}{\pi R_L}$$

因此，两个电源提供的功率为

$$P_E=\frac{2}{\pi}I_{om}V_{CC}=\frac{2}{\pi R_L}U_{om}V_{CC} \tag{7-3}$$

输出最大功率时，两个直流电源也提供最大功率

$$P_{Emax}=\frac{2}{\pi R_L}V_{CC}^2 \tag{7-4}$$

3. 效率 η　输出功率与直流电源提供功率之比为功率放大器的效率。理想条件下，输出最大功率时的效率，也是最大效率。

$$\eta_{max}=\frac{P_{Omax}}{P_{Emax}}=\frac{\pi}{4}\approx 78.5\% \tag{7-5}$$

实际上，由于功率管 VT_1、VT_2的饱和压降不为零，所以电路的最大效率低于78.5%。

4. 管耗 P_V　直流电源提供的功率与输出功率之差就是损耗在两个晶体管上的功率

$$P_V=P_E-P_O=\frac{2U_{om}V_{CC}}{\pi R_L}-\frac{U_{om}^2}{2R_L} \tag{7-6}$$

对 U_{om}求导，可求出 P_V最大值的条件。由分析可知，当 $U_{om}=2V_{CC}/\pi$ 时，晶体管总管耗最大，它并不是在最大输出功率时发生的，其值为

$$P_{Vmax}=\frac{2V_{CC}^2}{\pi^2 R_L}=\frac{4}{\pi^2}P_{Omax}\approx 0.4P_{Omax}$$

单管的最大管耗为

$$P_{V1}=P_{V2}=\frac{1}{2}P_{Vmax}\approx 0.2P_{Omax} \tag{7-7}$$

这里应注意的是：**管耗最大时，电路的效率并不是78.5%。**

5. 功率管的选择　功率管的极限参数有 P_{CM}、I_{CM}和 $U_{(BR)CEO}$，应满足下列条件：

1）功率管集电极的最大允许功耗　功率管的最大功耗应大于单管的最大功耗，即

$$P_{CM}\geqslant\frac{1}{2}P_{Vmax}\approx 0.2P_{Omax} \tag{7-8}$$

2）功率管的最大耐压

$$U_{(BR)CEO}\geqslant 2V_{CC} \tag{7-9}$$

这是由于一只管子饱和导通时，另一只管子承受的最大反向电压约为 $2V_{CC}$。

3）功率管的最大集电极电流

$$I_{CM}\geqslant\frac{V_{CC}}{R_L} \tag{7-10}$$

【例 7-1】 如图 7-1b 所示的乙类双电源互补对称功率放大电路的 $V_{CC}=\pm 20V$，$R_L=8\Omega$，设输入信号为正弦波，求对功率管参数的要求。

解：(1) 最大输出功率 $P_{Omax}=\frac{1}{2}\frac{V_{CC}^2}{R_L}=25W$，所以 $P_{CM}\geqslant 0.2P_{Omax}=0.2\times 25W=5W$

(2) $U_{(BR)CEO}\geqslant 2V_{CC}=40V$

(3) $I_{CM}\geqslant \frac{V_{CC}}{R_L}=\frac{20}{8}A=2.5A$

实际选择功率管时，极限参数均应有一定的余量，一般应提高 50% 以上。在本例中，考虑到热稳定性，P_{CM}取 2 倍的余量为 10W；$U_{(BR)CEO}$取 2 倍的余量为 80V，取标准耐压值 100V；考虑到在I_{CM}时β值有较大的下降，取 2 倍的余量为 5A。读者可查阅有关电子器件手册，选择合适的功率晶体管。

三、交越失真及其消除

在乙类互补对称功率放大电路中，因没有设置偏置电压，静态时 U_{BE}和 I_C均为零。由于晶体管有一死区电压，对硅管而言，在信号电压 $|u_I|<0.5V$ 时管子不导通，输出电压 u_O仍为零，因此在信号正负半波交接处过零时无输出信号，出现了失真，该失真称为交越失真，如图 7-2 所示。

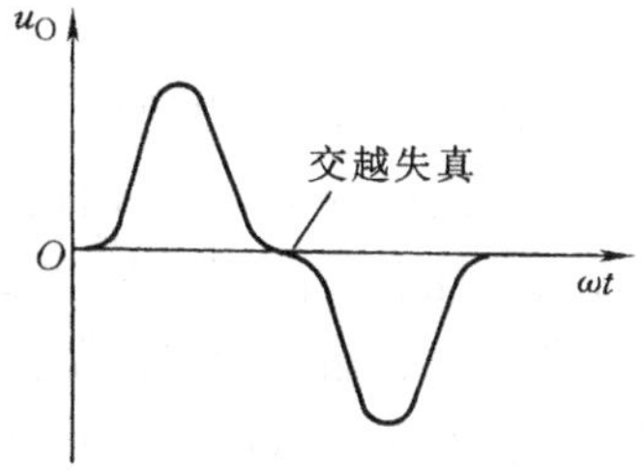

图 7-2 交越失真波形

为了在 $|u_I|<0.5V$ 时仍有输出信号，从而消除交越失真，必须设置基极偏置电压，如图 7-3a 所示，为甲乙类互补对称功率放大电路。

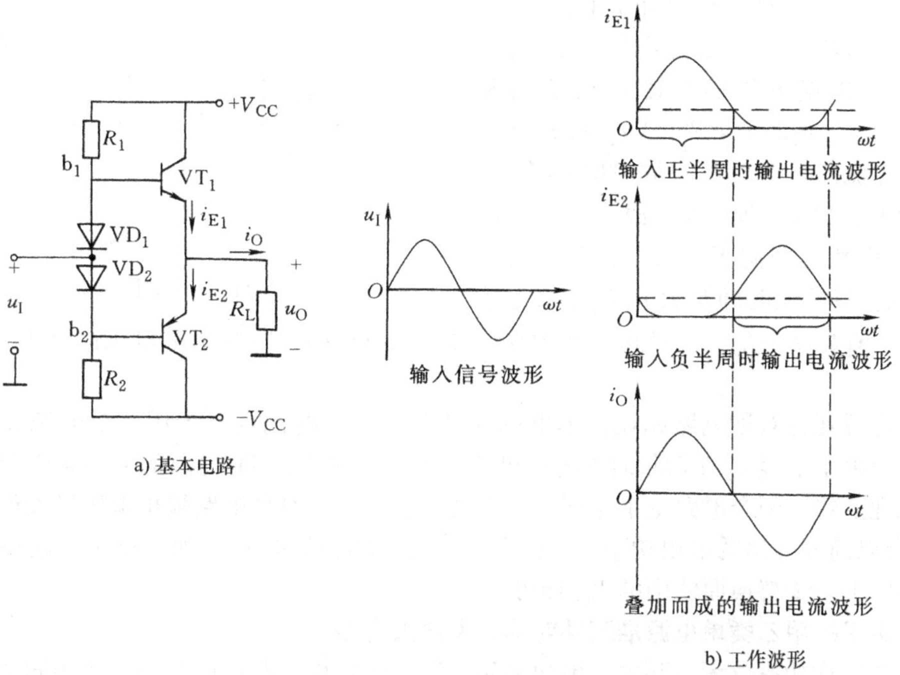

图 7-3 甲乙类互补对称功率放大电路

它利用两只二极管上的直流压降作为两只晶体管基极间的直流偏压，其值约为两管

（VD_1、VD_2）的导通电压之和。静态时，两晶体管的发射结均正偏导通，工作在放大区。加上输入交流信号 u_I后，由于二极管的动态电阻很小，故 b_1和 b_2点之间的交流压降很小，这样可近似认为加在两管基极的交流电位相等，均为 u_I。在信号 u_I作用下的 i_{E1}和 i_{E2}的波形如 7-3b 所示，负载上获得的电流 i_O为 i_{E1}与 i_{E2}之差。从图 7-3b 中可以看出负载上的电压波形得到改善，交越失真大大减小。

电路中两个晶体管的导通时间大于半个周期，而小于整个周期，工作状态介于甲类和乙类之间，称为甲乙类工作状态。由于晶体管静态电流的存在，甲乙类功放电路的效率较乙类推挽功放电路低一些。因晶体管静态电流很小，接近于乙类状态，故定量分析时，仍可近似地应用式（7-1）~式（7-10）分析。

第三节　单电源甲乙类互补对称功率放大电路（OTL）

在图 7-3a 所示电路中，由于静态时两管的发射极是地电位，所以负载可直接接到该处而不必采用耦合电容，故称为 OCL 电路。OCL 电路具有低频响应好，输出功率大，电路便于集成等优点，但需要两个独立的电源，使用起来有时会感到不便。如果采用单电源供电，只要在输入、输出极接入隔直电容即可，这个电路通常称为无输出变压器的推挽功率放大电路，简称 OTL（output transformer less）电路。

一、单电源互补对称功率放大电路

图 7-4 为单电源互补对称功率放大电路。静态时 B 点和 A 点的电位均为 $V_{CC}/2$，于是电容 C_1、C_2上的电压也等于 $V_{CC}/2$。

当有信号输入时，通过耦合电容 C_1耦合到 B 点，B 点电位等于输入信号 u_I和 $V_{CC}/2$ 之和。在 u_I的正半周，VT_1导通，VT_2截止，有电流流过负载 R_L，同时向 C_2充电；在负半周时，VT_2导通，VT_1截止，已充电的电容 C_2代替电源向 VT_2供电，并通过负载 R_L放电。只要使时间常数 R_LC_2远大于信号周期 T（$R_LC_2 \geqslant 5/f_{min}$），就可以认为在信号变化过程中，电容两端电压恒等于 $V_{CC}/2$，基本保持不变。

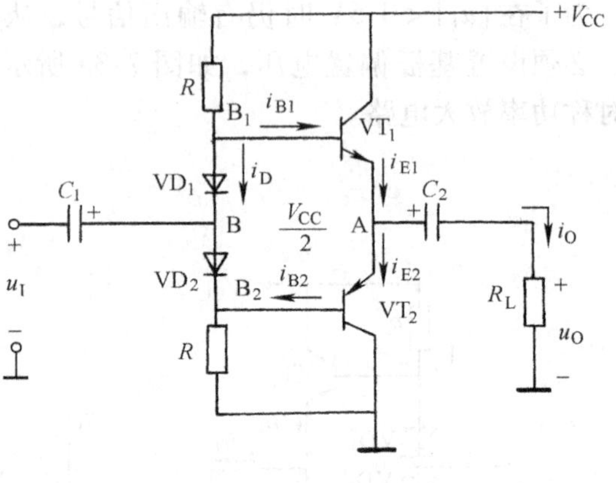

图 7-4　单电源互补对称功率放大电路

与双电源互补对称电路相比，单电源互补对称电路的优点是少用一个电源，故使用方便，缺点是由于电容 C_2在低频时的容抗可能比 R_L大，所以 OTL 电路的低频响应较差。从基本工作原理上看，两个电路基本相同，只不过单电源互补对称电路输出电压最大值只能达到 $V_{CC}/2$，所以前面导出的输出功率、管耗和最大管耗的估算公式要加以修正才能使用。修正时，只要以 $V_{CC}/2$ 替换原式中的 V_{CC}即可。

二、实用的甲乙类单电源准互补对称功率放大电路

在互补对称功率放大电路中，因功率晶体管型号较少，要选取两个参数相同的互补类型（一个 NPN 管，一个 PNP 管）的功率晶体管是比较困难的，为此，可采用准互补对称功率放大电路，图 7-5 所示为实用单电源准互补对称电路。图中 VT_5构成前置放大极，它给输出

级提供足够大的信号电压和信号电流，以驱动功率放大电路工作。电路中采用了复合管，VT_1、VT_3复合等效为一个NPN型管，VT_2、VT_4复合等效为一个PNP管，其中VT_3、VT_4是同类型的大功率管，但复合管是互补管（NPN型和PNP型），所以称为准互补对称电路。由于采用复合功率管，可使VT_1、VT_2管的基极信号电流大大减小。

电路中RP_1引入了交直流电压并联负反馈，适当调整电位RP_1，可改变VT_5的静态集电极电流，从而改变B_1、B_2点的静态电位，使K点对地的静态电压$U_K = V_{CC}/2$（K点称为中点）。RP_1还具有稳定K点电位的负反馈作用。如果由于某种原因使K点电位升高，通过RP_1和R_1可使VT_5基极电位升高，I_{C5}增加，VT_1、VT_2基极电位下降，使K点电位下降。显然，RP_1还起到交流负反馈作用，可改善放大器的动态性能。二极管VD_1、VD_2、RP_2给VT_1 ~ VT_4提供一个合适的静态偏压，调节RP_2可调整VT_1 ~ VT_4的静态偏压，以消除交越失真，同时VD_1、VD_2还具有温度补偿作用，减小VT_1 ~ VT_4的静态电流随温度变化的幅度。C_2、R_3组成“自举电路”（bootstrapping），它的作用是提高互补对称电路的正向输出电压幅度。R_6和R_8的作用是对VT_1和VT_2的穿透电流进行分流。R_9和R_{10}是为了稳定输出电流，使电路更加稳定，另外当负载短路时，R_9、R_{10}还具有一定的限流保护作用。

三、OTL电路调试方法

由于图7-5电路中的互补对称电路与前置级是直接耦合的，前后级之间存在着相互联系和影响，因此不能分级调整，增加了调试的难度。一般先将电位器RP_2调到最小位置，然后调节RP_1使K点电压值为$V_{CC}/2$；再调节RP_2，使VT_1、VT_2工作在甲乙类，建立合适的静态集电极电流I_{C1}和I_{C2}值；最后加交流信号后调节RP_2，使输出波形刚好没有交越失真为止。由于两级间的工作点互相牵制，故调节RP_2将影响中点（K）电位，需反复调节，直到满意为止。

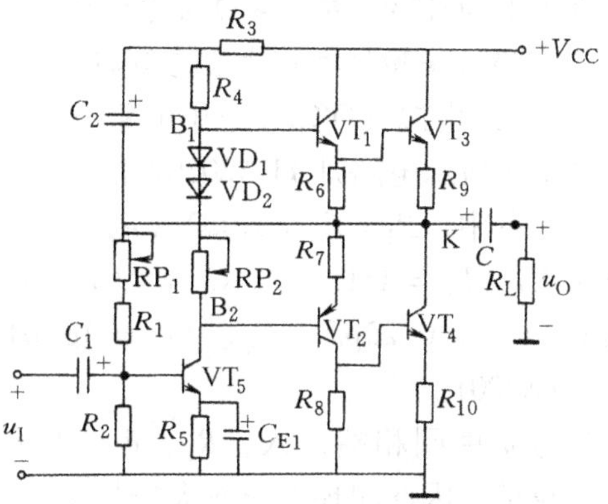

图7-5 实用单电源准互补对称电路

当然，在调试中，千万不能将RP_2断开，否则B_1点电位升高到最大值，B_2点电位降低到最小值，将使VT_1、VT_2电流急剧上升而导致功放管损坏。

第四节 集成功率放大器介绍

集成功率放大器（integrated circuit power amplifier）具有输出功率大、外围连接元件少、使用方便等优点，得到了越来越广泛的应用。它的品种很多，本节主要以TDA2030A音频功率放大器为例加以介绍，希望读者在使用时能举一反三，灵活应用其他功率放大器件。

一、TDA2030A音频集成功率放大器简介

TDA2030A是一种性能价格比较高的集成功率放大器，与性能类似的其他功放相比，具有引脚少和外部元件较少的特点。

TDA2030A的电气性能稳定，能适应长时间连续工作。其内部的放大电路和集成运放相似，但集成了过载保护和热切断保护电路，若输出过载或输出短路及管芯温度超过额定值时均能立即切断输出电路，起保护作用，不致损坏功放电路。其金属外壳与负电源引脚相连，所以在单电源使用时，金属外壳可直接固定在散热片上并与地线（金属机箱）相接，无需绝缘，使用很方便。

TDA2030A 外引脚的排列如图 7-6 所示。图中 1 脚为同相输入端，2 脚为反相输入端，3 脚为负电源端，4 脚为输出端，5 脚为正电源端。

TDA2030A 适用于在收录机和有源音箱中作音频功率放大器，也可用作其他电子设备的功率放大。因其内部采用的是直接耦合，亦可以作直流放大。主要性能参数如下：

电源电压 V_{CC}　　±3 ~ ±18V

输出峰值电流　　3.5A

频响 BW　　0 ~ 140kHz

静态电流　　<60mA　（测试条件：V_{CC} = ±18V）

谐波失真 THD　　<0.5%

电压增益　　30dB

输入电阻 R_I　　>0.5MΩ

在电源为±15V、R_L = 4 Ω时输出功率为 14W。

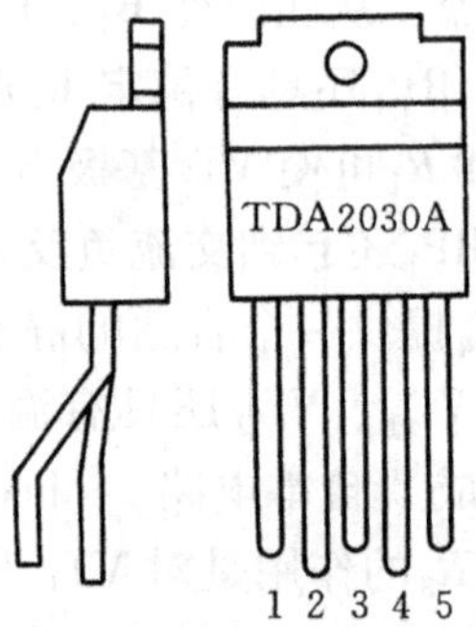

a) 侧视图　　b) 正视图

图 7-6　TDA2030A 引脚排列图

二、TDA2030A 集成功放的典型应用

（一）双电源（OCL）应用电路

图 7-7 所示电路是 TDA2030A 的双电源典型应用电路。图中，$R_1 = R_3$ = 22kΩ（R_3 是平衡电阻），R_2 = 680Ω，R_4 = 1Ω，C_1、C_2 = 22μF，C_3、C_4 = 0.1μF，C_5 = 0.22μF，C_6、C_7 = 100μF，VD_1、VD_2 选 1N4001。

信号 u_i 由同相端输入，R_1、R_2、C_2 构成电压串联负反馈，因此闭环电压放大倍数为

$$A_{uf} = 1 + \frac{R_1}{R_2} = 33$$

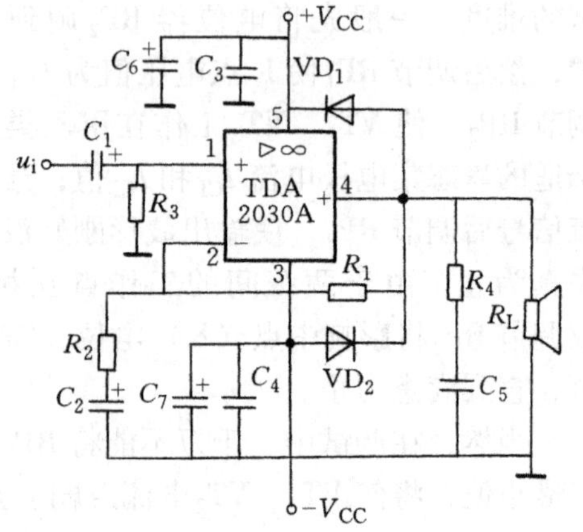

图 7-7　TDA2030A 构成 OCL 电路

因负载（扬声器）是电感性负载，图中 R_4、C_5 组成输出相移校正网络，使负载接近纯电阻。VD_1、VD_2 起保护作用，用来泄放 R_L 产生的自感应电压，将输出端的最大电压钳位在（V_{CC} + 0.7V）和（$-V_{CC}$ - 0.7V）上。C_3、C_4 为高频旁路电容，C_6、C_7 为低频旁路电容，减小干扰信号对输出的影响。C_1 为耦合电容，C_2 为隔直电容。

（二）单电源（OTL）应用电路

对仅有一组电源的中、小型录音机的音响系统，可采用单电源连接方式，如图 7-8 所示。图中，$R_1 = R_2 = R_3$ = 100kΩ，R_4 = 150kΩ，R_5 =

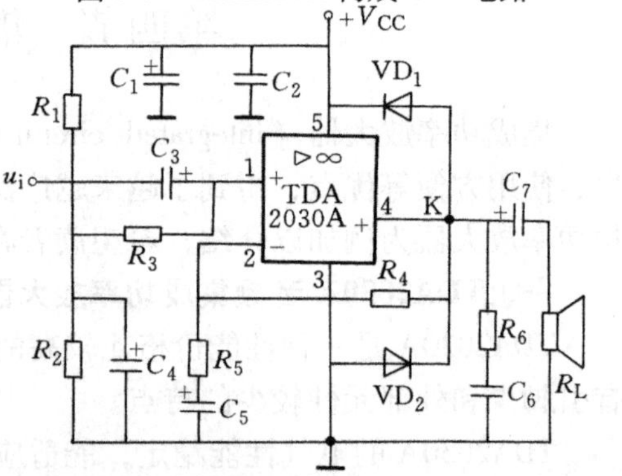

图 7-8　TDA2030A 构成的 OTL 电路

4.7kΩ，$R_6=1\Omega$，$C_1=100\mu F$，$C_2=0.1\mu F$，$C_3=2.2\mu F$，C_4、$C_5=22\mu F$，$C_6=0.22\mu F$，$C_7=2200\mu F$，VD_1、VD_2选 1N4001。

由于采用单电源，故同相输入端必须用R_1、R_2组成分压电路，K 点电位为$V_{CC}/2$，通过R_3向输入级提供直流偏置，在静态时，正、负输入端和输出端皆为$V_{CC}/2$。其他元件作用与双电源电路相同。

第五节 功率管的散热问题

在功率放大电路中，功率管中流过的信号电流较大，管子又存在一定的压降，因此功率管的管耗较大，根据能量守恒定律，这部分功率将被转化为热量，使功率管温度升高。对于硅材料器件，一般规定最大结温T_{jM}约 120℃左右，锗材料的T_{jM}约为 90℃左右。半导体器件的可靠性很大程度上与 PN 结的温度有关，过高的结温会加速元件老化，甚至损坏。而器件的耗散功率决定了 PN 结的温度。如果采用散热措施，在相同的输出功率条件下，由于增加了耗散功率，功率管的温度（PN 结温度）得以下降，就可提高管子所允许承受的最大管耗。使功率放大电路有较大功率输出而不损坏管子。

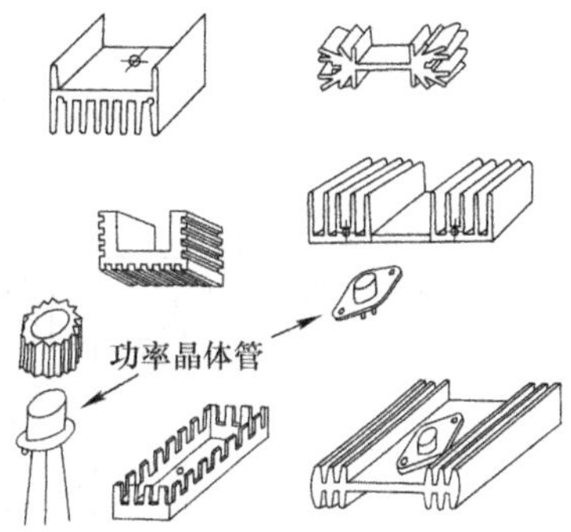

图 7-9 常见的几种散热器的外形

图 7-9 所示为几种常用的散热器形状。有时手册规定的管耗是在加散热片的情况下给出的，使用时应该按照面积要求加装散热器。

第六节 功率放大电路应用电路举例

一、提高运放输出电流的电路

通常，运算放大器的输出电流大多在 10mA 左右。当 μA741 的输出电流达到约 20mA 时，内部限幅电路会对输出电压进行限幅。这样欲增大输出电流，需在运放输出端加接一级功率放大电路，如图 7-10 所示。该电路采用互补对称晶体管 2SC503、2SA503 组成互补对称推挽功率放大电路。

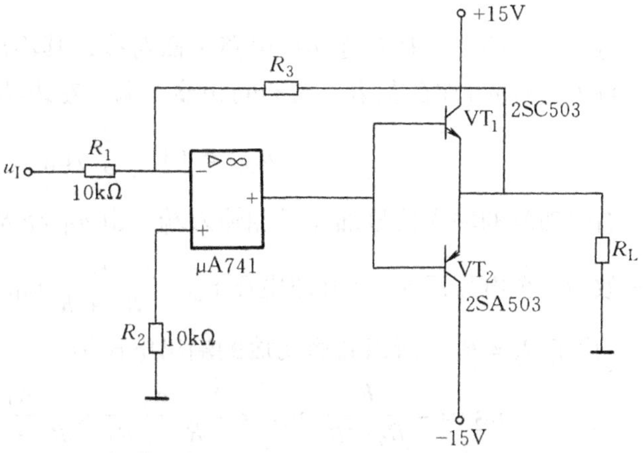

图 7-10 提高运放输出电流的电路

根据虚短和虚断的概念，可知此电路输出电压$u_L\approx-\dfrac{R_3}{R_1}u_I$，输出电流$i_L\approx-\dfrac{R_3}{R_1}\dfrac{u_I}{R_L}$。但其最大输出电压和最大输出电流受直流电源电压、运放的最大输出电流、晶体管 2SC503 和 2SA503 的 β、I_{CM}、P_{CM}、$U_{(BR)CEO}$ 等限制。

*二、由集成功放 TDA2030A 构成的 BTL 电路

在 OCL 电路中，负载 R_L 上获得最大电压的峰值 U_{Omax} 接近 V_{CC}。其最大输出功率为

$$P_{Omax} = \frac{1}{2}\frac{V_{CC}^2}{R_L}$$

在 R_L 一定时，要提高 P_{Omax}，必须提高电源电压 V_{CC}，V_{CC} 越高，对功率管耐压的要求也越高。BTL（balanced transformer less，平衡方式无输出变压器）功放电路可以不增大 V_{CC} 却能提高输出功率 P_{Omax}，电路如图 7-11 所示。

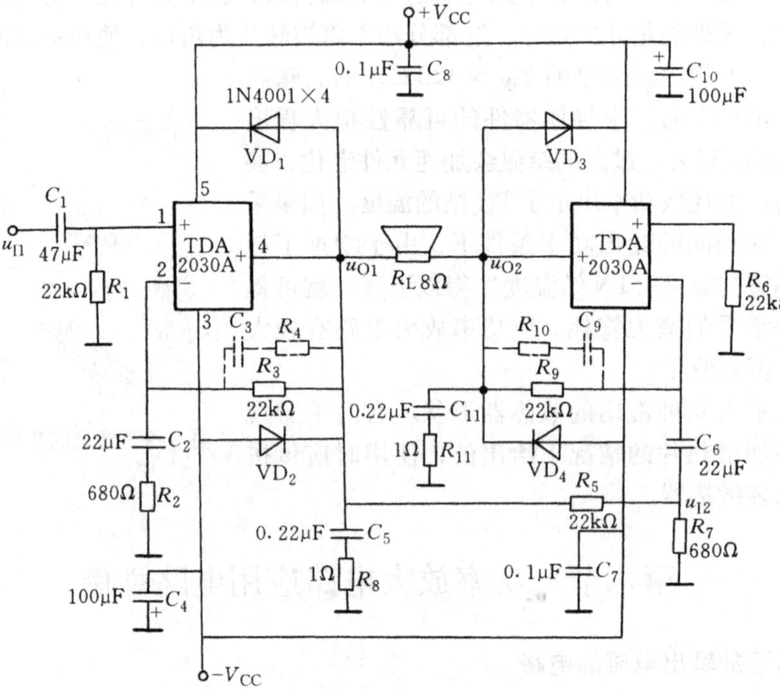

图 7-11 用 TDA2030A 构成的 BTL 电路

电路中，两个互补对称功放电路平衡对接，其输出电压 u_{O1}、u_{O2} 接负载两端，负载不接地。输入信号 u_{I1} 加在左边功放的同相输入端。左边功放输出电压为

$$u_{O1} = (1 + \frac{R_3}{R_2})u_{I1} = 33u_{I1}$$

右边功放的输入信号加在反相输入端，由 u_{O1} 经 R_5、R_7 分压取得，根据戴维南定理，可以等效为一个电压源 u_{I2}（开路电压 $u_{I2} = \frac{R_7}{R_5 + R_7}u_{O1}$）和一个电阻的串联（电阻等于 $R_7 // R_5$）。由于 $R_5 = R_9$，所以右边功放的输出电压为

$$u_{O2} = -\frac{R_9}{R_7 // R_5}u_{I2} = -\frac{R_5}{\frac{R_5 \times R_7}{R_5 + R_7}} \times \frac{R_7}{R_5 + R_7}u_{O1} = -u_{O1} = -33u_{I1}$$

可得 $u_{O2} = -u_{O1}$，即 $u_O = 2u_{O1}$，这样负载两端的电压 u_O 等于单功放输出电压的两倍，

即在相同的电源电压和负载情况下，BTL 的最大不失真功率增加为 OCL 的 4 倍。

图中，可接入 C_3、R_4 以及 C_9、R_{10}，如虚线所示，起相位补偿作用，可以防止高频自激。

三、恒流源式步进电动机驱动器

图 7-12 所示电路为恒流源式步进电动机驱动电路，控制信号由单片机输出。由于步进电动机驱动电流较大，有可能干扰计算机的工作，因此在输入端加了光耦合器件 4N25。VT_1 为前置放大推动，VT_2、VT_3 组成复合输出管，L 为步进电动机的绕组，VD_1 为续流二极管，由于本电路步进电动机的电流达 2.5A，所以二极管要与电阻 R_1 串联，分担二极管续流时的功耗，保护二极管。VD_2、VD_3、VT_4 组成恒流源，从电路中可以看出，二极管 VD_2、VD_3 串联后的压降为 1.4V 左右，晶体管 VT_4 的 U_{BE} 为 0.7V，这样，R_3 上的电流为 $0.7/0.3 \approx 2.3A$，使步进电动机绕组的电流为恒流。当控制信号 u_I 为 5V（高电位）时，绕组有电流；控制信号 u_I 为 0V（低电位）时，绕组中无电流。

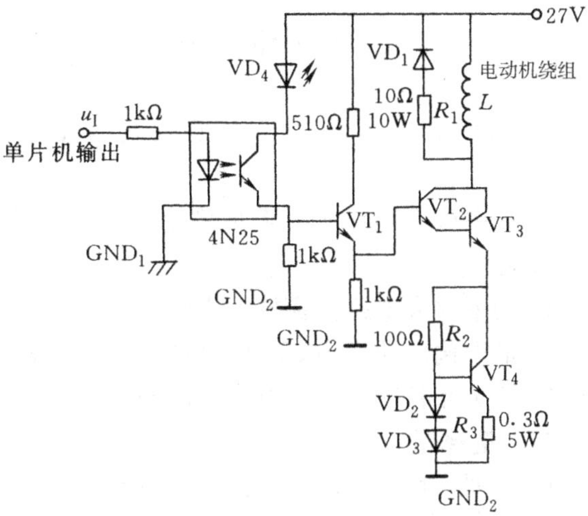

图 7-12 恒流源式步进电动机驱动器

本章小结

1. 功率放大电路的任务是向负载提供符合要求的输出功率，要求失真度要小，输出功率要大，晶体管的损耗要小，效率要高等。功率放大电路的主要技术指标是输出功率、管耗、效率、非线性失真等。

2. 功率放大电路有甲类、乙类、甲乙类三种类型。甲类功放的特点是波形失真小但效率很低；乙类功放效率高但存在着交越失真；甲乙类功放较好地解决了上述问题，因此应用最为广泛。

3. 提高功率放大电路输出功率的主要途径是提高输出电流，互补对称推挽功率放大电路是由两个管型相反的射极输出器组合而成，在同一信号下，两输出管交替工作，具有较强的电流放大能力。为了解决功率晶体管的互补对称问题，可采用复合型互补管，以获得大的电流增益和较为对称的输出特性，对应的电路称为准互补功率放大电路。

4. 互补推挽功率放大器分为双电源供电的 OCL（无输出电容）电路和单电源供电的 OTL（无输出变压器）电路。OTL 电路采用单电源供电，但输出端接有耦合电容，用来代替负电源。OCL 电路最大输出电压幅度理想情况下可达 V_{CC}，OTL 电路最大输出电压幅度理想情况下可达 $V_{CC}/2$。两种电路在理想情况下，当输出最大功率时，效率均可达到 $\pi/4$，即 78.5%。

5. 集成功率放大器是当前功率放大器的发展方向，应用日益广泛，使用时应注意查阅器件手册，按手册提供的典型应用电路连接外围元件。

6. 选择功率管时，应选用 P_{CM} 大、$U_{(BR)CEO}$ 高、I_{CM} 大的功率管，同时按要求加装散热器，使功率放大电路有较大的输出功率而不损坏管子。

练 习 题

一、填空题

1. 功率放大电路按晶体管在一个周期内导通时间不同，可分为________类、________类和________类。

2. 功率放大电路处于多级放大电路的________级，其任务是向负载提供足够大的________。

3. 功率放大电路的要求是输出功率尽可能________，效率尽可能________，非线性失真尽可能________。

4. 功率放大电路主要技术指标是________、________、________、________。

5. 最大输出功率为200W 的 OCL 功放电路，则单管的最大管耗约为________。

6. 乙类互补功率放大电路会出现________失真。

二、选择题

1. 下列三种功率放大电路中，效率最高的是（　　）。

A. 甲类　　B. 乙类　　C. 甲乙类

2. 乙类互补功率放大电路的效率在理想情况下可达（　　）。

A. 78.5%　　B. 75%　　C. 72.5%

3. OTL 电路负载电阻 $R_L = 10\Omega$，电源电压 $V_{CC} = 20V$，忽略晶体管的饱和压降时，其最大不失真输出功率为（　　）W。

A. 5　　B. 10　　C. 20　　D. 40

4. OCL 电路负载电阻 $R_L = 10\Omega$，电源电压 $V_{CC} = 20V$，忽略晶体管的饱和压降时，其最大不失真输出功率为（　　）W。

A. 5　　B. 10　　C. 20　　D. 40

5. 功率放大电路中采用乙类工作状态是为了（　　）。

A. 提高输出功率　　B. 提高效率

C. 提高放大倍数　　D. 提高带负载能力

三、判断题

1. 在功率放大电路中，输出功率越大，功放管的功耗越大。（　　）

2. 采用甲乙类功率放大器是为了消除交越失真。（　　）

3. 功率放大电路中的晶体管也处于放大状态，所以可采用微变等效电路法分析。（　　）

四、分析计算题

1. 在图 7-5 所示的 OTL 准互补对称功率放大电路中，试问：

1）晶体管 VT_1、VT_2、VT_3、VT_4、VT_5 分别工作在甲类、乙类还是甲乙类状态？

2）静态时，电容 C 两端电压应是多少？调整哪些器件可能满足这一要求？

3）动态时，如输出电压 u_O 出现图 7-13 所示的波形，则为何种失真？应调整哪个电阻？如何调整？

2. 设输入信号为正弦交流信号，估算图 7-14 所示电路的有关参数（管子导通时发射结的压降可忽略）：

1）输入信号的有效值等于 10V 时，电路的输出功率 P_O，电源消耗的功率 P_E，效率 η_1。

2）输入信号的幅值等于 20V 时，电路的输出功率 P_O，电源消耗的功率 P_E，效率 η_2。

3. 图 7-15 所示 OCL 电路中，输入信号为正弦交流信号，已知 $V_{CC}=\pm24V$，$R_L=4\Omega$，求：

1）理想情况时的 P_{Omax}。

2）输入电压 u_I 有效值等于 12V 时的输出功率 P_O。

3）对晶体管参数 I_{CM}、$U_{(BR)CEO}$、P_{CM} 的要求。

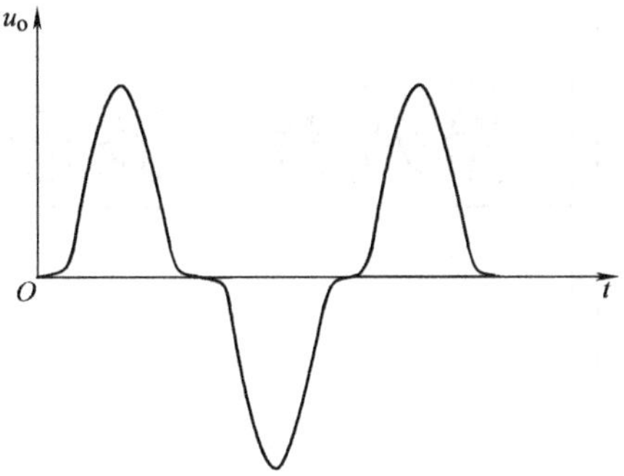

图 7-13

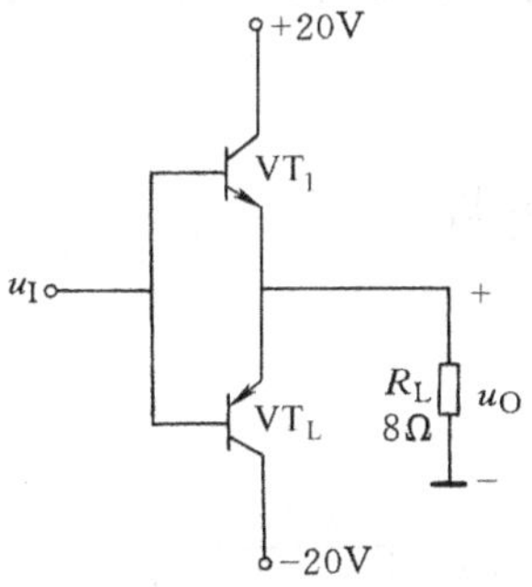

图 7-14

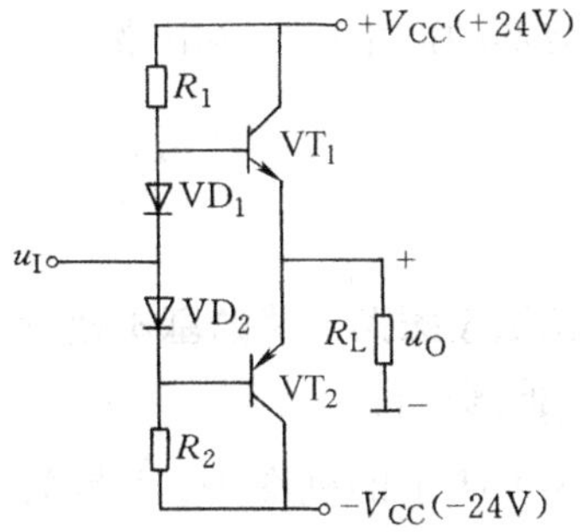

图 7-15

4. 在图 7-7 中，若输入信号的有效值为 100mV，扬声器的电阻为 4Ω，求扬声器得到的输出功率 P_O。

第八章　波形发生和变换电路

波形发生电路和波形变换电路在测量、自动控制、通信、无线电广播和遥测遥感等许多技术领域中有着广泛的应用。收音机、电视机和电子钟表等日常生活用品也离不开它。波形发生电路包括正弦波振荡电路和非正弦波振荡电路，它们不需要外加输入信号就能产生各种周期性的连续波形，例如正弦波、方波、三角波和锯齿波等。波形变换电路能将一种波形变换成另一种波形，例如将方波变换成三角波，将三角波变换成锯齿波或正弦波等。本章主要介绍这些波形的产生和变换电路。

第一节　正弦波振荡电路

一、正弦波振荡电路的基本概念

（一）振荡条件

在图 8-1 所示的框图中，$\dot{A}$ 是放大电路的放大倍数，$\dot{F}$ 是反馈电路的反馈系数，$\dot{U}_{id}$ 为放大电路的输入信号。当开关 S 打在端点 1 处时，放大电路没有反馈，其输入电压为外加输入信号（设为正弦信号）$\dot{U}_i$，经放大后，输出电压为 $\dot{U}_o$，如果通过正反馈引入的反馈信号 $\dot{U}_f$ 与 $\dot{U}_{id}$ 的幅度和相位相同，即 $\dot{U}_f = \dot{U}_{id}$，那么，可以用反馈电压代替外加输入电压，这时如果将开关 S 打到 2 上，即使去掉输入信号 $\dot{U}_i$，仍能维持稳定的输出，这时电路就成为不需要输入信号就有输出信号的自激振荡电路。

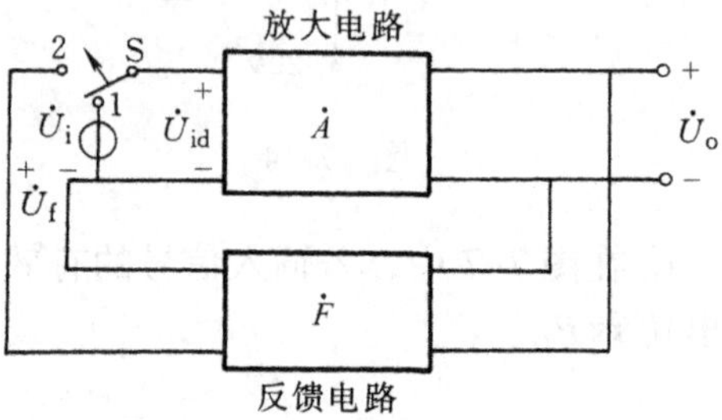

图 8-1　正弦波振荡电路的框图

由框图可知，产生振荡的基本条件是反馈信号与输入信号大小相等、相位相同。而

$$\dot{U}_f = \dot{F}\dot{U}_o = \dot{F}\dot{A}\dot{U}_{id}$$

当 $\dot{U}_f = \dot{U}_{id}$ 时，有

$$\dot{A}\dot{F} = 1$$

上式就是振荡电路的自激振荡条件。

由于 $\dot{A} = A\underline{/\varphi_a}$，$\dot{F} = F\underline{/\varphi_f}$，代入上式得

$$\dot{A}\dot{F} = A\underline{/\varphi_a} \times F\underline{/\varphi_f} = 1$$

这样可分解为两个条件：

1. 幅值（amplitude）平衡条件：

$$AF=1$$

上式说明放大倍数 $\dot{A}$ 的模 A 与反馈系数 $\dot{F}$ 的模 F 的乘积为1，它表示反馈信号 $\dot{U}_f$ 的幅度与输入信号 $\dot{U}_{id}$ 的幅度相等，输出信号 $\dot{U}_o$ 的幅度将保持不变。

2. 相位（phase）平衡条件：

$$\varphi_a+\varphi_f=2n\pi(n=0, 1, 2, \cdots)$$

上式说明放大电路的相移与反馈网络的相移之和为 $2n\pi$，即反馈信号 $\dot{U}_f$ 与输入信号 $\dot{U}_{id}$ 同相位，即必须引入正反馈。此时，输出信号 $\dot{U}_o$ 的频率将稳定下来，保持不变。

除上述两个基本条件外，为了获得单一频率 f_0 的正弦波输出，还要在放大电路或反馈电路中，加入具有选频特性的电路，使得只有某一选定频率 f_0 的信号满足振荡条件，而其他频率的信号则不能满足振荡条件。否则，因对信号的频率没有约束，输出信号中可包含着各种频率的谐波分量，得不到正弦波输出。所以，正弦波振荡器是由放大器加上足够的正反馈再加上选频电路组成的。

（二）起振与稳幅

当满足 $\dot{U}_f=\dot{U}_{id}$ 时，振荡电路就有稳定的信号输出，那么最初的输入信号 $\dot{U}_{id}$ 是怎么产生的呢？下面分析振荡电路的自动起振与稳定的过程。

当振荡电路接通电源时，电路中的电流信号和电压信号均会产生突变，根据非周期性信号的频谱分析可知，这种信号包含从低频到高频的各种频率成分。另外，电路中的干扰信号和噪声信号也包含着各种频率成分。由于选频电路的作用，其中只有一种频率 f_0 的信号满足相位平衡条件，如果这时放大倍数足够大，可以满足 $AF>1$ 的条件，经过正反馈反馈回输入端的信号将大于原始信号，输出信号的幅度将越来越大，使振荡电路起振，此时称为增幅振荡，$AF>1$ 称为起振条件。随着输出信号的增大，晶体管工作范围进入截止区或饱和区，电路的放大倍数 A 逐渐下降，当 $AF=1$ 时得到稳定的输出电压，输出电压的幅度不再增加，但波形会有所失真。振荡电路中有时还加有稳幅电路，当输出信号的幅度增加时，自动降低放大器的放大倍数 A 或者反馈网络的反馈系数 F，从而得到幅度稳定的输出电压。通常，从起振到等幅振荡所经历的时间是极短的（大约经历几个至十几个振荡周期的时间）。

（三）振荡电路的组成、分析和分类

1. 振荡电路的组成　根据振荡电路对起振、稳幅和振荡频率的要求，正弦波振荡电路一般由以下部分组成：

1）放大电路：具有放大作用，并将直流电能转换成振荡信号的能量。

2）反馈网络：它形成正反馈，将输出信号反馈回输入端，并满足相位平衡条件。

3）选频网络：在正弦波振荡电路中，它的作用是选择某一频率 f_0，使之满足振荡条件，形成单一频率的振荡。

4）稳幅电路：用于稳定振幅，改善波形。有时是利用晶体管的非线性来稳幅，没有专门的稳幅电路。

2. 振荡电路的分析　对于一个振荡电路，要判断它能否产生振荡，通常可采用下列步骤：

1）检查振荡电路是否具有以上的几个基本环节，特别是前三项。

2）分析振荡电路是否满足自激振荡的条件。

一般说来，振幅条件容易满足，主要是检查相位平衡条件，可采用瞬时极性法判断。将反馈到输入端的信号断开，如图 8-2 所示将电路的 K 点断开，引入输入信号并假设极性为（+），通过判断输出信号的极性，从而获得反馈信号的极性。如果反馈信号和输入信号的极性相同，则电路为正反馈，即说明放大电路引入了正反馈，满足相位平衡条件。

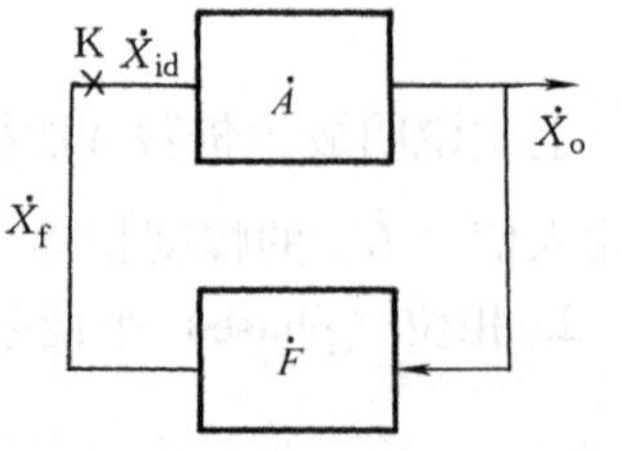

图 8-2 判断是否满足相位平衡条件

3. 振荡电路的分类 为了保证振荡电路产生单一频率的正弦波，电路必须有选频电路（又称选频网络）（frequency - selective network），根据选频网络所采用的元件不同，可将正弦波振荡电路分为 *RC*、*LC* 和石英晶体正弦波振荡电路。

二、*RC* 桥式正弦波振荡电路

（一）*RC* 串并联网络的频率特性

RC 网络具有选频特性，它可以让某一频率通过，也可以阻止其通过，*RC* 桥式正弦波振荡器就是利用这一特性而工作的。*RC* 桥式正弦波振荡电路由放大电路和 *RC* 串并联正反馈网络（兼选频网络）组成。下面我们分析 *RC* 串并联网络的选频特性。

1. 定性分析 *RC* 串并联网络如图 8-3 所示。

频率较低时，在串联回路中，C_1 的容抗远大于 R_1，R_1 可以忽略不计；在并联回路中，C_2 的容抗远大于 R_2，所以 C_2 的容抗可以忽略不计，这样得到图 8-4a 所示的低频等效电路，图 8-4b 是其频率特性曲线。可以看出，频率越低，U_2 越小，串并联网络反馈系数的模 $F = \frac{U_2}{U_1}$ 也越小，相移 $\varphi = \varphi_2 - \varphi_1$ 越大。当 $f \to 0$ 时，$F \to 0$，$\varphi \to +90°$，即 $\dot{U}_2$ 超前 $\dot{U}_1$ 90°。

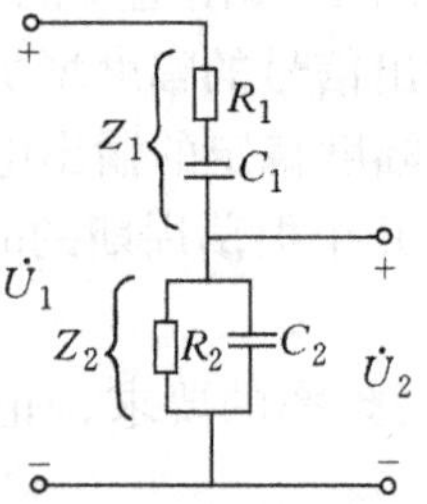

图 8-3 *RC* 串并联网络

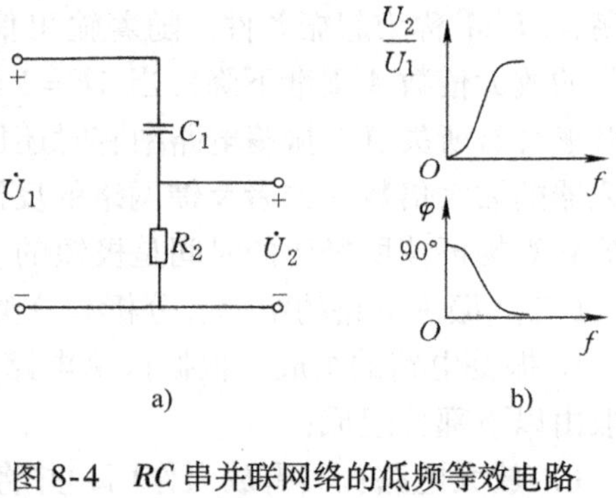

图 8-4 *RC* 串并联网络的低频等效电路

频率较高时，在串联回路中，容抗远小于 R_1，C_1 的容抗可以忽略不计；在并联回路中，C_2 的容抗也远小于 R_2，所以 R_2 的阻抗可以忽略不计，这样得到图 8-5 所示的高频等效电路图。频率越高，U_2 也越小，串并联网络反馈系数的模 $F = \frac{U_2}{U_1}$ 也越小，相移 $\varphi = \varphi_2 - \varphi_1$ 越负。当 $f \to \infty$ 时，$F \to 0$，$\varphi \to -90°$，即 $\dot{U}_2$ 滞后 $\dot{U}_1$ 90°。

由以上分析可知，当 f 由 $0 \to \infty$ 变化时，反馈系数 F 从零增加，最后又减到零，相移 φ

则从 +90°变到 -90°，可见，在某一频率处，F 可达最大值，而相移 φ 在某一频率处也可以变为零，说明网络具有选频特性。

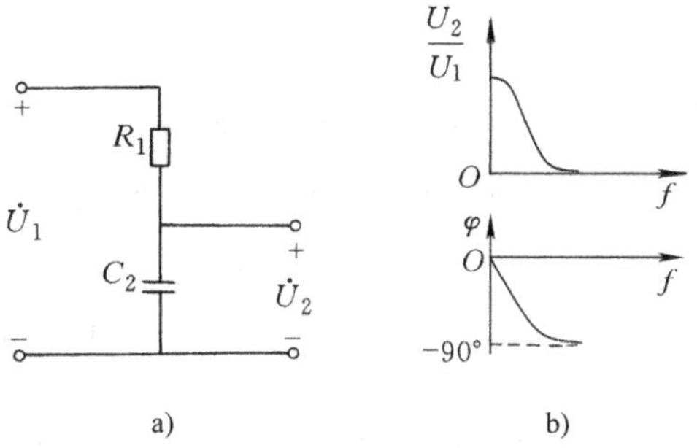

图 8-5 RC 串并联网络的高频等效电路

2. 定量分析 由图 8-3 所示电路，可以推导出 RC 串并联络的反馈系数

$$\dot{F}=\frac{\dot{U}_2}{\dot{U}_1}=\frac{Z_2}{Z_1+Z_2}=\frac{R_2//\frac{1}{j\omega C_2}}{(R_1+\frac{1}{j\omega C_1})+(R_2//\frac{1}{j\omega C_2})}$$

$$=\frac{1}{(1+\frac{R_1}{R_2}+\frac{C_2}{C_1})+j(\omega R_1C_2-\frac{1}{\omega R_2C_1})}$$

通常取 $R_1=R_2=R$，$C_1=C_2=C$，则有

$$\dot{F}=\frac{1}{3+j(\omega RC-\frac{1}{\omega RC})} \tag{8-1}$$

令 $\omega_0=\frac{1}{RC}$ 为网络的固有频率，或

$$f_0=\frac{1}{2\pi RC} \tag{8-2}$$

则
$$\dot{F}=\frac{1}{3+j(\frac{\omega}{\omega_0}-\frac{\omega_0}{\omega})}$$

因此幅频特性和相频分别为

$$F=\frac{1}{\sqrt{3^2+(\frac{\omega}{\omega_0}-\frac{\omega_0}{\omega})^2}}$$

$$\varphi_f=-\arctan\frac{\frac{\omega}{\omega_0}-\frac{\omega_0}{\omega}}{3}$$

当 $\omega=\omega_0$，即 $f=f_0=\frac{1}{2\pi RC}$ 时，F 达到最大，等于1/3，且相移 $\varphi_f=0$ 。如图 8-6 所示两条曲线是 RC 串并联选频网络的幅频特性和相频特性曲线。

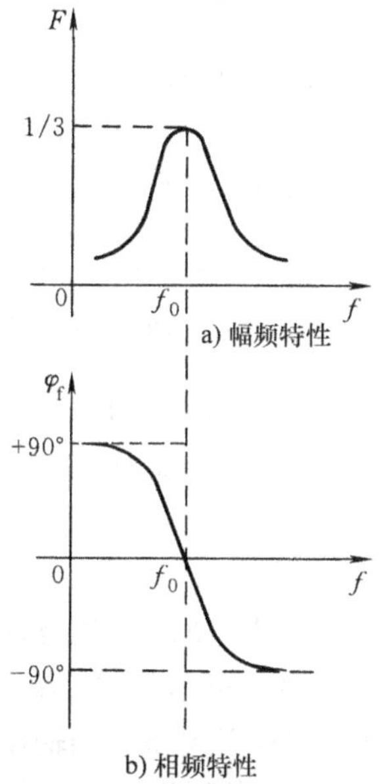

图 8-6 RC 串并联网络的频率特性

（二）RC 桥式正弦波振荡电路

1. 电路组成 根据正弦波振荡电路的振荡条件可知，选择一个电压放大倍数略大于 3 的同相放大电路与 RC 串并联选频网络组成正反馈就可以构成一个 RC 正弦波振荡电路，如图 8-7 所示，称为 RC 桥式正弦波振荡电路，又称为文氏电桥或文氏电桥振荡电路。它一般用来产生零点几赫兹到数百千赫兹的低频信号。图中的同相放大器采用同相输入的负反馈放大电路，电路结构简单，目前常用的低频信号源大多采用这种形式的振荡电路。

2. 振荡频率 RC 桥式正弦波振荡电路的振荡频率为

$$f_0 = \frac{1}{2\pi RC}$$

可见，改变 R、C 的参数值，就可以调节振荡频率。为了保证起振条件，必须同时改变 RC 串并联网络的两个电阻 R 的值或两个电容 C 的值，可采用双联电位器或双联可变电容器来实现。

3. 起振条件　因为 $F = \frac{1}{3}$，根据起振条件 $AF>1$，所以图中负反馈放大电路的电压放大倍数 $A_{uf} = 1 + \frac{R_F}{R_1}$ 应略大于 3，若 R_F 略大于 $2R_1$，就能顺利起振。若 $R_F<2R_1$，即 $A_{uf}<3$，电路不能振荡；若 $A_{uf}>>3$，输出波形将产生严重的失真，变成近似于方波的信号。

4. 常用的稳幅措施　如果利用晶体管的非线性来稳幅，晶体管将进入饱和区或截止区，输出波形较差，可在电路中加入稳幅环节。图 8-8 所示电路是利用二极管的非线性自动完成稳幅的电路。

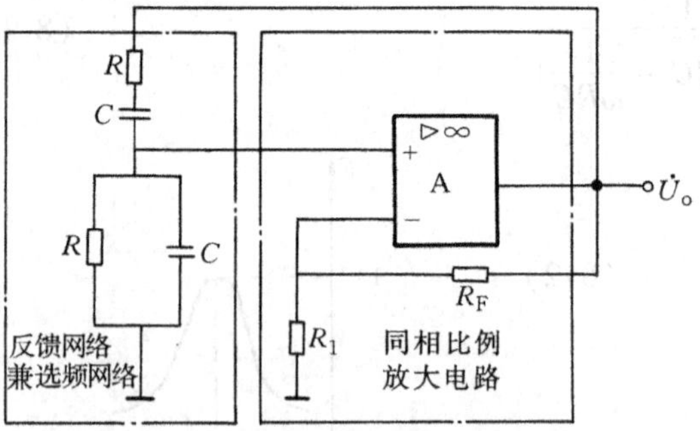

图 8-7　RC 桥式正弦波振荡电路

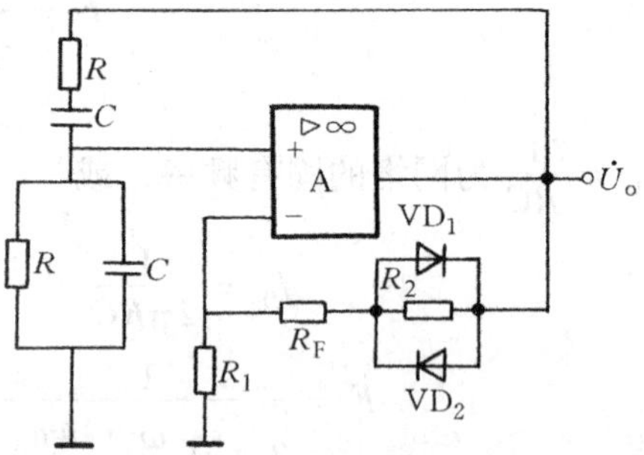

图 8-8　利用二极管稳幅的 RC 桥式正弦波振荡电路

在负反馈电路中，二极管 VD_1、VD_2 与电阻 R_2 并联。不论输出信号是正半周还是负半周，总有一个二极管导通，放大倍数为

$$A_{uf} = 1 + \frac{(R_{VD}//R_2) + R_F}{R_1}$$

上式中，R_{VD} 是二极管 VD_1 和 VD_2 的交流电阻。

振荡电路起振时，输出电压较小，二极管正向交流电阻较大，负反馈较弱，使 A_{uf} 略大于 3，有利于起振。当输出电压增大时，通过二极管的电流也相应增大，二极管的交流电阻 R_{VD} 减小，负反馈增强，使 A_{uf} 减小到 3，从而达到自动稳幅的目的。

RC 正弦波振荡器的特点是电路简单，容易起振，但调节频率不方便，振荡频率不高，一般适用于 $f_0<1$MHz 的场合。

三、*LC* 正弦波振荡电路

LC 正弦波振荡电路采用 LC 并联回路作选频网络。它主要用来产生高频正弦波信号，振荡频率通常在 0.5MHz 以上。按反馈电路的形式不同，LC 正弦波振荡电路有变压器反馈式、电感三点式和电容三点式等几种。

（一）*LC* 并联网络的选频特性

LC 并联选频网络如图 8-9 所示，其中 R 表示电感和电容的等效损耗电阻。选频网络接在晶体管放大电路的输出端，可用恒流源 $\dot{I}_S$ 近似等效晶体管的恒流作用。

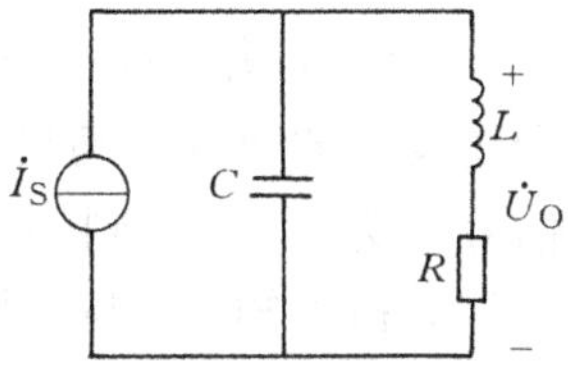

图 8-9 LC 并联回路

1. 谐振频率 由谐振电路原理可知，若忽略电阻 R 的影响，LC 并联网络的谐振频率为

$$f_0 = \frac{1}{2\pi\sqrt{LC}}$$

谐振时，电压 $\dot{U}_O$ 与电流 $\dot{I}_S$ 同相，电路呈电阻性。

2. LC 并联网络的频率特性 由电工基础知识可知，并联谐振时阻抗最大，其值为

$$Z_0 = \frac{L}{RC}$$

这时输出电压 U_O 也达最大值，且输出 $\dot{U}_O$ 与 $\dot{I}_S$ 同相（即相位差 $\varphi = 0$）。当外加信号的频率 f 偏离 f_0 时，LC 并联网络的阻抗很快下降，且相位差 $\varphi \neq 0$，偏离越大，$|Z|$ 越小，φ 越大，其幅频特性和相频特性如图 8-10a、b 所示。当 $f < f_0$ 时，电路呈感性，φ 为正值，即 $\dot{U}_O$ 超前于 $\dot{I}_S$。当 $f > f_0$ 时，电路呈容性，φ 为负值，即 $\dot{U}_O$ 滞后于 $\dot{I}_S$。由图 8-10 可以看出，谐振网络的品质因数 $Q = \frac{\omega_0 L}{R} = \frac{1}{R}\sqrt{\frac{L}{C}}$ 越大，幅频特性越尖锐，相频特性变化越急剧，选频效果越好。在相同 L、C 大小的情况下，R 越小，回路谐振时的能量损耗越小。一般 Q 值在几十 ~ 几百范围内。

（二）变压器反馈式（transformer feedback）振荡电路

图 8-11 电路是采用高频变压器构成的 LC 正弦波振荡电路。

1. 电路组成

（1）放大电路 图中采用分压式负反馈偏置的共射极电路，起放大和控制振荡幅度作用。电容 C_B 和 C_E 容量较大，对交流的阻抗小，近似为短路，分别起到耦合和旁路的作用。

（2）选频网络 图中 LC 并联谐振网络接在集电极，起选频作用，构成选频放大电路，使得在谐振频率处满足振荡条件，获得振荡电压输出。其振荡频率为

$$f_0 \approx \frac{1}{2\pi\sqrt{LC}} \tag{8-3}$$

（3）反馈网络 变压器二次绕组 L_2 作为反馈绕组。将输出电压的一部分反馈到输入端。

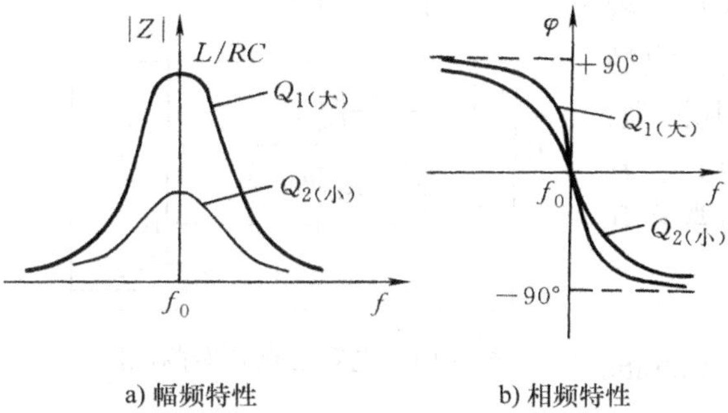

图 8-10 LC 并联回路的频率特性

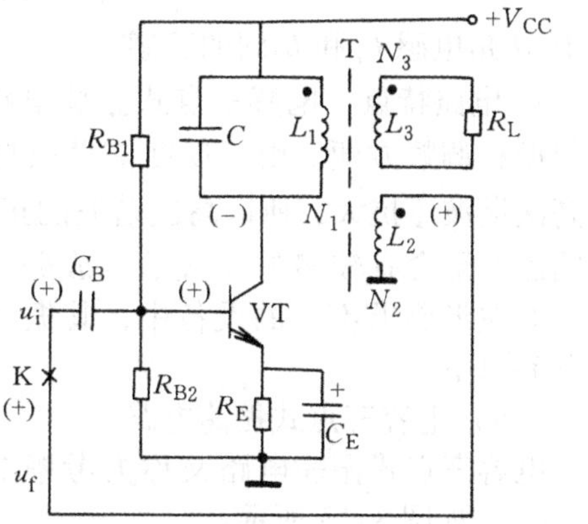

图 8-11 变压器反馈式 LC 正弦波振荡电路

2. 相位平衡条件　为了使振荡电路自激起振，必须正确连接反馈绕组 L_2 的极性，使之符合正反馈的要求，满足相位平衡条件。分析过程如下：假设反馈端 K 点断开，并引入输入信号 u_i 为（+），则各点的瞬时极性如图 8-11 所示。

经分析可知，u_f 与 u_i 同相，即正反馈，满足相位平衡条件。图中若 L_1、L_2 的同名端接错，则为负反馈，就不满足相位平衡条件，不能自激振荡。

反馈信号 u_f 的大小由反馈系数即匝数比 $\frac{N_2}{N_1}$ 决定，当晶体管的 β 和匝数比合适时，就可以满足起振条件 $AF>1$。

3. 电路特点　变压器反馈式 LC 振荡电路容易起振，若用可变电容器代替固定电容 C，则调频比较方便，缺点是振荡频率不太高，通常为几兆赫～十几兆赫。

（三）电感三点式振荡电路

电感三点式振荡电路又称为哈特莱振荡电路（Hartley circuit），如图 8-12 所示。

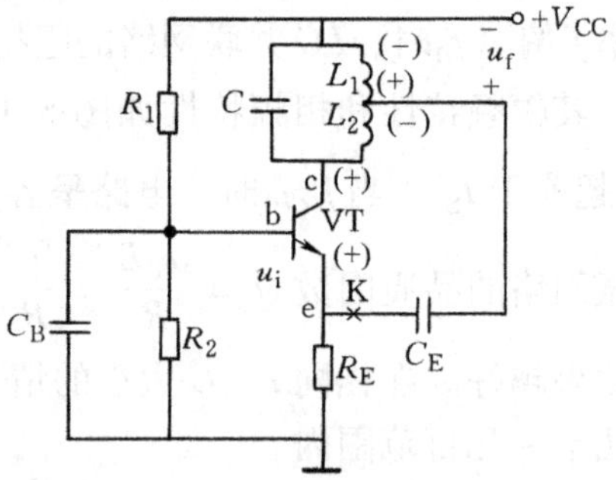

图 8-12　电感三点式振荡电路

1. 电路组成

（1）放大电路　本电路采用分压式偏置，由于 C_B 的容量较大，对交流信号而言，基极是信号的公共端，所以是共基极放大电路。

（2）选频网络　电感（L_1 和 L_2 两部分）与电容 C 并联，接在集电极，构成选频网络。

（3）反馈网络　电感 L_1 上的电压为反馈电压 u_f，送到晶体管的输入端 e 端。

2. 相位平衡条件　设反馈端 K 处断开，加入输入信号 u_i 为（+），则各点的瞬时极性如图 8-12 所示。可以看出 u_f 与 u_i 同相，即正反馈，满足相位平衡条件。

通常 L_1 的匝数为电感线圈总匝数的 1/8～1/4 就能满足起振条件。由于在交流通路中，电感的三个端子分别与晶体管 VT 的三个电极相连（L_1 的上端与基极均为交流接地），故称为电感三点式振荡电路。

3. 振荡频率 f_0　电感三点式振荡电路的振荡频率等于 LC 并联谐振电路的频率，即

$$f_0 \approx \frac{1}{2\pi\sqrt{LC}} \approx \frac{1}{2\pi\sqrt{(L_1+L_2+2M)C}}$$

式中 M 是电感 L_1 和 L_2 间的互感。

4. 电路特点　电感三点式振荡电路结构简单，容易起振，调频方便。由于反馈信号取自电感 L_1，电感对高次谐波感抗大，所以高次谐波的正反馈比基波强，使输出波形含有较多的高次谐波成分，波形较差，常用于对波形要求不高的设备中，其振荡频率通常在几十兆赫以下。

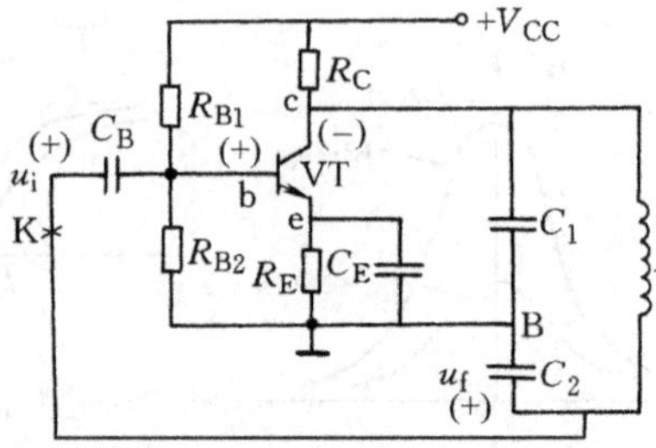

图 8-13　电容三点式振荡电路

（四）电容三点式振荡电路

电容三点式振荡电路又称为考毕兹电路（Colpitts circuit），如图 8-13 所示。

1. 电路组成　放大电路采用分压式偏置的共射电路。选频网络由电容（C_1和C_2串联）与电感L并联组成。反馈信号u_f取自电容C_2两端，送到晶体管VT的输入端b端。

2. 相位平衡条件　用瞬时极性法判断：反馈端K处断开，设加入的输入信号u_i为（+），则各点瞬时极性如图8-13所示。可以看出，u_f与u_i同相，即电路为正反馈，满足相位平衡条件。

由于在交流通路中，电容的三个端子分别与晶体管VT的三个电极相连，故称为电容三点式振荡电路。

3. 振荡频率f_0　振荡频率由LC回路的谐振频率确定，电路的振荡频率为

$$f_0 \approx \frac{1}{2\pi\sqrt{LC}} = \frac{1}{2\pi\sqrt{L\dfrac{C_1C_2}{C_1+C_2}}}$$

4. 电路特点　由于反馈电压取自电容两端，电容对高次谐波容抗小，对高次谐波的正反馈比基波弱，使输出波形中的高次谐波成分小，波形较好，振荡频率较高，可达100MHz以上。通常在电感L两端并联可变电容器，用于调节频率，但调节范围较小。

四、石英晶体振荡电路

我们知道，石英表计时非常准确，这是因为它内部有一个石英晶体（quartz crystal）振荡电路。和一般LC振荡电路比较，石英晶体振荡器具有极高的频率稳定性，其值用频率的相对变化量$\frac{\Delta f}{f_0}$表示，可达$10^{-9}\sim10^{-11}$。而一般LC振荡电路的频率稳定度通常无法达到10^{-4}。所以在要求频率稳定度高的场合，常采用石英晶体振荡电路，例如，它广泛应用于标准频率发生器、频率计、电话、电视及计算机等设备中。

（一）石英晶体谐振器的基本特性

1. 石英晶体谐振器的结构　石英晶体谐振器是从一块石英晶体上按一定方位角切下的薄片（称为晶体），再在晶体片的两个对应表面镀上银，引出两个电极，加上外壳封装而成，其外形、结构和符号如图8-14所示。

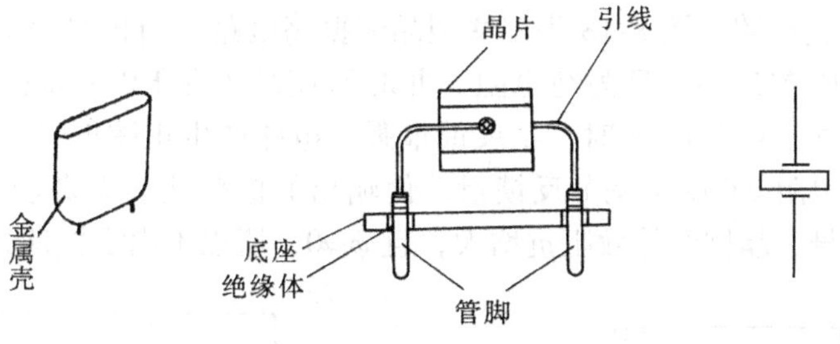

a) 石英晶体的外形　b) 石英晶体的结构　c) 石英晶体的符号

图8-14　石英晶体谐振器

2. 石英晶体的压电效应　如果在石英晶片上加一个交变电压（电场），晶片就会产生与该交变电压频率相同的机械变形振动，而晶片的机械振动，又会在其两个电极之间产生一个交变电场，这种现象称为压电效应。在一般情况下，这种机械振动和交变电场的幅度是极其微小的，只有在外加交变电压的频率等于石英晶片的固有振动频率时，振幅才会急剧增大，这种现象称为压电谐振（类似于物理中的共振现象）。石英晶片的谐振频率取决于晶片的几

何形状和切片方向，体积越小，一般谐振频率越高。

3. 等效电路　石英晶片的压电谐振等效电路和 LC 谐振回路十分相似，其等效电路如图 8-15所示。图中 C_0表示金属极板之间的电容，约为几个到几十皮法；L 和 C 分别模拟晶片振动时的惯性和弹性，一般等效的 L 较大，约 $10^{-3}\sim10^2$H；等效的 C 很小，约 $10^{-4}\sim10^{-1}$pF；R 是模拟晶片振动时的磨擦损耗，其等效值很小，约几欧至几百欧。所以，回路品质因数 Q 很大，可达 $10^4\sim10^6$，使得振荡频率非常稳定。

4. 谐振频率和谐振曲线　图 8-16 是石英晶体谐振器的电抗频率特性曲线，它具有两个谐振频率f_S和f_P，这两个频率非常接近，当$f_S < f < f_P$时，石英晶体呈感性，在其余频率范围内，均呈容性。

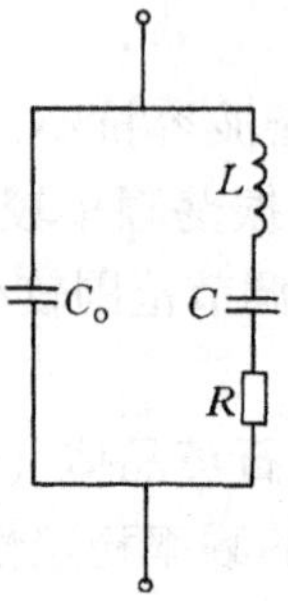

图 8-15　石英晶体的等效电路

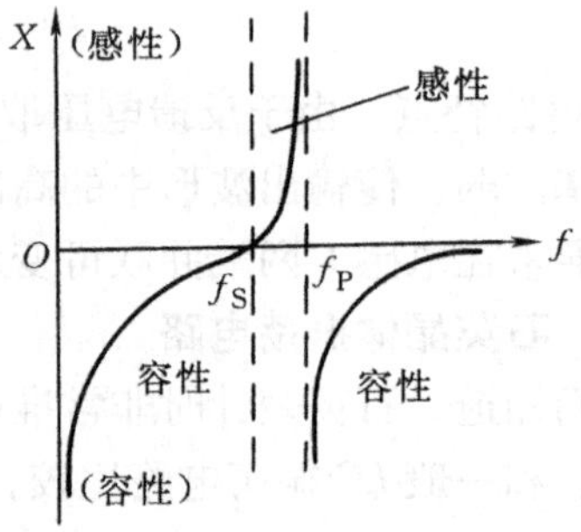

图 8-16　石英晶体的电抗频率特性

（二）石英晶体振荡电路

石英晶体振荡电路的基本形式有串联和并联型两类。

1. 并联型石英晶体振荡电路　图 8-17 所示电路中，利用频率在$f_S\sim f_P$之间时，晶体阻抗呈感性的特点，与外接电容 C_1、C_2构成电容三点式振荡电路。石英晶体为感性元件，该电路的振荡频率f_0接近于f_S，但略高于f_S，C_1、C_2对f_0的影响很小，但改变 C_1或 C_2可以在很小的范围内微调f_0。

2. 串联型晶体振荡电路　图 8-18 为串联型晶体振荡电路。当频率等于石英晶体的串联谐振频率f_S时，晶体阻抗最小，且为纯电阻，此时石英晶体和 RP 串联构成的反馈为正反馈，满足相位平衡条件，且在$f=f_S$时，正反馈最强，电路产生正弦振荡，所以振荡频率稳定在f_S。图中的可变电阻 RP 用来调节反馈量，使输出的振荡波形失真较小，且幅度稳定，对于偏离f_S的其他信号，晶体的等效阻抗增大，且 $\varphi_f\neq0$，所以不满足振荡条件。

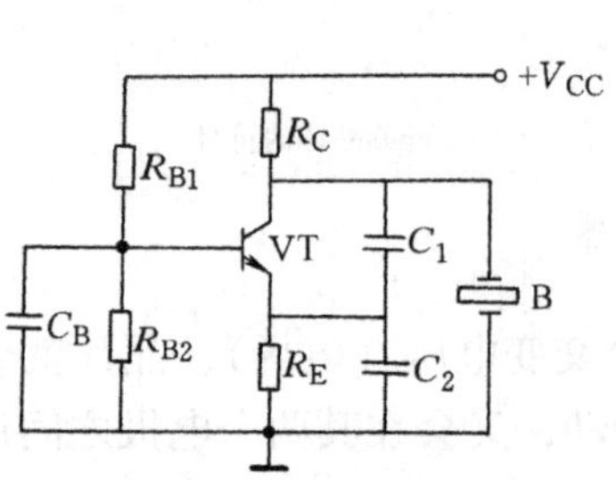

图 8-17　并联型石英晶体振荡电路

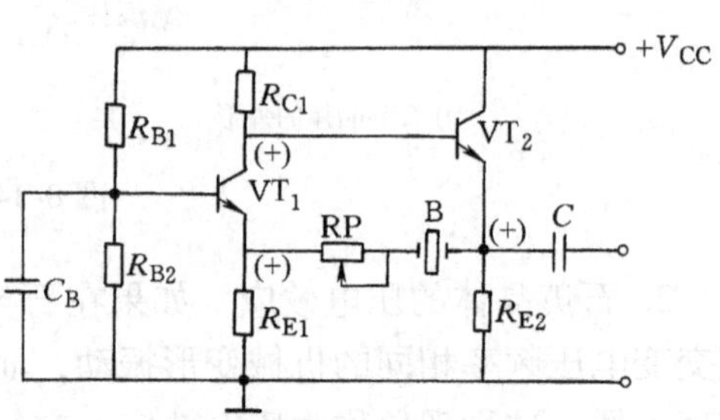

图 8-18　串联型晶体振荡电路

批量生产的石英谐振器的标准频率是在规定的外部负载电容值上校正的，例如 JA 型石英谐振器的负载电容有 30pF、50pF 和 100pF 等，使用时可用微调电容校正振荡频率。

第二节　非正弦信号发生器

在电子设备中，有时要用到一些非正弦波信号，例如在数字电路中经常用到的方波和矩形波，在电视扫描电路中要用到的锯齿波等，统称为非正弦波。本节只讨论方波、三角波及锯齿波的产生电路。这些电路通常由迟滞电压比较器和 *RC* 充放电电路组成。

一、方波发生器

1. 电路组成　图 8-19a 为方波发生器的基本电路，*RC* 构成负反馈回路，R_1，R_2构成正反馈。电路的输出电压由运放的同相端电压 u_P与反相端电压 u_N比较决定。

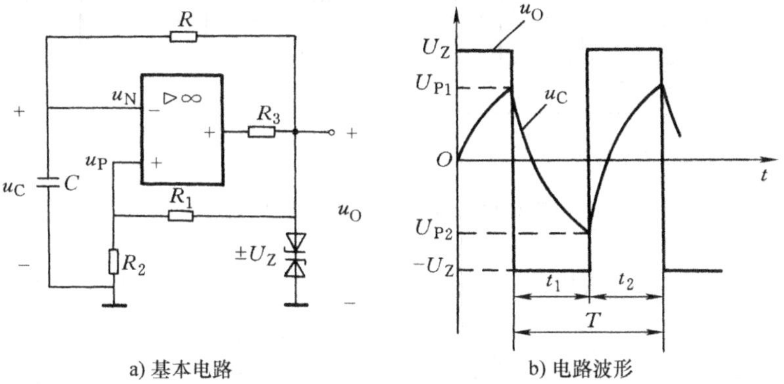

图 8-19　方波发生器的基本电路

2. 电路工作原理　假设电容的初始电压为 0，因而 $u_N=0$。电路通电后，由于失调电压的存在，输出电压将偏离零电位，如 u_O大于零，通过正反馈使得 u_P大于 u_N，输出电压立即上升到正的最大值 $+U_Z$；如 u_O小于零，通过正反馈使得 u_P小于 u_N，输出电压立即下降到负的最大值 $-U_Z$。因为电路有强烈的正反馈，所以输出只有两种状态。电路接通后，输出电压可能为正的最大值 $+U_Z$，也可能为负的最大值 $-U_Z$。设开始时输出电压为 $+U_Z$，同相输入端的电压为

$$U_{P1}=\frac{R_2}{R_1+R_2}U_Z$$

从负反馈回路看，输出电压 $+U_Z$通过电阻 *R* 向电容 *C* 充电，使电容电压 u_C逐渐上升。当 u_C大于 U_{P1}时，电路发生翻转，输出电压迅速由 $+U_Z$跳变为 $-U_Z$，这时同相端电压为

$$U_{P2}=-\frac{R_2}{R_1+R_2}U_Z$$

此时，*R* 上的电压为左正右负，所以电路翻转后，电容 *C* 就开始经 *R* 放电，u_C逐渐下降，降至零后由于输出端为负电压，所以电容 *C* 开始反向充电，u_C继续下降，当 u_C下降到低于 U_{P2}时，电路又发生翻转，输出电压由 $-U_Z$重新跳变到 $+U_Z$。输出电压变成 $+U_Z$后，电容又放电并正向充电。上述过程周而复始，在输出端就产生了方波电压信号。*RC* 的乘积越大，充放电时间就越长，方波的频率就越低。图 8-19b 为输出方波的波形图。

经计算分析可知：方波的周期为

$$T = 2RC\ln\left(1 + 2\frac{R_2}{R_1}\right) \tag{8-4}$$

二、三角波发生器

1. 电路组成 图8-20a为方波-三角波发生器。图中，运放A_1构成同相输入的迟滞电压比较器，其反相输入端接地，同相输入端由前、后级输出电压共同决定。运放A_2构成一个积分电路。

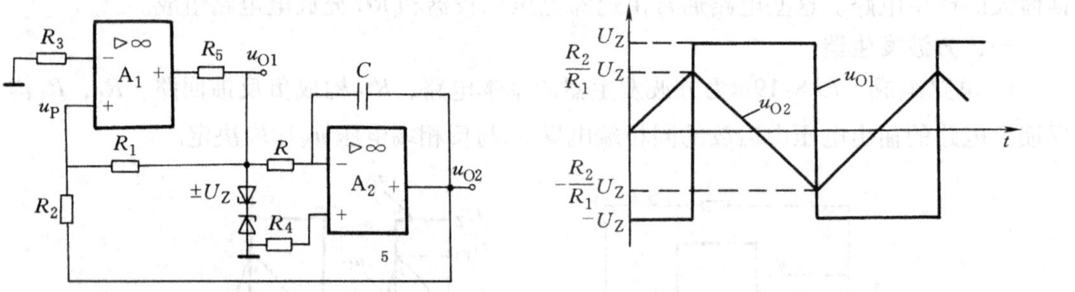

a) 基本电路 b) 输出波形

图8-20 方波-三角波发生器

2. 工作原理 由于A_1的同相输入端电压u_P由前、后级输出电压共同决定，其值为

$$u_P = u_{O1}\frac{R_2}{R_1 + R_2} + u_{O2}\frac{R_1}{R_1 + R_2} \tag{8-5}$$

对A_1来说，因为加有正反馈，电路工作在非线性区，u_{O1}只有两种状态。当$u_P>0$时，$u_{O1} = +U_Z$；当$u_P<0$时，$u_{O1} = -U_Z$。

假设电源接通后，$u_{O1} = -U_Z$，电容C上无电压，A_2的输出u_{O2}为零，A_1的同相输入端电压u_P为负值。这时，积分器的输出电压u_{O2}从零值开始线性上升，这样A_1的同相输入端电压u_P由负值渐渐上升。当u_{O2}增加到使u_P大于零时，A_1翻转，使u_{O1}迅速跳变到$+U_Z$。

由式（8-5）可求出门限电压值

$$u_P = -U_Z\frac{R_2}{R_1 + R_2} + u_{O2}\frac{R_1}{R_1 + R_2} = 0$$

所以

$$u_{O2} = \frac{R_2}{R_1}U_Z \tag{8-6}$$

式（8-6）表明，当u_{O2}上升至$\frac{R_2}{R_1}U_Z$时，电压比较器A_1发生翻转，u_{O1}由$-U_Z$变成$+U_Z$。

u_{O1}变成正值（$+U_Z$）后，积分器的输出电压u_{O2}开始线性下降，这时A_1的u_P也逐渐下降。当u_{O2}下降至使u_P小于零时，电压比较器又发生翻转，u_{O2}迅速由$+U_Z$跳变成$-U_Z$。

由式（8-5）可求出另一门限电压值

$$u_P = U_Z\frac{R_2}{R_1 + R_2} + u_{O2}\frac{R_1}{R_1 + R_2} = 0$$

$$u_{O2} = -\frac{R_2}{R_1}U_Z \tag{8-7}$$

式（8-7）表明，当 u_{O2} 下降至 $-\frac{R_2}{R_1}U_Z$ 时，电压比较器 A_1 又发生翻转，u_{O1} 由 $+U_Z$ 变成 $-U_Z$。

电路的工作波形如图 8-20b 所示，图中 u_{O1} 为方波，其幅值为 $\pm U_Z$；u_{O2} 为三角波，其幅值为 $\pm\frac{R_2}{R_1}U_Z$。

由图 8-20b 可见，方波和三角波的周期是 u_{O2} 从零变至 $\frac{R_2}{R_1}U_Z$ 所需时间的 4 倍，所以方波和三角波的周期为

$$T = 4\frac{R_2}{R_1}RC \tag{8-8}$$

由式（8-8）可知，该电路产生的方波和三角波的周期与 R_1、R_2、R 及 C 有关，一般先调节 R_1 或 R_2，使三角波的幅值满足要求后，再调节 R 或 C，以调节方波和三角波的周期。

三、锯齿波发生器

如果三角波是不对称的，即上升时间不等于下降时间，则成为锯齿波。图 8-21a 为矩形波－锯齿波发生器。图中积分器设有两条积分支路，当 u_{O1} 为 $+U_Z$ 时，电容 C 通过二极管 VD_1 及电阻 R_3 正向充电，当 u_{O1} 为 $-U_2$ 时，电容 C 通过 VD_2 及 R_4 反向充电。如果 $R_3<R_4$，则锯齿波下降时间小于上升时间，图 8-21b 为矩形波－锯齿波发生器的波形图，u_{O1} 输出为矩形波信号，u_{O2} 输出为锯齿波。如果 $R_3>R_4$，锯齿波的下降时间大于上升时间。

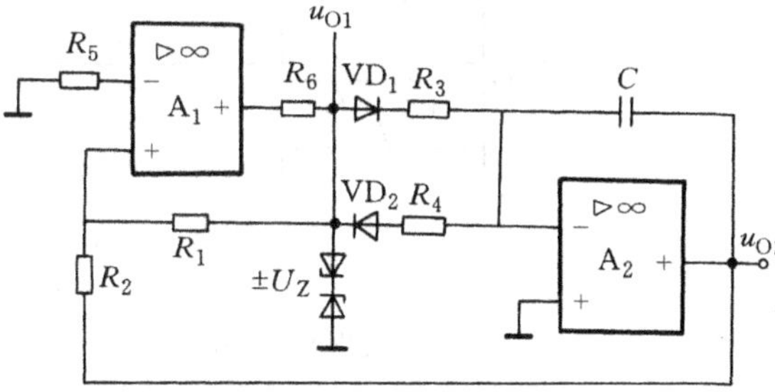

a) 基本电路

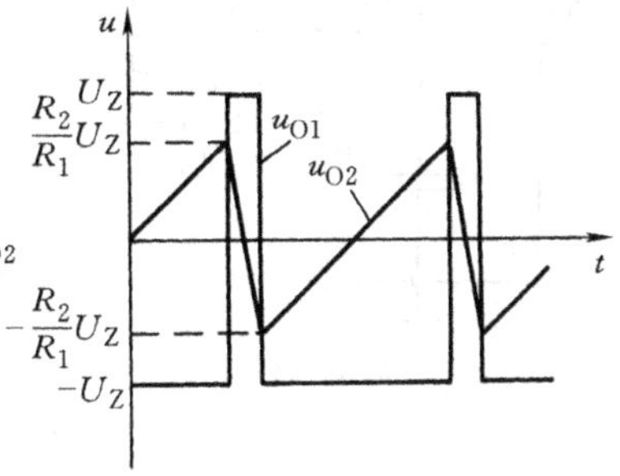

b) 输出波形

图 8-21 矩形波－锯齿波发生电路

第三节 波形发生和变换电路应用举例

一、单电源占空比可调矩形波振荡器

占空比是矩形波的一个重要技术指标，是指一个周期内矩形波维持高电平的时间 t_1 与振荡器周期 T 之比，如图 8-22b 所示。

图 8-22a 是单电源占空比可调矩形波振荡器基本电路，R_{F1} 引入了正反馈，R_{F2}、RP_1 构

成负反馈电路。反相输入端上的电压 $u_N = u_C$（电容 C 上的电压）。

电源刚接通时，$u_N = u_C = 0$。因为运放采用单电源供电，输出高电平可接近电源电压、输出低电平接近0V，所以 u_P大于0V，$u_P > u_N$，输出电压 $u_O = +U_{O(sat)}$（接近5V），并维持在此电压值上，输出电压通过 R_{F2}及 RP_1向电容 C 充电，电容两端电压开始上升，上升的速度与（$R_{F2} + RP_1$）及 C 有关。此时同相端等效电路如图8-22c所示，有

$$U_{P1} = U_{TH1} = \frac{(RP_{22} + R_2)V_{CC}}{(R_1 + RP_{21})//R_{F1} + RP_{22} + R_2}$$

当 $u_C > U_{P1}$时，比较器的输出发生翻转，接近0V（因为是单电源），电容 C 通过 R_{F2}、RP_1放电。这时同相端电位发生相应的变化，其等效电路如图8-22d所示，有

$$U_{P2} = U_{TH2} = \frac{(RP_{22} + R_2)//R_{F1}}{R_1 + RP_{21} + (RP_{22} + R_2)//R_{F1}}V_{CC}$$

当电容 C 的端电压 $u_C < U_{P2}$时，比较器的输出又发生翻转。如此周而复始，输出为矩形波。调节 RP_1可改变 RC 充放电时间常数，可调节矩形波的周期。调节 RP_2可调整两个门限电压 U_{P1}、U_{P2}的大小，从而改变电容 C 的充电时间长短，使占空比变化，同时也会影响矩形波的周期。各点电压波形如图8-22e所示。

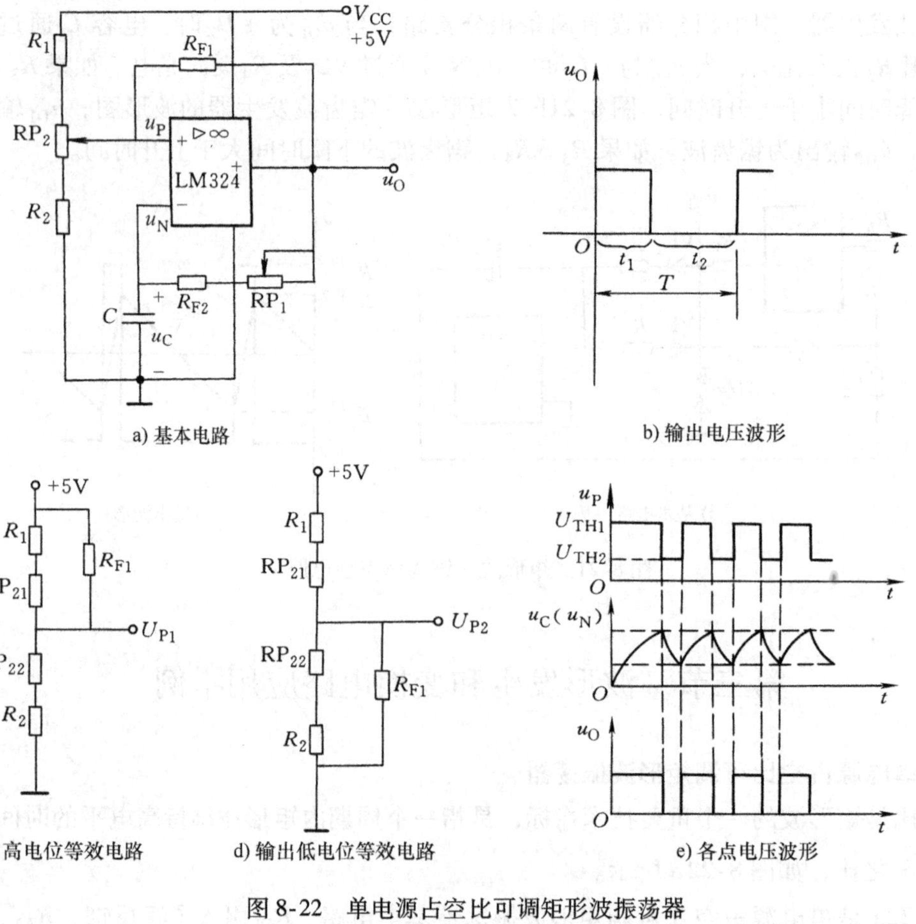

a) 基本电路　b) 输出电压波形

c) 输出高电位等效电路　d) 输出低电位等效电路　e) 各点电压波形

图8-22　单电源占空比可调矩形波振荡器

二、利用场效应晶体管稳幅的 *RC* 桥式振荡器

图 8-23 所示电路是利用场效应晶体管进行稳幅的 *RC* 桥式振荡电路。图中，场效应晶体管 VF_1 工作在可变电阻区，其漏、源极之间的电阻 R_{DS}随栅极电压而改变。将场效应管接在运放反相输入端与地之间，可以达到稳幅的目的。

VF_1为 N 沟道结型场效应管。当 $U_G=0$ 时，VF_1导通，R_{DS}很小，电路增益为

$$A_{uf}=1+\frac{R_3}{(R_5+R_{DS})//R_4}>3$$

所以，有利于电路起振。电路起振后，随着输出 u_O幅度的增加，VD_1开始导通，C_1两端的电压（VF_1的栅极电压）变为负值，R_{DS}增大，使电路增益 A_{uf}减小。当 u_O的幅度继续增加时，U_G变得更负，R_{DS}变得更大，使放大倍数 A_{uf}继续下降，当增益 A_{uf}等于 3 时，满足振幅平衡条件，振幅趋于稳定。由上述分析可知，VD_1、C_1、VF_1等元件组成自动稳幅电路，使放大电路不进入非线性区，输出波形较好。

N 沟道结型场效应晶体管正常工作时，栅源极之间和栅漏极之间的电压都必须为负值。$+V_{DD}$的作用是为 VF_1的漏极提供直流偏置，保证起振后，图中 d 点的电位（等于直流分量和交流分量的叠加）一直为正值，使 VF_1的栅漏极之间的电压为负值，VF_1可以正常工作。

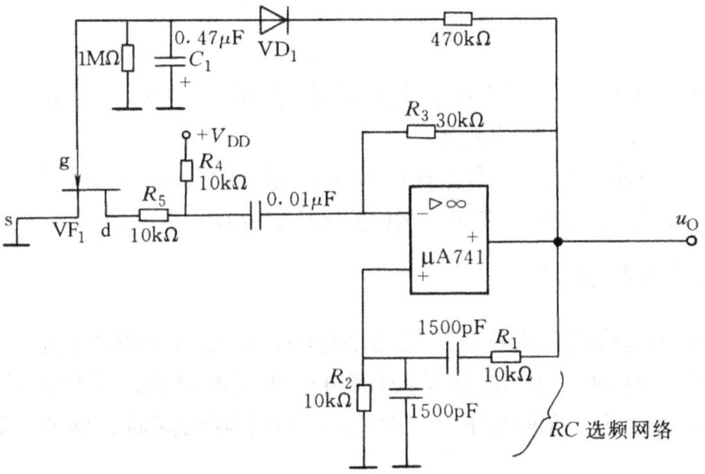

图 8-23 利用场效应晶体管进行稳幅的 *RC* 桥式振荡电路

*三、ICL 8038 组成的多功能信号发生器

采用集成电路 ICL 8038 构成的函数发生器可以同时获得矩形波、三角波和正弦波，电路如图 8-24 所示。ICL 8038 内部集成了类似于前面介绍过的矩形波、三角波振荡电路，而正弦波可通过三角波折线近似电路获得。该电路获得的正弦波不是平滑曲线，失真率为 1%左右，可作一般用途。

电路中的电位器 RP_1和 RP_4用于调整频率，使频率由 20Hz 到 20kHz 范围内变化；RP_2用于正弦波失真度调节；RP_3用于调整波形的占空比。

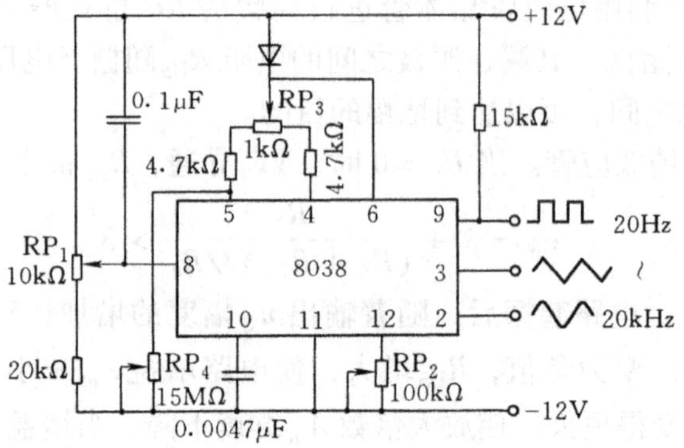

图 8-24 ICL 8038 组成的多功能信号发生器

本章小结

1. 正弦波振荡电路由放大电路和正反馈网络组成，两部分中应该包括选频环节，为了保证振荡器幅值稳定且波形较好，常常还需要增加稳幅环节。

2. 要产生正弦波振荡，要同时满足幅度平衡条件和相位平衡条件，即

$$AF=1$$

$$\varphi_a+\varphi_f=2n\pi$$

3. 按选频电路的不同，正弦波振荡电路可分为 RC、LC 和石英晶体振荡电路。通过改变选频网络的参数，即可改变振荡频率。

4. RC 桥式振荡电路的振荡频率 $f_0=1/2\pi RC$，通常作为低频信号发生器。

5. LC 振荡电路有变压器反馈式、电感三点式和电容三点式三种，振荡频率 $f_0=\dfrac{1}{2\pi\sqrt{LC}}$，通常作为高频信号源。

6. 石英晶体振荡电路是利用石英谐振器来选频，主要用于频率稳定度要求高的场合。

7. 矩形波发生器由 RC 充放电支路与迟滞电压比较器组成，三角波是在方波的基础上，通过积分电路产生的，当三角波电压上升时间不等于下降时间时，即成为锯齿波。

练 习 题

一、填空题

1. 正弦波振荡器一般是由________、________和________所组成，但为了保证振荡器幅值稳定且波形较好，常常还需要________环节。

2. 正弦波振荡电路产生自激振荡的相位平衡条件是________；幅值平衡条件是________。

3. 正弦波振荡电路起振的幅值条件是________。

4. 产生低频正弦波一般选用________振荡器；产生高频正弦波一般选用________振荡器；产生频率稳定性很高的正弦波可选用________振荡器。

5. 图 8-25 所示电路要组成一个正弦波振荡电路，填空回答下列问题

1）电路的联接①—________；②—________；③—________；④—________。

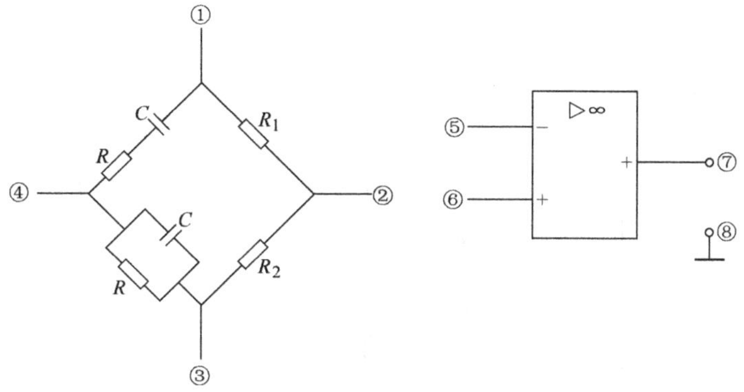

图　8-25

2）若要提高振荡频率可________。（A.　增大 R；B.　减小 C；C.　增大 R_1；D.　减小 R_2）

3）若输出正弦波失真应________。（A.　增大 R；B.　增大 R_1；C.　增大 R_2）

二、选择题

1. 正弦波振荡电路的振荡频率由（　　）而定。

A. 基本放大电路　　B. 反馈网络　　C. 选频网络

2. 在实验室要求正弦波发生器的频率是 10Hz ~ 10kHz，应选用（　　）；电子设备中要求 $f_0 = 4.0\text{MHz}$, $\Delta f/f_0 = 10^{-8}$，应选用（　　）；某仪器要求正弦波振荡器的频率调节范围为 10MHz ~ 20MHz，可选用（　　）。

A. RC 振荡器　　B. LC 振荡器　　C. 石英晶体振荡器

三、判断题

1. 正弦波振荡器从结构上看是一个没有输入信号的带选频网络的正反馈放大器。（　　）

2. 只要有正反馈，电路就一定能产生正弦波振荡。（　　）

3. 负反馈电路不可能产生振荡。（　　）

4. 在正弦波振荡电路中，只允许存在正反馈，不允许引入负反馈。（　　）

5. 自激振荡器中如没有选频网络，就不可能产生正弦波振荡。（　　）

四、分析计算题

1. 在图 8-7 所示的 RC 桥式正弦波振荡电路，设运放为理想运放，R_F 和 R_1 满足要求，$R = 100\text{k}\Omega$，$C = 0.01\mu\text{F}$，计算其振荡频率。

2. 用瞬时极性法判断图 8-26 所示各电路是否可能产生正弦波振荡？

3. 电容三点式振荡电路如图 8-27 所示，现要改进为石英晶体振荡电路，请画出电路。为获得与原电路相同的振荡频率，晶振的频率应选多大？（提示：计算振荡频率时，总电容等于三个电容的串联值）

4. 图 8-28 所示电路是一低成本函数发生器，已知 $R = 10\text{k}\Omega$，$C = 0.1\mu\text{F}$，画出 u_{O1}、u_{O2}、u_{O3}的波形，并计算振荡频率。

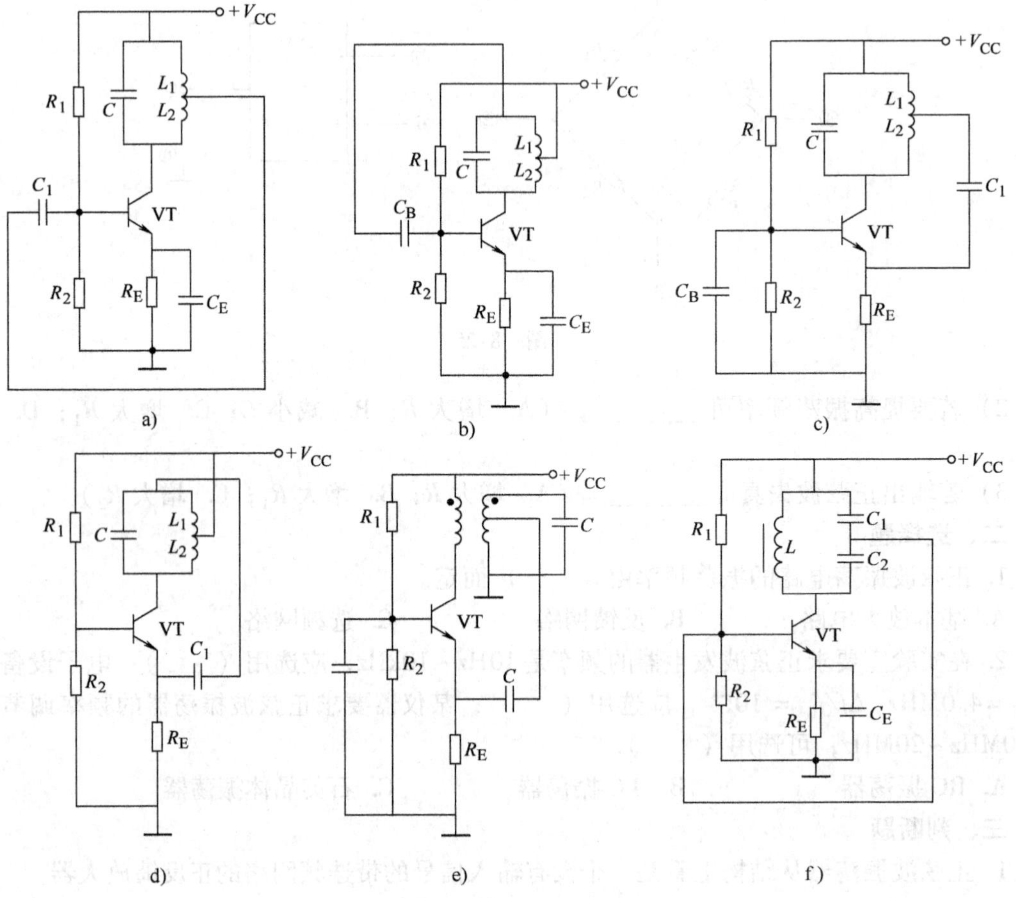
+VCC
R1
C
L1
L2
C1
VT
R2
RE
CE
CB
a)
b)
c)
d)
e)
f)
L
C2

图 8-26

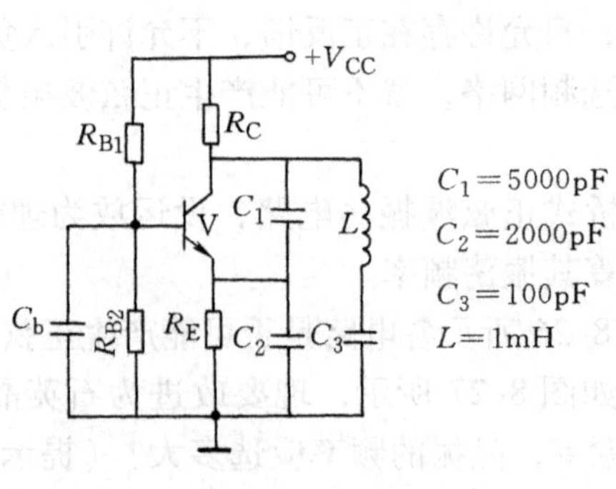
+VCC
RB1
RC
V
C1
L
Cb
RB2
RE
C2
C3
C1=5000pF
C2=2000pF
C3=100pF
L=1mH

图 8-27

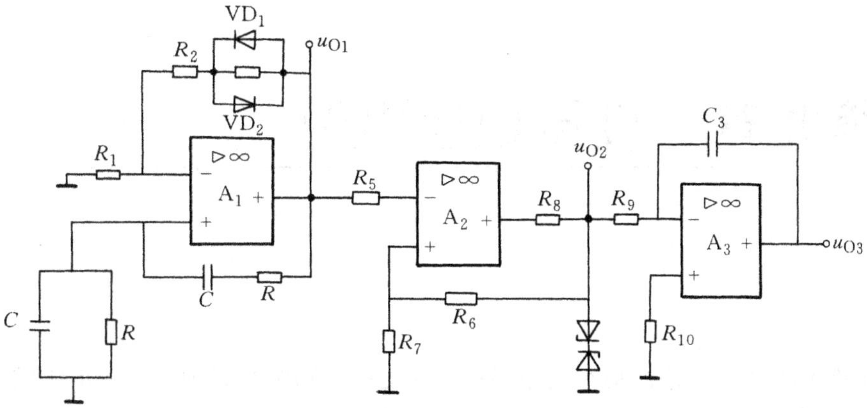

图　8-28

第九章　直流稳压电源

前面介绍了放大器的各种基本电路形式，在这些电路中都必须用直流电源供电，来提供能量。这些电源除少数情况采用电池外，大多数是采用交流电网供电。交流电压经降压整流，变换成脉动的直流电压，再经滤波后得到比较平滑的直流电压，这就是第一章中介绍的整流滤波电路所完成的任务。但是这种直流电源的输出电压不稳定，特别是采用电容滤波电路，当负载电流增加时，其输出直流电压下降较多。由于电源性能的优劣对放大电路的性能有直接的影响，因此我们需要在直流电源中采取稳压措施，稳压电路的作用是当电网或负载变化时维持输出直流电压基本不变。如图 9-1 所示是一种直流稳压电源（DC Voltage Stabilized Power Supply）的框图和对应的波形图。

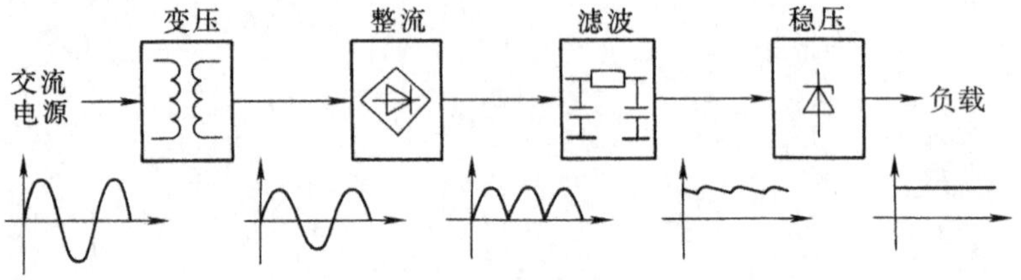

图 9-1　一种直流稳压电源的原理框图和对应的波形图

第一节　概　　述

一、电子设备中对直流电源的要求

在电子设备如测量仪器、电子计算机、自动控制仪表等装置中，要求所使用的直流电源的电压必须是稳定的，当然这里指的电压稳定是指变化要小到可以允许的程度，并不是绝对不变。如果电源电压不稳定，则会引起测量误差或电路工作不稳定、自动控制装置误动作，严重时甚至造成电路无法正常工作。因此了解直流稳压电源的性能指标是很有必要的。

二、引起直流稳压电源输出不稳定的主要原因

1. 交流电网电压不稳定　由于电网供电有高峰和低谷期存在，会存在 ±10% 的波动，引起整流、滤波后的直流输出电压也有相同比例的波动。

2. 负载电流变化　负载电阻的变化也会引起电源输出的变化。在一般情况下，负载阻抗减小，负载电流就增大，由于电源有一定内阻，所以一部分电动势就降落在内阻上，反映在输出端的现象是输出电压降低。

3. 稳压电源本身元器件的变化　由于老化、环境温度变化等影响而引起电路元器件特

性参数的变化也会导致稳压电源不稳定。

三、直流稳压电源的性能指标简易测试方法

直流稳压电源的性能指标有以下几种：

1. 纹波抑制比 S_R　纹波电压是指叠加在输出直流电压 U_o上的交流分量，它可用示波器的交流输入档来测量。一般应将示波器的 Y 轴输入灵敏度调到最高灵敏度的位置来观测纹波电压的峰－峰值 ΔU_{OPP}，一般为 mV 级。也可用交流毫伏电压表测量其有效值 ΔU_o，因为纹波电压是非正弦波，所以用有效值表示其纹波电压，会有一定误差。图 9-2 所示是纹波电压测量电路。

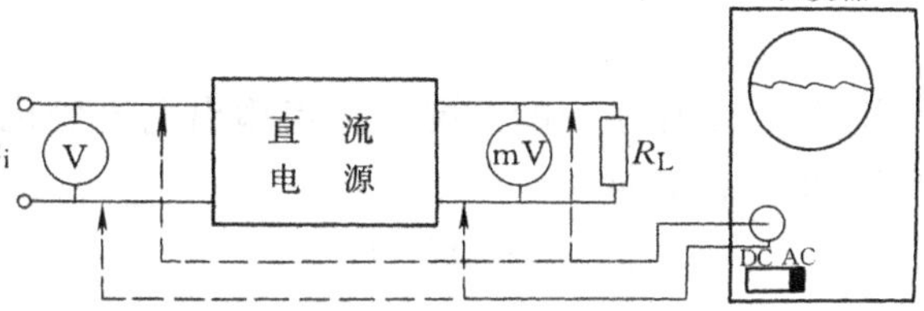

图 9-2　纹波电压测量电路

一般用纹波抑制比（ripple rejection ratio）来反映稳压电源对输入端引入的交流纹波电压的抑制能力。纹波抑制比 S_R表示稳压电路输入纹波电压峰－峰值 ΔU_{IPP}与输出纹波电压峰－峰值 ΔU_{OPP}之比，并再取其分贝数，即

$$S_R = 20\lg \frac{\Delta U_{IPP}}{\Delta U_{OPP}} \ (\text{dB}) \tag{9-1}$$

2. 稳压系数 S_U　是指在负载不变时，输出电压的变化量 ΔU_O和引起其变化的输入电压的变化量 ΔU_I之比，是表示稳压电源性能的一个重要指标。即

$$S_U = \left.\frac{\Delta U_O}{\Delta U_I}\right|_{\Delta I_O = 0} \times 100\% \tag{9-2}$$

稳压系数（coefficient of voltage stabilization）S_U越小，说明相同的 ΔU_I引起的 ΔU_O越小，则稳压电源的稳定性越好。为了准确地测出输入、输出电压的变化，可用数字式直流电压表来测量。

有时还可以用相对稳压系数 S 来表示稳定性，即

$$S = \left.\frac{\Delta U_O}{U_O} \Big/ \frac{\Delta U_I}{U_I}\right|_{\Delta I_O = 0} \times 100\% \tag{9-3}$$

图 9-3 是稳压系数的测量电路。测试过程是先测出当输入电压 $U_I = 220\text{V}$ 时的对应的输出电压 U_O，再调节自耦变压器使输入电压 $U_I = 220 \times 1.1\text{V} = 242\text{V}$，测量输出电压 U_{O1}，再次调节自耦变压器使 $U_I = 220 \times 0.9\text{V} = 198\text{V}$，测量输出电压 U_{O2}，则稳压系数

$$S = \frac{\Delta U_O}{U_O} \Big/ \frac{\Delta U_I}{U_I} \times 100\% = \frac{U_{O1} - U_{O2}}{U_O} \times \frac{220}{242 - 198} \times 100\% \tag{9-4}$$

上述测量得到的是该稳压电源在电网电压波动 ±10% 情况下的相对稳压系数。

3. 温度系数 S_T　表示在 U_I和 I_O都不变的情况下，环境温度 T 变化所引起的输出电压变化，即

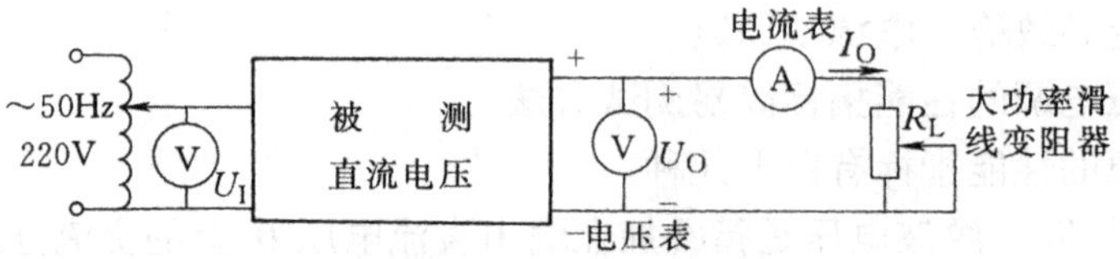

图 9-3 稳压电源性能指标测试电路

$$S_T = \left.\frac{\Delta U_O}{\Delta T}\right|_{\substack{\Delta U_I=0 \\ \Delta I_O=0}} (\text{mV/°C}) \tag{9-5}$$

将稳压电源置于不同温度的环境中一定时间后，用温度计和数字式直流电压表分别测出它们的变化值。

4. 输出电阻 R_O 表示输入电压不变的情况下，当输出电流变化时，输出电压的变化量 ΔU_O 和输出电流变化量 ΔI_O 的比值，即

$$R_O = \left.\frac{-\Delta U_O}{\Delta I_O}\right|_{\Delta U_I=0} \tag{9-6}$$

R_O 越小，输出电压的稳定性能越好，带负载能力越强。

5. 负载调整系数（load regulation stabilization） 又称电流调整率 S_I。表示稳压电路在输入电压 U_I 不变的条件下，输出电流 I_O 从零变到最大额定电流时，输出电压的相对变化量。即

$$S_I = \Delta U_O / U_O \big|_{\Delta U_I=0} \times 100\% \tag{9-7}$$

此项性能指标也可用图 9-3 所示的测试电路来测出。调节电压 $U_I = 220\text{V}$，改变 R_L 的阻值，分别测出对应的输出电压和电流值，再按公式算出 S_I。

以上稳压电源的性能指标与电路形式和电路参数密切相关，通常情况下是通过实际测试得到稳压性能指标，来表征稳压电源的性能优劣。

第二节 线性稳压电路

常用的直流稳压电源有硅稳压管稳压电路、线性稳压电路和开关型稳压电路。图 9-4 所示是由硅稳压管组成的稳压电路，其中 R 起限流作用，负载电阻 R_L 与稳压二极管 VS 并联。硅稳压管稳压电路使用时应**注意**：*当滤波电路输出电压最大、负载电流最小时，流过稳压管的电流最大，但不能超过其最大稳定电流 I_{Zmax}；当滤波电路输出电压最小、负载电流最大时，流过稳压管的电流最小，但不能小于其最小稳定电流 I_{Zmin}。*该电路的特点是电路简单，但输出电流的变化范围有一定的限制，输出电阻较大，稳压精度也不够高，且输出电压不能调节，效率较低，故通常用在电压不需调节、负载电流较小、稳压要求不高的场合。

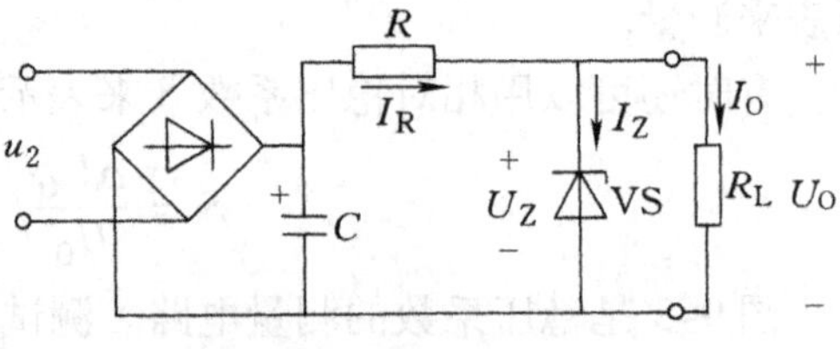

图 9-4 硅稳压管稳压电路

下面我们主要介绍线性稳压电路。

一、串联型稳压电路的工作原理

（一）基本串联型稳压电路

硅稳压管稳压电路不适用于负载电流较大的场合，在它的基础上利用晶体管的电流放大作用就可获得较强的带负载能力。把硅稳压管稳压电路的输出经晶体管电流放大，用发射极驱动负载，就可得到如图9-5所示的基本串联型稳压电路（series voltage regulator），其负载电流的能力是硅稳压管稳压电路的（$1+\beta$）倍。

从图中可以看出，晶体管VT接成射极输出器，其基极到地的电压是稳压管两端的稳定电压，电路引入了电压串联负反馈，可以稳定输出电压。当输入电压U_I上升时，U_Z基本不变，输出电压也基本不变，晶体管VT的集电极与发射极之间的电压U_{CE}上升，增加的电压降在了晶体管VT上；反之亦然。可见，晶体管VT起调节电压的作用，故称为调整管。从图9-5b可以看出，调整管和负载是串联的，故称这类电路是串联型稳压电路；又由于调整管工作在放大区，即线性区，又称这类电路是线性稳压电路。

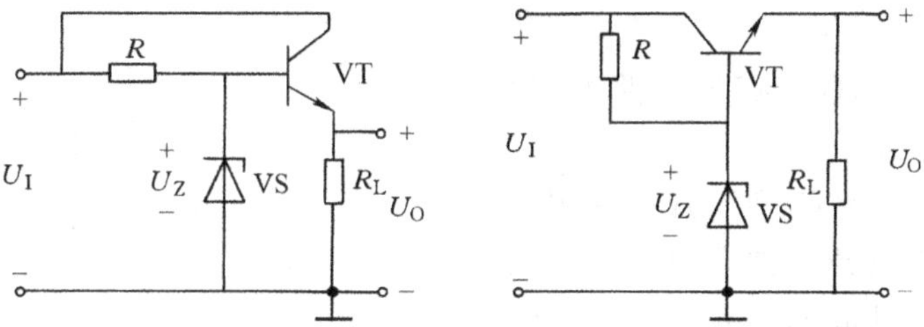

a) 基本电路 b) 习惯画法

图9-5 基本串联型稳压电路

（二）带有放大环节的串联型稳压电路

基本串联型稳压电路的输出电压$U_O=U_Z-U_{BE}$，因为U_{BE}受负载电流、温度影响，所以U_O的稳定性较差，可利用深度电压负反馈放大电路可以稳定输出电压的特点，在电路中加入放大电路，并引入深度电压负反馈，构成带有放大环节的串联型稳压电路。图9-6所示是带有放大环节的串联型稳压电路。

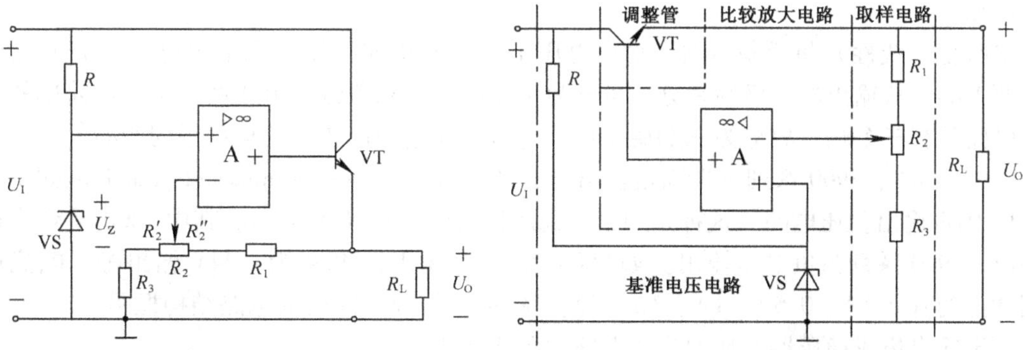

a) 基本电路 b) 常见画法

图9-6 带有放大环节的串联型稳压电路

在图9-6a中，运放A的输出端接晶体管VT（也称为调整管）构成的射极输出器，作用是提高驱动负载的能力，然后引入深度电压负反馈，可以稳定输出电压。如果稳压管两端的稳定电压为U_Z，根据同相比例运算电路的关系式，输出电压为

$$U_O = U_Z\left(1 + \frac{R_1 + R_2''}{R_3 + R_2'}\right) \tag{9-8}$$

图9-6a也可以画成图9-6b的形式，它由调整管、基准电压电路、取样电路和比较放大电路四部分组成。其稳定输出电压过程如下：当输入电压升高而导致输出电压U_O增大时，输出电压U_O经取样电路使运放（比较放大器）反相输入端电压升高，与运放同相端的基准电压U_Z进行比较后，运放净输入电压减小，输出电压减小，经调整管VT构成的射极输出器，使输出电压的上升受到牵制，此时调整管的U_{CE}增大，输入电压增加的部分主要降在了调整管VT上，从而使输出电压U_O趋于稳定。反之亦然。

该电路的输出电压在一定的范围内可以通过电位器R_2来调节。根据式（9-8）可知，R_2滑动触头移到最上端时，输出电压达到最小值；R_2滑动触头移到最下端时，输出电压达到最大值。

带有放大环节的串联型稳压电路可用图9-7所示的框图来表示。

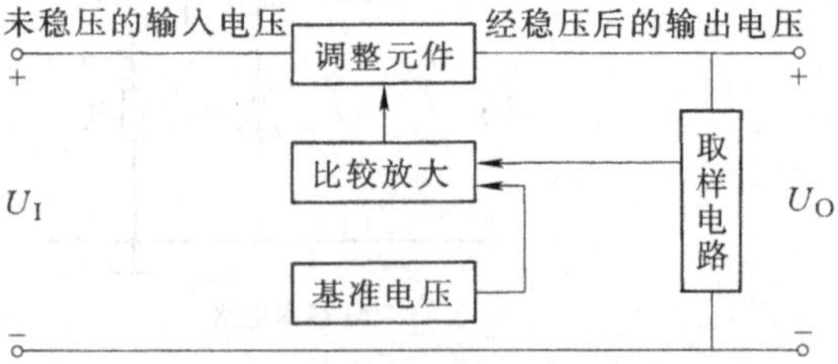

图9-7 带有放大环节的串联型稳压电路框图

带有放大环节的串联型稳压电路由于采用了深度电压负反馈，并且在输出端加有射极输出器，所以输出电流较大，稳压精度较高，并且输出电压可以连续调节，是目前采用较多的直流稳压电源。如果要求输出电流更大的稳压电源，可以采用复合管作调整管。

二、串联型（线性）集成稳压器

随着电子技术的发展，集成化的串联型稳压器应用越来越广泛，集成稳压器具有性能好、体积小、重量轻、价格便宜和使用方便等特点，有过热、短路、限流等保护措施，使用安全可靠。

串联型（线性）集成稳压器有输出电压不可调的集成稳压器和输出电压可调的集成稳压器两大类，从输出电压极性来分，可分为正输出电压和负输出电压两大类。最简单的集成稳压电路只有三个端，故称为三端稳压器。这里只介绍使用较多的典型系列产品。

（一）7800、7900系列三端固定输出集成稳压器（three－terminal integrated regulator）

1. 固定输出稳压电路　这种系列集成稳压器的输出电压不可调。其中7800系列为正电压输出；7900系列为负电压输出。如7805为+5V输出，7924为－24V输出等。电流输出范围常见的有0.1A、0.5A、1A、3A、5A。图9-8是7800系列的电路结构框图。

固定输出集成稳压器的典型应用电路如图9-9所示。

在图9-9a中，交流电网电压经变压、桥式整流、电容滤波后的直流电压加至7800系列集成稳压器的输入端（IN）和公共端（GND）之间，则在输出端（OUT）和公共端（GND）之间可得到固定的稳定电压输出。其中，C_1、C_2是高频旁路电容，同时可以防止高频自激振荡，最好采用钽电容或瓷介电容。C_1、C_2焊接时要尽量靠近集成稳压器的引脚。

【例9-1】 采用220V、50Hz的交流电网电压供电。试设计一个固定输出的集成稳压电源，其指标要求为：U_O = +12V，I_{Omax} = 800mA。

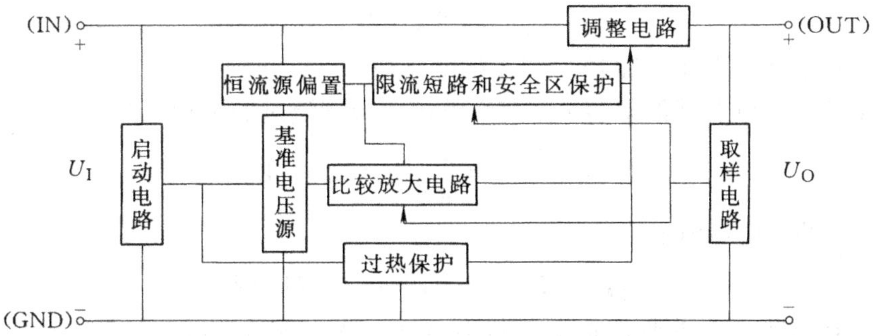

图 9-8 7800 系列的电路结构框图

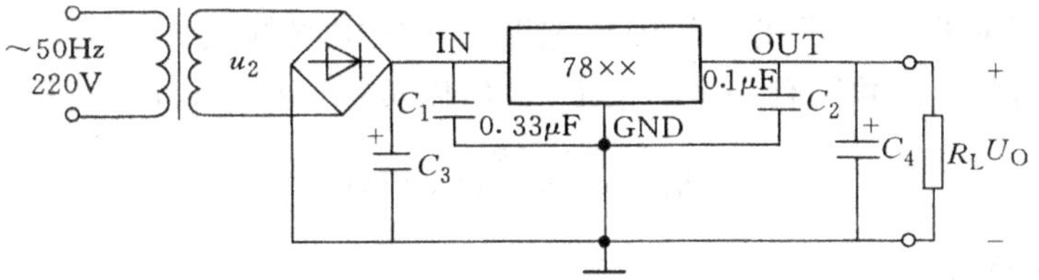

a) 7800系列稳压电路应用

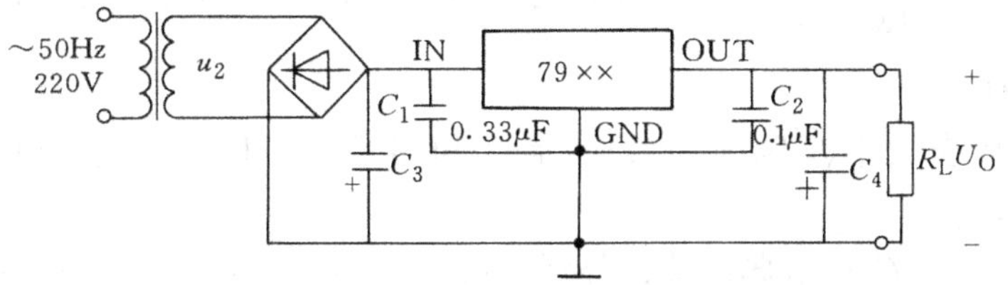

b) 7900系列稳压电路应用

图 9-9 固定输出的稳压电路

解 (1) 选集成稳压器型号，确定电路形式 查器件手册，选三端固定式稳压器LM7812，其特性参数在手册中可查得：输出电压 $U_O = 11.5 \sim 12.5V$，$I_{Omax} = 1A$，最小输入电压 $U_{Imax} = 14V$，最大输入电压 35V，均能满足稳压电路的要求。可采用图 9-10 所示电路。

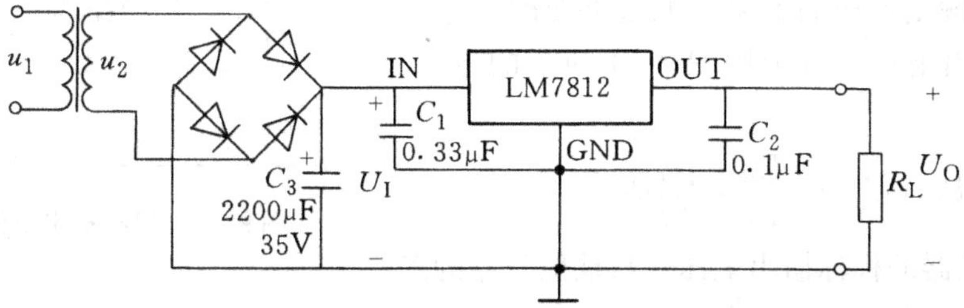

图 9-10 例 9-1 电路图

(2) 确定电源变压器 LM7812 的输入电压范围为 $14V < U_I < 35V$，取 $U_I = 18V$（U_I取得太高，集成稳压器消耗功率大，造成电源效率低；U_I取得太低，在电网电压降低时对稳定输出电压不利）。本电路采用桥式整流、电容滤波，得变压器二次侧输出电压有效值

$$U_2 \geqslant \frac{U_I}{1.2} = \frac{18}{1.2} = 15V$$

$$I_2 > I_{0\max} = 0.8\text{A}，取 I_2 = 1\text{A}$$

选二次电压、电流有效值分别为15V、1A 的变压器。

（3）选整流二极管及滤波电容 C　每个整流二极管流过的平均电流

$$I_D = \frac{1}{2}I_{0\max} = \frac{1}{2} \times 0.8\text{A} = 0.4\text{A}$$

整流二极管承受的反向峰值电压

$$U_{DM} = \sqrt{2}U_2 = 1.41 \times 15\text{V} = 21.2\text{V}$$

考虑到安全系数，查手册，整流二极管 $VD_1 \sim VD_4$选 1N4002，其极限参数为 $U_{RM} \geqslant 100\text{V}$，$I_F = 1\text{A}$，能满足要求。

滤波电容 C_3可根据第一章式（1-10）选取，稳压电路的最大电流可按 1A 估算（考虑到稳压管公共端的分流，并留有一定的余量），所以负载可按下式估算：

$$R_L = \frac{U_I}{I_I} = \frac{18}{1}\Omega = 18\Omega$$

代入式（1-10）得

$$C \geqslant \frac{(3 \sim 5) \times 0.01}{18}\text{F} = (1.667 \sim 2.778) \times 10^{-3}\text{F} = (1667 \sim 2778)\mu\text{F}$$

可取标称值2200μF。

电容 C_3的耐压应大于$\sqrt{2}U_2 = 21.2\text{V}$，查手册可选 CD11 型的电解电容，其标称值为2200μF，耐压35V。

高频旁路电容 C_1、C_2可取典型值，分别为0.33μF 和0.1μF，同样应注意耐压需满足输入电压和输出电压的要求，并留有余量。

（4）LM7812 上的功耗　按上述数据可估算出 LM7812 上的最大功耗 P_X为

$$P_X = (U_I - U_O)I_{0\max} = (18 - 12) \times 0.8\text{W} = 4.8\text{W}$$

为了使 LM7812 的温度不超过规定值（125°C），必须将 LM7812 安装在符合要求的散热片上。

2. 三端固定输出集成稳压器的扩展应用

（1）提高输出电压的电路　如果需要略高于三端稳压器的输出电压，可采用图 9-11 所示的电路。其输出电压为

$$U_O = U_{xx} + \left(\frac{U_{xx}}{R_1} + I_d\right)R_2$$

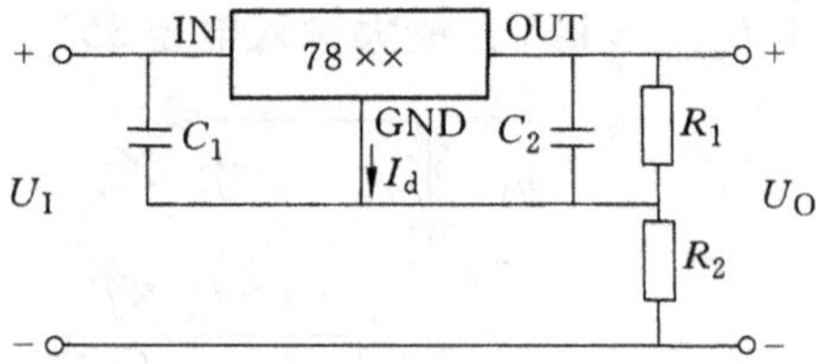

图 9-11　提高输出电压的电路

其中 U_{xx}是稳压器的标称输出电压，I_d是稳压器的静态工作电流，一般约为几毫安，当$\frac{U_{xx}}{R_1} > 5I_d$ 时，可忽略 I_d的影响，则有

$$U_O \approx U_{xx}\left(1 + \frac{R_2}{R_1}\right) \tag{9-9}$$

若 R_2采用电位器，则可微调输出电压。但需注意的是，稳压器输入电压有变化时，I_d也发生变化，所以在提高输出电压后，稳压精度有所降低。

（2）扩展输出电流的电路　当负载所需的电流大于集成稳压器的最大输出电流时，可

外接大功率管来扩展输出电流，典型电路如图 9-12 所示。因负载电流较大，导线上有压降，所以公共端不要就近接地，应单独连线到负载，否则会影响负载两端电压的稳定性。

图中，当 78XX 输出电流较大时，R_1 为 VT_1 导通提供所需的偏置电压，电阻值根据下式来计算：

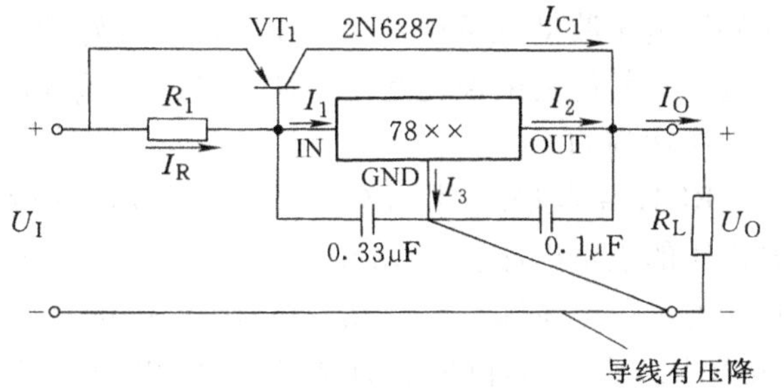

图 9-12 扩展输出电流的电路

$$R_1=\frac{U_{BE1}}{I_1-\frac{I_{C1}}{\beta_1}}\approx\frac{U_{BE1}}{I_2-\frac{I_{C1}}{\beta_1}}$$

式中，I_2是 78XX 稳压器的最大输出电流，I_1是流入稳压器的电流，一般I_3很小，可以忽略，则 $I_2\approx I_1$。I_{C1}是需要增加的电流，即所需的电流 I_O减去稳压器所能输出的最大电流 I_2。U_{BE1}由外接功率管的类型来确定，锗管取 0.3V，硅管取 0.7V，β_1是 VT_1的电流放大系数。

扩展电流后的稳压电路最大输出电流 $I_O=I_{C1}+I_2$。I_O主要由大功率管 VT_1的 I_{CM}来决定。上述电路中采用了 2N6287 作扩展管，其 $I_{CM}=20A$。

（二）三端可调集成稳压器

三端可调集成稳压器（Three - terminal Adjustable regulator）有正电压稳压器 317（117、217）系列和负电压稳压器 337（137、237）系列。输出电压能在 1.25 ~ 37V 范围内连续可调，可输出 1.5A 的负载电流。该系列内部同样具有过热、限流和安全工作区保护电路。使用安全可靠，比三端固定输出稳压器有更好的电压调整率和电流调整率指标。常用基本应用电路如图 9-13 所示。

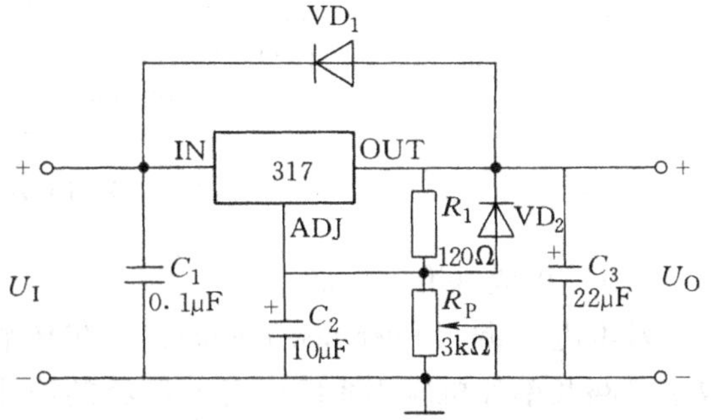

图 9-13 三端可调式集成稳压器基本应用电路

LM317 的 I_d值很小，约为 50μA 左右，若忽略 I_d，则输出电压为

$$U_O=U_{REF}\left(1+\frac{R_P}{R_1}\right)\approx 1.25\left(1+\frac{R_P}{R_1}\right)$$

式中，1.25V 是集成稳压器输出端（OUT）与调整端（ADJ）之间的固定参考电压 U_{REF}。R_1一般取值 120 ~ 240Ω。调节 R_P可改变输出电压大小。

电路中 VD_1用于防止出现输入端断电时，输出端电容 C_3的电荷通过稳压器输出端放电而损坏稳压器。VD_2的作用是防止输出端对地短路时，C_2上的电压会通过调整端 ADJ 放电，有可能损坏稳压管。C_1起高频旁路和消除自激振荡的作用，C_2和 C_3用来滤波，可提高纹波抑制比。

（三）正负可调集成稳压器

RC4194 是一种正负跟踪可调集成稳压器，只需调整一个电阻的阻值，可以得到 ±0.05V到 ±42V 的正、负相等的对称输出电压或非对称输出电压。电路内部有正、负电压跟踪电路、快速启动电路，具有过热、过电流和短路保护电路，有 0.2A 的输出电流能力。

在外界电压波动及负载发生变化时都有较好的正、负跟踪特性和优良的稳定性，中点始终为地电位。其优良的性能是用早期生产的三端集成稳压器件7800和7900系列组成的正、负电源无法达到的。

RC4194典型应用电路如图9-14所示。RC4194共有10个引脚，$+U_S$和$-U_S$分别接需要稳压的正负电源；$+U_O$和$-U_O$为正负稳压输出端；C_+和C_-接相位补偿电容，另一端分别接地和负电源输入端；R_O为外接电阻端，另一端接地，用于调节输出电压，$U_O=0.4R_O$（电阻用kΩ做单位时，计算的电压单位为V）；R_{SET}端是启动电路的外接电阻端，接71.5kΩ的电阻到负电源输入端；GND为接地端；RC4194还具有非对称输出电压的功能，BAL为平衡端，在该端与两个稳压输出端之间接入不同的电阻，可以获得正、负输出电压大小不同并按一定比例跟踪的特殊用途的稳压电源。

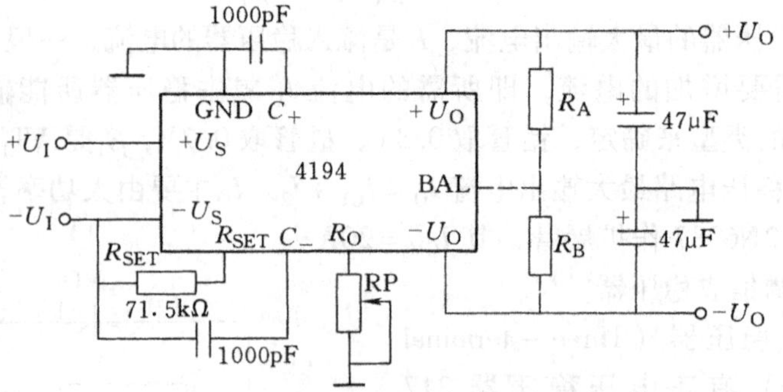

图9-14 RC4194典型应用电路

（四）集成基准电压源

基准电压源（reference regulator）在传感器电路、模拟电路、数字电路及单片机应用系统中有着广泛的应用。基准电压源最重要的性能是保持很高的电压稳定性，其输出电压基本上不随温度变化。为了提高基准电压的精确性，一般用激光校准工艺保证基准电压源允许的容差值。

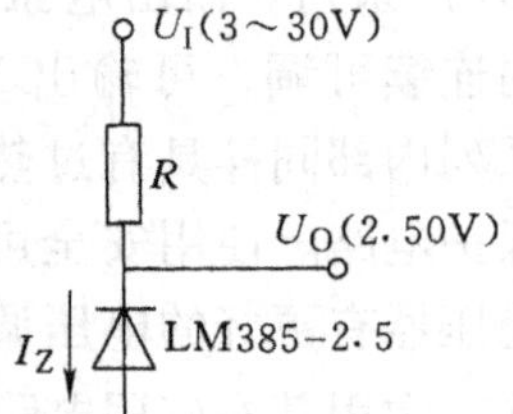

图9-15 精密电压基准LM385的应用电路

1. 微功耗基准电压二极管 此类电压基准的应用电路如图9-15所示。型号有LM385-1.2、LM385-2.5、LM386等，引脚图见手册。它们的稳压值分别为1.235V、2.50V和5.0V，工作电流范围可以从10μA到20mA，平均温度系数可达到20×10^{-6}/℃，动态输出电阻为1Ω，比常规的硅稳压二极管性能提高很多。

图中的R可根据公式$\dfrac{U_{Imin}-U_O}{I_{Zmin}+I_{Omax}}\geqslant R\geqslant\dfrac{U_{Imax}-U_O}{I_{Zmax}}$来计算。

2. 精密低压基准电源 MC1403是常用的精密电压基准，其输入电压能在4.5～40V范围内工作，输出为2.5V ±25mV，最大负载电流为100mA，平均温度系数为10×10^{-6}/℃，采用标准双列直插（DIP）8脚塑料封装。图9-16是

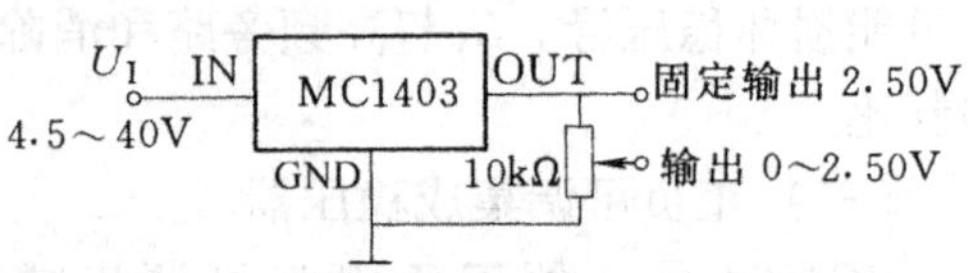

图9-16 MC1403组成的精密基准电源电路

MC1403 的典型应用电路。

3. 精密可调基准稳压电路　TL431 输出电压可调范围为 2.5 ~ 36V，输出负载电流达 100mA，等效全程温度系数 $50 \times 10^{-6}/°C$，动态输出电阻典型值为 0.22Ω，可广泛应用于高精度基准电压源、稳压电源、高速比较器、过电压保护器等电路中。图 9-17a 是 TL431 组成的基准稳压电路。图 9-17b 为可调稳压源，输出电压可在 2.5 ~ 36V 间连续调节，由电阻 R_1 和 R_P 的分压比决定，即

$$U_O = 2.5 \times \left(1 + \frac{R_P}{R_2}\right)$$

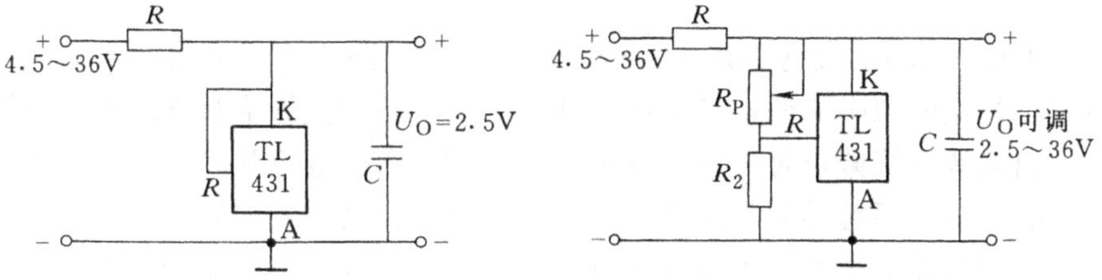

a) TL431作基准电压源　　b) TL431作可调基准电压源

图 9-17　TL431 组成的基准稳压电路

*第三节　开关型稳压电源

串联型稳压电路是连续调整控制方式的稳压电源，其调整管与负载串联，调整管工作于线性状态，稳压电路的输出电压调节与稳定通过调整管上压降的调整来实现，因此串联型稳压电路具有纹波抑制比高的优点。但是，由于调整管的集射电压 U_{CE} 较大，使调整管的功率损耗较大，调整管发热严重，电源效率较低，一般只能达到 40% ~ 60%。开关型稳压电源（switching regulator）是一种断续控制方式的稳压电源，其调整管工作在开关状态，它是靠改变调整管的导通时间或截止时间的长短来维持输出电压稳定的。调整管截止时，因穿透电流很小，所以管耗很小；调整管饱和时，因管压降很小，所以管耗也很小，这将大大提高电路的效率。随着半导体技术的进步，电子设备已从分立元件进入集成电路时代，体积越来越小，装机密度不断提高，要求电源效率高、体积小、发热小，这一切使得集成开关型稳压电源飞速地发展，性能和精度都有很大的提高，效率通常可达到 80% ~ 90%，目前在计算机、通信设备和声像设备中获得广泛应用。

一、开关型稳压电源工作原理

开关型电源又称为开关电源，图 9-18a 为开关电源主回路的示意图。

当图中开关 S 闭合时，输出电压 $U_O = U_I$，当开关断开时，$U_O = 0$，负载上的电压波形如图 9-18b 所示。由上图可计算出输出电压的平均值

$$U_O = \frac{T_{on}}{T_{on} + T_{off}} U_I = \delta U_I$$

式中，T_{on} 为 S 闭合时间，T_{off} 为 S 断开时间，$T = T_{on} + T_{off}$ 为开关动作的周期，$\delta = \dfrac{T_{on}}{T_{on} + T_{off}}$ 为

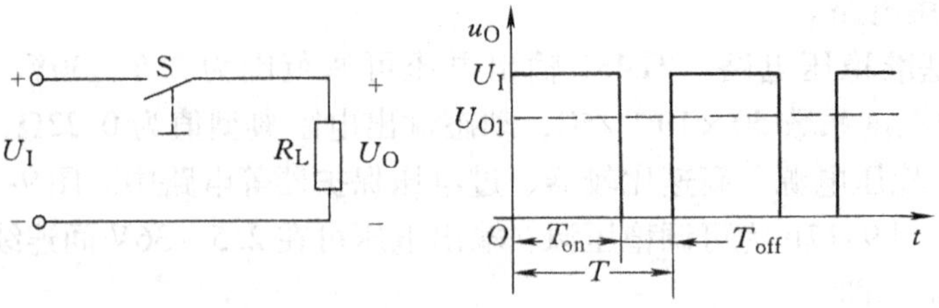

a) 开关电源主回路示意图　　b) 输出电压波形

图 9-18　开关电源的工作原理

脉冲占空比（duty cycle）。改变矩形脉冲的占空比，即可调节输出电压的平均值，这种工作方式称为斩波。开关电源中的调整管工作在开关状态。当调整管饱和导通时，电流较大，但管压降很小；而当调整管截止时，管压降很大，但管子中的电流几乎为零。调整管的功耗为管压降与电流的乘积，而且导通与截止的转换时间很短，这样调整管在开关工作状态下虽然输出电流很大，但管耗却很小。因此开关电源的效率要比线性串联型稳压电源高得多。

二、开关电源的电路结构

图 9-19 所示是交流供电时的一种常用开关电源的结构图。

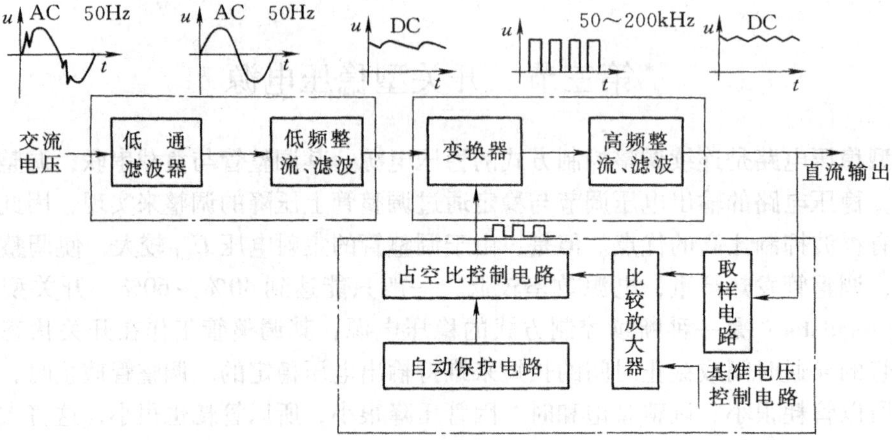

图 9-19　开关电源的结构图

从图中可看出，无论是来自工频电网的还是经过变压器降压的交流输入电压，首先经过低通滤波器把工频以上不需要的干扰电压滤掉，也能防止开关电源内部的高频信号窜到交流供电回路，干扰其他用电设备或仪表，再经整流滤波电路变成含有一定脉动成分的没有经过稳压的直流电压，然后进入高频变换电路。高频变换部分的核心是一个高频功率开关元件，它将脉动直流电变换成高频矩形脉冲状交流电。最后再将此交流电压经过整流滤波后得到所需的直流电压。控制电路是将直流输出电压通过比较电路和基准电压进行比较，其差模电压通过占空比控制电路，通过控制变换器的高频功率开关元件，改变变换器输出的矩形脉冲的占空比，调整输出电压并达到稳定输出电压的目的。在开关电源出现过电压、过电流或短路等情况时，自动保护电路使开关电源停止工作，以保护负载和开关电源本身。

控制电路内部由基准电压、比较放大、振荡、脉宽调制等电路组成，是开关电源的关键部分，目前有多种集成电路供用户选用。

三、开关稳压电源的分类

开关稳压电源的类别很多，分类方法也各不相同，这里只按控制方式和变换器电路的分类来介绍。

（一）按控制方式分类

可以分为脉冲宽度调制型（pulse width modulation，PWM）、脉冲频率调制型（pulse frequency modulation，PFM）、混合调制型（即同时改变开关转换周期 T 和 T_{on} 来调节）。它们都是占空比控制方式，又称时间比率控制方式。图 9-20 是两种占空比控制方式的波形图。

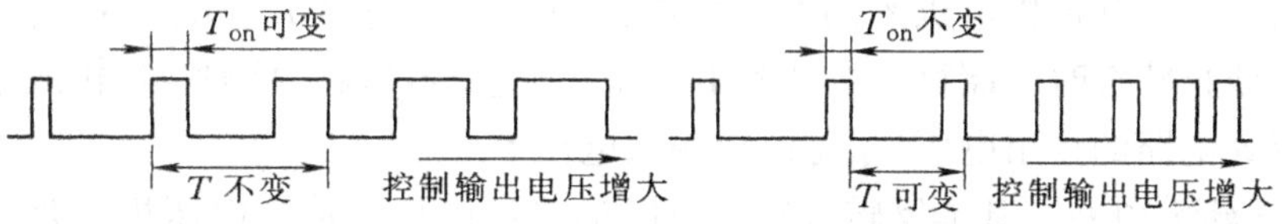

a) 脉冲宽度（PWM）控制　　b) 脉冲频率（PFM）控制

图 9-20　占空比控制方式的控制脉冲

脉冲宽度控制是在电源的开关工作频率固定的情况下，通过改变 T_{on} 宽度从而控制和稳定输出电压的一种方式。脉冲频率控制是固定输出脉冲宽度，通过改变工作频率（改变单位时间的脉冲数）来实现控制和稳定输出电压的另一种方式。目前采用脉冲宽度调制型的较为普遍。

（二）按变换器电路分类

变换器部分是开关电路的核心，它对非稳定直流进行高频斩波并完成输出所需要的变频。常用的有以下两种。

1. 高频变换器式开关电路　此类电路中都有高频变压器，图 9-21 是这种开关电路的基本功能框图。控制电路产生高频脉冲信号驱动功率开关元件 VT，将脉动直流电压转换成高频的交流脉冲电压，再经脉冲变压器升压或降压，经二极管、电感及电容器高频整流滤波后，形成直流电压。由于脉冲变压器的工作频率很高，根据电工学知识可知其体积和重量比工频变压器小得多。

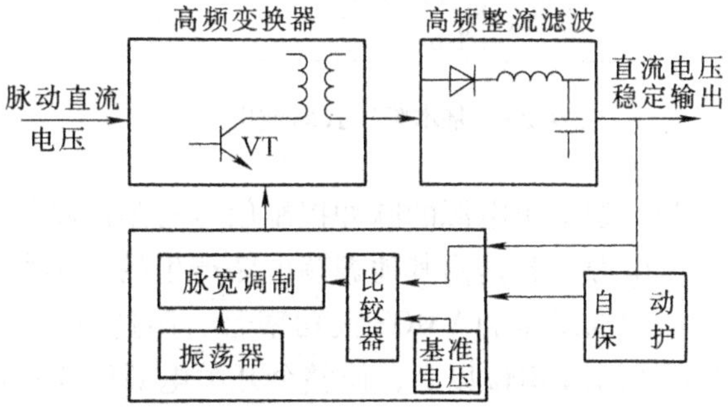

图 9-21　高频变换器的基本功能框图

这种开关电源的直流输出电压是从变压器二次绕组的高频脉冲电压整流滤波得到的，它将输出与输入电网进行了隔离，并且可以通过多个变压器二次绕组得到多个输出。

2. 电感、电容式开关电源　这种类型的电路是将输入的直流供电电压，经过电感、电容、二极管、晶体管和脉冲控制部分组成的电路，先经变换器进行斩波，得到单向脉冲波，再经滤波得到直流输出电压。此种方式又分为升压、降压和反转三种电路结构。

1）升压式斩波电路　基本升压式斩波电路如图 9-22 所示。当开关晶体管 VT 饱和导通时，U_I通过 VT 给电感 L 充电储能，电感中流过的电流几乎线性增大，以磁场的方式储存能量；VD因承受反压而截止，滤波电容C对负载电阻放电。当开关管VT截止时，电感L产生的感应电动势将阻止电流的变化，因而与U_I同方向，两个电压相加后通过二极管VD以续流的方式供给负载，同时向电容C充电，因而U_O大于U_I，输出可获得高于输入的稳定输出电压。无论VT和VD状态如何，负载电流和电压的方向始终不变。

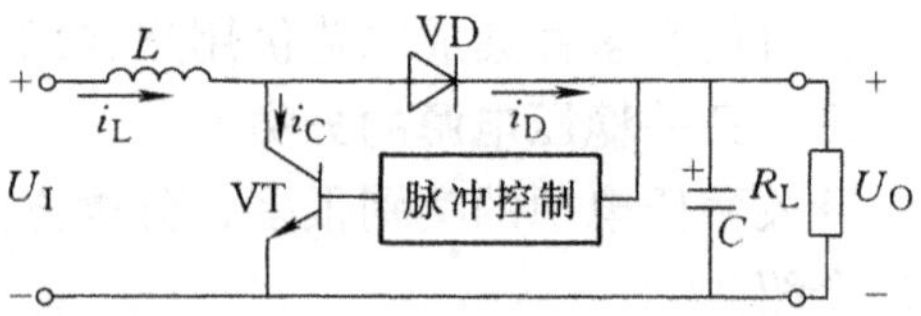

图9-22 基本升压式斩波电路

2）降压式斩波电路 基本降压式斩波电路如图9-23所示。当开关晶体管VT被控制饱和导通时，输入向负载提供电压的同时，电能同时储存在电感L和电容C之中。当开关晶体管被控制为截止状态时，储存于电感和电容中的能量经续流二极管VD构成电流回路，流过负载。降压式电路的输出电压U_O总低于输入电压U_I。

3）反转式斩波电路 基本反转式斩波电路的输出电压与输入电压极性是相反的，并且输出电压也可以大于输入电压。该电路的工作原理与升压式电路类似，其基本电路如图9-24所示。当开关晶体管VT饱和导通时，u_L约等于U_I，U_I通过VT给电感L充电储能，电感中流过的电流几乎线性增大，以磁场的方式储存能量，二极管VD反向截止。当开关VT截止时，电感L的感应电动势的极性如图9-24所示，下正上负，流过电感的电流使二极管VD导通，并对电容C充电，负载上得到反极性的电压。晶体管VT导通时间越长，电感中流过的电流增加的幅度就越大，储能越多，晶体管VT截止时，给电容充电的幅度就越高，这样，可通过调节占空比进行控制，使输出电压U_O小于或高于输入电压U_I。

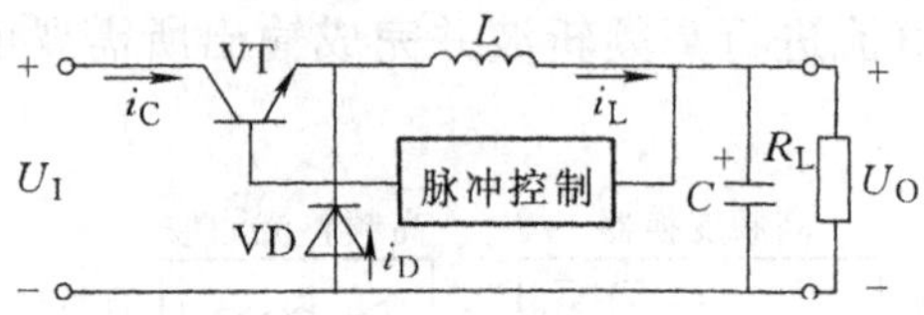

图9-23 基本降压式斩波电路

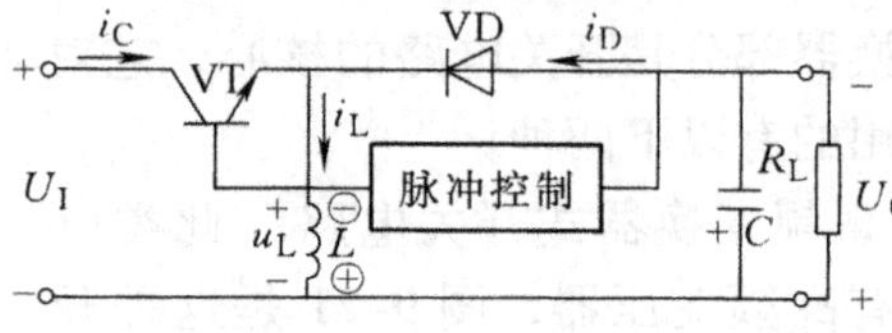

图9-24 基本反转式斩波电路

开关型稳压电源的脉冲控制信号若是由稳压电源中振荡电路产生的，则称为自激式开关型稳压电源；若是由其他振荡电路产生的，则称为他激式开关型稳压电源。

如用高反压的VMOS大功率管、高速开关元件作为开关晶体管，开关电源的工作频率可以提高至1MHz以上，使整个开关电源体积更小、更轻、效率更高。

四、由集成脉宽调制器组成的开关电源

图9-25所示是一种PWM型高频变压器式开关电源。其核心电路是一块MC3842集成脉宽调制器电路，内部包括基准电压稳压器、误差放大器、振荡器、脉宽调制器和脉冲输出驱动器等，为8引脚双列直插式封装。其6脚为输出端（OUT），可单端输出PWM脉冲信号。电路外接元件较少，成本较低，在小功率开关电源中应用较为广泛。

MC3842脉宽调制器工作后，供电电压在10～34V之间，低于10V停止工作。7脚（V_{CC}）为芯片正电源接入端，5脚（GND）为接地端。芯片内部振荡器起振前，输入直流高压通过电阻R_5（120kΩ、1W）降压后给芯片供电，起振后，高频变压器反馈线圈N_2的输出电压经整流二极管VD_5整流滤波后实现自给供电。MC3842的8脚（V_{REF}）能输出5V基

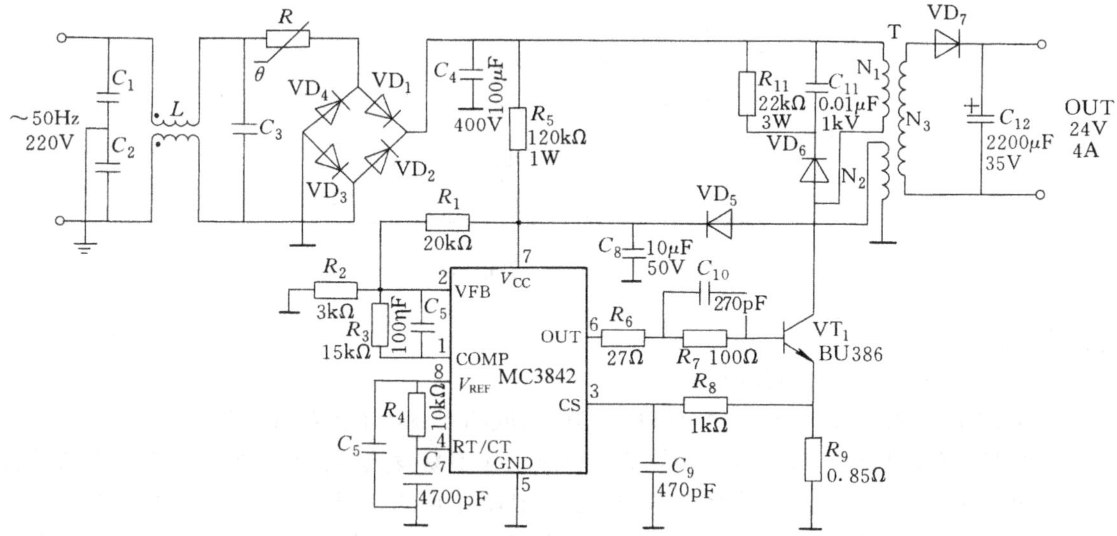

图 9-25　MC3842 组成的开关稳压电源

准电压，4 脚（RT/CT）为外接电阻/电容端，内部振荡器的频率和输出脉冲的最大占空比由连接到第 8 脚（V_{REF}）的电阻以及连接到地的电容共同决定，最高频率可达 500kHz，电阻越大，输出脉冲的最大占空比越大。图中，电路的振荡频率f由外接定时电阻R_4及定时电容C_7决定

$$f=\frac{1.8}{R_4C_7}=\frac{1.8}{10\times10^3\times4700\times10^{-12}}\text{Hz}\approx38\text{kHz}$$

因此本电路的工作频率为 38kHz。1 脚（COMP）为补偿端，它是内部误差放大器的输出端，可用于环路相位补偿。2 脚（VFB）为电压反馈端，它是内部误差放大器的反相输入端，一般将开关电源的输出电压通过电阻分压电路接该引脚，与内部误差放大器同相输入端的内部基准电压进行比较。1 脚和 2 脚之间可接相位补偿网络（图中R_3和C_5）。3 脚（CS）是电流检测端，用于检测脉冲变压器一次侧的电流，它通过开关管 VT_1 的发射极采样电阻 R_9（0.85Ω），对脉冲变压器一次电流进行采样，将脉冲变压器的电流转换成电压。当电源发生异常，出现开关功率管 VT_1 电流激增等情况，只要这个电压达到 1V，脉宽调制器就立即停止，这样就有效地保护了电源和负载。这个电路中的开关元件 VT_1 选用高频高耐压晶体管 BU386，管子要承受两倍的输入直流电压峰值，耐压要求大于 700V。

第四节　稳压电源应用电路举例

一、多级稳压管稳压电路

采用单级稳压管的稳压电路，其稳压系数 S 只能在 10^{-1} 数量级，如果采用两级或多级稳压，稳压系数是各级稳压电路的稳压系数 S 的乘积，很容易达到 10^{-2} 以下，但不能改变温漂特性。多级稳压的目的除了改善稳压性能外，还可得到多组不同的稳压电压输出。图 9-26 是两级稳压管应用电路，电路输出电压 $U_{O2}<U_{O1}$。

上图中除了级联之外，稳压管还进行了串联使用，目的是利用现有的稳压管得到所需的

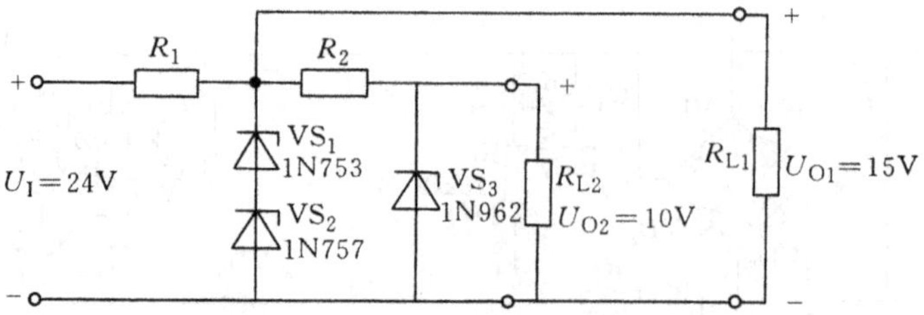

图 9-26　两级稳压管稳压电路

稳定电压值。

*二、用电容降压的电源电路

图 9-27 是利用电容对交流电压的降压作用组成的无变压器的稳压电路。

电容器具有体积小、重量轻、功耗低、连续工作不易发热等特点，所以，在小电流并且负载电流基本恒定的场合可以代替电源变压器达到降压目的。图中电网电压 220V 经 C_1降压后，由 VD_1 ~ VD_4组成桥式整流，C_2、C_3、R_2组成 π 型滤波器，输出电压 U_O由稳压器 VS 的稳压值决定。

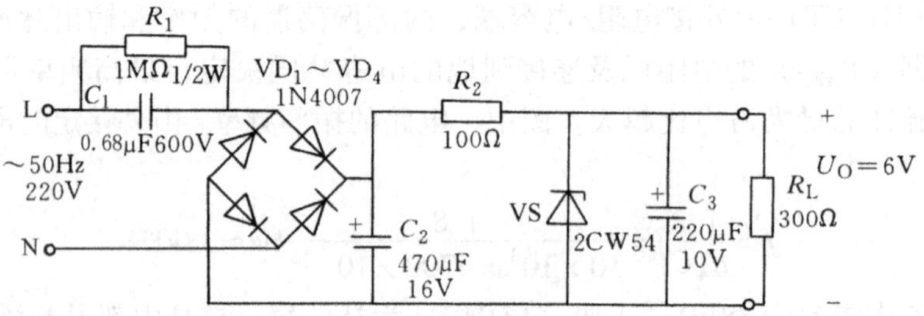

图 9-27　电容降压的电源电路

电路工作时，整流电路上的压降一般较小，可以认为降压电容 C_1上的电压约等于交流电源的电压 220V，所以流过电容的电流（有效值）可以按下式计算：

$$I_C=\frac{U}{|Z|}\approx\frac{U}{X_C}=2\pi fC_1U=6.28\times50\times220\times C_1\times10^{-3}\approx70C_1$$

式中，C_1的单位为 μF，I_C的单位为 mA。流过电容 C_1的电流是交流，经整流后转换为直流，根据电荷守恒定律，整流后的电流平均值约等于 $0.9I_C$（有效值），该平均电流为流过电阻 R_2的平均电流，由流过稳压管 VS 的电流 I_Z 和负载电流 I_L叠加而成，即 $0.9I_C=I_{R2}=I_Z+I_L$。可根据设计要求确定该值，则电容 C_1可按下式确定：

$$C_1\approx\frac{I_C}{70}=\frac{I_{R2}}{0.9\times70}\approx0.016I_{R2}$$

式中，C_1的单位为 μF，I_{R2}的单位为 mA。由于 I_C近似恒定（I_{R2}也近似恒定），所以当 I_L增加时，流过 VS 的电流就相应减少，当 I_Z减小到接近于零时，VS 就无法起稳压作用，U_O开始下降，所以该电路的负载电流变化不能太大。图中 C_1为耐压 630V 的高压电容器，R_1是 C_1的泄放电阻，VD_1 ~ VD_4要选用耐压 600V 以上的二极管。使用电容降压来代替变压器要注意安全问题，因为电源电路没有与电网电源进行隔离，U_O的负端也不允许接大地。

三、用 7800、7900 系列集成稳压器组成具有正、负电压输出的稳压电源

如图 9-28 所示，利用二次侧有中心抽头的变压器可以方便地组成具有正负输出的稳压电源。应该**注意**的是：电源变压器二次电压 u_{21} 与 u_{22} 应尽量对称。另外，VD_1 ~ VD_4 从形式上看似乎是桥式整流，而事实上是两组全波整流电路，请读者自己分析。

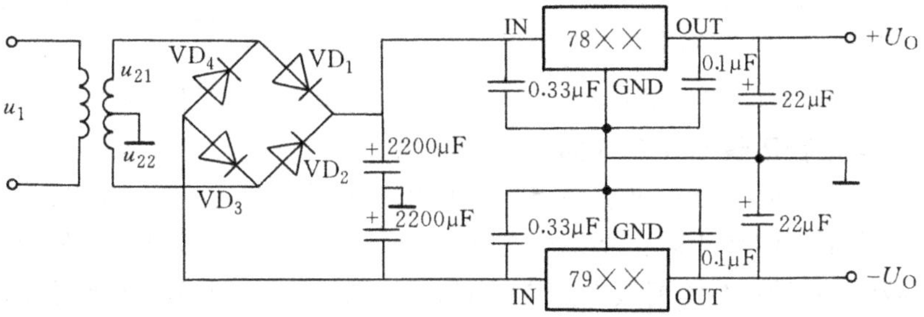

图 9-28　二次侧有中心抽头的正负稳压电源

四、10A 大电流三端稳压电源

LM396 为 10A 三端可调稳压器，输出电压从 1.25 ~ 15V 可调，它把大功率分立晶体管技术与现代单片线性集成电路工艺结合在一起，是一种高性能的单片可调稳压器。该产品具有输出电流大、过热保护和短路限流等功能，应用电路如图 9-29 所示。

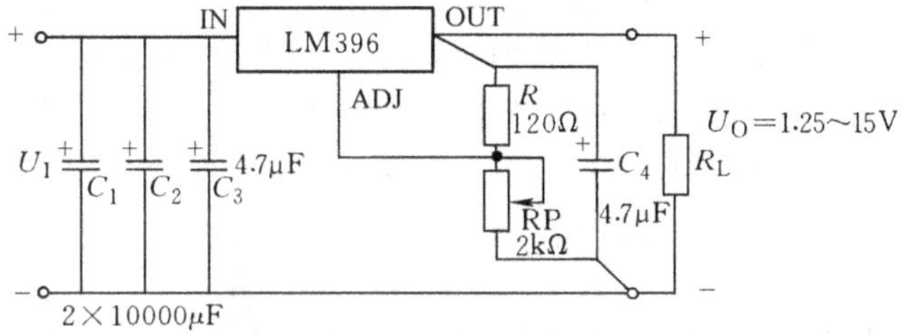

图 9-29　10A 大电流三端稳压电源

由于 LM396 的输出电流较大，所以管耗也很大，一定要注意加强散热，使其结温不超过规定值。RP 的下端应接在 U_O 的负输出端，如图中的斜线所示，否则会因 10A 大电流在负载的负极引线上的压降造成输出不稳定。图中的 4.7μF 为固态钽电容。

当 RP 调到最下端时，U_O = 1.25V，此时 LM396 的输入、输出两端压降最大，要注意不要使 LM396 的功耗超过额定值。

五、低压差三端集成稳压器

7800、7900 系列三端稳压集成电路具有许多优点，因此被广泛应用，但是它们的最大缺点是压差大（输入电压与输出电压之差），一般要达到 2 ~ 3V，从而造成管耗大、效率低，不适用于电池供电的稳压电源。新一代的低压差三端集成稳压电路，其显著特点是压差小，一般仅为 1V 左右，有的仅需 0.2V。LM2930 系列最小压差为 0.6V，应用电路如图 9-30 所示。

六、从零伏开始的可调稳压源

图 9-31 所示电路是一种从零伏开始的可调稳压电源。电路中 RP 电位器的一端接在一个 -1.25V 的电位上，LM317 集成稳压源便可以提供 0 ~ 30V 连续可调的输出电压。

稳压二极管 VS 的稳压值应略大于 1.25V，R_2是限流电阻。

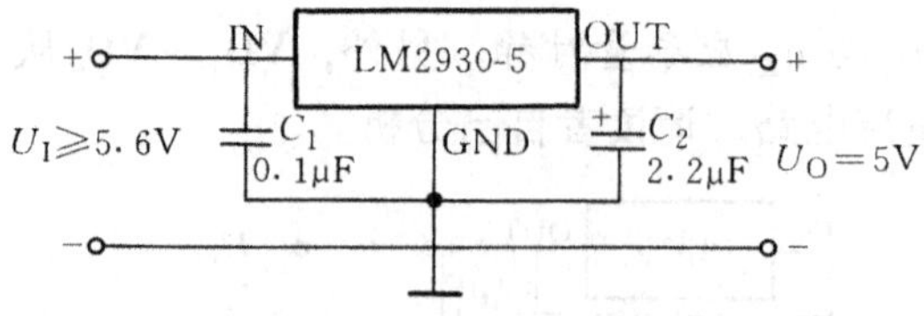

图 9-30 LM2930 应用电路

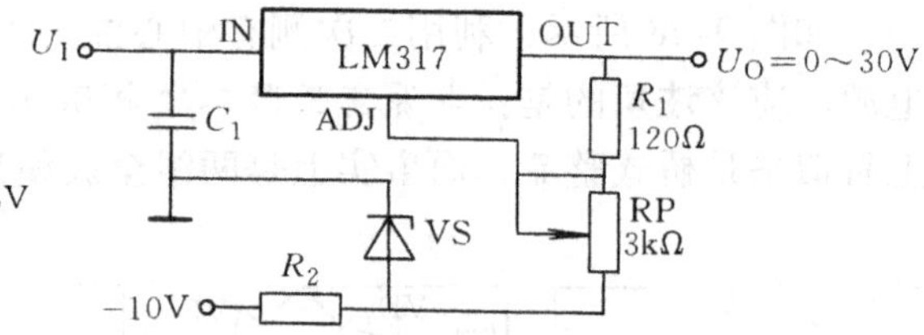

图 9-31 从零伏开始的可调稳压电源

七、用三端集成稳压器 LM7805 组成的恒流源

在电子设备中，有时需要一种能向负载提供恒定输出电流的电源电路，简称为恒流源。当负载电阻在一定范围内变化时，从恒流源输出流过 R_L的电流 I_O不随 R_L的改变而改变，也就是说，从负载短路以及 R_L变到最大允许值时，I_O保持恒定。由 LM7805 集成稳压器组成的恒流源电路如图 9-32a 所示。图中，集成稳压器工作在悬浮状态，在其 +5V 输出端与公共端之间接有电阻 R，由于 R 两端电压稳定在 5V 上，所以流经 R 的电流 $I_R=5V/R$，是恒定的。I_R再经过负载 R_L后回到电源负极。

从图 9-32a 中可以看出，调节电阻 R 的大小，可以改变负载电流，负载电流为

$$I_L=\frac{5(V)}{R(k\Omega)}+I_d(mA)$$

式中，I_d是稳压器的静态电流，一般为几毫安，此电流在稳压源工作过程中会有所变化，因此当 I_L较小时，I_d不能忽略，它将会影响恒流精度，而且此电路不能提供小于 I_d的恒流输出。它的改进电路如图 9-32b 所示。由于在公共端增加了晶体管，这样流过负载电阻的电流 I_B仅为集成稳压器静态电流 I_d的 1/（1+β），负载电阻 R_L上的实际电流为

$$I_L\approx\frac{(5+0.7)V}{R}+\frac{I_d}{1+\beta}\approx\frac{(5+0.7)V}{R}$$

式中，晶体管发射结电压取 0.7V（硅管）。此电路克服了 I_d随输入电压及负载变化而影响 I_L的稳定，并可以提供小于 I_d的稳流输出，但有一定的温漂。

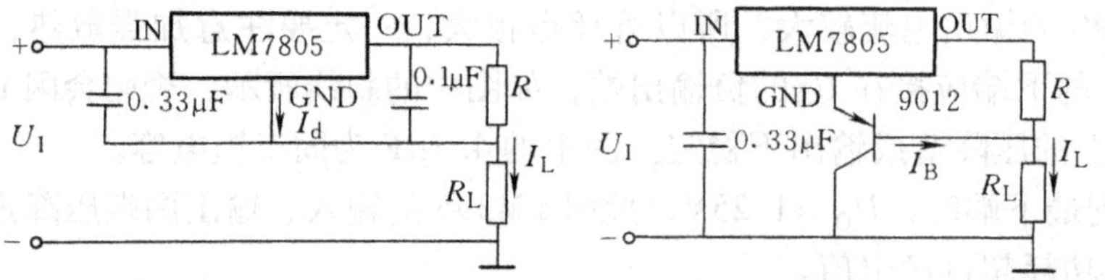

a) 基本电路　　b) 改进电路

图 9-32 用三端集成稳压器组成的恒流源

八、用 LM317 组成的恒流源电路

图 9-33 所示电路是由 LM317 组成的恒流源电路。LM317 的 OUT 端相对于 ADJ 端的电压为恒定值 1.25V。R_P 的两端与 OUT 端及 ADJ 端并联，所以流过 R_P 的电流 $I_{RP}=1.25V/R_P$。又由于 I_{ADJ}只有 50μA

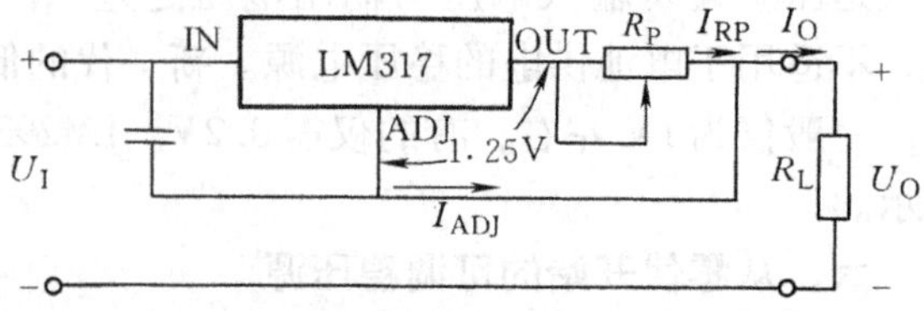

图 9-33 由 LM317 组成的恒流源电路

左右，可忽略不计，所以 $I_O \approx I_{RP}$。在上式中未出现与 R_L 有关的项，所以 I_O 与 R_L 无关。但是 R_L 也不能太大，这是因为 LM317 正常工作时，必须保证电压输入端（IN 端）比输出端（OUT 端）高 2V，否则无法保证稳压精度。所以必须有 $U_I \geqslant (I_O R_L) + 1.25V + 2V$。设 $R_P = 62.5\Omega$，$I_O = 20mA$，当 $U_I = 30V$ 时，R_L 必须满足：

$$R_L \leqslant \frac{U_I - 1.25V - 2V}{I_O} = \frac{(30 - 3.25)V}{20mA} = 1.3375k\Omega$$

当 $R_L = 0$ 时，I_O 仍为 20mA，但 LM317 上的压降将达到 28.75V，其功耗达到最大。

* 九、升压 DC－DC 变换集成电路

DC－DC 变换器主要用在直流供电系统中，可将电池供电转换成不同极性与数值的稳定直流电压输出。MM112X 系列及 MAX 等系列 DC－DC 变换集成电路具有变换频率高，负载性能好，空载功耗低（电流约几十微安），允许输入电压波动大及外围元件少等特点，采用一节 5 号电池即可正常工作，输出电压随型号尾标字母不同可获得 2.2～5V 电压。图 9-34 是它们的应用电路。

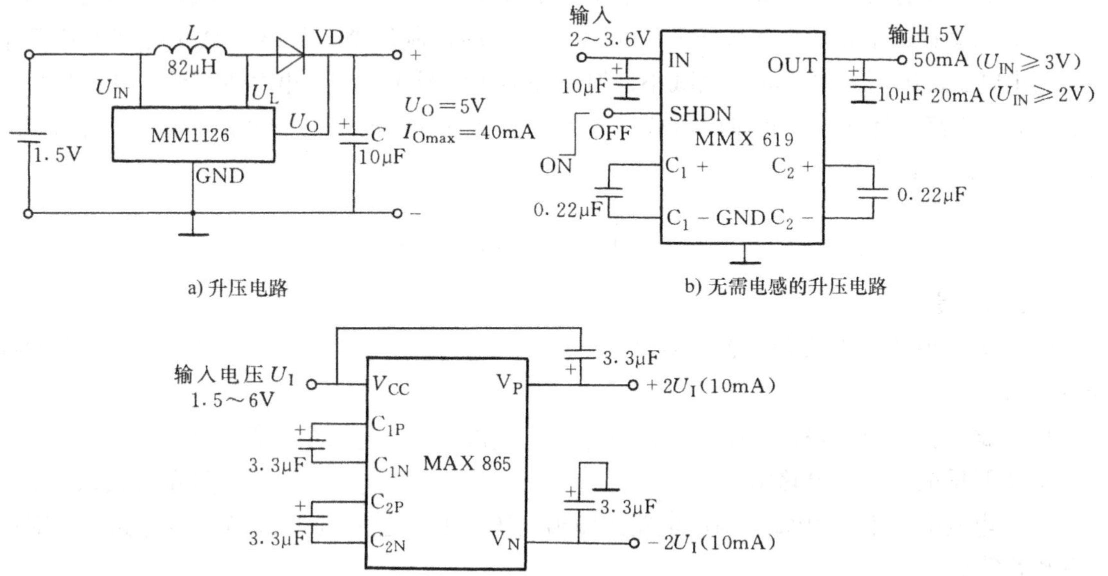

a) 升压电路　　b) 无需电感的升压电路

c) 产生正负倍压的电源电路

图 9-34　DC－DC 变换集成电路的应用

图中 VD 应采用开关速度快、且正向压降低的肖特基二极管，电感 L 采用直流电阻小（≤0.2Ω）的电感，电容器 C 最好采用钽电容器，以减小高频损耗。

其他 DC－DC 变换集成电路种类很多，如有用一组正电源来产生一组输出电压不同的正负电源的双输出变换器；有用一组正电源组成升压或降压或输出电压可调的变换器；有用 CMOS 构成的变换器，器件处于“休眠”状态时耗电仅为 0.2μA，使电池寿命大大延长。这些 DC－DC 变换器被广泛用于各种微型电子产品中，如万用表、手机、笔记本电脑及便携式检测仪表中。

本章小结

1. 小功率的直流稳压电源一般由电源变压器、整流、滤波和稳压等电路组成。

2. 由于电网电压的波动或负载电流变化等因素，直流电源的输出电压会发生变化。稳压电路的作用是保证输出电压稳定，使输出电压变化减少到允许的程度。稳压电源的性能指标是衡量稳压电源性能优劣的重要技术指标。

3. 硅稳压管并联稳压电路利用硅稳压管的稳压特性来稳定负载电压，适用于输出电流较小、输出电压固定、稳压要求不高的场合。串联型稳压电路实质上是一个电压串联负反馈电路，可稳定输出电压。电路中，调整管与负载相串联，输出电压经取样电路取样后与基准电压比较，放大后去控制调整管进行负反馈调节，使输出电压稳定。串联型稳压电路输出电流较大，输出电压可以调节，适用于稳压精度要求高、对效率要求不高的场合。

4. 单片集成稳压器的稳压性能好，品种多、体积小、重量轻、使用方便、安全可靠，但整个稳压电源的效率并不高，我们可根据稳压电源的参数要求来选择集成稳压器的型号。

5. 开关型稳压电路的调整管工作在开关状态，用控制调整管导通、截止时间的比例来调节输出电压，因而功率损耗大大减小，但需外接变压器或电感、电容等器件。开关型稳压电源具有效率高、体积小、重量轻等优点，但它的纹波电压较大，高频泄漏较大，有可能对周围其他电路造成干扰。

练 习 题

一、填空题

1. 常见的小功率直流稳压源系统由________、________、________和________等四部分组成的。

2. 硅稳压管稳压电路，稳压部分是由________和________两个元件组成的。

3. 串联反馈式稳压电路由________、________、________、________四部分构成的。

4. 当电网电压上升10%，稳压电路的输出电压从10V上升到10.02V，则电路的相对稳压系数S等于________。

5. 用示波器分别测得某直流电源的输入纹波电压峰－峰值为100mV，输出纹波电压峰－峰值为1mV，试计算此电源的纹波抑制比S_R为________分贝（dB）。

二、选择题

1. 串联型稳压电路是利用（　　）负反馈，使输出电压稳定。

A. 电压并联　　B. 电压串联　　C. 电流并联　　D. 电流串联

2. 有六个稳压电源，根据以下要求，应该各选取何种类型的稳压电源？

1）$U_O=6V$，$I_{Omax}=10mA$，应选用（　　）。

2）$U_O=+12V$，$I_{Omax}=1A$，应选用（　　）。

3）$U_O=1.25V$，$I_{Omax}=10mA$，要求温度系数达到20×10^{-6}，应选用（　　）。

4）$U_O=+18V$，$I_O=200mA$，要求效率达到90%左右，应选用（　　）。

5）$U_O=3\sim24V$，$I_{Omax}=50mA$，应选用（　　）。

6）$U_I=1.5V$（直流），$U_O=5V$（直流），应选用（　　）。

A. 三端可调集成稳压器　　B. 单片三端稳压器

C. 硅稳压管并联稳压电路　　D. 直流/直流变换器

E. 微功耗基准电压二极管稳压电路　　F. 开关稳压器

三、综合题

1. 在图 9-35 所示电路中，已知稳压二极管的 $U_Z=6V$，$I_{Zmin}=5mA$，$I_{Zmax}=40mA$，u_2 的有效值 $U_2=15V$，$R=240\Omega$，$C=200\mu F$。试求：1）整流滤波后的直流电压 U_I。2）当电网电压在 ±10% 的范围内波动时，R_L 的允许变化范围。

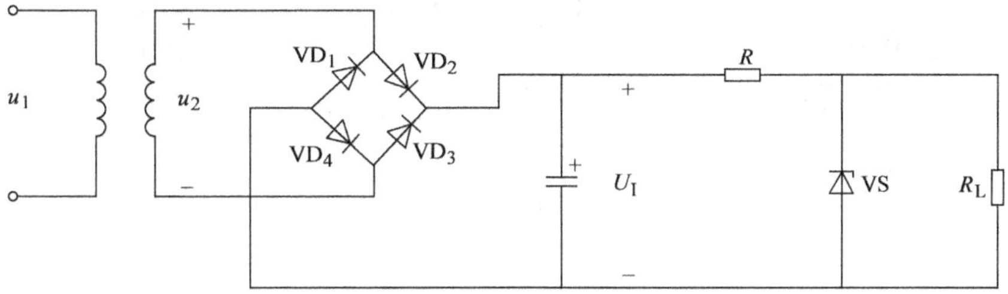

图　9-35

2. 某仪器需要一组直流输出电压，请根据学过的知识画出合适电路。具体要求是：输入电压 220V、50Hz，输出电压和电流分别是 +12V/400mA、−5V/10mA。

3. 某稳压电源电路如图 9-36 所示，计算并说明当 $R_L=3\Omega$ 时，流出 LM7812 OUT 端的电流 I_2 以及流出晶体管 VT 的集电极电流 I_C 各为多少。（注：I_B 和 I_{GND} 可忽略不计）。

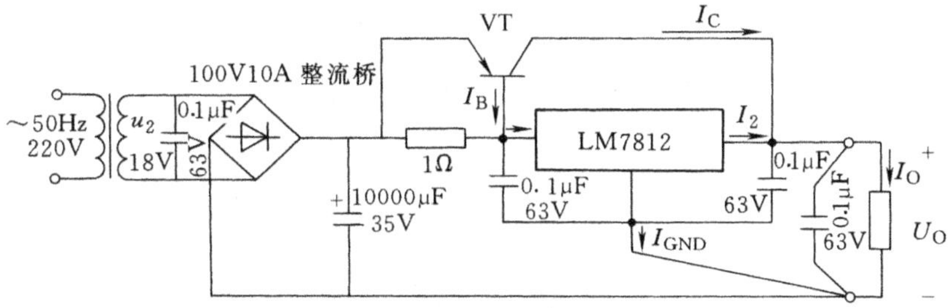

图　9-36

4. 在图 9-33 由 LM317 组成的恒流源电路中，如需组成 50mA 的恒流充电器电路，1）计算 R_P 的电阻值应调至多大；2）设 $U_I=24V$，求 R_L 的允许变化范围。

5. 请将图 9-37 所示的元件正确连接起来组成一个电压可调的稳压电源。图中，KBU 6K 为单相桥式整流器。

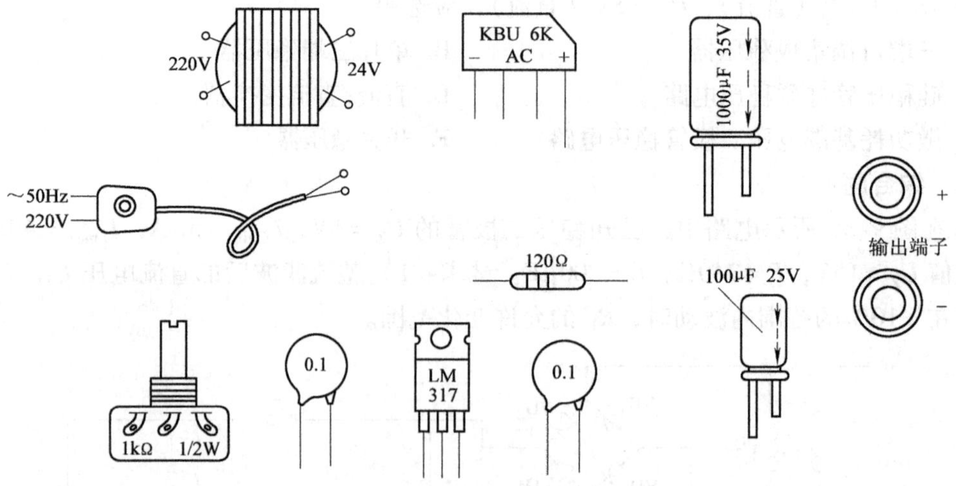
220V
24V
KBU 6K
AC
− +
1000μF 35V
~50Hz
220V
120Ω
100μF 25V
输出端子
+
−
0.1
LM
317
0.1
1kΩ 1/2W

图 9-37

*第十章　晶闸管及其应用

晶闸管（thyristor）旧称可控硅（silicon controlled rectifier，简称SCR），是20世纪70年代发展起来的一种理想的大功率元件。它除具有硅二极管的单向导电性、能把交流电变换成直流电外，还能可控整流，即能控制直流电的大小。它具有快速接通或切断电路（无触头开关，noncontacting switch）的功能，可以把直流电变换为交流电（逆变，Inverter）、把某一频率的交流电源变换为频率可调的交流电源（变频，frequency transformer）、把交流电源变成交流电压可调的电源（交流调压，AC voltage regulator）等功能，用途十分广泛。

晶闸管是一种功率半导体器件，它具有体积小、重量轻、耐震动、效率高、容量大、耐压高、无火花、寿命长和控制性能好等优点，已广泛应用于各种无触头、大功率控制系统，在电力电子技术中占有重要地位。本章简要介绍常用的单向晶闸管、双向（bi - directional）晶闸管的结构和工作原理及其应用电路，以及固态继电器（solid state relay，SSR）。

第一节　晶　闸　管

一、晶闸管的外形和结构

1. 外形　晶闸管从外形上分，主要有螺栓式、平板式及塑封式等几种，如图10-1所示，它们都有三个电极，螺栓端为阳极a（anode），另一端较粗的为阴极k（cathode），第三端为门极g（gate）。目前，中小容量晶闸管大都采用螺栓式，特点是安装和更换较方便。大容量多采用平板式，特点是散热性能好。小容量的晶闸管也有采用塑料封装的。晶闸管使用时需带上散热器。

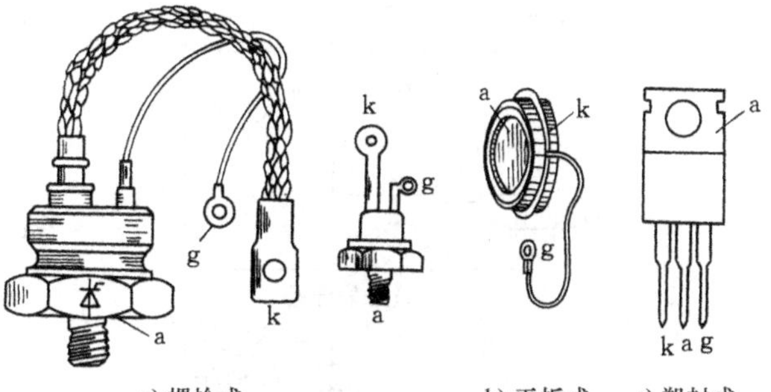

图10-1　晶闸管的外形图

2. 结构　晶闸管的内部结构示意图如图10-2a所示，由四层半导体排列成$P_1N_1P_2N_2$的结构，中间有三个PN结（J_1、J_2、J_3结），并分别从P_1区引出阳极a，从P_2区引出门极g，从N_2区引出阴极k，图10-2b、c为晶闸管的结构示意图及电路符号图。

二、工作原理

1. 工作特点　晶闸管内部的四层半导体可等效成两个晶体管组成的电路来分析，如图10-3a所示，一个是$P_1N_1P_2$（VTH_1），另一个是$N_1P_2N_2$（VTH_2）。

这里用下面几个实验来说明晶闸管的工作特点，实验电路图 10-4 中的阳极电源 V_{AA}加在阳极和阴极之间，负载灯泡串联在电路中（称为主电路，main circuit），V_{GG}为门极电源。电阻及开关 S 串联组成控制电路（也称为触发电路，trigger circuit）。

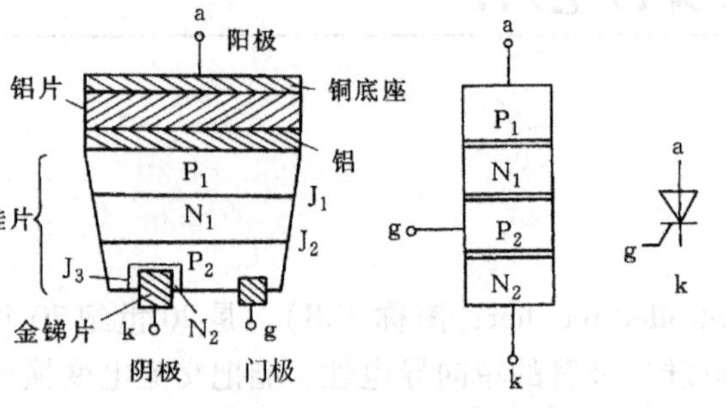

a) 内部结构　b) 结构示意图　c) 符号

图 10-2　晶闸管的结构和符号

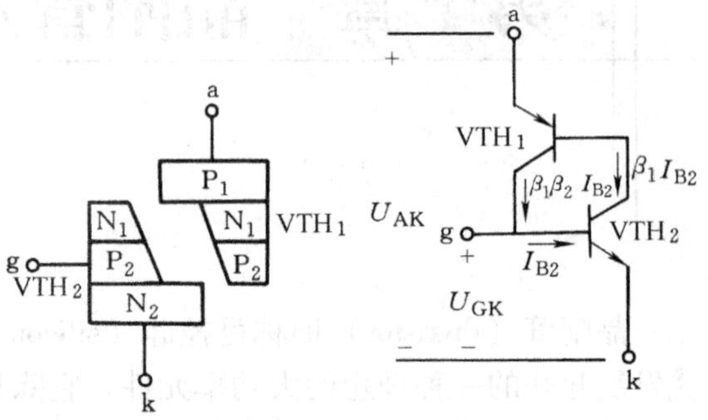

a) 等效内部结构　b) 等效工作结构

图 10-3　晶闸管工作原理图

图 10-4a 中晶闸管阳极经负载（灯泡）接阳极电源正极 V_{AA}，阴极接电源负极，即晶闸管加正向电压。在触发电路中与门极串联的开关S 断开，门极与阴极之间未加正向电压，其 J_1、J_3结处于正向偏置，J_2结处于反向偏置，因此晶闸管不导通，灯泡不亮。图 10-4b 中虽然触发电路中开关闭合，但门极与阴极之间加了反向电压，J_1结处于正向偏置，J_2、J_3结处于反向偏置，晶闸管也不导通，灯泡不亮。图 10-4c 中当开关 S 闭合时，在门极电压 V_{GG}的作用下，产生 VTH_2的基极电流 I_{B2}，即触发电流 I_G，见图 10-3b，经 VTH_2放大后形成集电极电流 $I_{C2}=\beta_2 I_{B2}$，又经 VTH_1放大形成集电极电流 $I_{C1}=\beta_1\beta_2 I_{B2}$，此电流又回到 VTH_2基极，再次得到放大，形成正反馈过程，瞬间使得 VTH_1、VTH_2处于饱和导通状态，这一过程称为触发导通。晶闸管经触发导通后，即使再将开关断开，见图 10-4d，晶闸管仍保持导通状

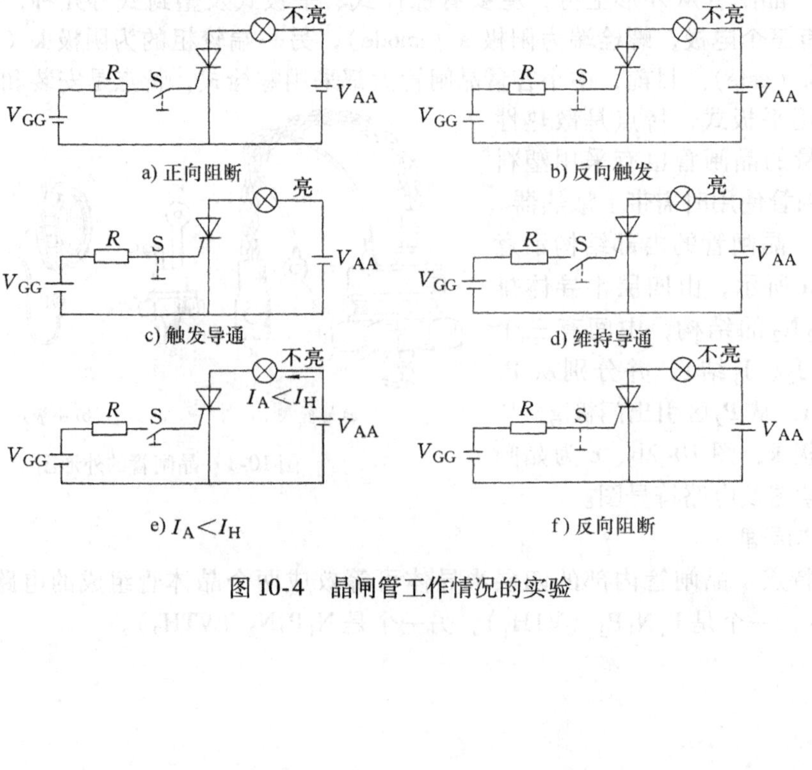

a) 正向阻断　b) 反向触发

c) 触发导通　d) 维持导通

e) $I_A<I_H$　f) 反向阻断

图 10-4　晶闸管工作情况的实验

态，这是由于晶闸管经触发导通后，导致流过 VTH_2 的基极电流 I_{B2} 比触发电流 I_G 大得多，晶闸管靠自身的正反馈作用，处于维持导通状态。在图 10-4e 中，当阳极电流小于某一数值之后，晶闸管重新阻断，这一维持导通的最小电流称为维持（holding）电流（一般为几十到几百毫安），这是因为当阳极电流小于维持电流时，晶闸管不能维持自身的正反馈作用，晶闸管也由导通转变为截止状态，晶闸管处于正向阻断状态。在图 10-4f 中，虽然晶闸管门极与阴极之间加正向电压，但阳极和阴极加的是反向电压，其 J_1 结处于反向偏置，相当于图 10-3b 中 VTH_1 发射结反偏，因此晶闸管不导通，处于反向阻断状态。

2. 导通条件　由上述实验可以得出**晶闸管由阻断到导通必须同时具备两个条件：晶闸管阳极与阴极之间加正向电压，门极与阴极之间加入正向触发电压。晶闸管导通后，门极即失去作用。**

3. 关断条件　**要使晶闸管从导通到关断，可减小阳极与阴极之间的阴极电流，使之小于维持电流或使阳极与阴极之间的电压反向。**

三、伏安特性

晶闸管阳极与阴极之间电压与电流的关系可用图 10-5 所示的伏安特性曲线来表示。

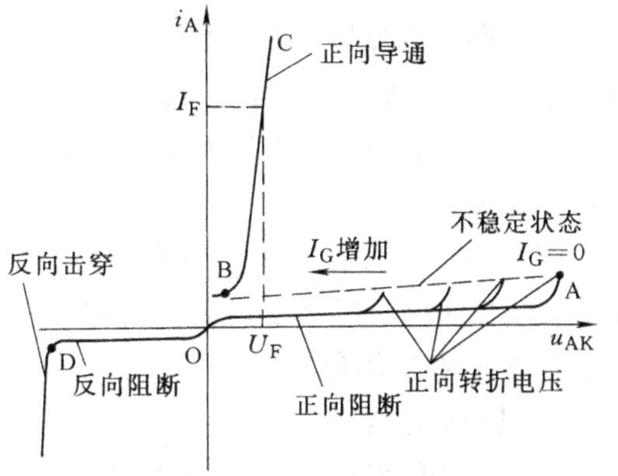

图 10-5　晶闸管的伏安特性

从伏安特性上可看出，曲线 OD 段的 J_2 结处于正向偏置，J_1 和 J_3 结处于反向偏置，晶闸管的反向特性与二极管相似。当不加控制端电压时，OA 段的正向特性与反相特性也相似，因为此时 J_1 和 J_3 结处于正向偏置，J_2 结处于反向偏置。当电压进一步增加，J_2 发生击穿时，正向导通电压迅速下降，出现了负阻特性，见曲线 AB 段，这称为正向转折导通。在晶闸管阳极与阴极之间加上正向电压的同时，门极所加正向触发电流 I_G 越大，晶闸管由阻断状态转为导通态所需的正向转折电压就越小，伏安特性曲线向左移。导通后，图 10-3b 中等效晶体管 VTH_1 和 VTH_2 均饱和，J_1、J_2、J_3 结都处于正向偏置，导通后的特性见曲线 BC 段。在伏安特性中可看出，晶闸管在导通后可以通过很大的电流，导通压降 U_F 减至 1V 左右，晶闸管在工作时有一定的功率消耗。晶闸管阻断时存在一定的反向漏电流，因此反向电阻不是无穷大。

必须指出，一般应在晶闸管正向阻断状态下，在门极加上足够大的正向触发电流（电压）促使晶闸管导通，不允许有晶闸管发生击穿后导通的现象。

四、主要特性参数

（一）型号

根据国家有关规定，KP 型普通系列晶闸管的型号由五个部分组成。例如 KP200 − 12D，第一个字母 K 表示晶闸管；第二个字母 P 表示普通型（其他：K—快速型、S—双向型、G—可关断型等）；第三部分的数字表示额定通态平均电流，该管为 200A；第四个部分表示额定电压级数，用百位数表示，该管重复峰值电压为 1200A；第五个部分表示通态平均电压组别（额定电流小于 100A 不标），共 9 级，用 A ~ I 表示 0.4 ~ 1.2V 范围，每级差 0.1V，该管通态平均电压为 0.7V。所以，KP200 − 12D 表示额定通态平均电流为 200A，重复峰值电压为1200A，通态平均电压为0.7V的普通型晶闸管。

（二）主要特性参数

1. 电流额定值

（1）额定正向平均电流 I_F 指在环境温度为+40℃和规定冷却条件下，器件在电阻性负载、通过单相工频正弦半波电流、导通角不小于170°的电路中，当结温稳定并不超过额定值时，所允许的最大通态平均电流。散热条件不好，环境温度较高和导通角较小时，都要降低晶闸管的允许电流值使用，一般选用时需留有余量。

（2）维持电流 I_H 维持器件处于通态所必需的最小通态电流。

（3）浪涌电流 I_{FSM} 器件能承受的最大过载电流。

2. 电压额定值

（1）正向转折电压 U_{BO} 指在额定的结温和门极断开（$I_G=0$）的条件下，阳极－阴极间加正弦半波正向电压，晶闸管由断态发生正向转折变成通态所对应的电压峰值。

（2）断态重复峰值电压 U_{DRM} 允许重复加在晶闸管上的正向峰值电压，又称正向阻断峰值电压，其值低于正向转折电压 U_{BO}。

（3）反向重复峰值电压 U_{RRM} 指门极开路，在额定结温下，允许重复加在器件上的反向峰值电压。

（4）通态平均电压 U_F 规定条件下，晶闸管正向导通并通以额定的通态平均电流时，阳极与阴极两端压降的平均值，又称管压降，一般在0.4～1.2V范围内。这个电压越小，晶闸管导通时的功耗就越小。

3. 其他额定参数

（1）门极触发电压 U_G、触发电流 I_G 使晶闸管触发导通所需要的最小门极直流电压、电流。门极触发电压太小，抗干扰能力将变差，易引起误触发；太大时触发不灵敏。一般小功率的 U_G 值为1～5V，I_G 为几毫安。中功率以上的 U_G 值为几伏到几十伏，电流为几十毫安到几百毫安。一般实际值应大于额定值，保证触发可靠。为防止门极损坏，还规定了门极的瞬时峰值电压、电流。为了防止晶闸管在正向阻断状态时受到干扰引起误导通，可在门极上加负电压，但反向电压不能过大，一般为负的3～5V。

（2）开通时间 t_{on}、关断时间 t_{off} 晶闸管从阻断进入导通状态所需的时间，称为开通时间。从导通重新进入阻断状态，直到门极恢复控制所需的时间，称为关断时间 t_{off}。t_{on}、t_{off} 越大，在开通和关断时的功耗也越大。

五、其他晶闸管

1. 双向晶闸管 单向晶闸管只能单方向导通，而双向晶闸管在其门极g与主电极 a_2 间加上正向或反向触发信号可使器件的两个方向都能控制导通，可以用作固态继电器、过零开关等，作为交流开关它有很广泛的应用。

双向晶闸管可看作是把两个方向相反的晶闸管并联制作在一块硅晶体上的器件，它有两个主电极 a_1 和 a_2，并用一个门极g。图10-6所示为双向晶闸管的符号和伏安特性曲线。

2. 门极关断晶闸管 普通单、双向晶闸管一旦触发导通后，门极就失去了控制作用，不能控制晶闸管再关断。门极关断（gate turn off，GTO）晶闸管具有在门极施加正脉冲使晶闸管触发导通、而施加负脉冲可以关断晶闸管的功能。门极关断晶闸管图形符号如图 10-7a 所示。门极关断晶闸管具有工作频率高，开关速度快、无触头、耐压高、可关断等特点，主要用于高压直流开关、逆变器、高压脉冲发生器、过电流保护等电路中。

3. 光控晶闸管　利用光来触发晶闸管导通的光控（photo - controlled）晶闸管实际上是把光敏元件和双向晶闸管做在一起的集成电路，图形符号如图 10-7b 所示。触发晶闸管的光源有钨丝灯泡、发光二极管等，光源和器件之间可以通过透镜、棱镜及光导纤维进行传输。

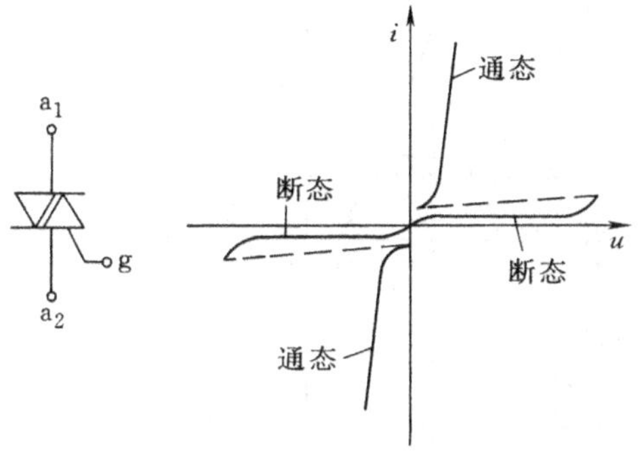

a) 图形符号　b) 伏安特性

图 10-6　双向晶闸管

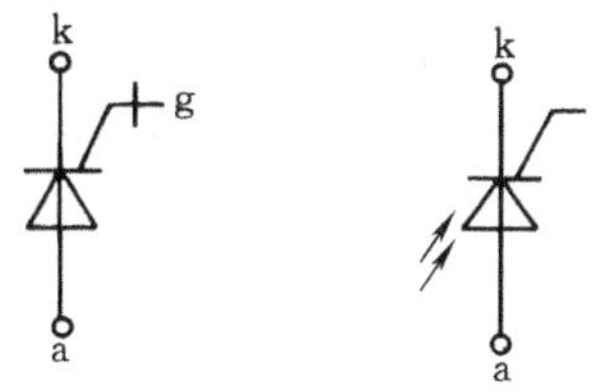

a) 门极关断晶闸管　b) 光控晶闸管

图 10-7　门极关断晶闸管和光控晶闸管的图形符号

由于光控晶闸管的控制信号是光，触发电路和主电路之间电气上完全隔离，可在符号识别、逻辑控制、相位控制、监控等电路以及其他强电磁干扰的场合中使用。

4. 温控晶闸管　温控（thermal - controlled）晶闸管是利用转折电压随温度变化的特性来工作的。在设定的温度下由阻断进入导通，是一种热敏开关元件。温控晶闸管可用于温度控制、温度保护及温度报警等场合。

第二节　单相可控整流电路

一、阻性负载单相桥式半控整流电路

（一）工作原理

单相桥式半控整流（single - phase bridge half controllable rectifier）电路及其波形，如图 10-8 所示。

图中，负载电阻为 R_L，可以是电热丝、电镀、电焊等电阻性负载。将单相桥式整流电路中的对称桥臂上的两个二极管用晶闸管代替，就成为单相桥式半控整流电路了。当输入交流电压 u 为正半周时，a 端为高电位，b 端为低电位，VTH_1 和 VD_1 承受正向电压，在 $\omega t=\alpha$ 时刻给 VTH_1 的门极加上触发脉冲，晶闸管 VTH_1 和二极管 VD_1 导通，如果忽略 VTH_1 和 VD_1 的管压降，则此时的输入电压全部作用到负载 R_L 上，这时 VTH_2 和 VD_2 都承受反向电压而截止。当输入交流电压 u 下降到接近于零值时，晶闸管由于正向电流小于维持电流自动关闭。同样，在电压 u 的负半波时，VTH_2 和 VD_2 承受正向电压，当 $\omega t=\pi+\alpha$ 时刻给 VTH_2 的门极加上触发脉冲，晶闸管 VTH_2 和 VD_2 导通，VTH_1 和 VD_1 承受反向电压而截止，$u_O=-u$，负

载电阻上的电压 u_O 极性仍为正值。改变门极触发脉冲的输入时刻，负载上得到的电压波形亦随之改变，这样就改变了负载上得到的直流电压平均值的大小。

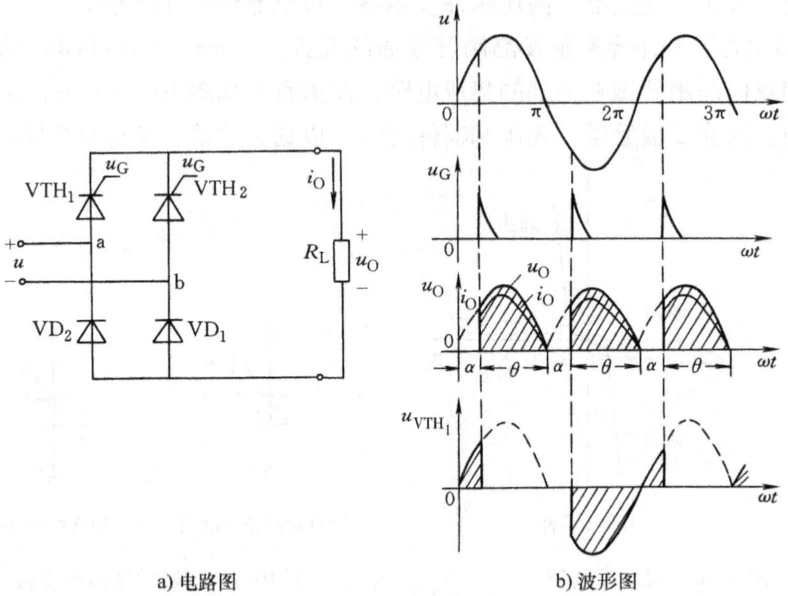

图 10-8 单相桥式半控整流电路及波形图

晶闸管在开始承受正向电压到触发导通的相位角称为控制角（control angle），又称移相角，图中用 α 表示。导通范围的电角度称为导通角（conductive angle），用 θ 表示（$\theta=\pi-\alpha$）。显然，导通角 θ 越大，输出电压愈高。

（二）输出电压和电流

设单相半控整流电路的输入电压为 u，则可控整流输出电压的平均值为

$$U_O=\frac{1}{\pi}\int_{\alpha}^{\pi}\sqrt{2}U\sin\omega t\,\mathrm{d}(\omega t)=\frac{\sqrt{2}}{\pi}U(1+\cos\alpha)=0.9U\frac{1+\cos\alpha}{2} \tag{10-1}$$

可控整流输出电流的平均值

$$I_O=\frac{U_O}{R_L}=\frac{0.9U}{R_L}\,\frac{1+\cos\alpha}{2} \tag{10-2}$$

由式（10-1）可见，负载直流电压 U_O 可从 0 到 $0.9U$ 之间连续变化，输出电压与输入电压有效值 U 和 α 角有关。

（三）晶闸管的工作参数和选择

1. 晶闸管的工作参数　上述电路中晶闸管和二极管所承受的正向和反向电压都为 $\sqrt{2}U$，流过晶闸管和二极管的平均电流 $I_V=\frac{1}{2}I_O$。

2. 晶闸管的选择　选择晶闸管的型号时，其主要的额定指标是正向阻断峰值电压 U_{DRM}、反向重复峰值电压 U_{RRM} 和额定正向平均电流 I_F。要合理地选择这些参数，需从可靠性、经济性、具体的电路要求来选择晶闸管。

（1）电压的选择　晶闸管所承受的电压与所采用的整流电路的形式以及电源电压有关。

对于单相桥式半控整流电路来说，晶闸管承受的最大正反向电压 U_{DM} 为 $\sqrt{2}U$。晶闸管的正向阻断峰值电压和反向重复峰值电压按 2～3 倍的 U_{DM} 来选定。

（2）电流的选择　晶闸管在实际应用时的允许电流，取决于晶闸管因发热而使结温超过允许值而损坏时对应的电流。使晶闸管发热的电流是有效值，因此要把晶闸管额定电流的有效值 I_f 换算为额定正向平均电流 I_F。在正弦半波和导通角为180°的情况下，额定电流的有效值与平均值之比为 $I_f/I_F=1.57$；导通角为30°时，$I_f/I_F=3.99$；导通角减小时 I_f/I_F 的值增大，这就是说晶闸管导通时，正向电流平均值为100A，它的正向电流的有效值将大于或等于157A，导通角越小，对应的有效值就越大，选择晶闸管时，额定正向平均电流的余量就要留的越大。

所以晶闸管额定正向平均电流的选择主要根据负载电流的大小，线路形式、晶闸管的导通角和工作频率（频率较高时，应降低晶闸管的电流额定值使用）等因素综合确定。电路中的二极管选择参照晶闸管。

【例 10-1】　在图 10-8 的单相桥式可控整流电路中，负载电阻为 10Ω，交流电压 $U=220V$，控制角 α 的调节范围为 45°～180°，求：

（1）直流输出电压可调节的范围。

（2）晶闸管两端的最大反向电压。

（3）晶闸管承受的最大平均电流。

解：（1）$\alpha=45°$时的电压波形如图 10-8b 所示。α 在 45°～180°范围内可调，此时的输出电压分别为：

$$\alpha=45°\text{时}，U_{O1}=0.9U\frac{1+\cos\alpha}{2}=0.9\times220\times\frac{1+\cos45°}{2}V=0.9\times220\times\frac{1+0.707}{2}V\approx169V$$

$$\alpha=180°\text{时}，U_{O2}=0V$$

所以输出电压平均值在 0～169V 范围内调节。

（2）晶闸管两端的最大反向电压为 $\sqrt{2}U=1.414\times220V=311V$

（3）输出最大负载电流 $I_O=\dfrac{U_O}{R_L}=\dfrac{169}{10}A=16.9A$

晶闸管的最大平均电流值 $I_V=\dfrac{1}{2}I_O\approx8.5A$

【例 10-2】　某一纯电阻负载的设备，需要可调式直流电源，要求直流电源输出电压 U_O 为 0～90V，晶闸管控制角 α 为 0°～180°，输出电流 I_O 最大为 3A。现采用单相 220V 交流电源和单相半控桥式整流电路，试求交流电压的有效值，计算晶闸管电流、电压定额（考虑 2 倍余量），选择整流元件的型号规格。

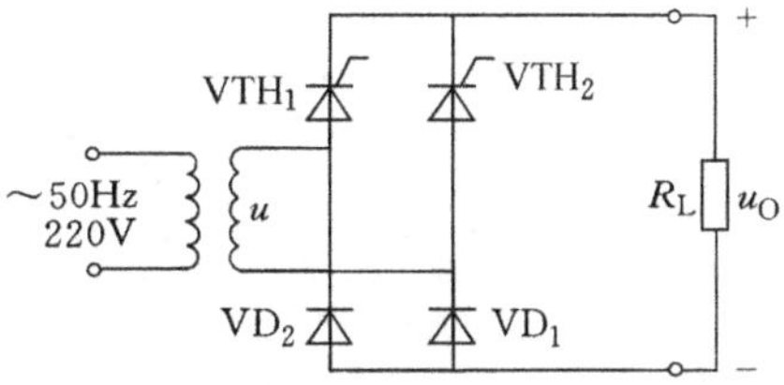

图 10-9　例 10-2 图

解：（1）由于采用 220V 交流电源，需采用变压器，电路图如图 10-9 所示。

变压器二次电压由电路的直流输出电压确定。晶闸管控制角 α 为 0°时，导通角 $\theta=180°$，输出电压 $U_O=90V$，变压器二次电压的有效值

$$U = \frac{U_O}{0.9} \times \frac{2}{1 + \cos 0°} = \frac{90}{0.9}\text{V} = 100\text{V}$$

考虑到电网波动及效率等因素选取 $U = 120\text{V}$。

（2）晶闸管和二极管选择

晶闸管所承受的最高正反向电压和二极管所承受的最高反向电压均为

$$U_{DM} = \sqrt{2}U = 1.41 \times 120\text{V} = 169\text{V}$$

晶闸管和二极管的平均电流

$$I_V = \frac{1}{2}I_O = \frac{3}{2}\text{A} = 1.5\text{A}$$

晶闸管的电流定额 $I_F = 2I_V = 2 \times 1.5\text{A} = 3\text{A}$，取标称值5A。

电压定额为 $U_{DRM} = U_{RRM} = 2U_{DM} = 2 \times 169\text{V} = 338\text{V}$，取标称值500V。

故选用KP5－5型号的晶闸管和IN5405或2CZ57Z型号的二极管。

二、感性负载单相桥式半控整流电路

在前面分析的可控整流电路中，输出端负载是纯电阻的，实际上遇到的负载大多是电感性的，像电机的励磁绕组和电阻负载串联的滤波电感等，它们既有电感，又有电阻。在感抗相对于电阻的大小不可忽略时，这种负载称为电感性负载。整流电路接电感性负载和接电阻性负载时的工作情况是不同的。图10-10是带电感性负载的单相桥式半控整流电路，负载用串联的电感 L 与电阻 R_L 表示，在负载两端还并联了续流二极管 VD_3。

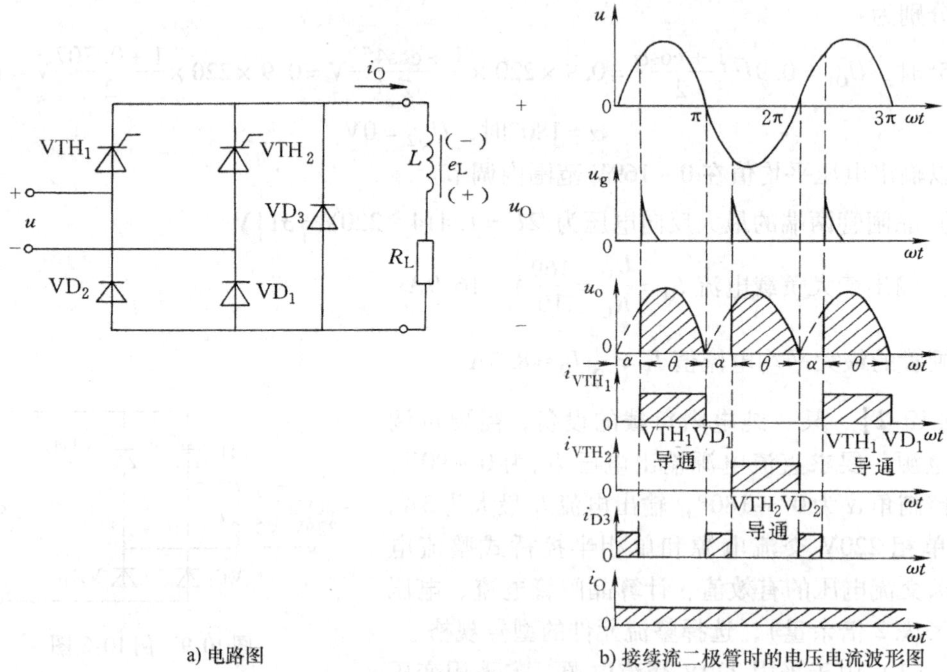

a) 电路图　　　b) 接续流二极管时的电压电流波形图

图10-10　电感性负载的单相桥式半控整流电路

当电源电压 u 为正半周时，当 $\omega t = \alpha$ 时，VTH_1、VD_1 导通，整流后的电流通过 VTH_1、负载 L 及 R_L、VD_1 返回电源，电感 L 储存磁场能量。根据电工学原理，当输出端串联的电感

L 足够大时，负载电流变化很小，波形近于直线。当 $\omega t=\pi$、电源电压过零时，电感上的自感电动势 e_L（方向如图 10-10a 所示，上负下正，是电感中电流在减小过程中产生的反电动势）通过二极管 VD_3形成回路，因此这个二极管称为续流二极管。这时负载两端电压约为 0.7V，晶闸管 VTH_1关断。因此整流电路的输出电压波形与纯电阻负载时一样。如果不接 VD_3，此时的自感电动势 e_L通过 VD_2加在 VTH_1上，使 VTH_1阳极和阴极之间仍有一个正向电压，VTH_1在负半周开始时也阻断不了，会产生失控现象。

第三节 晶闸管触发电路

一、对触发电路的要求

在晶闸管从阻断到导通状态中，除了必须在阳极与阴极之间加上正向电压之外，还必须在门极加上合适的脉冲电压作为触发信号。对触发电路（trigger circuit）的基本要求如下：

1）向门极提供的触发电压和电流应符合晶闸管对触发信号的要求。

2）触发脉冲（triggering pulse）应有足够的移相范围。触发脉冲与主电路交流电源电压的相位应具有对应的相位关系（称为同步），用来保证晶闸管每个周期的导通角相等。

3）触发脉冲上升沿要陡，使晶闸管触发时刻准确，一般应小于 10μs。

4）触发脉冲要有足够的宽度，一般晶闸管开通时间约为 6μs，故要求触发脉冲宽度应大于 20～50μs。

5）为防止误触发，在无触发脉冲输出时，触发电路的输出电压应小于 0.1～0.2V。要提高抗干扰能力可在门极上加 1～2V 的反向电压。

二、触发电路

以下介绍的是在中、小功率晶闸管电路中经常采用的单结晶体管触发电路以及双向二极管组成的触发电路。

（一）单结晶体管触发电路

单结晶体管（unijunction transistor，UJT）触发电路是使用较广的一种触发电路，它具有电路简单、可靠、脉冲前沿陡、温度补偿好等优点。

1. 单结晶体管的结构和工作特性 单结晶体管是一种电流控制型的负阻特性器件。它有一个 PN 结，有一个发射极、两个基极，又称双基极管。图 10-11 为单结晶体管的结构、等效电路和图形符号。

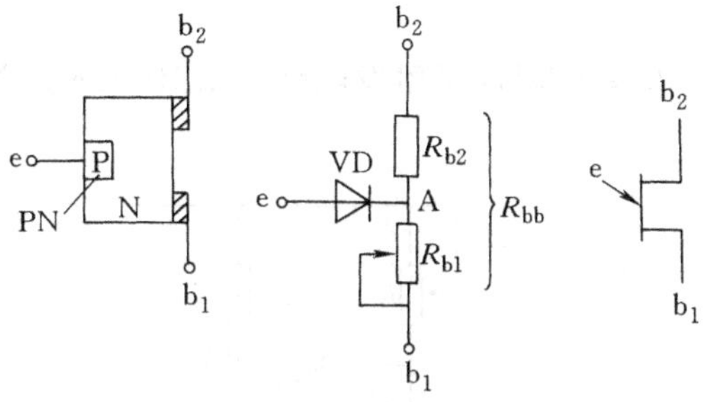

a) 结构 b) 等效电路 c) 图形符号

图 10-11 单结晶体管

在单结晶体管的等效电路中，可以把两个基极 b_1 和 b_2之间的 N 形区域等效为一个纯电阻 R_{bb}，称为基区电阻，R_{bb}又可以看作是由两个电阻串联组成的，其中 R_{b1}为基极 b_1与发射极 e 之间的等效电阻，R_{b2}为基极 b_2与发射极之间的电阻。其中 R_{b1}的阻值由于会随发射极电流 I_E的变化而变化，因此可以等效成一个可变电阻。$R_{bb}=R_{b1}+R_{b2}$，其典型的值约为 3～15kΩ。

图 10-11b 中 R_{b1}上的分压 $U_A=U_{BB}R_{b1}/(R_{b1}+R_{b2})=\eta U_{BB}$，式中 η 是单结晶体管的一

个重要参数，称为分压比，即

$$\eta=\frac{R_{b1}}{R_{b1}+R_{b2}} \tag{10-3}$$

若在 b_2 和 b_1 之间外加一个正向偏压 $U_{BB}(U_{BB}=V_{BB})$，如图 10-12a 所示，调节 E_D 使 U_E 改变，发射极电流 I_E 随之变化，图 10-12b 是 U_E 和 I_E 相应变化的伏安特性曲线。

当 $U_E=0$ 时，R_{b1} 电阻上的电压 U_{Rb1} 使得等效的二极管 VD 截止，只有很小的反向电流存在，单结晶体管处于截止区。在 U_E 提高至 $U_E \geqslant \eta V_{BB}+U_D$ 时（U_D 为 PN 结导通电压），二极管 VD 导通，I_E 明显增大，等效电阻 R_{b1} 的导电性能增强，使其阻值下降，导致分压比 η 也下降，U_A 值下降，二极管 VD 正向偏压增加，I_E 继续增大，进一步使 R_{b1} 减小，这一正反馈过程的结果使 U_E 电压反而下降，产生了如图 10-12 所示的负阻特性，P 点处的电压 U_P 称为单结晶体管的峰点（peak point）电压，相对应的 I_P 称为峰点电流，这是使器件导通所需的最小电流。由上述分析可知

$$U_P=\eta V_{BB}+U_D$$

当 U_E 降低至谷点（valley point）电压 U_V 后，I_E 增加，U_E 也有所增加，器件进入饱和区。谷点电压 U_V 是维持单结晶体管导通的最小发射极电压，在 $U_E<U_V$ 时，器件又重新截止，一般 U_V 为 2～5V。单结晶体管的型号有 BT3X，如 BT31、BT33、BT35 等。

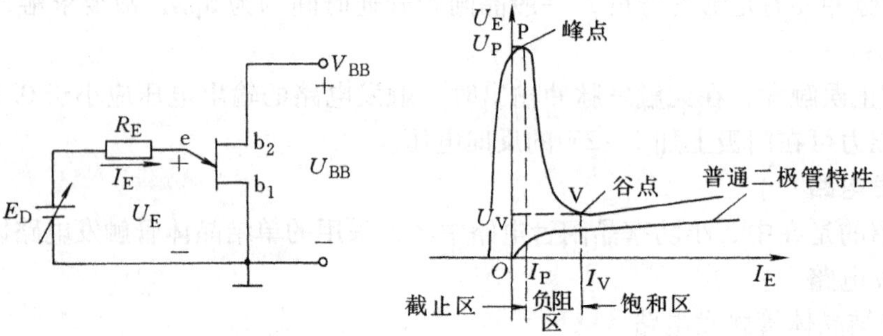

a) 实验电路　　b) 特性曲线

图 10-12　单结晶体管的特性

2. 单结晶体管触发电路　图 10-13a 是单结晶体管组成的触发电路。

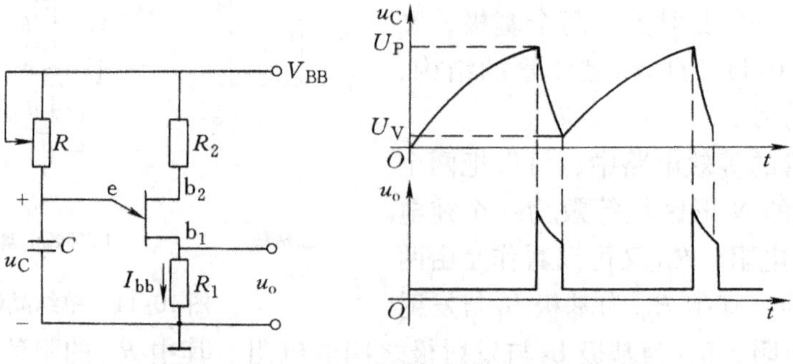

a) 电路　　b) 电压波形图

图 10-13　单结晶体管组成的触发电路及电压波形

V_{BB}通过电阻R_2、R_1和b_2、b_1之间的基极电阻产生电流$I_{bb}=\dfrac{V_{BB}}{R_2+R_{bb}+R_1}$。通电时，电源通过电阻$R$对电容器$C$充电，电容上的电压$u_C$（$u_E$）按指数规律上升。在$u_C<U_P$期间，单结晶体管截止，负载电阻上的输出电压很小。当$u_C\geqslant U_P$时，单结晶体管导通，I_E由几微安跳至几十毫安，输出电压$u_O=I_{bb}R_1$，在R_1两端产生正脉冲。随着电容器放电，u_C按指数规律快速下降，降至谷点电压U_V时，单结晶体管重新截止，输出电压又下降到很小的值，这样在R_1上就产生了一个完整的脉冲，输出波形如图10-13b所示。这样周而复始，在输出端产生周期性的脉冲。该电路有时又称为弛张振荡器。

输出电阻R_1阻值不能太小，否则电容C放电太快，输出脉宽太小，不能可靠触发晶闸管。R_1也不能过大，否则在器件截止时，电流I_{bb}在R_1上会产生较大的输出电压u_O，会造成晶闸管误触发。电路中串联的R_2可以调节峰点电压U_P。在式子$U_P=\eta V_{BB}+U_D$中（U_D是PN结的结电压），$\eta=\dfrac{R_{b1}+R_1}{R_2+R_{b2}+R_{b1}+R_1}$，改变$R_2$，可改变$\eta$，即改变$U_P$。本电路的振荡周期主要由电容$C$和电阻$R$的充放电时间常数以及分压比$\eta$来决定，可用近似公式来估算

$$T\approx RC\ln\frac{1}{1-\eta}$$

在图10-14中用脉冲变压器来代替电阻R_1，触发脉冲由脉冲变压器T的二次侧输出，这样就使触发电路与主电路在电气上隔离。并可选择合适的匝数比使二次绕组输出的脉冲幅度符合触发要求。为防止单结晶体管截止时变压器一次绕组产生的感应电动势击穿晶闸管，在一次绕组上并联了续流二极管VD_1。VD_2、VD_3的作用是不让负脉冲作用至晶闸管的门极，以避免晶闸管的门极被反向击穿。

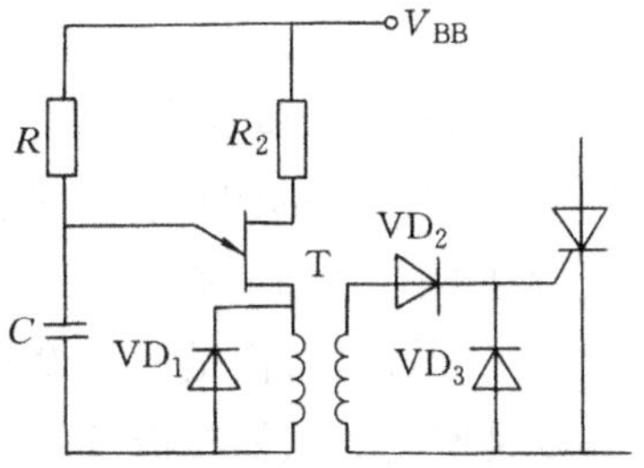

图10-14　采用脉冲变压器耦合输出的触发电路

3. 单结晶体管同步触发电路　在前面讲述的各种可控整流电路中，晶闸管不能直接采用上述由单结晶体管组成的振荡电路作为触发电路。因为可控整流电路的主电路接的是交流电源，晶闸管每次承受正向电压时才导通，要求在每次承受正向电压的半周内晶闸管得到的第一个触发脉冲出现的时间都必须相同，这样才能获得稳定的直流电压输出波形。所以要求发出触发脉冲的时间要与电源电压互相配合，即保持触发脉冲与电源电压的“同步”关系。

图10-15a是单结晶体管同步触发电路，图10-15b给出了电路中各点的波形图。TS为同步变压器，其作用是使二次侧供给触发电路的交流电压频率与主电路电源频率保持一致。二次侧交流电压经桥式整流和稳压管削波后得到梯形波电压u_B作为触发电路的电源电压。交流电压u和u_A同时过零，同时上升，同时下降，这样，当晶闸管每次开始承受正向电压时，与之相应的每一个梯形波电压的前沿都从零开始上升，触发电路产生的第一个脉冲使晶闸管导通，第一次充电经过的时间所对应的电角度，就是控制角α。由图可见，两个晶闸管的每一次触发都具有相同的控制角，保证了输出电流电

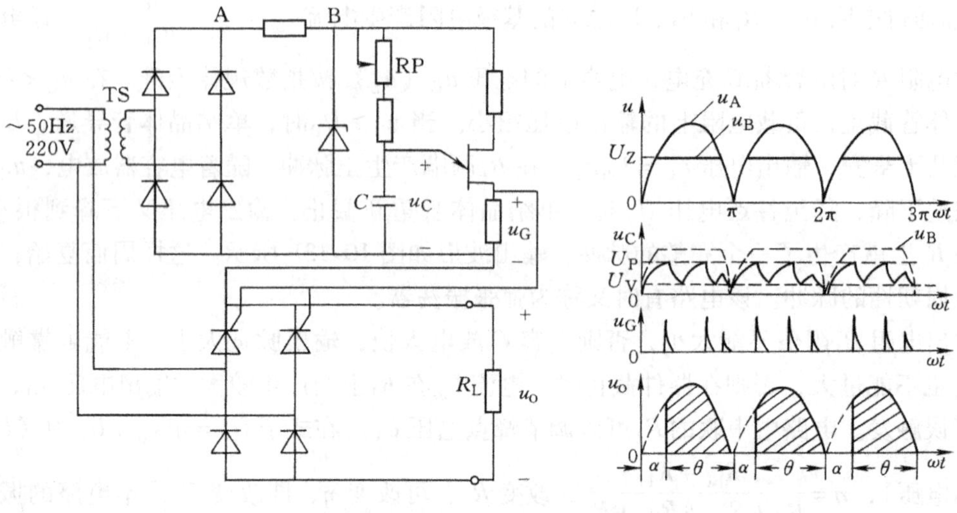

a) 电路图　　　　b) 波形图

图 10-15　单结晶体管同步触发电路

压的稳定。调节充电回路中 RP 的大小可改变控制角 α 的大小，达到调节输出电压的目的。

（二）双向二极管触发电路

1. 双向二极管的图形符号和伏安特性　双向二极管又称双向触发二极管，其图形符号及伏安特性如图 10-16 所示。

双向二极管可看作是一个没有门极的双向晶闸管。它具有负阻特性，外加电压可以是正向也可以是反向。只要二极管的两端电压达到转折电压时，二极管就导通，进入负阻区，两端电压迅速下降。2CT、2CS 系列的双向触发二极管的转折电压一般为 20 ~ 40V，转折电流约为 20 ~ 200μA。

2. 双向二极管触发电路　图 10-17 是用双向触发二极管为触发电路的单相交流调压电路图。

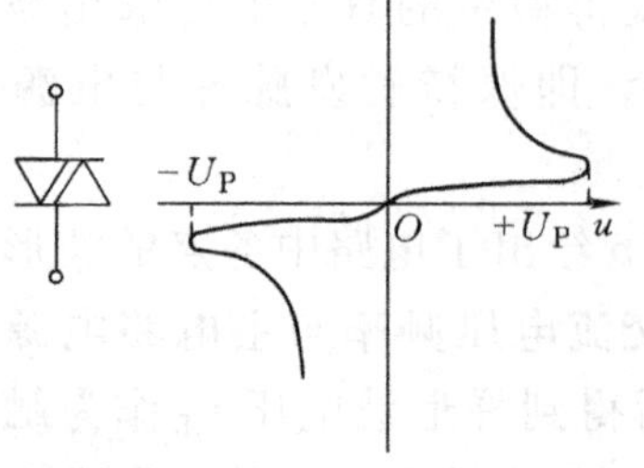

a) 图形符号　　b) 伏安特性

图 10-16　双向二极管

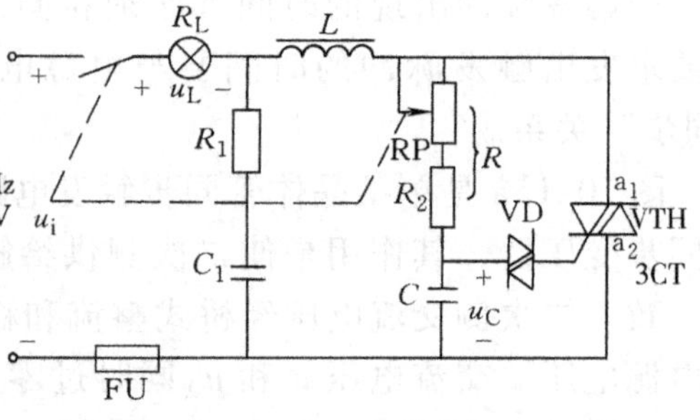

图 10-17　单相交流调压电路

主电路中的负载和双向晶闸管 3CT 串联，调节 RP 可改变电容 C 充电的时间常数，从而控制双向二极管端电压达到转折电压的时间快慢，即改变触发脉冲 U_G 产生的时刻，也就是说可以增加或减小控制角 α，从而调节了负载上交流电压平均值的大小，电压波形如图10-18所示。

图 10-17 中，FU 是快速熔断器，用作过电流保护。L 和 R_1C_1 起滤波作用，可减少 VTH 产生的高次谐波串入电网干扰其他用电设备，因为 L 的电感量较小，C_1 的容量较小，L 和 R_1C_1 对 50Hz 的市电影响较小，可分别看作短路和开路。这种交流调压电路结构简单，调节电压范围大，负载可以是白炽灯、电熨斗、电炉、电风扇等，能实现调光、调温和调速。

（三）移相触发专用集成电路

移相触发专用集成电路经历了从中小规模集成电路到超大规模集成电路的发展，它具有输出负载能力大，移相性能好，可方便地构成触发电路等特点，目前在工业中的应用越来越广泛。晶闸管移相触发专用集成电路种类较多，内部结构及性能指标各不相同，这里不再赘述。

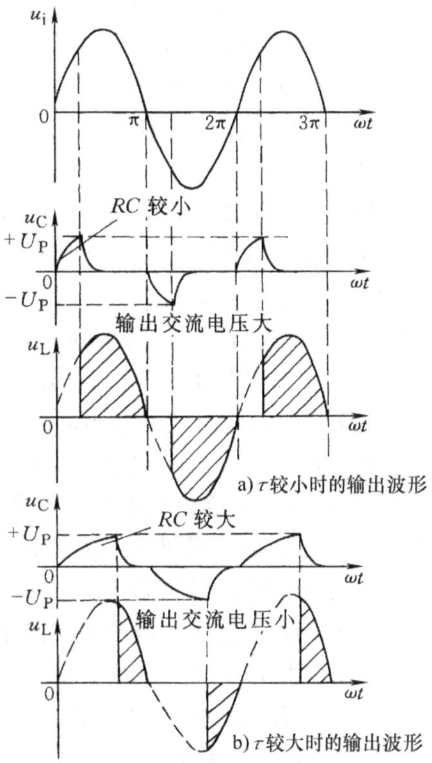

图 10-18　单相交流调压电路波形图

第四节　固态继电器原理及应用

固态继电器（solid state relay，简称 SSR）是采用集成电路组装成的一种新型的无触头通断开关组件。器件的输入端仅要求很小的控制电流，而输出回路则采用大功率的晶体管或双向晶闸管来接通或断开负载电源。在计算机终端接口电路、数控装置、电磁阀、灯光控制、加热等电路以及一些要求耐潮、耐腐蚀、防爆等场合中，它是一种理想的无触头开关。

一、固态继电器分类

1. 按负载电源分类　可分为两类：直流型固态继电器（DC－SSR）和交流型固态继电器（AC－SSR）。图 10-19 是按负载电源类型划分的 SSR 结构和电气符号。

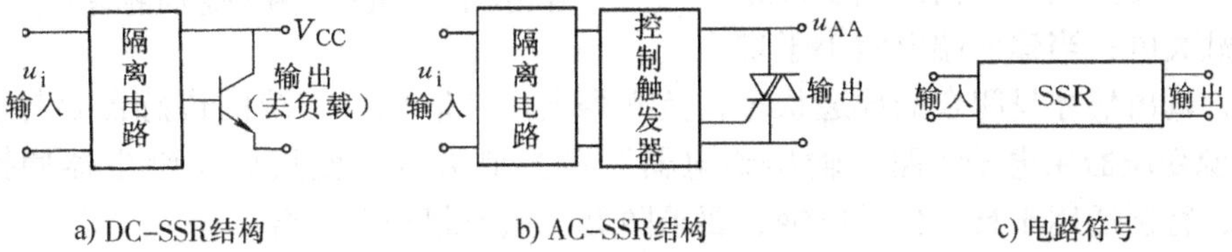

图 10-19　按负载电源类型划分的 SSR

2. 按触发方式分类　交流型 SSR 可分为过零型和非过零型两种。图 10-20 是它们的工作波形。图中，u_{AA}是交流电源的波形，u_i是控制信号的波形，u_{RL}是负载的电压波形。

晶闸管触发电路的触发方式有两种，一种是前面介绍的移相触发，另一种是过零触发，过零触发中的晶闸管工作在全导通或全阻断状态，其触发电路较复杂，我们只介绍其工作情况。从图中可以看出过零型SSR和非过零型SSR的区别在于它们的导通条件。非过零SSR型在输入触发信号u_i到来的t_1时刻，不管负载交流电压u_{AA}处于什么状态，负载端立即导通。而过零型SSR在输入信号u_i到来的t_1时刻，由于此时交流电压u_{AA}正处于非过零区，其输出端不导通，只有当负载电压到达t_2所对应的过零时刻，输出端才导通，负载电源接通，负载上得到的是完整的正弦电压波形u_{RL}。过零型SSR在负载上不会产生突然增大的脉冲电流（它含有许多高次谐波），使射频干扰减低到最低程度，避免对电网波形的影响，但其通断频率低于电源频率，会使照明出现人眼能察觉到的闪烁，所以用于热惯性比较大的负载。这两种类型SSR的关断则都是在输入端u_i撤消的t_3时刻之后，在负载电源u_{AA}过零的时刻，SSR才关断的。

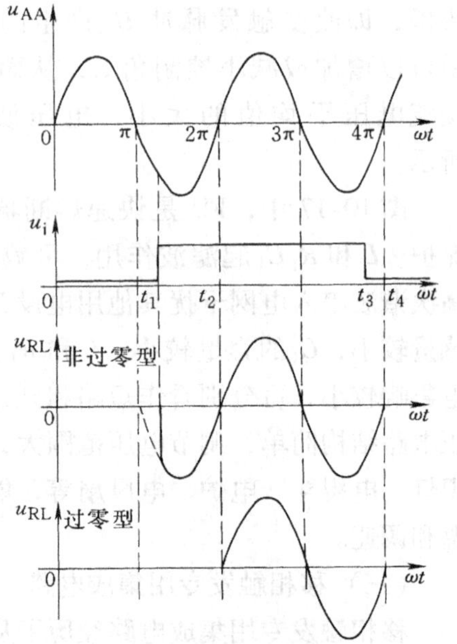

图10-20 两种交流型SSR触发方式的电压波形

3. 按外型结构分类 可分为针孔焊接式、装置式、双列直插式和片式等各种SSR。

4. 按输入输出之间隔离形式分类 常用的可分为变压器隔离型、光电耦合等形式。目前用得最多的是光电耦合形式。图10-21是从输入输出之间隔离形式分类的SSR。

5. 按输入端有源和无源来分类 有源SSR必须在其输入端施加一定大小的直流电压，其输出端才呈导通状态。无源SSR是在有源SSR基础上发展起来的。无源SSR的输入端可接无源敏感元件（如可变电阻、光敏、热敏、湿敏等传感器），它们的电阻变化到一定程度便可实现输出交流大功率负载的通断，切换电阻一般为1~8kΩ。按输出端的工作状态不同，又可分为常开型和常闭型。所谓“常闭”即输入端电阻为无穷大时，输出端呈闭合的导通状态，即负载得电。而“常开”型则相反，当输入端电阻为无穷大时，输出端呈开路状态，负载失电；当输入端电阻小于切换电阻时，输出端才呈闭合的导通状态，负载得电。它取代了传统的传感器要与电网隔离，须加“电源变压器+电子线路+输出继电器”的控制方式。使用固态继电器使控制简便、操作安全，特别适用于具有化学腐蚀、要求防爆、频繁起动等场合。

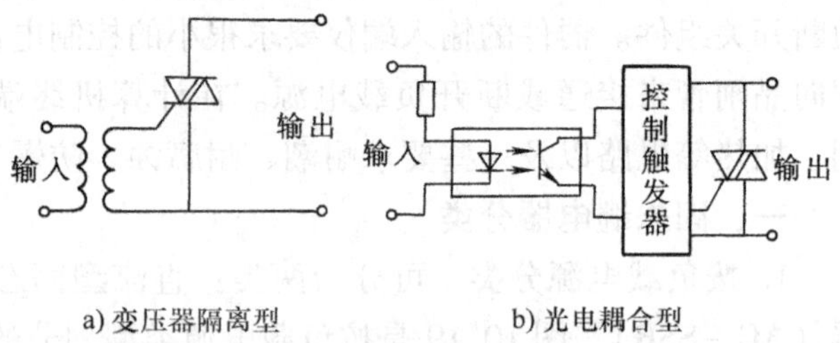

a) 变压器隔离型 b) 光电耦合型

图10-21 SSR输入输出之间的隔离形式

二、固态继电器的主要特点

1. 高可靠性 由于SSR没有可动的机械接触部件，并在结构上采用全密闭式封装，所以SSR触发无回跳和抖动现象，无火花、具有耐震、耐潮、耐腐蚀、寿命长、工作可靠等优点。

2. 控制功率小　由于许多SSR输入端采用光耦合器，其有源SSR输入端的驱动电压只需3~5V，电流也仅要求几个毫安，因而能与数字电路中的TTL、CMOS等数字集成电路较好地兼容。

3. 对电源电压适应能力强　一般的SSR工作电压可以在30~380V内任意选择。

4. 绝缘耐压高　许多SSR的输入输出之间的绝缘耐压可达1kV以上，有的甚至可达2.5kV以上。

固态继电器与常规机电式继电器相比有以下缺点：断态漏电流大、输出压降大、触头数较少、过载能力差、在负载短路时易损坏等不足之处。

三、固态继电器使用注意事项

1）当环境温度升高时，SSR的负载能力要随之下降，因此在实际使用时，若环境温度较高，选用SSR的各个参数必须留有余量。带电阻性负载时，电流参数应留有一倍的余量；带电感性负载时，应按额定电流的4~8倍来考虑。

2）当SSR接通或断开电感性、电容性负载时，工作电压参数要提高50%。

3）SSR使用时切忌负载两端短路，一般小容量的可与快速熔断器串联，熔断器的熔断电流按额定电流的1.2倍来选择。

第五节　晶闸管应用电路举例

一、晶闸管调光电路

在图10-22所示的晶闸管调光电路中，VD_1 ~ VD_4组成桥式整流电路，VU组成自激振荡器，触发脉冲从R_4耦合到晶闸管VTH的门极g。交流电压经桥式整流及稳压管VS削波后得到梯形波电压，它作为单结晶体管的电源电压，又是同步电压。当主回路电源电压过零时，电容C_2放电后开始充电，这样使每个半周的触发脉冲出现的时刻相同，使得晶闸管每次导通角都相同，保证输出电压稳定。调节RP的大小可改变电容C_2的充放电速度，改变VTH的导通角，从而达到调节白炽灯上交流电压的大小，可用来调光。图中的R_1、C_1用来减小VTH的通断对电网电压的干扰。

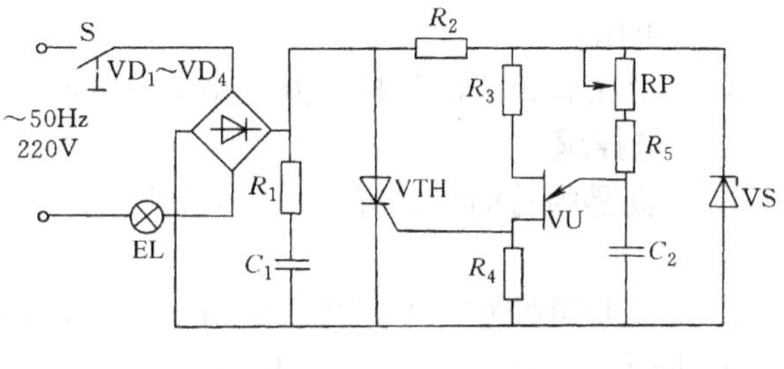

图10-22　晶闸管调光灯电路

二、温度控制器

图10-23是一个用热敏电阻作为控制元件的自动温度控制器。图中KW－240为无源固态继电器，其常态为闭合（导通）状态。当温度升高时，热敏电阻的阻值降低，在低于固态继电器的切换电阻时，加热器R_L电源被切断。当温度降低时，热敏电阻增大，在大于切换电阻时，无源SSR导通，R_L得电，温度升高。控制精度可达到±2℃。如果在无源输入端接可调式电触头水银温度计，便能实现自动设定温度控制，控制精度可达±1℃。

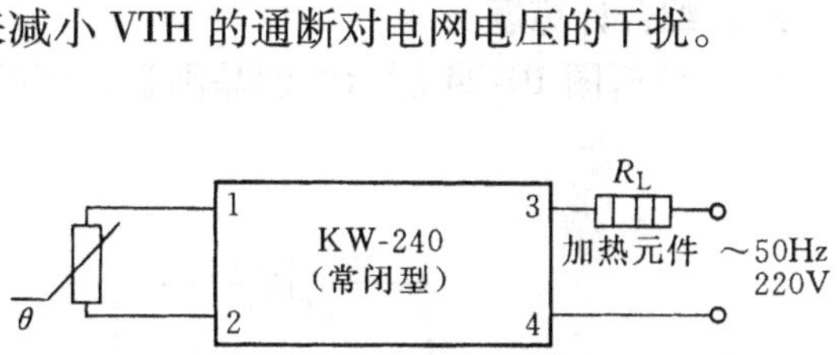

图10-23　自动温度控制器

本章小结

1. 单向晶闸管的导通条件是：阳极与阴极之间加正向电压，门极和阴极之间加正向电压。当晶闸管触发导通后，门极就失去了控制作用。当阳极电流小于晶闸管的维持电流或使阳极与阴极之间的电压反向时，晶闸管重新阻断。

2. 晶闸管可以通过小信号触发导通来控制大电流，用晶闸管组成的可控整流电路可以把输入的交流电变成电压平均值可调的直流电。它通过改变导通角 θ 来达到改变直流输出电压的目的。

3. 双向晶闸管可看作是两个单向晶闸管正反向并联组成的器件，它具有正、反两个方向都能控制导通的特点，在交流开关电路中应用广泛。

4. 单向晶闸管常采用单结晶体管组成的触发电路，双向晶闸管常采用双向触发二极管组成的触发电路，移相触发专用集成电路也得到越来越广泛的应用。

5. 固态继电器是一种新型的无触头开关器件。

练　习　题

一、填空题

1. 单向晶闸管的导通条件是：阳极与阴极之间加________电压，门极和阴极之间加________电压。

2. 单向晶闸管的阻断条件是：阳极电流小于晶闸管的________或在阳极与阴极之间加________电压。

3. 用晶闸管组成的可控整流电路是通过改变晶闸管的________来改变直流输出电压的。

二、选择题

1. 单向晶闸管的内部有（　　）PN 结，单结晶体管内部有（　　）PN 结。

A. 1　　B. 2　　C. 3

2. 晶闸管可控整流电路必须采用（　　）触发，才能获得稳定的直流电压。

A. 同步　　B. 异步　　C. 同步或异步

3. 双向触发二极管可看作是（　　）。

A. 一个没有门极的双向晶闸管　　B. 两个反向并联的二极管

C. 两个反向并联的稳压管

三、综合计算题

1. 试分析图 10-24 所示判别晶闸管好坏的方法和原理（注：3CTS 为双向晶闸管）。

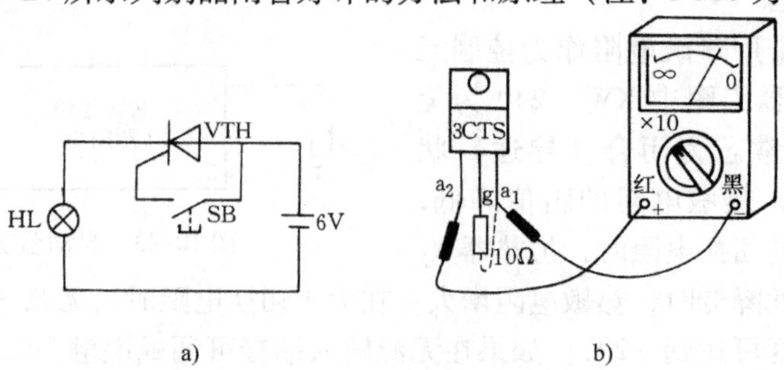

图　10-24

2. 在电阻性负载单相桥式半控整流电路中，直接输入 220V 50Hz 交流电压，$R_L = 5\Omega$。问当导通角为 90°时，输出电压和输出电流的平均值是多少？

3. 某电阻性负载，要求提供直流电压 80V，直流电流 8A，采用单相半控桥式可控整流电路，直接用 220V 50Hz 的交流电源供电。试计算晶闸管的控制角、导通角、电流平均值，画出电路图。

4. 请将图 10-25 给出的各种元器件正确地连接起来，组成一个大功率负载驱动电路。

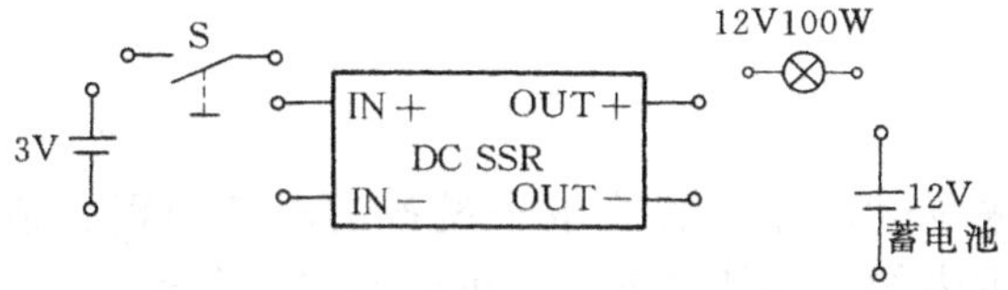

图　10-25

*第十一章　电子电路的读图

电子电路图是指用来描述电子装置或电子设备的电气原理、结构和安装接线方式的图样，是电子技术专业范围内的共同技术语言和重要的技术资料。

掌握电子电路的读图是电子技术人员的一种基本技能，学会看懂电路图很重要。只有看懂电路图后，才能了解电路的各部分作用和性能，才能进行调试、维修和研制。本章将介绍电子电路图的分类和读图方法，然后利用前面学习过的电路基本理论知识结合典型的实例说明阅读电子电路图的方法。

第一节　电子电路图的基本分类

一、系统框图

将电子装置分成若干个基本组成部分，将这几部分用文字或符号写在方框中，并按信号流程用箭号互相连接起来，这种能够概括地表示出整个电子装置的基本组成、相互关系及其主要特性的一种简图，称之为系统框图，与系统框图类似的还有逻辑图和流程图等。此类图样具有布局清晰、简洁的特点，基本的过程和信号流向一般是自左到右或自上到下，能使读者较快地了解电路总体结构和重要组成部分，比阅读整个具体的电路图方便得多。图 11-1 是 XS－402 型超外差式袖珍收音机的框图，点划线框内是集成电路的框图。

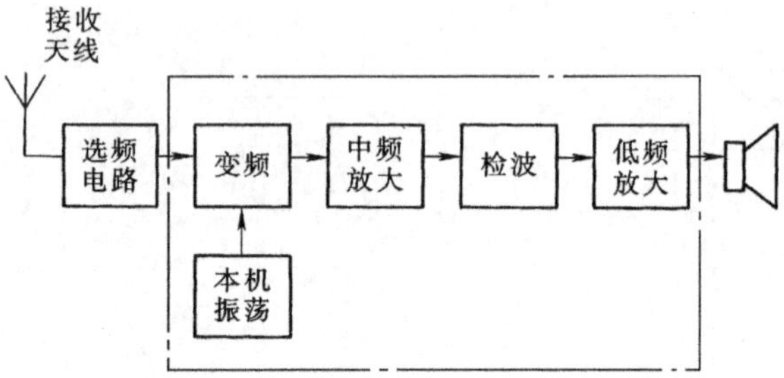

图 11-1　XS－402 型超外差式收音机框图

二、电路图

电路图亦称电路原理图，它用符合统一标准的图形符号来表示各个元器件的规格、型号或参数值，能详细表示电路和设备的全部基本组成和连接，而不考虑其实际安装位置，是表示设备工作原理的主要图样。图 11-2 是 XS－402 型超外差式收音机的电路原理图。

三、逻辑图

逻辑图也是电路图的一种形式，但它主要用在数字电路中。它是在确定逻辑状态与相应物理量之间的关系后，用逻辑单元图形符号绘制的图样，来表达可以实现一定逻辑功能的一种简图。数字电路的数字系统中经常用逻辑图来表示电路的原理。

四、安装图

用规定的符号表示设备或装置的内部、外部各种元器件相互连接关系的一种简图，称为安装图。安装图又称为实物图、布置图、接线图等。在实际应用中，通过对电路原理图分

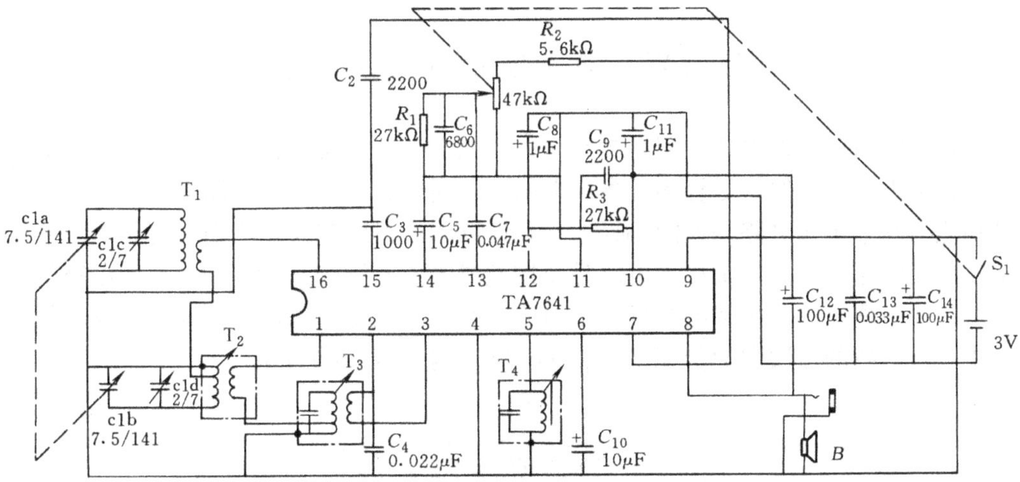

图 11-2　XS－402 型超外差式收音机电路原理图

析，再在接线图的指引下迅速寻找到测试点、故障点，也可按接线图来安装整个电路。

五、印制板图

印制板图是用来制作和阅读印制电路板的图纸。印制板图是根据电路原理图和一定的布置要求，把电子元件按照实物的尺寸大小来确定它们的安装位置和各个元件之间的印制导线图。这类图可根据需要包括有元器件面图、焊接面图、元器件面符号标记图和元器件安装图等图样。

随着半导体集成电路的迅速发展，印制板图得到广泛的应用。图 11-3 是 XS－402 型收音机的接线图和印制板图合一的图。

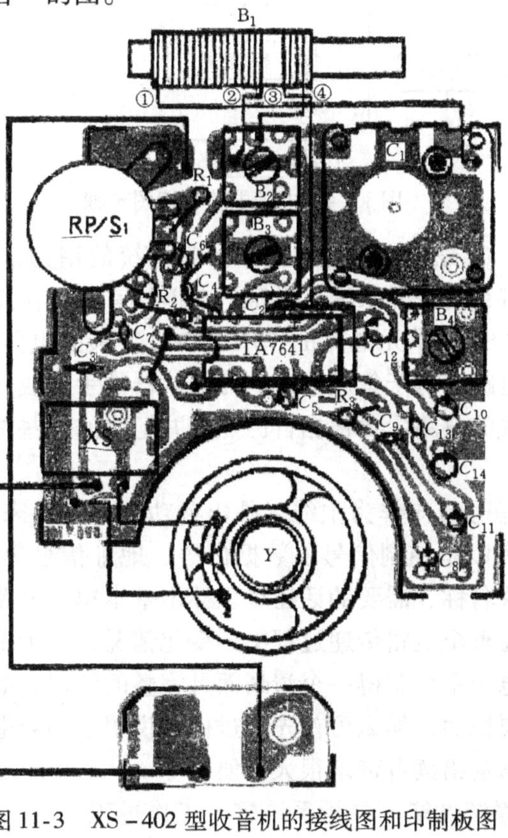

图 11-3　XS－402 型收音机的接线图和印制板图

第二节 电子电路的读图步骤

目前集成电路广泛地得到应用，越来越多的电子电路被集成在一片半导体芯片上，这给使用者带来了极大的方便。尽管各种集成电路不断涌现，各种电子电路在改头换面，然而完成不同功能的基本单元电路是大同小异的。我们读图的目的首先要明白：①是由哪些元器件构成基本单元电路的；②基本单元电路是怎样组成电子系统的；③各基本单元电路的输入端和输出端是如何联系的。虽然电路可以由集成电路组成，也可以由分立元件组成，但其分析方法基本上是一致的。读图的步骤（见图11-4）一般可归纳如下：

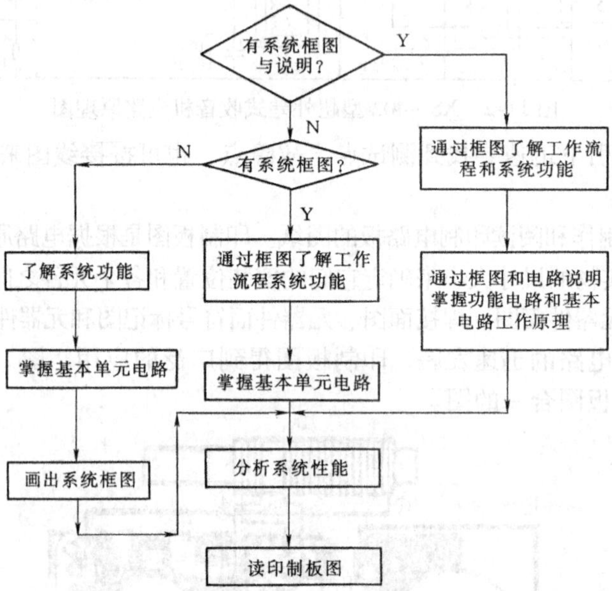

图11-4 电子电路的读图步骤

1. 了解系统的功能 首先应从各种角度来了解系统的用途，特别要了解输入信号和输出控制的对象，这对理解系统怎样来完成设定的功能具有指导作用。

2. 掌握系统中的各个基本单元电路的作用 在较复杂的电路中，包含若干个集成电路和分立元件组成的基本电路。对于集成电路，可以从器件手册或相关资料中查找到这些电路的功能；对分立元件组成的电路，要根据自己熟悉并记住的一些常用基本电路来分析，才能顺利地阅读电路图。

3. 根据输入输出的信号流向作为主线，画出各功能电路块来组成电子系统框图 从分析输入信号（输入信号可以是控制信号、数据信号、地址信号等）着手，来标明各基本单元电路组成的功能电路块名称，需要的话还可以标出基本单元电路和功能电路块的输入和输出波形，分析这些信号在整个电路传递过程中的变化情况，再画出整个系统的框图。在这个分析过程中将会对整个电子系统获得一个清晰而且完整的认识。如果除了电路图外，还提供了相应的系统框图和简要说明，那么可首先通过框图说明来领会电路设计者的设计思想和工作流程，再分析电路，这会给读者带来很大方便。

4. 分析工作过程和系统性能 分析系统整个工作过程，并对各部分单元电路的性能做出估算，再进一步得出系统的性能和特点。

5. 阅读印制板图 通过以上分析找出电路中主要元器件，如集成块、晶体管、调整元件、开关、变压器等在印制板图上的位置，以这些元件作为参照物，根据电路原理图，再顺着印制板便可较快找到其他元件。有了以上先易后难、先粗后细的分析和认识，为调试和维修打下基础。

要读懂电路图，必须对元器件文字符号、元件标志法、元器件功能都要熟悉，还要牢记各类典型的基本单元电路，如整流、放大、振荡、波形变换等电路的组成、工作原理。读图靠平时多读、多分析和不断的实践积累，这里有一个逐步提高的过程，会总结出一套适合自己、适合不同电路的各种读图方法。

总结上面所述，阅读电路图的基本方法是：了解功能、掌握单元电路、画出框图、分析性能。

第三节 读图举例

分析 DF2172B 型晶体管毫伏表的电路图，并按上述步骤和方法进行分析。

1. 了解晶体管毫伏表的功能 通过产品使用说明书，可以了解到 DF2172B 型晶体管毫伏表是一种测量正弦交流电压有效值的双通道单指针式电压表。本仪表具有双路输入，故能同时测量两种不同大小的交流信号的有效值，并能对两种信号进行比较。其主要特点是输入电阻高，频响范围较宽，可测量小信号并可对大信号进行准确的衰减，被广泛地用于工厂、实验室进行交流电压测量。该仪表的性能如下：

1）电压测量范围：100μV ~300V，分 12 档量程。

2）电压测量：1mV、3mV、10mV、30mV、100mV、300mV
1V、3V、10V、30V、100V、300V

3）dB 刻度：-60 ~ +50dB（0dB=1V）。

4）电压测量工作误差≤5%满刻度（1kHz）。

5）频响响应：10Hz ~1MHz。

6）输入阻抗：≥1MΩ，≤50pF。

7）电源：220（1±0.1）V、50（1±0.04）Hz。

2. 划分功能电路 DF2172B 的电路图如图 11-5 所示。

1）根据电原理图来看，整个电路由分立元件和集成电路组成。我们可以按信号的流向将整个电路划分成几个大的功能电路。首先我们从信号输入端 X_2、X_3 开始分析，我们发现被测交流电压经过通道选择开关 S_{1b} 或 S_{1f}，然后经过电容 C_{1a} 或 C_{1b} 馈送到由电阻电容组成的网络，电阻网络接有多位选择开关。由上述电路分析再结合产品说明书中量程有十二档级这一特点，可以确定这一部分是属于衰减电路这一功能电路。

2）从衰减器开关 S_{2a} 或 S_{3a} 输出的信号经 V_1、V_2（晶体管用做二极管）和 V_3、V_4，送到电阻网络，可以确定这是输入保护、前置放大和阻抗变换功能块。

3）从 C_{12} 输出经过开关 S_{1d} 再次可选择地送到由电阻电容组成的网络，电阻网络也接有多位选择开关。这是第二级衰减电路。

4）从第二级衰减器输出的信号经 C_{14} 传送到两级放大电路中，由产品说明书所列最小

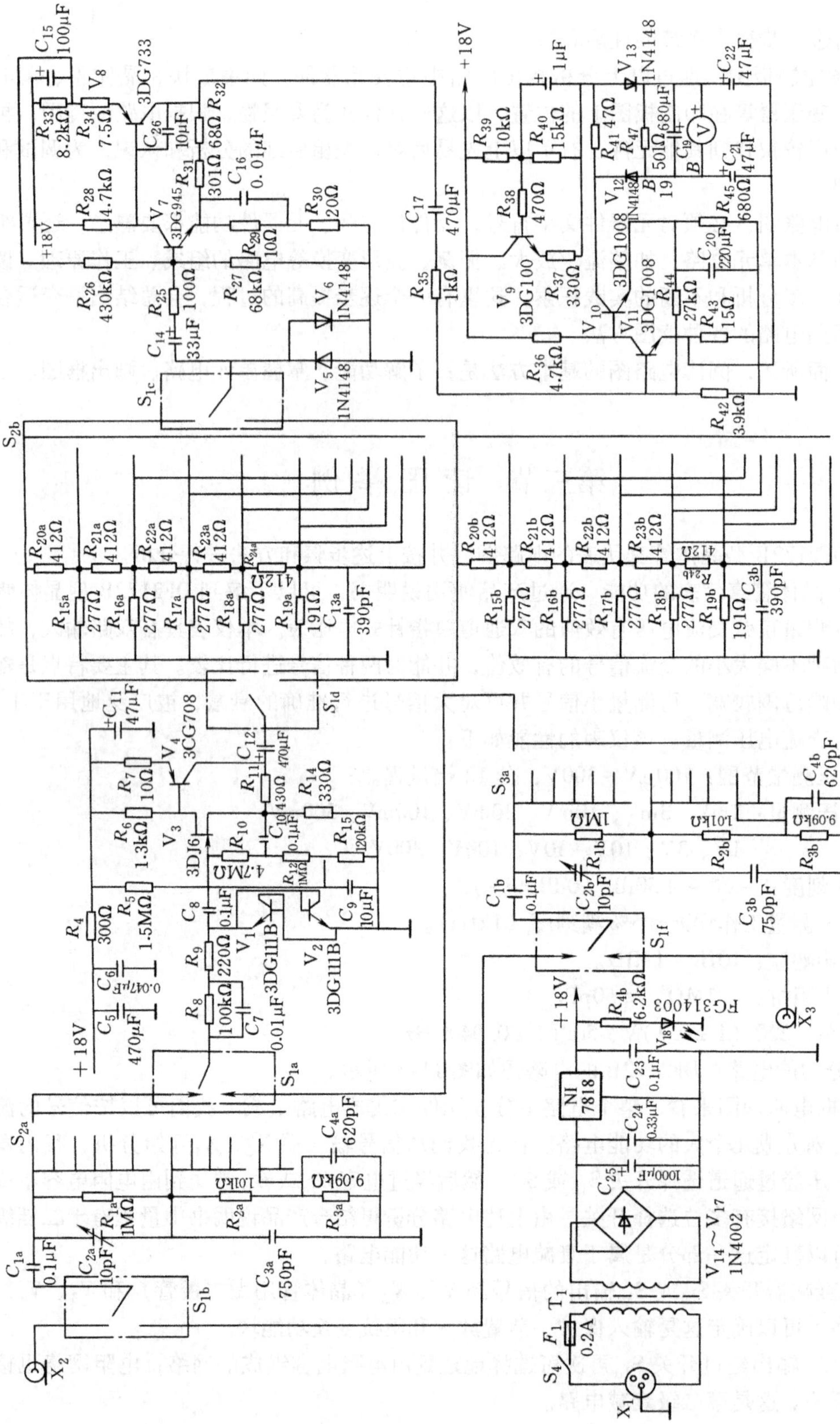

图 11-5 DF2172B 型晶体管毫伏表电路图

量程为 1mV 这一高灵敏度的特点，可以判断这两个三极管是属于表头前置放大器电路。

5）从放大器输出的信号再经过 V_{10}、V_{11} 以及若干电阻、电容、二极管才送到电流表去。因此可以确定这些单元电路是放大电路以及将交流电压转换成直流电压的检波电路。

6）在电路的左下端，还有一个电源变压器、整流器、一个大电容器 C_{25} 及 7818 集成稳压器，从学过的知识可以判断这一些基本单元电路是属于交流降压、整流、滤波、稳压电路。

我们找到并划分出上述几个功能电路之后，就可以按原理框图的规定画出 DF2172B 型晶体管毫伏表的原理框图。

3. 画出系统框图　从输入被测正弦电压到表头指示器是信号的主要流向，根据以上各功能电路来划分，可画出整个系统框图，如图 11-6 所示。图中虚线表示左右通道和量程开关是联动的。

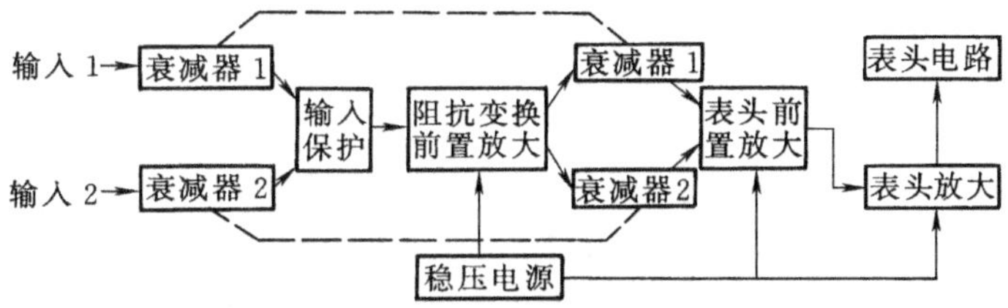

图 11-6　DF2172B 型晶体管毫伏表系统框图

4. 分析工作过程和系统性能　作为测量仪器的毫伏表应具有较高的输入电阻，这样可以减小毫伏表接入对被测电路产生的影响，因此从电路图上可以看到阻抗匹配器中的第一级采用具有输入阻抗高的场效应晶体管 V_3 来组成输入级。为了减小偏置电阻的影响并进一步提高输入电阻，在电路中增加了 R_{10}、R_{12} 和 C_{10}，因源极电压与栅极电压相位相同、大小近似相等，故电阻 R_{10} 两端的交流电压近于零，因而几乎没有输入信号电流通过 R_{10}，对输入信号电压来说 R_{10} 可看作开路。同时 R_{11} 引入了串联电压负反馈，这样，输入级的输入电阻很大，仪表的输入电阻大于 1MΩ 是容易做到的。此毫伏表可测频率的上限主要是由输入电容决定的。为了对 10Hz～1MHz 的不同频率的信号保持相同的衰减比，还在 R_1、R_2、R_3 两端并联了电容器。

表头前置放大器是由 V_7、V_8 直接耦合组成的二级负反馈放大器，其中 R_{26} 引入直流电流并联负反馈，目的是提高静态工作点的稳定性。R_{31}、R_{32} 的交直流电压串联负反馈能减小放大器失真、改善频率响应特性。

V_{10}、V_{11} 组成的表头放大器是为了提高放大器的输出电阻，用 V_9 接成恒流源作为表头放大器的集电极电阻。R_{44} 引入了直流电流并联负反馈。表头电路采用的是二极管平均值检波电路，在正弦交流电压的一个周期内，流过电流表的电流为同一方向，电表指针偏转角度大小与被测交流电压大小成正比。

由上述分析可知，该毫伏表采用先放大后检波的工作方式，使毫伏表具有较高的灵敏度和稳定度。通过上例读图分析，对掌握 DF2172B 型晶体管毫伏表的工作原理、仪表使用和维修都具有指导作用。

本 章 小 结

1. 在阅读较复杂的电子电路时，首先要清楚此电路有什么用途，然后把电路中的各种单元电路按功能作用组合成若干个功能电路，仔细分析这些功能电路，就不难得出整个电子系统的工作原理、信号流程和系统功能了。在分析过程中掌握电路框图是十分重要的。

2. 要提高阅读电路图的能力，就要在掌握电子技术的基础知识和阅读方法的基础上，多找一些电路图来读，多思考、多动手实践，就会取得事半功倍的效果。

参 考 文 献

[1] 华成英. 模拟电子技术基本教程 [M]. 北京：清华大学出版社，2006.

[2] 陈大钦. 模拟电子技术基础 [M]. 北京：机械工业出版社，2006.

[3] 周良权. 模拟电子技术基础 [M]. 3 版. 北京：高等教育出版社，2007.

[4] 高吉祥. 模拟电子技术基础 [M]. 2 版. 北京：电子工业出版社，2007.

[5] 秦曾煌. 电工学：下册 [M]. 6 版. 北京：高等教育出版社，2004.

[6] 陆坤. 电子设计技术 [M]. 成都：电子科技大学出版社，1997.

[7] Russell L Meade. 电子学基础：电路和元器件 [M]. 蓝江桥，宋梅，译. 4 版. 北京：清华大学出版社，2006.